普通高等教育“十三五”

电力环保及应化专业毕业设计指南

主　编　张　盼　付　东
副主编　王乐萌　于淑君

北　京
冶金工业出版社
2020

内容提要

本书是将电力应用化学和环境工程的基本理论知识与实际设计相结合的理论联系实际地指导本科生毕业设计的教材。本书主要内容包括毕业设计基本要求和过程，电力应用化学及环境工程专业基本知识体系，实验性设计、工艺设计、规划设计、仿真设计和设备设计的原则与案例分析。本书让读者在充分掌握基础理论的基础上，进一步熟悉毕业设计的基本要求和原则，通过实际案例为读者的毕业设计提供借鉴。

本书可作为高等学校在校本科生毕业设计教材，同时也可供从事电力应用化学和环境工程领域的工程设计人员参考。

图书在版编目(CIP)数据

电力环保及应化专业毕业设计指南/张盼，付东主编. —北京：冶金工业出版社，2020.4

普通高等教育“十三五”规划教材

ISBN 978-7-5024-8405-7

Ⅰ.①电… Ⅱ.①张… ②付… Ⅲ.①电力工程—环境保护—毕业实践—高等学校—教材 ②应用化学—毕业实践—高等学校—教材 Ⅳ.①X322 ②O69

中国版本图书馆 CIP 数据核字（2020）第 027469 号

出 版 人 陈玉千

地　　址 北京市东城区嵩祝院北巷 39 号 邮编 100009 电话 (010)64027926

网　　址 www.cnmip.com.cn 电子信箱 yjcbs@cnmip.com.cn

责任编辑 于昕蕾 美术编辑 吕欣童 版式设计 禹 蕊

责任校对 郑 娟 责任印制 李玉山

ISBN 978-7-5024-8405-7

冶金工业出版社出版发行；各地新华书店经销；三河市双峰印刷装订有限公司印刷

2020 年 4 月第 1 版，2020 年 4 月第 1 次印刷

787mm×1092mm 1/16；17.25 印张；417 千字；267 页

45.00 元

冶金工业出版社 投稿电话 (010)64027932 投稿信箱 tougao@cnmip.com.cn

冶金工业出版社营销中心 电话 (010)64044283 传真 (010)64027893

冶金工业出版社天猫旗舰店 yjgycbs.tmall.com

前　言

毕业设计是高等学校培养具有创新精神和实践能力的高级专门人才不可缺少的重要手段，也是实现电力应用化学和环境工程专业培养目标的重要实践性教学环节。毕业设计是学生在毕业前的学习效果检验和综合训练的阶段，既能够拓宽学生知识面，也会对学生综合素质与实践能力进行全面检验，同时，也是学生能否毕业并最终获得学位资格的重要依据，还能够培养和训练学生采用所学基础知识和专业知识解决复杂工程问题的能力。国内目前几乎没有针对电力应用化学和环境工程专业的毕业设计的指导书，相关专业毕业生在进行毕业设计过程中缺乏指导，因此迫切需要与之相对应的教材。

本书详细介绍了电力应用化学和环境工程专业毕业设计的要求和内容，以及相对应的基本知识体系，采用实际案例的形式从实验类、工艺设计类、规划设计类、仿真设计类和设备设计类5个方面详细阐述了毕业设计的具体形式和内容。本书特色在于把电力应用化学和环境工程的基本理论与电力行业毕业设计有机结合，涉及的知识面广泛，注重资料的新颖和学科交叉，注重学生灵活运用所学知识进行设计的能力培养。与国内外同类书籍相比，本书重点在于电力应用化学和环境工程专业的设计指导，尤其突出电力环境工程实际设计案例的具体设计过程和原则，同时把环境科学基本理论应用于电力生产设计过程中。本书可作为高等学校在校学生毕业设计教材，同时由于本书具有电力应用化学和环境工程特色，也可供从事电力应用化学和环境工程领域的工程设计人员作为参考。

本书共分为7章，全书由华北电力大学（保定）环境科学与工程系张盼统稿，第1~3章由张盼、付东编写，第4章、第5章由华北电力大学（保定）环境科学与工程系王乐萌编写，第6章、第7章由华北电力大学环境科学与工程学院于淑君和王祥学编写。

由于作者水平有限，若有不妥之处，恳请广大读者指正。

作　者

2020年1月

目　录

第1篇　毕业设计要求和内容

第2篇　案　例

第1篇

毕业设计要求和内容

1 毕业设计基本要求和过程

1.1 毕业设计的基本要求

1.1.1 毕业设计的性质和教学目标

毕业设计是高等学校培养具有创新精神和实践能力的高级专门人才不可缺少的重要实践性教学环节，也是实现应用化学和环境工程专业培养目标的重要实践性教学环节。毕业设计是学生在毕业前的学习效果检验和综合训练的阶段，是拓宽学生知识面的重要过程，是对学生综合素质与实践能力的全面检验，是学生能否毕业并最终获得学位资格的重要依据，是培养和训练学生采用所学基础知识和专业知识解决复杂工程问题的能力体现。

毕业设计的主要目标是培养学生综合运用所学的应用化学和环境工程专业的基础理论知识、基本技能和专业知识分析和解决复杂环境问题的能力；熟悉应用化学和环境工程设计和科学研究工作的程序和方法；培养学生查阅文献和翻译文献的能力；考查学生进行工程计算与设计、图件绘制及编写报告的能力；培养学生掌握学科的前沿发展，进行科研文献和资料的调研，并对结果进行分析综合的能力。

1.1.2 毕业设计的基本要求及主要类型

毕业设计基本要求如下：

（1）了解电力行业应用化学与环境工程领域工程设计的前沿知识和发展动态；

（2）具有熟练运用标准、规范，查阅技术资料和翻译英文文献的能力；

（3）培养学生掌握有关工程设计的程序、方法和技术规范，提高工程设计计算、理论分析、图表绘制、技术文件编写的能力；

（4）培养学生严肃认真的科学态度和严谨求实的科学作风。

毕业设计的选题必须符合本专业培养目标的要求，体现本专业基本训练的内容，对所学知识有综合运用性质，具体题目应多样化，要反映现代科学技术发展水平，与当前的生产实际、工程实践、经济实践、管理实践和科学研究相结合，也可选择与所学专业有关的模拟题目，但都应使学生受到理论联系实际、设计、科研等较为全面综合的训练。

毕业设计主要有以下几种类型：实验型设计、工艺设计、规划设计、软件开发与仿真设计、设备设计等。毕业设计一般在校内进行，也可结合产学研项目在校外进行。在校外进行的毕业设计，视具体情况可以指派指导教师和校外人员联合指导，也可单独委托具有中级及以上职称的技术人员指导，但毕业答辩必须按学校的统一要求安排在校内进行。毕业设计要求有一定数量的中外文参考文献、一定量的外文文献翻译，并附有外文摘要，按照规范的格式要求打印装订成稿。

1.1.3　毕业设计说明书的格式要求

1.1.3.1　毕业设计的印装

毕业设计说明书按统一要求打印。

纸张规格为A4，版面上空2.5cm，下空2cm，左空2.5cm，右空2cm（左装订），页码用小五号字在页下居中标明。

1.1.3.2　结构及要求

毕业设计说明书的组成及装订顺序：封面、中文摘要、外文摘要、目录、正文、参考文献、附录、致谢、封底等，设计图纸另附。

A　封面

封面由学校统一印制，由教务处提供。学生按要求逐项填写清楚。

B　摘要

摘要是设计内容的简要陈述，包括设计之中的主要信息，具有独立性和完整性，分中文摘要和外文摘要，并有3~5个关键词。中文摘要在前，400字左右。外文摘要另起一页，内容应与中文摘要相对应。

C　目录

目录要求层次清晰，且与正文中标题内容一致。主要包括中文摘要、外文摘要、正文主要层次标题、结论、参考文献、附录、致谢等。

D　正文

正文部分包括前言、设计主体和结论。要求文章结构严谨，语言流畅，内容正确。

前言作为设计的开场白，要以简短的篇幅，说明毕业设计工作的选题目的和意义、国内外文献综述以及设计所要研究的内容，要求开门见山，突出重点，实事求是。

设计主体是毕业设计说明书的核心部分，占设计的主要篇幅，要求文字简练，条理分明，重点突出，概念清楚，论证充分，逻辑性强。正文中涉及的图表、插图、公式、符号、参考文献、计量单位等都要符合国家有关标准的要求。

结论是对整篇设计的归结，要概括说明毕业设计的情况和价值，分析其优点、特色，有何创新，性能达到何水平，并应指出其中存在的问题和今后改进的方向，特别是对设计中遇到的重要问题要重点指出并加以研究。结论的措辞必须严谨，逻辑性必须严密，文字必须鲜明具体。

前言和设计主体应分章撰写，章与章之间不可接排。

正文中引用文献号用方括号“［ ］”括起来置于引用文字的右上角，按上标书写，

[ ]中的阿拉伯数字表示“参考文献”中文献的排列顺序。

毕业设计或设计说明书中一般包括任务的提出、方案论证或文献综述、设计与计算(可分为总体设计和单元设计几部分)说明、试验调试及结果的分析、结束语等内容。理工类毕业设计正文字数一般要求不少于1.5万字，对于工程设计和软件开发与设计等类型的毕业设计，由于绘图或计算机编程工作量较多，设计字数可适当减少。要求理论依据充分，数据准确，公式推导及计算结果正确。对于计算机软件类设计要求同理工类。

为了使学生在技术经济分析能力方面得到锻炼，凡涉及应用于实际中产生经济效果的毕业设计，如工程设计型、产品开发型、软件开发与仿真型和管理等类型的毕业设计，都要进行技术经济分析。

正文是设计的主要组成部分，题序层次是文章结构的框架。章条序码统一用阿拉伯数字表示，题序层次可以分为若干级，各级号码之间加一小圆点，末尾一级码的后面不加小圆点，层次分级一般不超过4级，各级与上下文间均1.5倍行距。示例如下：

设计题目：不在正文中显示。

正文各层次内容：中文行距为固定值20磅，英文用1.5倍行距。

(宋体小四号字，英文用新罗马体12)

题序层次的题序和题名：

第一级（章）1，2，3，…（黑体小二号字，居中）

第二级（条）1.1，1.2，…，2.1，2.2，…，3.1，3.2，…（黑体小三号字）

第三级（条）1.1.1，1.1.2，…，1.2.1，1.2.2，…（黑体四号字）

第四级（条）1.1.1.1，1.1.1.2，…，1.2.2.1，1.2.2.2，…（黑体小四号字）

题序层次编排格式为：第一级（章）编号居中，其余条目编号一律左顶格，编号后空一个字距，再写章条题名。题名下面的文字一般另起一行，也可在题名后，但要与题名空一个字距。如在条以下仍需分层，则通常用a，b，…或1)，2)，…编序，左空2个字距。

E 图表和公式

设计中的选图及制图力求精练。所有图表均应精心设计绘制，不得徒手勾画。各类图表的绘制均应符合国家标准。设计中的表一律不画左右端线，表的设计应简单明了。图表中所涉及的单位一律不加括号，用“，”与量值隔开。图表均应有标题，并按章编号（如图1-1、表2-2等)。图表标题均为宋体五号字，居中书写。表格一页排不下时，需在下一页接排，但应将表头内容复制到续表中，表头应注明“续表”字样（如续表2-2)。

公式统一用英文斜体书写，公式中有上标、下标、顶标、底标等时，必须层次清楚。公式应居中放置，公式前的“解”“假设”等文字顶格写，公式末不加标点，公式的序号写在公式右侧的行末顶边线，并加圆括号。序号按章排，如“（1-1）”“（2-1）”。公式换行书写时与等号对齐。

F 参考文献

设计说明书引用的文献应以近期发表的与毕业设计工作直接有关的文献为主。参考文献是设计中引用文献出处的目录表。凡引用本人或他人已公开或未公开发表文献中的学术思想、观点或研究方法、设计方案等，不论借鉴、评论、综述，还是用做立论依据、学术发展基础，都应编入参考文献。直接引用的文字应直录原文并用引号括起来。直接、间接引用都不应断章取义。

参考文献的著录方法采用我国国家标准 GB 7714—2015《信息与文献 参考文献著录规则》中规定采用的“顺序编码制”，中外文混编。参考文献表按顺序编码制组织时，各篇文献要按正文部分标注的序号依次列出。

G 附录

附录序号用附录 A、附录 B 等字样表示。

1.1.4 学术道德要求

为培养学生勤奋认真的学风和诚实守信的品质，加强毕业设计环节的教学管理，规范毕业设计行为，依据《中华人民共和国著作权法》、教育部《关于严肃处理高等学校学术不端行为的通知》等规范性文件精神严格要求本科毕业设计的学术道德问题。具体内容如下：

（1）不得照搬他人已发表或未发表的作品原文，不得对不同资料来源中的原文词句进行拼接且不注明来源。

（2）不得使用他人的思想见解或语言表述而不申明其来源。具体表现为：总体剽窃，即整体立论、构思、框架等方面的抄袭；复述他人行文、变换措辞使用他人的论点和论证、呈示他人的思路等。

（3）不得捏造或篡改研究成果、调查数据或文献资料。

（4）使用他人作品虽注明出处，但重复内容占本人设计总字数比例不能超过 30%。

（5）教育部《学位设计作假行为处理办法》及学校相关文件中规定的其他违背学术界公认的学术道德规范的行为。

所有本科生毕业设计（涉密除外）均须按照本办法规定进行相似性检测，检测通过后方可进行设计评阅和答辩。毕业设计相似性检测对促进本科生恪守学术规范，培养创新意识和诚信品质、提高毕业设计质量具有重要意义。检测结果的认定与处理如下：

（1）学生提交的毕业设计检测结果“总文字复制比”小于等于 30%视为通过检测，学生可参加答辩，毕业设计是否需要修改由指导教师根据具体情况决定。

（2）“总文字复制比”大于 30%且小于 50%的学生，由指导教师根据检测结果指导学生进行至少一周的修改，修改后的毕业设计是否可以参加答辩由系组织专家讨论决定。

（3）“总文字复制比”大于等于 50%的学生，取消该毕业生当年毕业设计答辩资格，该生须重做毕业设计。

（4）申报校级及以上等级优秀本科毕业设计必须经过相似性检测，且检测结果“总文字复制比”小于等于 10%。

（5）学生或指导教师对检测结果提出异议的，由系组织专家进行鉴定，根据鉴定结果提出处理意见。

1.2 毕业设计的主要内容

完整的毕业设计主要包括选题、设计任务书、开题报告、文献综述和文献翻译、设计说明书。

1.2.1 选题

毕业设计题目通常是由教研室教师填写申报，包括课题性质、课题来源、是否新题、是否结合实际等内容。为增强设计的工程性质，积极与校外设计和建设单位合作，同时要求校外工程技术人员辅导学生完成设计。第七学期末，院系组织各指导教师报选题并经系毕业设计领导小组审查后公布给学生选择。设计题目通常提前两个月下达给学生。学生选题实行“双向选择”的原则，即题目公开、指导老师公开，学生、老师互选。学生根据毕业设计的类型、自己的特长、学科兴趣和将来的工作趋向进行选择。学生确定设计题目之后，应在设计开始前一个月联系指导教师，以便学生及早准备资料，了解课题的目标、意义与要求。

毕业设计应保证学生处理复杂工程问题能力得到训练，因此题目的选择和工作量应力求恰当与准确，并应取得相应的成果。具体要求如下：

（1）选题必须符合本专业培养目标及毕业要求指标点的要求，体现本专业学习、研究与实践的基本内容，使学生受到比较全面的训练。

（2）选题的类型可以多种多样。指导教师应尽可能根据所承担的相关领域的科研生产项目、工程设计任务和环境影响评价等，从中选出适合学生具体情况和教学要求的部分作为毕业设计题目。

（3）选题应注重学生综合运用多学科的理论知识与技能，有利于学生创造性的充分发挥和培养学生的独立工作能力。

（4）选题的难易要适宜，工作量适当。要与本科毕业生的基础理论知识和专业知识面相适应，并要保证在毕业设计规定的工作时间内，学生在指导教师的指导下经过努力能够完成毕业设计的全部工作。

（5）在毕业设计选题及课题分配中，应做到：每人一题，独力完成；因材施教，全面训练；双向选择和教师分配相结合。

1.2.2 设计任务书

指导教师编制毕业设计任务书，以保证学生能够按照任务书有序地进行毕业设计。任务书主要包括题目、主要内容、基本要求、设计进度、预计完成时间、参考文献和附录等。设计规范、设计手册和标准图集也应在下达任务书时给出。

1.2.3 开题报告

开题报告的编写与汇报是毕业设计的第一个重要阶段。一般在毕业设计的前四周完成。学生根据任务书的要求，在进行充分的文献调研的基础上完成。开题报告应结合毕业设计的课题情况，根据所查阅的文献资料进行编写，主要包括文献综述、设计要研究或解决的问题和拟采用的研究手段、指导教师对文献综述的评语和对学生前期工作情况的评价(包括确定的研究方法、手段是否合理等方面)。其中，研究或解决的问题和拟采用的研究手段是开题报告的关键部分，主要包括研究内容和研究手段。开题报告应简明扼要，不必进行详细的说明。

1.2.4　文献综述和文献翻译

1.2.4.1　文献综述和文献翻译的意义

通过调研和自学教师提供的相关参考文献资料，学生应做到：

(1) 了解课题研究的对象、来源以及生产、科研的实际，明确课题的意义和作用，对课题的要求和所要达到的目标有明确认识；

(2) 了解进行设计工作的原则和流程，熟悉设计手段和方法，了解研究性课题的研究方法、工作方案、可行的实验手段和方法以及设备；

(3) 了解实验数据的采集、处理和分析方法；

(4) 搜集有关的研究设计、报告和其他参考资料，并进行必要的整理和分析工作，使之对所进行的设计或研究工作有指导作用。

通过文献检索和文献翻译，学生应做到：

(1) 掌握并应用所学习的文献检索手段，围绕课题内容进行相关文献的搜集工作；

(2) 阅读课题所涉及的参考文献资料，获取最新的研究信息；

(3) 能够进行文献的分析和整理，加深对所研究课题的理解；

(4) 能够将搜集到的文献资料所提供的信息和成果应用到课题的研究工作中去；

(5) 能够独立进行英文文献的阅读，独立完成对文献的中文翻译。

1.2.4.2　文献综述的写作指导

为了促使学生熟悉更多的专业文献资料，进一步强化学生搜集文献资料的能力，提高对文献资料的归纳、分析、综合运用能力及独立开展科研活动的能力，毕业设计中对文献综述的写作指导要求如下。

A　文献综述的概念

文献综述是针对某一研究领域或专题搜集大量的文献资料基础上，就国内外在该领域或专题的主要研究成果、最新进展、研究动态、前沿问题等进行综合分析而写成的，能比较全面地反映相关领域或专题历史背景、前人工作、争论焦点、研究现状和发展前景等内容的综述性文章，是高度浓缩的文献产品。

文献综述根据其涉及的内容范围不同，可分为综合性综述和专题性综述两种类型。所谓综合性综述是以一个学科或专业为对象的，而专题性综述则是以一个论题为对象的。本科毕业设计文献综述主要为专题性综述。

B　撰写文献综述的基本要求

文献综述主要用以介绍与主题有关的详细资料、动态、进展、展望以及对以上方面的评述。除综述题目外，其内容一般包含前言、主题、总结、参考文献四个部分，撰写文献综述时可按这四部分拟写提纲，再根据提纲进行撰写工作。

前言部分，主要说明写作的目的，介绍有关的概念、定义以及综述的范围，扼要说明有关主题的现状或争论焦点，使读者对全文要叙述的问题有一个初步的轮廓。主题部分，是综述的主体，其写法多样，没有固定的格式。可按年代顺序综述，也可按不同的问题进行综述，还可按不同的观点进行比较综述，不管用哪一种格式综述，都要将所搜集到的文献资料进行归纳、整理和分析比较，阐明有关主题的历史背景、现状、发展方向以及对这些问题的评述。主题部分应特别注意代表性强、具有科学性和创造性文献的引用和评述。总结部分，将全文主题进行扼要总结，提出自己的见解并对进一步的发展方向做出预测。参考文献，它不仅表示对被引用文献作者的尊重及引用文献的依据，而且也为评审者审查提供查找线索。参考文献的编排应条目清楚，查找方便，内容准确无误。参考文献的书写格式与毕业设计相同。

C 撰写文献综述的基本注意事项

(1) 在撰写文献综述时，应系统地查阅与自己的研究方向直接相关的国内外文献。搜集文献应尽量全，尽量选自学术期刊。掌握全面、大量的文献资料是写好综述的前提。

(2) 文献综述的题目不宜过大、范围不宜过宽，这样撰写时易于归纳整理。

(3) 在引用文献时，应注意选用代表性、可靠性和科学性较好的文献。

(4) 在文献综述中，应说明自己研究方向的发展历史、前人的主要研究成果、存在的问题及发展趋势等。文献综述在逻辑上要合理，即做到由远而近，先引用关系较远的文献，最后才是关联最密切的文献。要围绕主题对文献的各种观点做比较分析，不要教科书式地将有关的理论和学派观点简要地汇总陈述一遍。评述（特别是批评前人不足时）要引用原作者的原文，防止对原作者论点的误解。

(5) 文献综述要条理清晰，文字通顺简练。采用的文献中的观点和内容应注明来源，模型、图表、数据应注明出处。

(6) 文献综述中要有自己的观点和见解。鼓励学生多发现问题、多提出问题，并指出分析、解决问题的可能途径。

(7) 毕业设计（设计）的文献综述主要是为自己进行毕业设计（设计）提供文献方面的帮助和指导，所以，只要把自己所作题目的相关文献找准、找全，然后对这些文献中的观点、方法、原理、材料等进行归纳和总结，形成文字就可以了。总之，一篇好的文献综述，应有较完整的文献资料，有评论分析，并能准确地反映主题内容。

D 撰写文献综述的其他事项

(1) 文献综述的字数不少于2000字。

(2) 文献综述题目采用小三号黑体字居中打印，正文采用小四号宋体字，行间距一般为固定值20磅，标准字符间距。页边距为左3cm，右2.5cm，上下各2.5cm，页面统一采用A4纸。

(3) 各专业可选取相应的文献综述范文供学生参考。

1.2.4.3 文献翻译的写作指导

为培养学生的外语应用能力，非外语专业的毕业设计都要求翻译一篇与本专业或本课题有关的外文文献，外文文献的中文翻译字数不少于3000字。外文文献原文可复印或打印，与译文装订在一起，装订顺序为封面、译文、原文。中文译文排版格式参考毕业设计排版格式。在中文译文首页应用“脚注”形式注明原文作者及出处。

翻译的外文文献应主要选自学术期刊、学术会议的文章、有关著作及其他相关材料，原则上应为外文原版文献。

1.2.5 设计说明书

毕业设计说明书中一般包括任务的提出、方案论证或文献综述、设计与计算（可分为总体设计和单元设计几部分）说明、试验调试及结果的分析、结束语等内容。毕业设计正文字数一般要求不少于1.5万字，对于工程设计和软件开发与设计等类型的毕业设计，由于绘图或计算机编程工作量较多，设计字数可适当减少。要求理论依据充分，数据准确，公式推导及计算结果正确。为了使学生在技术经济分析能力方面得到锻炼，凡涉及应用于实际中产生经济效果的毕业设计，如工程设计型、产品开发型、软件开发与仿真型和管理等类型的毕业设计，都要进行技术经济分析。

完整的毕业设计说明书包括标题、中英文摘要、设计正文和结论、参考文献、附录和致谢等几部分。

1.2.5.1　标题

A　中文题目

设计题目应简练、准确，一般不超过25个字，如字数较多可分为主标题和副标题两部分。

B　英文题目

(1) 题名的结构。英文题名以短语为主要形式，尤以名词短语最常见，即题名基本上由1个或几个名词加上其前置和（或）后置定语构成。短语型题名要确定好中心词，再进行前后修饰。各个词的顺序很重要，词序不当，会导致表达不准。题名一般不应是陈述句，因为题名主要起标示作用，而陈述句容易使题名具有判断式的语义，况且陈述句不够精练和醒目，重点也不易突出。

(2) 题名应确切、简练、醒目，在能准确反映设计特定内容的前提下，题名词数越少越好。

(3) 中英文题名的一致性。

(4) 题名中的大小写。每个词的首字母大写，但3个或4个字母以下的冠词、连词、介词全部小写。

(5) 题名中的缩略词语。已得到整个科技界或本行业科技人员公认的缩略词语，才可用于题名中，否则不要轻易使用。

1.2.5.2　中英文摘要及关键词

毕业设计摘要主要概括介绍设计的意义、标准、原则及主要设计方案。撰写摘要时应注意以下几点：(1) 语言精炼；(2) 客观陈述；(3) 重点是成果和结论性文字；(4) 独立成文，简明扼要；(5) 中文摘要除个别英文缩写外，不得出现简写、公式、图、表和参考文献。

1.2.5.3　设计正文

毕业设计正文部分包括：前言或绪论、正文主体、结论三部分内容。

A　绪论

毕业设计说明书的前言部分主要概括设计项目的来源、性质、任务等基本内容。前言必须要说明选题背景和意义，国内外文献研究综述（相关领域前人研究工作进展总结及评述），设计研究内容、研究思路和研究方法。

B　正文主体

毕业设计说明书的正文主体包括各种原始资料的采集、设计方案的确定、设计计算过程（公式、参数的选取、设备选型、构筑物尺寸及相应的样图）、设计方案比选（包括技术的可行性及先进性、经济合理性、处理效果好、占地少、运行管理方便和符合环保要求几个方面内容）、工程预算、经济分析等内容。实验类的毕业设计正文内容主要包括：问题的提出、研究工作的基本前提；模型的建立、指标的选取、实验方案的确定；基本概念和基础理论；计算、评价的主要方法和内容；实验方法、仪器设备、材料、实验流程及实验结果分析；对结果的论证。

章节不宜太多，应层次分明，每章内容结束后，应有本章小结。设计中语言描述要求采用科学规范的书面语。当引用他人的学术成果或学术观点时，必须在引用处注明参考文献序号，严禁抄袭、占有他人成果。

C 结论

结论是对整个设计工作和研究工作的归纳和总结，包括研究结果、存在的问题与不足、改进措施或研究展望等。结论要求语言精练、措辞严谨，能够反映作者的研究工作；切忌言过其实。

D 计算

依据任务书中的主要设计参数、设计原则、设计依据、设计内容或排放标准，计算相关工艺或设备的尺寸、排放浓度或经济与能耗分析。计算涉及的设备、管道及构筑物的相关尺寸。计算书中所有的计算公式，应首先列出通式并编号、注明式中所有符号所代表的意义及单位，且必须符合中华人民共和国国家标准，并写出计算结果。全部计算应当采用国际单位制［SI］，非物理量的单位，如件、台、人、元等，可用汉字与符号构成组合形式的单位，例如件/台、元/km。

涉及仿真模拟或者软件编程的相关代码应当放入附录中。

E 图纸

毕业设计中的图纸直接关系到设计的质量。工程图纸应当严格遵循国家标准规范及统一的工程制图规格，图幅应符合 GB/T 14689—2008 要求，图纸比例严格按照 GB/T 14690—1993 规定选取。毕业设计图提倡使用 Auto CAD 绘制。

环境工程与应用化学毕业设计图主要有工艺流程图、平面布置图和设备工艺图等。

（1）工艺流程图。工艺流程图主要包括主要设备、管线和阀门位置，同时应标明全部的控制、测量、分析点的位置及项目，如测温度、压力、流量等取样分析点，也应表示出物流与热流的平衡系统。

（2）平面布置图。平面布置图主要包括工艺设备相互位置及关系、辅助构筑物和厂内管线的布置，应注明各设备尺寸及相互间距，也可用坐标法表示设备尺寸与位置。做图时，应当结合厂址地形、各构筑物的功能要求和流程的水力要求，确定其在平面上的位置。管道布置要考虑合理布置、安排紧凑、便于维修。

（3）单体设备工艺图。单体设备工艺图主要包括设备总图、设备部件、零件图、局部大图、剖面图等。

1.2.5.4 参考文献

参考文献是毕业设计不可或缺的组成部分。它反映了毕业设计的取材来源、材料的广博程度和材料的可靠程度，同时也反映了设计的科学依据和作者尊重他人研究成果的严肃态度。所列出的仅限于作者亲自阅读过的，且发表在公开出版物或网上的文献资料，尚未公开发表的设计、预印本及一些未公开发表的技术资料（设计说明书及附图、环评报告书等）一律不列入参考文献。

1.2.5.5　附录

未尽事宜可将其列在附录中加以说明。原始测定结果、分析报告、图表、测试报告单等，均可列在附录中。例如，公式的推演、编写的算法程序及正文未列出的实验数据等。符号列表同样可放于附录中。附录的篇幅不宜太多，一般不应超过正文。

1.2.5.6　致谢

以简短的文字，对在毕业设计过程中给予直接帮助的导师或单位、个人表示自己的谢意。

1.3　毕业设计的过程

1.3.1　组织与管理

学校、院系、专业教研室三级分工负责毕业设计工作的管理、指导、检查、考核和总结。

1.3.1.1　教务处的职责

教务处作为学校教学管理的职能部门，负责毕业设计的总体管理工作。其主要职责是：

（1）制定本校毕业设计工作的有关政策、制度及规定；

（2）组织对毕业设计工作的检查和监督；

（3）审核毕业设计答辩委员会名单；

（4）负责全校毕业设计经费的分配；

（5）协调校内有关部门，为毕业设计工作的顺利进行提供保障；

（6）组织对毕业设计工作的考核、总结、评估等。

1.3.1.2　各院系的职责

各院系负责本院系毕业设计全过程的管理。明确一名副院长或主管教学的系主任负责毕业设计的领导工作，教学秘书负责毕业设计过程中的日常管理工作。各院系的主要职责是：

（1）副院长或系主任负责组织本院系各专业的毕业设计工作，并把好质量关；

（2）院系负责审查教师的指导资格、指导学生人数等；

（3）组织有关教研室根据人才培养方案和本院系具体情况拟定毕业设计工作计划和具体实施措施，组织落实本院系毕业设计的具体工作，如确定下达毕业设计任务的时间、本院系对毕业设计的具体要求等；

（4）组织对毕业设计工作的中期检查；

（5）各院系在答辩前 2 周把答辩委员会名单报教务处审核；

（6）负责本院系学生毕业设计的成绩管理；

(7) 检查本院系毕业设计答辩工作；

(8) 负责本院系毕业设计经费的管理。

1.3.1.3 专业教研室的职责

专业教研室作为直接组织和指导学生进行毕业设计的基层单位，其主要职责是：

(1) 安排具有良好师德和较高教学和科研水平，并有较丰富经验的教师（或校外有关企事业及经营、管理部门中具有中职以上的技术人员）担任毕业设计的指导工作。原则上要求指导教师具有讲师及以上技术职称，特殊情况可由研究生毕业的助教担任，但需要有一名具有副教授及以上技术职称的教师负责指导，指导学生人数一般情况下不超过7人，特殊情况不超过10人。

(2) 审核确定毕业设计题目。

(3) 负责组织学生的选题工作。

(4) 按要求审定毕业设计任务书。

(5) 检查学生毕业设计进度、质量和纪律，检查指导教师对学生的指导情况。

(6) 提出毕业设计答辩委员会组成。

(7) 组织对学生答辩资格的审查和毕业设计的评阅、答辩及成绩评定工作。

1.3.1.4 毕业设计指导教师的职责

(1) 认真选题并拟定毕业设计任务书；

(2) 对学生进行毕业设计的准备工作、设计方法、方案论证以及课题方向等设计程序做必要的启发式指导；

(3) 指导教师应在拟定设计提纲、收集选择和运用资料、理论与方法等方面定期对学生进行全面指导，定期检查和答疑，全面掌握学生毕业设计的质量和进度；

(4) 对学生的毕业设计说明书、图纸、设计等进行认真审查；

(5) 结合学生毕业设计的全过程，对学生掌握基本概念和系统的理论知识情况、解决实际问题的能力、对待毕业设计的态度等做出实事求是的评价，写出评语；

(6) 参加毕业答辩。

1.3.1.5 答辩委员会的组成及职责

(1) 院系按专业组成答辩委员会，答辩委员会设主任、副主任各1名，委员3~5名，秘书1名（可由委员兼任）；

(2) 答辩委员会的委员以教师为主，委员应具有中级及以上技术职称，也可聘请校外具有中级及以上专业技术职称的专家、工程技术人员担任；

(3) 根据工作需要，答辩委员会可下设若干答辩小组，每组3~5人，设组长1人；

(4) 答辩委员会在院系主任领导下，组织并主持毕业答辩工作；

(5) 讨论和确定学生毕业设计的最后成绩及评语。

1.3.1.6 其他

(1) 毕业设计一般在校内进行，也可结合产学研项目、学生毕业分配等在校外进行。院系和学校有关部门应保障学生进行毕业设计所需的各项条件，如参考书刊、技术资料、加工、实验及使用计算机等。

(2) 在校外进行的毕业设计，各院系视具体情况必须指派校内指导教师和校外具有中级及以上职称的技术人员联合指导，并填写“在校外进行毕业设计申请表”，经院系、教务处同意后方可执行，但毕业答辩必须按学校的统一要求安排在校内进行。

（3）毕业设计要求有一定数量的中外文参考文献，一定量的外文文献翻译。

（4）毕业设计要求打印成册。

1.3.2　时间安排

由系和教研室组织教师申报毕业设计题目，经教学指导委员会审定后，由学生选报志愿，然后由指导教师下达毕业设计（设计）任务书，学生依据任务书收集资料，撰写开题报告，经指导教师审阅后开展深入研究工作，指导教师负责对学生毕业设计全过程指导。教研室负责组织毕业设计的中期检查和毕业设计答辩工作。

毕业设计（设计）分为以下几个阶段：熟悉毕业设计（设计）的任务内容，收集有关文献资料；完成毕业设计的开题报告；依据任务书和开题报告深入开展研究工作，期间包括中期检查；总结研究成果，撰写毕业设计说明书；完成毕业设计答辩。

1.3.3　评阅与答辩

1.3.3.1　考核要求

毕业设计考核由指导教师、评阅人和答辩委员会共同完成，要求指导教师从学生治学态度、工作表现、综合运用专业知识能力、科学研究能力及独立工作能力和主要成果等方面对毕业设计的质量进行考核，给出成绩；评阅人对毕业设计的科学性、条理性，技术资料的完整性，结论的正确和严密性，毕业设计书写格式的标准性进行评价，给出成绩；答辩委员会依据毕业设计内容的科学性、学术价值和应用价值，设计书写规范、撰写水平，对研究结果的分析和综合能力、答辩情况等方面的指标对设计整体水平进行评价，集体讨论给出成绩。

1.3.3.2　成绩评定和质量考核

毕业设计的答辩按照大学的规范要求进行宣读设计和提问。毕业设计的评分依据答辩情况、学生平时表现和指导教师评语综合评定。学生可申请优秀设计答辩。毕业设计为软件开发的，或含有软件设计、计算的，要先统一组织软件验收，然后再答辩。答辩时，除了对学生毕业设计内容提出质询外，还考核有关的基本理论、计算方法、实验方法等。毕业设计答辩和成绩的评定注重学生综合素质和创新能力。毕业设计抄袭的成绩按0分计。成绩评定标准：对设计报告书的质量进行综合评价，成绩分为优、良、中、及格、不及格五级，评定标准如表1-1所示。

表1-1　毕业设计成绩评定标准

考核内容	权重	分值	优（90~100分）	良（80~89分）	中（70~79分）	及格（60~69分）	不及格（<59分）
工作量	0.10	100	很好完成任务书规定的工作量	能较好地完成任务书规定的工作量	按时完成任务书规定的工作量	能基本完成任务书规定的工作量	没有完成任务书规定的工作量

续表 1-1

考核内容	权重	分值	优（90~100分）	良（80~89分）	中（70~79分）	及格（60~69分）	不及格（<59分）
文献阅读与外文翻译	0.10	100	除全部阅读教师指定的参考资料、文献外，还能阅读较多的自选资料，并按要求按时完成外文翻译，译文准确、质量好	除全部阅读教师指定的参考资料、文献外，还能阅读一些自选资料，并按要求按时完成外文翻译，译文质量较好	能阅读教师指定的参考资料文献，并按要求按时完成外文翻译，译文质量尚可	阅读了教师指定的参考资料文献，并按要求按时完成外文翻译	未完成教师指定的参考资料、文献的阅读任务，外文翻译达不到要求
技术水平与实际能力	0.25	100	态度严谨，技术熟练，数据准确、可靠，有较强的实际动手能力	态度严谨，技能较熟练，数据比较准确可靠，有一定的实际动手能力	态度较严谨，具有一定的动手能力及分析能力，实验数据基本准确可靠	态度一般，动手能力、实验数据等主要方面尚符合要求	马虎从事，实验数据不可靠，动手能力差
综合应用基础理论与专业知识的能力	0.25	100	能熟练地掌握和运用基本理论，设计有一些自己的独立见解，有一定的学术价值或实用价值	能熟练地掌握和运用有关理论，能在教师指导下独立完成实验并取得成果或阶段性成果	能较好地掌握和运用有关理论，在教师指导下能完成实验要求，成果有一定意义	掌握和运用理论比较符合要求，研究能力较弱，未取得什么成果	基本理论模糊不清，经指导教师详细指点，实验仍无结果，未取得任何成果
文字表达	0.10	100	设计结构严谨，逻辑性强，论述层次清晰，语言准确，文字流畅	设计结构合理，符合逻辑，文章层次分明，语言准确，文字通顺	设计结构基本合理，层次较为分明，文字通顺	设计结构有不合理部分，逻辑性不强，论说基本清楚，文字尚通顺	内容空乏，结构混乱，文字表达不清，错别字较多
答辩情况	0.10	100	能简明扼要、重点突出地阐述设计的主要内容，能准确流利地回答各种问题	能比较流利、清楚地阐述设计的主要内容，能较恰当地回答与设计有关的问题	基本能叙述出设计的主要内容，对提出的主要问题一般能回答，无原则性错误	能阐明自己的基本观点，对某些主要问题虽不能回答或有错误，经提示后能做补充或进行纠正	不能阐明自己的基本观点，主要问题答不出或有原则性错误，经提示后仍不能回答有关问题
学习态度与规范要求	0.10	100	学习态度认真，遵守纪律，设计完全符合规范化要求	态度比较认真，组织纪律较好，设计达到规范化要求	学习态度尚好，遵守组织纪律，设计基本达到规范化要求	学习不太认真，组织纪律性较差，设计勉强达到规范化要求	学习马虎，纪律涣散，设计达不到规范化要求

1.3.3.3　答辩

A　答辩的内容

答辩汇报的主要内容包括毕业设计的题目、毕业设计的任务、目的和意义、设计的内容、成果、结论和对自己完成任务的评价、致谢。汇报要求在15min内把自己完整的毕业设计从选题—设计—结论—感受做一个清晰简短的总结。汇报时要抓住重点，对于他人已做的工作和设计过程的细节应一带而过。要求准备充分、条理清晰、有序，既要充分展示工作量（如文件检索、现场调研、图、实验、监测数据和文字撰写等），又要防止重复和啰唆之感。

B　答辩的前期准备

学生答辩前的准备工作主要包括以下内容：

（1）编写汇报的书面提纲，包括需要汇报的主要内容。

（2）制作汇报用的 PPT。可参照以下内容进行选择：设计的课题，主要为自己的设计图件、说明书中的主要技术经济指标，如需要可制作汇报的内容提纲。以实验为主的设计，应将自己实验所得的主要数据绘成曲线、直方图或饼图等（没有曲线可以表为主），较为复杂的实验装置、监测布点图等。以环评课题为主的设计应包括项目的地理位置图、生产工艺及污染物排放的节点图、现状监测布点图、评价的标准及其值、评价的因子（评价指标）、评价的模式及结果。

（3）设计涉及的本专业的知识及相关知识。答辩质询的内容为课题的关键问题和与课题密切相关的基本理论、知识、设计及计算方法、实验方法、测试方法及鉴别其独立工作能力等问题，因此学生对自己的课题所涉及的知识和方法与研究领域内的研究现状有所了解。

（4）预答辩：答辩前应由指导教师组织本组学生进行预答辩。帮助学生更好地把握答辩的时间、汇报的内容和重点。

C　答辩的要求

（1）学生汇报时要思路清晰、目的明确、言简意赅、重点突出、材料准备充分、回答问题认真、不狡辩。

（2）正式答辩时学生必须仪表整齐，言行举止文明礼貌。

（3）答辩时答辩小组所有成员和学生都应参加，并保持安静。

（4）设计答辩的过程也是学术思想交流的过程。答辩人应将其视为请教和学习的机遇。因此，答辩结束之后，学生应认真听取答辩委员会的评判，进一步分析、思考答辩老师提出的问题，总结自己的所得和不足，为今后的工作和继续学习积累经验。

1.3.4　相关附表与归档

毕业设计结束，将设计说明书和附图附表装订成册，并提交电子文件存档。附表包括如下内容：

附表 1：毕业设计任务书；

附表 2：毕业设计开题报告（附文献综述和文献翻译）；

附表 3：毕业设计指导记录；

附表 4：毕业设计中期检查表；

附表 5：毕业设计说明书（附图）；

附表6：毕业设计评定表（包括指导教师评定表和评阅人评定表）；

附表7：毕业设计答辩记录；

附表8：毕业设计评定表。

其中，附表1、附表2、附表5由学生按照院系规定统一提交，其余附表由指导教师按照规定时间提交院系。毕业设计资料按要求认真填写，卷面要整洁，如为手写，则一律用黑色或蓝黑色签字笔，字体要工整，如打印，签名处必须为手写。毕业设计答辩材料的整理、装订和归档由院系统一完成。

电力应用化学及环境工程专业基本知识体系

2.1　电力应用化学与环境工程毕业设计主要研究内容

电力能源作为我国社会经济发展的基础保障，对推动我国社会经济的长远稳定发展，起到了重要保障作用。社会经济的发展和人们的日常生活，对电力资源的需求量非常大，对电力资源的需求程度达到了最高层次。为保证电力系统的安全稳定运行和降低电厂环境污染，毕业设计要求应用化学和环境工程专业学生在设计过程中发现问题、解决问题，重点检验学生设计和计算的能力。电力应用化学与环境工程专业毕业设计主要内容包括：火电厂生产主要设备及系统（锅炉、汽轮机）的腐蚀与防护、火电厂化学水处理系统、火电厂除灰系统、火电厂脱硫脱硝系统等。

2.1.1　电力应用化学毕业设计的主要研究内容

应用化学学科是在一系列实验基础上构建的，是介于化学和化工两大专业之间的综合性应用专业，既要求学生学习化学方面的基础知识、基本理论、基本技能，也要掌握相关的电厂工程技术知识。电力应用化学毕业设计涉及的主要内容分为电厂水处理、金属腐蚀与防护、电力用油分析、电厂燃料分析等。

（1）电厂水处理。主要研究内容包括水的预处理、锅炉补给水处理、炉内水处理、凝结水除盐处理、冷却水处理、循环水处理、膜技术和电渗析精处理技术等。

（2）金属腐蚀与防护。主要研究内容包括给水系统的电化学腐蚀与防护、汽水系统金属的腐蚀与防护、凝汽器铜管冷却水侧的腐蚀与防护、锅炉停用过程的腐蚀与防护以及汽轮机的腐蚀与防护等。

（3）电力用油分析。主要研究内容包括油品的化学组成分析、油品的基本理化和电气性能、油品的运行维护与监督、六氟化硫气体的特性与监督管理等。

（4）电厂燃料分析。主要研究内容是针对燃煤电厂中燃煤样品的采集、制备、工业分析、元素分析、发热量测定及工艺特性分析等。

（5）其他。包括发电机冷却介质的制备和控制、电厂化学处理系统在线检测和自动控制系统等。

2.1.2　电力环境工程的主要内容

电力环境工程的基本内容主要有以下几方面：

（1）水污染控制。主要内容是研究燃煤电厂污废水处理、中水回用、电厂废水处理以及提供不同用途和要求的用水工艺技术和工程措施等。

(2) 大气污染控制。主要内容是研究燃煤电厂除尘及输灰系统、电厂脱硫脱硝系统、脱碳示范工程等预防和控制大气污染，保护和改善大气质量的工程技术措施。

(3) 固体废弃物处理与处置。主要内容是研究电厂固体废物的综合利用、固体废物的最终处置、危险废物和放射性废物的管理等内容。

(4) 物理性污染。主要内容是研究电力行业中产生的噪声污染、振动污染、电磁污染、放射性污染、光污染、热污染等控制措施。

(5) 环境规划和管理。主要内容是研究我国环境管理的方针政策、法规、制度、管理体系和法律体系，电力企业环境管理基本内容，ISO 14000 环境管理系列标准，城市环境管理的基本途径和方法，全球环境管理的内容及基本原则等。

(6) 环境监测和环境影响评价。主要内容是研究水体、大气、土壤、生物、固体废物及噪声污染的监测方法和基本原理，以及监测结果的计算和统计方法；研究质量评价的基本理论、评价方法与技术等。

2.2　应用化学专业基础知识体系

2.2.1　发电厂水处理

2.2.1.1　发电厂热力系统及用水特点

水是发电生产过程中的重要介质。火力发电厂是依靠水作为传递能量的介质进行发电的，也是依靠水作为冷却介质完成热量交换工作的。

热力系统中水的品质是影响电厂热力设备如锅炉、汽轮机等安全经济运行的重要因素之一。没有经过净化处理的天然水如果进入水汽循环系统，将会造成各种危害，因此必须对水进行适当净化处理，并严格监督水汽质量。热力发电厂中水质不良引起的具体危害如下：

(1) 热力设备的结垢。水垢是指当水汽品质不合格时，与水接触的热力设备的受热面上将会附着一些固体物，这种固体附着物成为水垢，形成水垢的过程称为结垢。热力设备正常运行过程中，结垢部位的金属管壁温度升高，引起金属强度下降，在管内压力的作用下，造成管道局部变形、产生鼓包，甚至引起爆管。

(2) 热力设备的腐蚀。发电厂热力设备的金属经常和水接触，若水质不良，则会引起金属腐蚀，如给水管道，省煤器、蒸发器、加热器、过热器和汽轮机凝汽器的换热管，都会因水质不良而腐蚀。腐蚀不仅要缩短设备本身的使用期限，造成经济损失；而且腐蚀产物转入水中，使给水中杂质增多，从而加剧在高热负荷受热面上的结垢过程，结成的垢又会加速炉管的垢下腐蚀。此种恶性循环，会迅速导致爆管等事故。

(3) 过热器和汽轮机的积盐。水质不良还会使蒸汽溶解和携带的杂质增加，这些杂质会沉积在蒸汽的流通部位，如过热器和汽轮机，这种现象称为积盐。过热器管内积盐会引起金属管壁过热甚至爆管；阀门会因积盐而关闭不严；汽轮机内积盐会大大降低汽轮机的出力和效率，即使少量的积盐也会显著增加蒸汽流通的阻力，使汽轮机的出力下降。当汽轮机积盐严重时，还会使推力轴承负荷增大，隔板弯曲，造成事故停机。

电厂用水水质指标主要分为五种，用这五种指标来衡量水质的好坏：

(1) 表征水中悬浮物及胶体的指标，如浊度；

(2) 表征水中溶解盐类的指标，如含盐量、溶解固体、电导率等；

(3) 表征水中结垢物质的指标，如硬度；

(4) 表征水中碱性物质的指标，如碱度；

(5) 表征水中有机物的指标，如化学耗氧量（COD）、生物耗氧量（BOD）、总有机碳（TOC）、总需氧量（TOD）等。

2.2.1.2 水的预处理

电厂原水一般是江河水或地下水，含有悬浮物和胶体杂质。如不首先去除，将会影响后续水处理工艺的效果。通常采用混凝沉淀及过滤处理的预处理方法，目的是去除水中悬浮物、胶体物质和部分有机物。经过混凝沉淀处理后，浊度 ZD<10 FUT，能够满足工业用水的要求；再经过滤处理，ZD 在 2~5 FUT 之间，能满足后续除盐处理进水水质的要求。

A 混凝沉淀

混凝过程是指向水中投加混凝剂，直到最终形成大颗粒絮凝体的整个过程。分为两个阶段：(1) 凝聚阶段，包括胶体脱稳和脱稳胶体在布朗运动作用下聚集成微小凝絮的过程。脱稳胶体的移动速度决定了其碰撞频率。有效碰撞才能使脱稳胶粒聚集。完全脱稳则每次碰撞都可能形成微小凝絮。(2) 絮凝阶段，指微小絮凝在流体动力作用下再相互碰撞形成大絮凝体，主要在反应池中完成。

B 沉淀和澄清

原水经混凝过程之后进行沉淀处理。在混凝和沉淀共同作用下，去除水中悬浮物和胶体。如混凝和沉淀两个过程在同一设备中完成，则称此设备为澄清池，是电厂最常见的处理工艺。澄清池又分为水利循环澄清池和机械搅拌澄清池。

C 过滤

经过混凝沉淀之后的水中仍残留少量的细小悬浮物颗粒，可经过滤处理去除。电厂过滤水一般要求悬浮物量小于20mg/L。通常采用颗粒滤料的过滤方法。常用滤料有石英砂、无烟煤和重质矿石等。过滤是一个比较复杂的物理化学过程，其影响因素很多。对于粒状滤料的滤池，主要影响因素为滤速、滤层、反洗和水流的均匀性等。通常采用出水水质的浊度和滤层的截污容量来评价过滤效率。过滤设备按照承压情况分为压力式（过滤器）和重力式（过滤池）两大类。

D 预处理系统

预处理系统是指离子交换系统进水及反渗透前处理系统进水的处理系统，它是对天然水进行处理，去除水中悬浮物和胶体，包括混凝、澄清、过滤等处理单元。它的系统构成是根据原水水质和后续系统对水质的要求来确定的。主要设备如混合器、反应池和沉淀池或澄清池、滤池、水池、水泵以及辅助设备，如各种加药单元。预处理系统的工艺流程如图 2-1 所示。

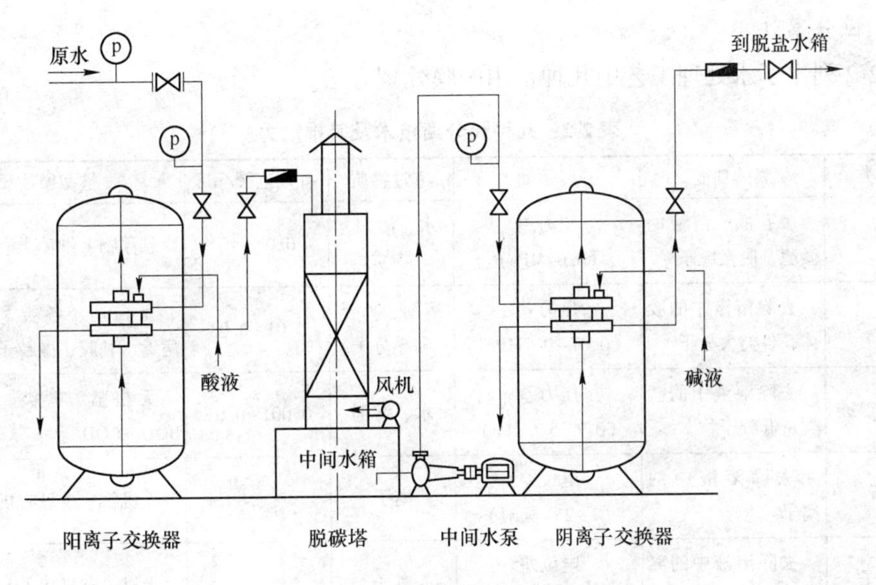

图 2-1 预处理系统工艺流程

2.2.1.3 锅炉补给水处理

经过预处理后的水，由于含有各种离子不能直接接入锅炉，必须进行进一步处理。目前锅炉补给水处理主要有离子交换法和膜分离法。

A 离子交换法

离子交换法主要用于去除中阴、阳离子，如 Ca^{2+}、Mg^{2+}、Na^{+}、K^{+} 及 Cl^{-}、SO_4^{2-}、NO_3^{-} 等。离子交换的影响因素有 pH 值、树脂交换容量、交联度及交换势。各类树脂的交换势如下：

强酸阳树脂：$Fe^{3+} > Ca^{2+} > Mg^{2+} > K^{+} > NH_4^{+} > Na^{+} > H^{+} > Li^{+}$；

弱酸阳树脂：$H^{+} > Fe^{3+} > Ca^{2+} > Mg^{2+} > K^{+} > NH_4^{+} > Na^{+} > Li^{+}$；

强碱阴树脂：$SO_4^{2-} > CrO_4^{2-} > NO_3^{-} > Cl^{-} > F^{-} > HO^{-} > HCO_3^{-} > HSiO_3^{-}$；

弱碱阴树脂：$HO^{-} > SO_4^{2-} > CrO_4^{2-} > NO_3^{-} > Cl^{-} > F^{-} > HCO_3^{-} > HSiO_3^{-}$。

表 2-1 列出了水处理中常用的离子交换树脂的孔型、分类、名称与型号。

表 2-1 水处理中常用的离子交换树脂的孔型、分类、名称与型号

孔型	分类	全 名 称	型 号
凝胶型	强酸性	强酸性苯乙烯系阳离子交换树脂	001
	弱酸性	弱酸性丙烯酸系阳离子交换树脂	111
	强碱性	强碱性季铵Ⅰ型阴离子交换树脂	201
	弱碱性	弱碱性苯乙烯系阴离子交换树脂	301、303
大孔型	强酸性	大孔强酸性苯乙烯系阳离子交换树脂	D001
	弱酸性	大孔弱酸性丙烯酸系阳离子交换树脂	D111
	强碱性	大孔强碱性季铵Ⅰ型阴离子交换树脂	D201
	强碱性	大孔强碱性季铵Ⅱ型阴离子交换树脂	D202
	弱碱性	大孔弱碱性苯乙烯系阴离子交换树脂	D301、D302
	弱碱性	大孔弱碱性丙烯酸系阴离子交换树脂	D311

B 膜分离法

表2-2列出了水处理工艺中几种常用的膜处理方法。

表2-2 几种膜分离技术及其推动力

膜的种类	膜的功能	分离驱动力	透过物质	有效范围/μm	被截留物质
微滤	多孔膜、溶液的微滤、脱微粒子	压力差（0.07MPa）	水、溶剂、物质	0.02~10	悬浮物、细菌类、微粒子
超滤	去除溶液中的胶体、各类大分子	压力差（0.07~0.7MPa）	溶剂、离子和小分子	0.01~0.02	蛋白质、各类酶、细菌、病毒、乳胶、微粒子
纳滤和反渗透	去除溶液中的盐类及低分子物	压力差（0.7~5.6MPa）	水、溶剂	0.001~0.01	无机盐、糖类、氨基酸、BOD、COD等
电渗析	去除溶液中的离子	电位差（1~2V/膜对）	离子		无机物、少量有机物
电去离子	去除溶液中的离子	电位差（1~2V/膜对）	离子		无机、有机离子

膜的性能与膜材料的分子结构紧密相关。目前常用的为高分子材料制成膜，形成两大主系列（序号1和序号2）和四个辅助系列（序号3~6）的高分子材料膜，如表2-3所示。在工业给水处理中，醋酸纤维素（CA）和聚酰胺膜（PA）的应用最为普遍。

表2-3 膜材料与膜

序号	类别	典型膜的化学组成	已制成的膜类型
1	醋酸纤维素	二醋酸纤维素	RO、UF、MF
		三醋酸纤维素	RO、MF
		混合醋酸纤维素	RO、UF、MF
		醋酸硝酸纤维素	MF
		醋酸丁酸纤维素	RO
		醋酸磷酸纤维素	RO
2	聚酰胺系	芳香族聚酰胺	RO、UF、MF
		脂肪族聚酰胺	RO、UF、MF
		芳香族聚酰胺肼	RO
		聚砜酰胺	RO、UF、MF
3	复合膜表面活性层聚合物系	糖醇催化聚合	RO
		糖醇-三聚异氰酸三羟乙酯催化聚合	RO
		聚乙烯亚胺、间苯二甲酰氯界面缩合	RO
		聚环氧氯丙烷乙二胺、间苯二甲酰氯界面缩合	RO
		均苯三甲酰氯、间苯二胺界面缩聚	RO
		丙烯腈-醋酸乙酯共聚物表面等离子体处理	RO
		水和氧化锆-聚丙烯酸动态复合	RO

续表 2-3

序号	类 别	典型膜的化学组成	已制成的膜类型
4	芳香杂环聚合物系	聚吡嗪酰胺	RO
		聚苯并咪唑	RO
		聚苯并咪唑酮	RO
		聚酰亚胺	RO、UF
5	离子型聚合物	磺化聚砜	RO、UF
		磺化聚苯醚	RO、UF
6	乙烯基聚合物和共聚物系	聚乙烯醇交联	RO、UF、MF
		聚乙烯醇-聚磺化苯乙烯	RO
		聚丙烯酸交联	RO
		聚丙烯腈	RO、MF

注：RO 为反渗透，UF 为超滤，MF 为微滤。

2.2.1.4 炉内水处理

锅炉炉内由于水质较差形成的水垢通常分为钙镁水垢、硅酸水垢、氧化铁垢和铜垢等。形成的水渣主要组分为一些金属的腐蚀产物，同时还含有一些悬浮物。大量的水垢附着在金属壁上会引起温度过高，强度下降。水垢的导热系数很低，是水垢危害性大的主要原因。钢和各种水垢的平均导热系数如表 2-4 所示。

表 2-4 钢和各种水垢的平均导热系数

名 称	导热系数 λ/W·(m·℃)$^{-1}$
钢材	46.40~69.60
炭黑	0.069~0.116
氧化铁垢	0.116~0.232
硅酸钙垢	0.058~0.232
硫酸钙垢	0.58~2.90
碳酸钙垢	0.58~6.96

为了电厂锅炉防止结垢，通常是向水中投加某种化学药剂，常用药品是磷酸盐。为了防止单纯磷酸盐处理时出现“磷酸盐暂失”现象，需要协调 pH 值-磷酸盐处理。因此，炉水中 PO_4^{3-} 浓度和 pH 值有相应的规定，如表 2-5 所示。

表 2-5 炉水 PO_4^{3-} 浓度和 pH 值标准（GB/T 12145—2016）

锅炉压力/MPa	PO_4^{3-} 浓度/mg·L^{-1}	pH 值
3.8~5.8	5~15	9.0~11.0
5.9~10.0	2~10	9.0~10.5
10.1~12.6	2~6	9.0~10.0
12.7~15.6	≤3	9.0~9.7
>15.6	≤1	9.0~9.7

此外，采用低磷酸盐处理也有利于磷酸盐暂时消失的现象，其参数如表2-6所示。

表2-6 低磷酸盐处理时 PO_4^{3-} 浓度和pH值控制标准

锅炉类型		锅炉水中 PO_4^{3-} 浓度/$mg \cdot L^{-1}$	pH值（25℃）
12.25~14.7MPa锅炉		0.5~5	9~10
大于14.7MPa锅炉		0.3~3	9~9.5
超高压不分段汽包锅炉		1~2	
超高压分段汽包锅炉	净段	0.5~5	
	盐段	<20	

2.2.1.5 凝结水除盐处理

凝结水处理的目的是为了去除系统的腐蚀产物和由凝汽器泄漏而带入的盐类。凝结水处理系统原则上由三部分组成：前置过滤器—除盐装置—后置过滤器。后置过滤器的作用是去除除盐装置泄漏出的碎树脂，目前多用树脂捕捉器代替；前置过滤器目前使用的有覆盖过滤器、电磁过滤器、阳离子交换、管式精密过滤器等；除盐装置常用的是体外再生高速混床，也有采用复床除盐方式的三床式和三室床，或阳-阴床，还有采用树脂粉末覆盖过滤器等。目前常用的凝结水处理系统有4种：前置过滤器（除铁用），空气擦洗体外再生高速混床（或复床除盐），前置过滤器—体外再生高速混床（或复床除盐），树脂粉末覆盖过滤器。

凝结水处理装置与热力系统连接方式和凝结水处理系统的组成如表2-7所示。

表2-7 凝结水处理装置与热力系统连接方式和凝结水处理系统的组成

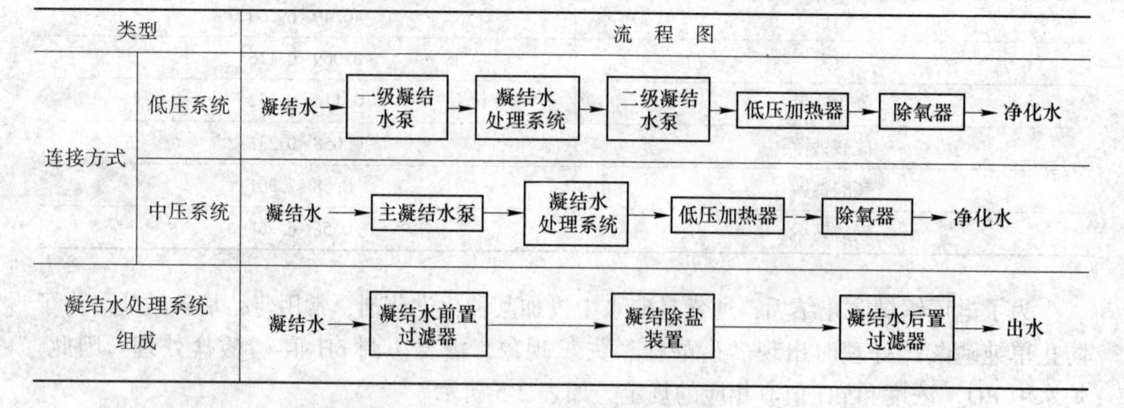

类型		流程图
连接方式	低压系统	凝结水→一级凝结水泵→凝结水处理系统→二级凝结水泵→低压加热器→除氧器→净化水
	中压系统	凝结水→主凝结水泵→凝结水处理系统→低压加热器→除氧器→净化水
凝结水处理系统组成		凝结水→凝结水前置过滤器→凝结除盐装置→凝结水后置过滤器→出水

凝结水目前多采用混床进行除盐，混床再生采用体外再生方式，如图2-2所示。

2.2.1.6 循环冷却水处理

循环冷却水处理主要是向循环水中投加各种化学药剂，运用物理、化学方法（表2-8），使循环冷却水维持一定的浓缩倍率运行，保持凝汽器、冷却水管内及循环冷却水系统不结垢、不腐蚀、无藻类及微生物滋生，为安全经济发电提供良好的运行条件（图2-3）。目前常用的敞开式循环水处理大致可分为保持水质稳定的补充水软化、循环水质调整和阻垢处理三大类。

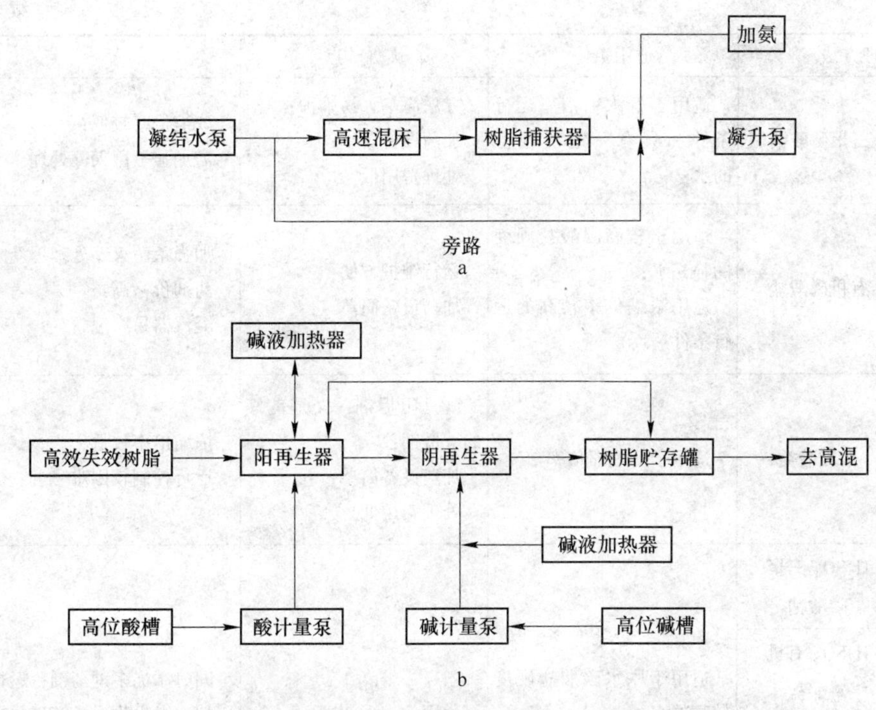

图 2-2　凝结水混床系统（a）和凝结水混床体外再生系统（b）工艺流程

表 2-8　各种循环水处理方法的适用条件及优缺点

处理方法	适用条件	优　点	缺　点
排污法	水源水量充足	方法简单，不需要处理设备和药品； 运行维护工作量小	适用水质范围窄； 水质差时，排污水量大，造成受纳水体的热污染
加酸处理	可处理碳酸盐硬度较高的补充水	方法简单；适用水质范围较宽	药剂消耗量大； 系统和设备耐酸性要求高； 高浓度硫酸盐对普通水泥有侵蚀性
炉烟碳化法	适用于低浓缩倍率运行； 燃煤中含硫量小于 2%； 不适用于高负硬水	综合利用烟气，有利于环保； 适用于开放式且水质不稳定的冷却系统的防垢	基建投资高； 易造成水塔严重结垢； 维护工作量大
炉烟 CO_2 法	燃煤中含硫量小于 2%； 适用于中、小容量电厂； 可处理碳酸盐硬度较高的补充水	综合利用炉烟，有利于环保	受煤质含硫量限制； 处理系统和设备要防腐蚀； 维护工作量大

续表 2-8

处理方法		适用条件	优点	缺点
阻垢剂处理法	三聚磷酸钠	适用于低浓缩倍率运行条件和具有一定负硬值的水	方法简单，易维护； 加药设备简单； 处理费用低	浓缩倍率较低； 需加强杀菌灭藻处理
	有机磷酸盐	适用于较高碳酸盐硬度的补充水； 适用浓缩倍率较高的运行条件	运行维护方便； 加药设备简单	加强杀菌灭藻处理； 药剂价格高； 凝汽器易腐蚀
	聚羧酸类	适用于低浓缩倍率	既是阻垢剂，又是良好的分散剂； 加药设备简单； 处理费用低	浓缩倍率较低； 运行控制较困难
复合处理法	$H_2SO_4^-$三聚磷酸钠	适用于原水碳酸盐硬度较高的水； 需在高浓缩倍率下运行	适用的水质范围广	同时添加多种药剂，运行复杂； 加速微生物生长繁殖； 系统和设备需防腐
	$H_2SO_4^-$有机磷酸盐			
	三聚磷酸钠-有机磷酸盐			
	聚丙烯酸-有机磷酸盐			
石灰处理法		原水碳酸硬度高； 适用于高浓缩倍率运行	运行费用低； 适用的水质范围广	基建投资大； 石灰纯度较低时，工作量大，难控制； 需要进行辅助处理
离子交换软化法		适用水源不足，高浓缩倍率运行	浓缩倍率高	基建投资大； 运行费用高

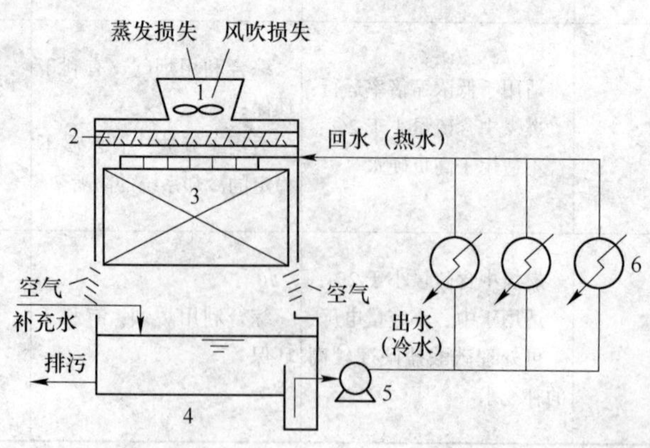

a

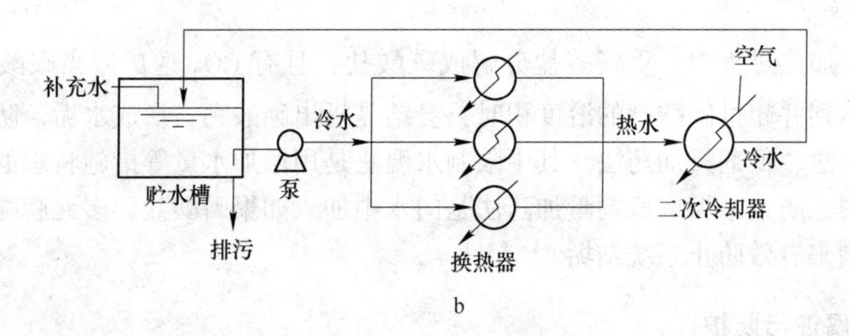

图 2-3 敞开式循环式冷却水系统（a）和密闭式循环式冷却水系统（b）
1—风机；2—收水器；3—淋水装置；4—冷却塔集水池；5—水泵；6—换热器

A 补充水软化

该法是将循环冷却系统补充水中的碳酸盐硬度除去，即软化处理，从而防止循环水系统形成水垢。常用方法有石灰处理法和离子交换法，其中石灰处理法是将生石灰加入水中生成熟石灰，再与水中的碳酸盐硬度发生化学反应，生成碳酸钙和氢氧化镁沉淀，从而降低水中的碱度和硬度，达到软化的目的；离子交换法是采用弱酸阳离子交换树脂与碳酸盐发生反应降低硬度。

B 水质调整

向循环水中加入化学药品，调整或改变水质盐分组成，降低结垢。常用方法是加酸法和炉烟处理法。加酸法指采用酸与循环水中的碳酸盐发生反应，降低硬度减缓结垢倾向。炉烟处理法是利用炉烟中含有的 CO_2 等酸性物质加入到循环水中，抑制碳酸氢钙的分解，使循环水中的钙盐保持碳酸氢盐的状态，防止结垢。火电厂常用的水质稳定剂见表 2-9。

表 2-9 火电厂常用的水质稳定剂

序号	名称	工业产品含量
1	三聚磷酸钠	固体含三磷酸钠 85%
2	氨基三亚甲基膦酸（ATMP）	固体为 85%~90%，液体为 50%
3	羧基亚乙基二膦酸（HEDP）	液体大于或等于 50%
4	乙二胺四甲基磷酸（EDTMP）	液体为 18%~20%
5	聚丙烯酸（PAA）	液体为 20%~25%
6	聚丙烯酸钠（PAAS）	液体为 25%~30%
7	聚马来酸（PMA）	液体为 50%
8	水解聚马来酸酐（HPMA）	液体为 50%
9	膦羧酸（PBTCA）	液体大于或等于 40%
10	璜酸共聚物	液体大于或等于 30%
11	马来酸-丙烯酸类共聚物	液体为 48%
12	丙烯酸-丙烯酸酯共聚物	液体大于或等于 25%
13	丙烯酸-丙烯酸羟丙脂共聚物	液体为 30%
14	多元醇磷酸酯	液体大于或等于 50%
15	有机磷磺酸	液体大于或等于 40%

C　阻垢处理

循环水在加热过程中，重碳酸盐分解成碳酸盐，且有CO_2逸出，当碳酸根与钙离子浓度的乘积达到并超过碳酸钙的溶度积时，会结晶析出碳酸钙，形成水垢。防止结垢的方法有限制水温法、低剂量加药法。其中限制水温法是用增加水量等措施将水的温度控制在允许的范围内，防止结垢。低剂量加药法是向水中加入如聚磷酸盐、多元膦酸、聚合膦酸羧酸等阻垢剂来有效防止系统结垢。

2.2.2　金属腐蚀与防护

电厂的热力设备在制造、运输、安装、运行和停运期间，会发生各种形态的腐蚀。金属腐蚀可分为电化学腐蚀和化学腐蚀两大类。电厂金属腐蚀主要为电化学腐蚀，如锅炉中常见的氧腐蚀、酸性腐蚀都属于电化学腐蚀。电厂热力设备的腐蚀通常分为给水系统的腐蚀和汽包锅炉水汽系统的腐蚀。

2.2.2.1　给水系统的腐蚀与防护

锅炉给水系统腐蚀包括给水和凝结水管道腐蚀、给水泵腐蚀、凝结水泵腐蚀、高低压加热器腐蚀、省煤器腐蚀和疏水箱腐蚀等设备。水中的溶解氧和二氧化碳是引起该系统金属腐蚀的主要原因。给水系统金属腐蚀可采用热力除氧法和化学药剂除氧法等给水除氧措施以及给水加氨处理。

给水加氧工况下汽水质量标准见表2-10。

表2-10　给水加氧工况下汽水质量标准

项目	pH值（25℃）	氢电导率（25℃）/$\mu S\cdot cm^{-1}$		铁含量 /$\mu g\cdot L^{-1}$		铜含量 /$\mu g\cdot L^{-1}$		溶解氧含量 /$\mu g\cdot L^{-1}$	二氧化硅含量 /$\mu g\cdot L^{-1}$	钠含量 /$\mu g\cdot L^{-1}$
		标准值	期望值	标准值	期望值	标准值	期望值			
省煤器入口	8.0~9.0	<0.15	≤0.10	<10	≤5	<5	≤3	30~300	<10	<5
主蒸汽	—	<0.15	—	<5	≤3	<3	≤1	—	<10	<10
凝结水泵出口	—	<0.3	—	—	—	—	—	—	—	<10
凝结水精处理设备出口	—	≤0.10	—	<5	≤3	<3	≤1	—	<10	<1
补给水混床出水	—	≤0.15	—	—	—	—	—	—	<10	—

当汽水质量偏离控制指标时，应查找原因，采取相应的措施，见表2-11。

表2-11　给水加氧工况下汽水质量异常情况及处理措施

异常情况	处理措施
凝结水氢电导率（25℃）不小于0.2μS/cm	停止加氧，转换为全挥发处理工况运行，24h内使氢电导率降至0.15μS/cm以下

续表 2-11

异 常 情 况	处 理 措 施
凝结水含钠量大于400μg/L	紧急停机
省煤器入口氢电导率（25℃）为0.10~0.15μS/cm	正常运行，查找污染原因，在72h降至0.10μS/cm以下
省煤器入口氢电导率（25℃）为0.15~0.20μS/cm	立即提高加氨量，调整给水pH值到9.0~9.5，在24h降至0.10μS/cm以下
省煤器入口氢电导率（25℃）不小于0.2μS/cm	停止加氧，转换为全挥发处理工况运行，在24h降至0.15μS/cm以下
省煤器入口氢电导率（25℃）不小于0.3μS/cm	若4h内不好转，应停炉处理

2.2.2.2 汽包炉水汽系统的腐蚀与防护

虽然进入炉内的水都是经过除氧的，但由于炉内水的pH值较高仍会发生腐蚀。目前高压锅炉内常见的腐蚀为介质浓缩腐蚀也称为沉积物下腐蚀。为了防止沉积物下腐蚀，通常采用以下措施：

（1）新装锅炉投入运行前，进行化学清洗；运行后要定期清洗，除去沉积在金属管壁上的腐蚀产物。

（2）提高给水水质，防止给水系统腐蚀而使给水中的铜、铁含量增大。

（3）尽量防止凝汽器泄露。

（4）调节锅炉水水质，消除或减少锅炉水中的侵蚀性杂质。

（5）做好锅炉的停用保护工作，防止停用腐蚀。

2.2.2.3 停运过程的腐蚀与防护

停用保护的方法见表2-12。

表2-12 停用保护的方法

类型	保 护 方 法
锅炉停用	（1）阻止空气进入停用锅炉的水汽系统内，包括加联氨-氨法、充氮法、保持蒸汽压力法等； （2）降低水汽系统内部的湿度，包括烘干法、干燥剂法等； （3）加缓蚀剂，如加入十八烷胺
汽机和凝汽器停用	干法。停用后应先放干水，再使系统自然干燥或吹干或加入干燥剂
加热器的停用	（1）低压热交换器一般为铜管，常采用干法或充氮保护； （2）高压热交换管为钢管，采用联氨-氨保护
除氧器的停用	根据停用保护期长短： （1）一周内，采用热蒸汽循环保护，水温高于106℃； （2）一周至一季度，采用放水充氮保护或联氨溶液-充氮联合保护； （3）一季度以上，采用放水充氮干法保护

2.2.3 电力用油

电力用油主要是指汽轮机油、变压器油和EH系统中的磷酸酯抗燃油三大类。电力用油中可能存在的问题分为三种：存在气体的问题、固体杂质的问题和水分的问题。

电力用油的类型和对应的技术要求标准以及电力用油的测定方法如表 2-13 和表 2-14 所示。

表 2-13　电力用油的类型和对应的技术要求标准

类　型	标　准
变压器油	验收标准：GB 2536—2011 运行中标准：GB/T 7595—2017
汽轮机油	防锈性汽轮机油：GB 11120—2011 抗氨汽轮机油：SH/T 0362—96 合成汽轮机油：DL/T 571—2007

表 2-14　电力用油的测定方法

标 准 名 称	标准编号
电力用油闭口闪点测定　微量常闭法	DL/T 1354—2014
电力用油体积电阻率测定法	DL/T 421—2009
电力用油透明度测定法	DL/T 429. 1—2017
电力用油颜色测定法	DL/T 429. 2—2016
电力用油开口杯老化测定法	DL/T 429. 6—2015
电力用油油泥析出测定方法	DL/T 429. 7—2017
电力用油中颗粒度测定方法	DL/T 432—2018
电力用油（变压器油、汽轮机油）取样方法	GB/T 7597—2007

油品净化与再生的方法如表 2-15 所示。

表 2-15　油品净化与再生方法

方法	原　理	装　置
沉降法	利用水分及机械杂质等比油品密度大的特点，在重力作用下从油中分离	在装有加热装置、保温措施及排污阀的沉降罐内
压力过滤法	利用油泵的压力使油通过过滤介质，使油中混杂物等被截留或吸附	板框式滤油机
真空过滤法	在高真空和一定温度下，使油物化或使油流形成油膜，脱出油中水分	真空滤油机
离心分离法	基于油水等杂质的密度不同，旋转时产生的离心力不同使杂质迅速分离	离心式滤油机

2. 2. 4　燃料分析

火电厂常用燃煤分析项目如表 2-16 所示。

表 2-16 火电厂常用燃煤分析项目

项目		符号	单位	测定标准
工业分析	水分	M	%（质量分数）	GB/T 212—2008
	灰分	A		
	挥发分	VM		
	固定碳	FC		
元素分析（有机）	碳	C	%（质量分数）	GB/T 476—2008
	氢	H		
	氮	N		
	硫	S		
	氯	Cl		
	氧	O		
发热量	弹捅发热量	Q_b	J/g	GB/T 213—2008
	高位发热量	Q_{gr}		
	低位发热量	Q_{net}		
全硫		S_t	%（质量分数）	GB/T 214—2007
形态硫	硫化物硫	S_p	%（质量分数）	GB/T 215—2003
	硫酸盐硫	S_s		
	可燃硫	S_c		
	不可燃硫	S_{ic}		
灰分组分	氧化硅	SiO_2	%（质量分数）	GB/T 1574—2007
	三氧化二铝	Al_2O_3		
	三氧化二铁	Fe_2O_3		
	氧化钙	CaO		
	氧化镁	MgO		
	氧化钠	Na_2O		
	氧化钾	K_2O		
	氧化钛	TiO_2		
	三氧化硫	SO_3		
	五氧化二磷	P_2O_5		
灰熔融特征温度	初始变形温度	IT	℃	GB/T 219—2008
	软化温度	ST		
	半球温度	HT		
	流动温度	FT		
哈氏可磨指数		HGI	—	GB/T 2565—2014
矿物质		MM	—	GB/T 7560—2001
真密度		TRD	—	GB/T 217—2008
视密度		ARD	—	GB/T 6949—2010
堆积密度			g/cm^3	

续表 2-16

项　　目		符号	单位	测定标准
煤颗粒度			mm	GB/T 477—2008
煤粉细度			%（质量分数）	DL/T 567.5—2015
可燃物		CM	%（质量分数）	DL/T 567.6—2015
基准符号	收到基	ar		
	空气干燥基	ad		
	干燥基	d		
	干燥无灰基	daf		
	干燥无矿物基	dmmf		

2.3　环境工程专业基础知识体系

2.3.1　燃煤电厂脱硫脱硝

2.3.1.1　脱硫技术的分类及基本原理

通过对国内外脱硫技术以及国内电力行业脱硫工艺情况的分析研究，目前脱硫方法一般可划分为燃烧前脱硫、燃烧中脱硫和燃烧后脱硫等三大类。

A　燃烧前脱硫

燃烧前脱硫就是在煤燃烧前把煤中的硫分脱除掉，燃烧前脱硫技术主要有物理洗选煤法、化学洗选煤法、煤的气化和液化、水煤浆技术等。洗选煤是采用物理、化学或生物方式对锅炉使用的原煤进行清洗，将煤中的硫部分除掉，使煤净化并生产出不同质量、规格的产品。微生物脱硫技术从本质上讲也是一种化学法，它是把煤粉悬浮在含细菌的气泡液中，细菌产生的酶能促进硫氧化成硫酸盐，从而达到脱硫的目的。煤的气化，是指用水蒸气、氧气或空气作氧化剂，在高温下与煤发生化学反应，生成 H_2、CO、CH_4 等可燃混合气体（称作煤气）的过程。煤炭液化是将煤转化为清洁的液体燃料（汽油、柴油、航空煤油等）或化工原料的一种先进的洁净煤技术。水煤浆（coal water mixture，简称 CWM）是将灰分小于 10%，硫分小于 0.5%、挥发分高的原料煤，研磨成 250~300μm 的细煤粉，按 65%~70%的煤、30%~35%的水和约 1%的添加剂的比例配制而成，水煤浆可以像燃料油一样运输、储存和燃烧。

燃烧前脱硫技术中物理洗选煤技术已成熟，应用最广泛、最经济，但只能脱无机硫；生物、化学法脱硫不仅能脱无机硫，也能脱除有机硫，但生产成本昂贵，与工业应用尚有较大距离；煤的气化和液化还有待于进一步研究完善；微生物脱硫技术正在开发；水煤浆是一种新型低污染代油燃料，它既保持了煤炭原有的物理特性，又具有石油一样的流动性和稳定性，被称为液态煤炭产品，市场潜力巨大，目前已具备商业化条件。煤燃烧前的脱硫技术尽管还存在着种种问题，但其优点是能同时除去灰分，减轻运输量，减轻锅炉的沾污和磨损，减少电厂灰渣处理量，还可回收部分硫资源。

B 燃烧中脱硫（炉内脱硫）

炉内脱硫是在燃烧过程中，向炉内加入固硫剂如 $CaCO_3$ 等，使煤中硫分转化成硫酸盐，随炉渣排出。

a LIMB 炉内喷钙技术

早在 20 世纪 60 年代末至 70 年代初，炉内喷固硫剂脱硫技术的研究工作已开展，但由于脱硫效率低于 30%，既不能与湿法 FGD 相比，也难以满足高达 90%的脱除率要求。但在 1981 年美国国家环保局 EPA 研究了炉内喷钙多段燃烧降低氮氧化物的脱硫技术，简称 LIMB，并取得了一些经验。Ca/S 在 2 以上时，用石灰石或消石灰作吸收剂，脱硫率分别可达 40%和 60%。对燃用中、低含硫量的煤的脱硫来说，炉内喷钙脱硫工艺简单，投资费用低，特别适用于老厂的改造。

b LIFAC 烟气脱硫工艺

LIFAC 工艺即在燃煤锅炉内适当温度区喷射石灰石粉，并在锅炉空气预热器后增设活化反应器，用以脱除烟气中的 SO_2。芬兰 Tampella 和 IVO 公司开发的这种脱硫工艺，于 1986 年首先投入商业运行。LIFAC 工艺的脱硫效率一般为 60%~85%。

加拿大最先进的燃煤电厂采用 LIFAC 烟气脱硫工艺，8 个月的运行结果表明，其脱硫工艺性能良好，脱硫率和设备可用率都达到了与一些成熟的 SO_2 控制技术相当的水平。我国下关电厂引进 LIFAC 脱硫工艺，其工艺投资少、占地面积小、没有废水排放，有利于老电厂改造。

C 燃烧后脱硫

在燃烧后脱硫（flue gas desulfurization，简称 FGD）技术中，按脱硫剂的种类划分，可分为五种方法：以 $CaCO_3$（石灰石）为基础的钙法，以 MgO 为基础的镁法，以 Na_2SO_3 为基础的钠法，以 NH_3 为基础的氨法，以有机碱为基础的有机碱法。世界上普遍使用的商业化技术是钙法，所占比例在 90%以上。按吸收剂及脱硫产物在脱硫过程中的干湿状态又可将脱硫技术分为湿法、干法和半干（半湿）法。燃煤的烟气脱硫技术是当前应用最广、效率最高的脱硫技术。对燃煤电厂而言，在今后一个相当长的时期内，FGD 将是控制 SO_2 排放的主要方法。目前国内外燃煤电厂烟气脱硫技术的主要发展趋势为：脱硫效率高、装机容量大、技术水平先进、投资省、占地少、运行费用低、自动化程度高、可靠性好等。

a 干式烟气脱硫工艺

干式烟气脱硫工艺用于电厂烟气脱硫始于 20 世纪 80 年代初，与常规的湿式洗涤工艺相比有以下优点：投资费用较低；脱硫产物呈干态，并和飞灰相混；无须装设除雾器及再热器；设备不易腐蚀，不易发生结垢及堵塞。其缺点是：吸收剂的利用率低于湿式烟气脱硫工艺，用于高硫煤时经济性差，飞灰与脱硫产物相混可能影响综合利用，对干燥过程控制要求很高。

（1）喷雾干式烟气脱硫工艺。喷雾干式烟气脱硫（简称干法 FGD），该工艺用雾化的石灰浆液在喷雾干燥塔中与烟气接触，石灰浆液与 SO_2 反应后生成一种干燥的固体反应物，最后连同飞灰一起被除尘器收集。我国曾在四川省白马电厂进行了旋转喷雾干法烟气脱硫的中间试验，取得了一些经验，为在 200~300MW 机组上采用旋转喷雾干法烟气脱硫优化参数的设计提供了依据。

（2）粉煤灰干式烟气脱硫技术。日本从1985年起，研究利用粉煤灰作为脱硫剂的干式烟气脱硫技术，到1988年底完成工业实用化试验，1991年初投运了首台粉煤灰干式脱硫设备，处理烟气量（标准状态）$644000m^3/h$。其特点：脱硫率高达60%以上，性能稳定，达到了一般湿式法脱硫性能水平；脱硫剂成本低；用水量少，无须排水处理和排烟再加热，设备总费用比湿式法脱硫低1/4；煤灰脱硫剂可以复用；没有浆料，维护容易，设备系统简单可靠。

b　湿法烟气脱硫工艺

世界各国的湿法烟气脱硫工艺流程、形式和机理大同小异，主要是使用石灰石（$CaCO_3$）、石灰（CaO）或碳酸钠（Na_2CO_3）等浆液作洗涤剂，在反应塔中对烟气进行洗涤，从而除去烟气中的SO_2。这种工艺已有50年的历史，经过不断的改进和完善后，技术比较成熟，而且具有脱硫效率高（90%~98%）、机组容量大、煤种适应性强、运行费用较低和副产品易回收等优点。据美国环保局（EPA）的统计资料，全美燃煤电厂采用湿式脱硫装置中，湿式石灰法占39.6%，石灰石法占47.4%，两法共占87%；双碱法占4.1%，碳酸钠法占3.1%。世界各国（如德国、日本等），在大型燃煤电厂中，90%以上采用湿式石灰/石灰石-石膏法烟气脱硫工艺流程。

传统的石灰/石灰石工艺有其潜在的缺陷，主要表现为设备的积垢、堵塞、腐蚀与磨损。为了解决这些问题，各设备制造厂商采用了各种不同的方法，开发出第二代、第三代石灰/石灰石脱硫工艺系统。湿法FGD工艺较为成熟的还有氢氧化镁法、氢氧化钠法、氨法等。在湿法工艺中，烟气的再热问题直接影响整个FGD工艺的投资。因为经过湿法工艺脱硫后的烟气一般温度较低（45℃），大都在露点以下，若不经过再加热而直接排入烟囱，则容易形成酸雾，腐蚀烟囱，也不利于烟气的扩散，所以湿法FGD装置一般都配有烟气再热系统。目前，应用较多的是技术上成熟的再生（回转）式烟气热交换器（GGH）。GGH价格较贵，占整个FGD工艺投资的比例较高。前德国SHU公司开发出一种可省去GGH和烟囱的新工艺，它将整个FGD装置安装在电厂的冷却塔内，利用电厂循环水余热来加热烟气，运行情况良好，是一种十分有前途的方法。

c　等离子体烟气脱硫技术

等离子体烟气脱硫技术研究始于20世纪70年代，目前世界上已较大规模开展研究的方法有两类：

（1）电子束辐照法（EB）。电子束辐照含有水蒸气的烟气时，会使烟气中的分子如O_2、H_2O等处于激发态、离子或裂解，产生强氧化性的自由基O、OH、HO_2和O_3等。这些自由基对烟气中的SO_2和NO进行氧化，分别变成SO_3和NO_2或相应的酸。在有氨存在的情况下，生成较稳定的硫铵和硫酸铵固体，它们被除尘器捕集下来而达到脱硫脱硝的目的。

（2）脉冲电晕法（PPCP）。脉冲电晕放电脱硫脱硝的基本原理和电子束辐照脱硫脱硝的基本原理基本一致，世界上许多国家进行了大量的实验研究，并且进行了较大规模的中间试验，但仍然有许多问题有待研究解决。

d　海水脱硫

海水通常呈碱性，自然碱度为1.2~2.5mmol/L，这使得海水具有天然的酸碱缓冲能

力及吸收 SO_2 的能力。国外一些脱硫公司利用海水的这种特性，开发并成功地应用海水洗涤烟气中的 SO_2，达到烟气净化的目的。海水脱硫工艺主要由烟气系统、供排海水系统、海水恢复系统等组成。

2.3.1.2　脱硝技术的分类及基本原理

根据 NO_x 的产生机理，NO_x 的控制主要有三种方法：燃料脱氮；改进燃烧方式和生产工艺，即燃烧中脱氮；烟气脱硝，即燃烧后 NO_x 控制技术。根据不同目的可分为不同的方法：（1）按照操作特点可分为干法、湿法和干-湿结合法三大类，其中干法又可分为选择性催化还原法（SCR）、吸附法、高能电子活化氧化法等；湿法分为水吸收法、配合吸收法、稀硝酸吸收法、氨吸收法、亚硫酸氨吸收法等；干-湿结合法是催化氧化和相应的湿法结合而成的一种脱硝方法。（2）根据净化原理可分为催化还原法、吸收法和固体吸附法等。燃料脱氮技术至今尚未很好地开发，有待于今后继续研究。下面主要介绍改进燃烧方式和生产工艺脱氮以及烟气脱硝。

A　改进燃烧方式和生产工艺脱氮

由氮氧化物（NO_x）形成原因可知，对 NO_x 形成起决定性作用的是燃烧区域的温度和过量的空气。低 NO_x 燃烧技术就是通过控制燃烧区域的温度和空气量，以达到阻止 NO_x 生成及降低其排放的目的。对低 NO_x 燃烧技术的要求是，在降低 NO_x 的同时，使锅炉燃烧稳定，且飞灰含碳量不超标。目前常用的方法有：

（1）降低过剩空气率。通过减少锅炉的供给空气，尤其是减少燃烧区域的过剩氧分，来抑制 NO_x 的产生。

（2）降低燃烧空气温度。

（3）二次燃烧技术。二次燃烧是将燃烧空气分两个阶段供给，第一阶段在空气比为 1 以下进行燃烧，再在其后的第二阶段补给不足的空气达到完全燃烧。第一阶段的空气量越少，NO_x 的降低效果越好。

（4）烟气再循环技术。将部分燃烧烟气混入燃烧空气中，以降低燃烧空气中 O_2 的浓度来减弱燃烧，从而降低燃烧温度达到减少 NO_x 的目的。

（5）改善燃烧器。根据燃烧器的结构，可以采用推迟燃料与空气的扩散混合；促进燃烧的不均一化；促进火焰的热辐射来抑制 NO_x 的生成。

（6）炉内脱硝法。将在燃烧室内的碳化氢还原生成 NO_x，炉内脱硝分为两个过程。第一过程是用碳化氢还原 NO_x，第二过程是使第一过程中未燃成分完全燃烧。

（7）燃料转换。NO_x 的生成量与燃料的种类有关，一般认为 NO_x 的生成量是固体燃料>液体燃料>气体燃料。将燃煤发电厂中锅炉的固体燃料液化或气化后使用，能有效降低 NO_x 的生成。

以上这些低 NO_x 燃烧技术在燃用烟煤、褐煤时可以达到国家的排放标准，但是在燃用低挥发分的无烟煤、贫煤和劣质烟煤时还远远不能达到国家的排放标准。需要结合烟气净化技术来进一步控制氮氧化物（NO_x）生成排放。

B　烟气脱硝技术

a　选择性催化还原脱硝

选择性催化还原脱硝（selective catalytic reduction，简称 SCR）由美国 Eegelhard 公司

发明，日本率先在 20 世纪 70 年代对该方法实现了工业化。它是利用 NH_3 和催化剂（铁、钒、铬、钴、铂及碱金属）在温度为 200～450℃时将 NO_x 还原为 N_2。NH_3 具有选择性，只与 NO_x 发生反应，基本上不与 O_2 反应。

SCR 法中催化剂的选取是关键。对催化剂的要求是活性高、寿命长、经济性好和不产生二次污染。在以氨为还原剂来还原 NO 时，虽然过程容易进行，铜、铁、铬、锰等非贵金属都可起有效的催化作用，但因烟气中含有 SO_2 尘粒和水雾，对催化反应和催化剂均不利，故采用 SCR 法必须首先进行烟气除尘和脱硫，或者是选用不易受烟气污染影响的催化剂；同时要使催化剂具有一定的活性，还必须有较高的烟气温度。通常是采用 TiO_2 为基体的碱金属催化剂，最佳反应温度为 300～400℃。

SCR 法是国际上应用最多，技术最成熟的一种烟气脱硝技术。在欧洲已有 120 多台大型的 SCR 装置的成功应用经验，NO_x 的脱除率达到 80%～90%；日本大约有 170 套 SCR 装置，接近 100000MW 容量的电厂安装了这种设备；美国政府也将 SCR 技术作为主要的电厂控制 NO_x 技术。

该法的优点是：反应温度较低；净化率高，可达 85% 以上；工艺设备紧凑，运行可靠，还原后的氮气放空，无二次污染。但也存在一些明显的缺点：烟气成分复杂，某些污染物可使催化剂中毒；高分散的粉尘微粒可覆盖催化剂的表面，使其活性下降；投资与运行费用较高。

我国 SCR 技术研究开始于 20 世纪 90 年代。1995 年，台湾台中电厂机组就安装了 SCR 脱硝装置，大陆第一台脱硝装置安装于福建后石电厂，1999 年陆续投运。自 2004 年国华宁海电厂和国华台山电厂烟气脱硝装置国际招标开始，中国脱硝市场迅速升温。目前国内已有十多个大型环保工程公司和锅炉厂完成和正在进行 SCR 脱硝技术引进。截至 2005 年底，我国大陆已有通过环境影响评价批准和待批准的火电脱硝机组容量 2900MW，目前我国正处于 SCR 脱硝项目示范阶段，已运行和在建的 SCR 装置主要处于环保指标要求较严格的城市和新建的大型燃煤机组。

b　选择性非催化还原脱硝（SNCR）

选择性非催化还原脱硝（selective non-catalytic reduction，简称 SNCR）技术是向烟气中喷氨或尿素等含有 NH_3 基的还原剂，在高温（900～1000℃）和没有催化剂的情况下，通过烟道气流中产生的氨自由基与 NO_x 反应，把 NO_x 还原成 N_2 和 H_2O。在选择性非催化还原中，部分还原剂将与烟气中的 O_2 发生氧化反应生成 CO_2 和 H_2O，因此还原剂消耗量较大。

目前的趋势是用尿素代替 NH_3 作为还原剂，从而避免因 NH_3 的泄漏而造成新的污染。实验证明，低于 900℃时，NH_3 的反应不完全，会造成氨漏失；而温度过高，NH_3 氧化为 NO 的量增加，导致 NO_x 排放浓度增大，所以 SNCR 法的温度控制是至关重要的。此法的脱硝效率为 40%～70%，多用作低 NO_x 燃烧技术的补充处理手段。SNCR 技术目前的趋势是用尿素代替氨作为还原剂。

与 SCR 法相比，SNCR 法除不用催化剂外，基本原理和化学反应基本相同。因没有催化剂作用，反应所需温度较高（900～1200℃），以免氨被氧化成氮氧化物。该法投资较 SCR 法小，但氨液消耗量大，NO_x 的脱除率也不高。SNCR 技术比较适合于中小型电厂改造项目。

绝大部分是将 SNCR 技术和其他脱硝技术联合应用，如 SNCR 和低氮燃烧技术联合，以及 SNCR 与 SCR 混合技术等。此外，SNCR 还与低 NO_x 燃烧器和再燃烧技术等联合应用。目前江苏阐山电厂、江苏利港电厂在应用低 NO_x 燃烧技术的基础上，采用 SNCR 与 SCR 联合烟气脱硝技术。脱硝工程分为两期，首先实施 SNCR 部分，SCR 部分在环保标准要求更高时实施。

c　碱性溶液吸收法

碱性溶液吸收法是采用 NaOH、KOH、Na_2CO_3、$NH_3 \cdot H_2O$ 等碱性溶液作为吸收剂对 NO_x 进行化学吸收。其中氨的吸收率最高，为进一步提高吸收效率，又开发了氨-碱溶液两级吸收，氨先与 NO_x 和水蒸气进行完全气相反应，生成硝酸铵和亚硝酸铵白烟雾；然后用碱性溶液进一步吸收未反应的 NO_x，生成硝酸盐和亚硝酸盐，吸收液经多次循环，碱液耗尽之后，将含有硝酸盐和亚硝酸盐的溶液浓缩结晶，可作肥料使用。该法的优点是能将 NO_x 回收为亚硝酸盐或硝酸盐产品，有一定经济效益；工艺流程和设备也较简单。缺点是吸收效率不高，对烟气中的 NO_2/NO 的比例有一定限制。

2.3.1.3　同时脱硫脱硝技术

A　电子束照射同时脱硫脱硝技术

除尘后的烟气主要含 SO_2、NO_x、N_2、H_2O，它们在电子束加速器产生的电子束流辐照下，经电离、激发、分解等作用，可生成活性很强的离子、激发态分子。为了提高脱除率，更好地回收和利用生成物，加入氮、石灰水等添加剂，生成固体化学肥料硫酸铵和硝酸铵。

电子束辐照处理烟气技术的优点有：能同时脱硫脱氮，处理过程中不需要触媒，不受尘埃影响，没有老化、结集、阻塞、清洗等问题。由于是干式处理法，不影响原系统的热效率，烟气可不必再加热即从烟囱排放。添加氨时，生成物可作肥料使用。脱除率高达 80%以上，设备占地面积小，系统简单，维修保养容易。由于相关技术不够成熟，目前在大型锅炉的应用上有一定困难，但该技术具有相当理想的前景。

B　电晕放电等离子体同时脱硫脱硝技术

电晕放电过程中产生的活化电子（5~20eV）在与气体分子碰撞的过程中会产生 OH、O_2H、N、O 等自由基和 O_2。这些活性物种引发的化学反应首先把气态的 SO_2 和 NO_x 转变为高价氧化物，然后形成 HNO_3 和 H_2SO_4。在氨注入的情况下，进一步生成硫酸铵和硝酸铵等细颗粒气溶胶。产物用常规方法（ESP 或布袋）收集，完成从气相中的分离。

锅炉排放的烟气首先经过一级除尘，去掉 80%左右的粉尘之后将烟气降温到 70~80℃，目前降温的方法有两种：一是热交换器，二是喷雾增湿降温。一般增湿后的烟气含水 10%左右。降温后的烟气与氨混合进入等离子体反应器，反应产物由二次除尘设备收集，采用 ESP 或布袋均可，但选择布袋更优。最后洁净的烟气从烟囱排出。

电晕放电法与电子束辐照法是类似的方法，只是获得高能电子的渠道不同，电子束法的高能电子束（500~800keV）由加速器加速得到。后者的活化电子（5~20eV）则由脉冲流柱电晕的局部强电场加速得到。该方法的 NO_x 脱除率相当可观，其投资和运行费用也相对较低，但目前由于脉冲电源等技术尚不成熟，因此，距离大面积工业应用还有一段距离。

电晕放电等离子体和湿法烟气同时脱硫脱硝技术都还在进一步研究中，离大规模的工业应用还有些距离。

2.3.1.4　脱硫脱硝超低排放技术

GB 13223—2011《燃煤电厂大气污染物排放标准》进一步降低了燃煤电厂大气污染物的排放限值。2014年9月，国家发展改革委、环保部和国家能源局三部委联合颁发了《煤电节能减排升级与改造行动计划（2014~2020年)》，要求东部地区新建燃煤机组排放基本达到燃汽轮机组污染物排放限值，即在基准氧含量6%条件下，SO_2、NO_x 排放浓度分别不高于35mg/m^3、50mg/m^3。对中部和西部地区及现役机组也提出了要求。国内燃煤发电集团纷纷提出了"超净排放""近零排放""超低排放""绿色发电"等概念和要求，同时不断规范燃煤电厂超低排放烟气治理工程技术方法，从而达到脱硫脱氮超低排放标准要求。

A　二氧化硫超低排放控制技术

针对二氧化硫超低排放的要求，传统的石灰石-石膏湿法脱硫工艺，在采取增加喷淋层、均化流场技术、高效雾化喷嘴、性能增效环或增加喷淋密度等技术措施的基础上，进一步开发出新技术来提高脱硫效率。这些技术主要包括pH值分区脱硫技术、复合塔脱硫技术等。

pH值分区脱硫技术是通过加装隔离体、浆液池等方式对浆液实现物理分区或依赖浆液自身特点（流动方向、密度等）形成自然分区，以达到对浆液pH值的分区控制，完成烟气 SO_2 的高效吸收。目前工程应用中较为广泛的pH值分区脱硫技术包括单/双塔双循环、单塔双区、塔外浆液箱pH值分区等。

复合塔脱硫技术是在吸收塔内部加装托盘或湍流器等强化气液传质组件，烟气通过持液层时气液固三相传质速率得以大幅提高，进而完成烟气 SO_2 的高效吸收。目前工程应用中较为广泛的复合塔脱硫技术有旋汇耦合和托盘塔等。

a　单/双塔双循环脱硫

单塔双循环技术最早源自德国诺尔公司，该技术与常规石灰石-石膏湿法烟气脱硫工艺相比，除吸收塔系统有明显区别外，其他系统配置基本相同。该技术实际上是相当于烟气通过了两次 SO_2 脱除过程，经过了两级浆液循环，两级循环分别设有独立的循环浆池、喷淋层，根据不同的功能，每级循环具有不同的运行参数。烟气首先经过一级循环，此级循环的脱硫效率一般在30%~70%，循环浆液pH值控制在4.5~5.3，浆液停留时间约为4min，此级循环的主要功能是保证优异的亚硫酸钙氧化效果和充足的石膏结晶时间。经过一级循环的烟气进入二级循环，此级循环实现主要的洗涤吸收过程，由于不用考虑氧化结晶的问题，所以pH值可以控制在非常高的水平，达到5.8~6.2，这样可以大大降低循环浆液量，从而达到很高的脱硫效率。

双塔双循环技术采用了两塔串联工艺，对于改造工程，可充分利用原有脱硫设备设施。原有烟气系统、吸收塔系统、石膏一级脱水系统、氧化空气系统等采用单元制配置，原有吸收塔保留不动，新增一座吸收塔，亦采用逆流喷淋空塔设计方案，增设循环泵和喷淋层，并预留有1层喷淋层的安装位置；新增一套强制氧化空气系统，石膏脱水-石灰石粉储存制浆系统等系统相应进行升级改造，双塔双循环技术可以较大提高 SO_2 脱除能力，但对两个吸收塔控制要求较高，适用于场地充裕，含硫量为中、高硫煤增容改造项目。

b 单塔双区脱硫

单塔双区技术通过在吸收塔浆池中设置分区调节器，结合射流搅拌技术控制浆液的无序混合，通过石灰石供浆加入点的合理设置，可以在单一吸收塔的浆池内形成上下部两个不同的 pH 值分区：上部低值区有利于氧化结晶，下部高值区有利于喷淋吸收，但没有采用如双循环技术等一样的物理隔离强制分区的形式。同时，其在喷淋吸收区会设置多孔性分布器（均流筛板），起到烟气均流及持液，达到强化传质进一步提高脱硫效率、洗涤脱除粉尘的功效。单塔双区技术可以较大提高 SO_2 脱除能力，且无须额外增加塔外浆池或二级吸收塔的布置场地，且无串联塔技术中水平衡控制难的问题。

c 塔外浆液箱 pH 值分区脱硫

塔外浆液箱 pH 值分区技术是利用高 pH 值有利于 SO_2 的吸收、低 pH 值有利于石膏浆液的氧化结晶的理论机理，在吸收塔附近设置独立的塔外浆液箱，通过管道与吸收塔对应部位相连，塔外浆液箱所连的循环泵对应的喷淋层位于喷淋区域上部。塔外与塔内的浆液分别对应一级、二级喷淋，实现了下层喷淋浆液和上层喷淋浆液的物理强制 pH 值分区。常规条件下，只需对吸收塔内的浆液 pH 值进行调节，控制塔内浆池的强制氧化程度，相应提高塔外浆液箱的浆液 pH 值，形成塔外浆液与塔内浆池的双 pH 值调控区间，强化二级喷淋的高 pH 值对 SO_2 的深度吸收，大幅提高了脱硫效率。同时，其也在喷淋吸收区设置托盘（均流筛板），起到烟气均流及持液，达到强化传质、进一步提高脱硫效率、洗涤脱除粉尘的功效。塔外浆液箱 pH 值分区工艺原理与单塔双区较为相似，主要区别即在于以物理隔离方式实现 pH 值分区。

d 旋汇耦合脱硫

旋汇耦合技术主要利用气体动力学原理，通过特制的旋汇耦合装置（湍流器）产生气液旋转翻腾的湍流空间，利于气液固三相充分接触，大大降低了气液膜传质阻力，提高了传质速率，从而达到提高脱硫效率、洗涤脱除粉尘的目的，随后烟气经过高效喷淋吸收区完成 SO_2 吸收脱除。旋汇耦合技术配合使用管束式除尘除雾器，利用凝聚、捕悉等原理，在烟气高速湍流、剧烈混合、旋转运动的过程中，能够将烟气中携带的雾滴和粉尘颗粒有效脱除，在一定条件下实现吸收塔出口颗粒物低于 $5mg/m^3$，雾滴排放值不大于 $25mg/m^3$。

e 双托盘脱硫技术

在脱硫塔内配套喷淋层及对应的循环泵条件下，在吸收塔喷淋层的下部设置两层托盘，在托盘上形成二次持液层，当烟气通过托盘时气液充分接触，托盘上方湍流激烈，强化了 SO_2 向浆液的传质和粉尘的洗涤捕捉，托盘上部喷淋层通过调整喷淋密度及雾化效果，完成浆液对 SO_2 的高效吸收脱除。此外，基于不同脱硫工艺各自特点，海水脱硫、循环流化床脱硫及氨法脱硫工艺等在滨海电厂、循环流化床锅炉二级脱硫、化工自备电站等领域超低排放工程中也有一定应用。

B 二氧化硫超低排放技术路线的选择

a 石灰石-石膏湿法脱硫

石灰石-石膏湿法脱硫是应用最广泛的脱硫工艺，技术最为成熟，其应用市场占比已超过 90%，随着超低排放技术的发展，其脱硫效率不断提高。对于煤粉炉，由于炉内没有进行脱硫，除非是特低硫煤燃料，其他脱硫工艺较难满足 SO_2超低排放的要求，一般应采用石灰石-石膏湿法脱硫工艺，针对不同入口 SO_2 浓度，为了能够满足超低排放的目标要求，可参考表 2-17 选择适当石灰石-石膏湿法脱硫技术。

表 2-17　石灰石-石膏湿法脱硫技术选择原则

脱硫系统入口 SO_2 浓度/mg · m^{-3}	脱硫效率/%	石灰石-石膏湿法脱硫技术选择
≤1000	≤97	可选用传统空塔喷淋提效，pH 值分区和复合塔技术
≤3000	≤99	可选用 pH 值分区和复合塔技术
≤6000	≤99.5	可选用 pH 值分区和复合塔技术中的湍流器持液技术
≤10000	≤99.7	可选用 pH 值分区技术中 pH 值物理强制分区双循环技术和复合塔技术中的湍流器持液技术

b　氨法脱硫

氨法脱硫工艺用液氨和氨水作为吸收剂，其副产品硫酸铵为重要的化肥原料，在工艺过程中不产生废水，技术成熟，适用于 SO_2 入口浓度小于 10000mg/m^3、氨水或液氨来源稳定、运输距离短且周围环境不敏感的燃煤电厂。

c　海水脱硫

海水脱硫工艺以海水为脱硫吸收剂，除空气外不需要其他添加剂，工艺简洁，运行可靠，维护方便。适用于 SO_2 入口浓度小于 2000mg/m^3、海水扩散条件较好，并符合近岸海域环境功能区划要求的滨海燃煤电厂。

d　循环流化床脱硫

对于循环流化床锅炉，仅靠炉内喷钙脱硫难以实现超低排放的要求，由于锅炉飞灰中含有大量未反应 CaO 且 SO_2浓度较低，因此可采用炉内喷钙脱硫与炉后烟气循环流化床法脱硫相结合的脱硫工艺，既符合循环流化床锅炉的工艺特点，又不产生废水和无须尾部烟道特殊防腐；也可采用炉内喷钙脱硫（可选用）与炉后湿法脱硫相结合的脱硫工艺。具体工艺方案的选择，应根据吸收剂、水源、脱硫副产品综合利用等条件进行技术经济比较后确定。

C　氮氧化物超低排放控制技术

燃煤电厂 NO_x控制技术主要有两类：一是控制燃烧过程中 NO_x的生成，即低氮燃烧技术；二是对生成的 NO_x进行处理，即烟气脱硝技术。烟气脱硝技术主要有 SCR、SNCR 和 SNCR/SCR 联合脱硝技术等。

a　低氮燃烧技术

低氮燃烧技术是通过降低反应区内氧的浓度、缩短燃料在高温区内的停留时间、控制燃烧区温度等方法，从源头控制 NO_x生成量。目前，低氮燃烧技术主要包括低过量空气技术、空气分级燃烧、烟气循环、减少空气预热和燃料分级燃烧等技术。该类技术已在燃煤电厂 NO_x排放控制中得到了较多的应用。目前已开发出第三代低氮燃烧技术，在 600～1000MW 超超临界和超临界锅炉中均有应用，NO_x浓度在 170～240mg/m^3。低氮燃烧技术具有简单、投资低、运行费用低等优点，但缺点是：受煤质、燃烧条件限制，易导致锅炉中飞灰的含碳量上升，从而降低锅炉效率；若运行控制不当还会出现炉内结渣、水冷壁腐蚀等现象，影响锅炉运行的稳定性；同时在减少 NO_x生成方面的差异也较大。

b NO_x脱除技术

SCR 脱硝技术是目前世界上最成熟的 NO_x 脱除技术，该技术自 20 世纪 90 年代末从国外引进吸收，在我国火电行业已得到广泛应用，在工艺设计和工程应用等多方面取得突破，并开发出高效 SCR 脱硝技术，以应对日益严格的环保排放标准。目前 SCR 脱硝技术已应用于不同容量机组，该技术的脱硝效率一般为 80%~90%，结合锅炉低氮燃烧技术后可实现机组 NO_x排放浓度小于 50mg/m^3。SCR 技术在高效脱硝的同时也存在以下问题：锅炉启停机及低负荷时，烟气温度达不到催化剂运行温度要求，导致 SCR 脱硝系统无法投运；氨逃逸和 SO_3 的产生导致硫酸氢氨生成，进而导致催化剂和空预器堵塞；废弃催化剂的处置难题；采用液氨作为还原剂时安全防护等级要求较高；氨逃逸引起的二次污染等。

SNCR 脱硝效率一般为 30%~50%，结合锅炉采用的低氮燃烧技术也很难实现机组 NO_x 超低排放；循环流化床锅炉配置 SNCR 效率一般在 60%以上（最高可达 80%），主要原因是循环流化床锅炉尾部旋风分离器提供了良好的脱硝反应温度和混合条件，因此结合循环流化床锅炉低 NO_x的排放特性，可以在一定条件下实现机组 NO_x 超低排放。

SNCR/SCR 联合脱硝工艺，主要是针对场地空间有限的循环流化床锅炉 NO_x 治理而发展来的新型高效脱硝技术。SNCR 宜布置于炉膛最佳温度区间，SCR 脱硝催化剂宜布置于上下省煤器之间。利用在前端 SNCR 系统喷入的适当过量的还原剂，在后端 SCR 系统催化剂的作用下进一步将烟气中的 NO_x 还原，以保证机组 NO_x 排放达标。与 SCR 脱硝技术相比，SNCR/SCR 联合脱硝技术中的 SCR 反应器一般较小，催化剂层数较少，且一般不再喷氨，而是利用 SNCR 的逃逸氨进行脱硝，适用于部分 NO_x生成浓度较高、仅采用 SNCR 技术无法稳定达到超低排放的循环流化床锅炉，以及受空间限制无法加装大量催化剂的现役中小型锅炉改造。但该技术对喷氨精确度要求较高，在保证脱硝效率的同时需要考虑氨逃逸泄漏对下游设备的堵塞和腐蚀。该技术应用于高灰分煤及循环流化床锅炉时，需注意催化剂的磨损。

为了达到氮氧化物超低排放，近年来我国在催化剂原料生产、配方开发、国情及工况适应性等方面均取得了很大进步，如高灰分耐磨催化剂技术、无钒催化剂、反应器流场优化技术等均得到成功应用和推广；同时在硝汞协同控制催化剂功能拓展、失活催化剂再生、废弃催化剂回收等方面也取得了一定突破。

D 氮氧化物超低排放技术路线选择

我国燃煤电厂所采用的 NO_x减排技术措施主要是“低氮燃烧+选择性催化还原技术（SCR）”，极少数电厂采用了“低氮燃烧系统+选择性非催化还原技术（SNCR）”或“低氮燃烧+SNCR+SCR”。自（GB 13223—2011）《燃煤电厂大气污染物排放标准》颁布实施以来，绝大多数电厂 NO_x排放量均已低于 100mg/m^3。

a 低氮燃烧+（SCR）技术

随着超低排放的提出，对于煤粉锅炉仍可采用“低氮燃烧+选择性催化还原技术（SCR）”，但需要通过以下措施降低 NO_x排放，最终实现 NO_x达到 50mg/m^3。

（1）炉内部分：主要采取低氮燃烧器配合还原性气氛配风系统，降低 SCR 入口 NO_x 浓度。

（2）炉外部分：则是进一步增加催化剂填装层数或是更换高效催化剂，系统脱硝效率可达到 80%以上。

根据锅炉出口 NO_x 浓度确定 SCR 脱硝系统的脱硝效率和反应器催化剂层数，表 2-18 给出了 SCR 脱硝工艺设计原则。

表 2-18　SCR 脱硝工艺设计原则

锅炉出口 NO_x 浓度/$mg \cdot m^{-3}$	SCR 脱硝效率/%	SCR 脱硝反应器催化剂层数
≤200	80	可按 2+1 层设计
200~350	80~86	可按 3+1 层设计
350~550	86~91	可按 3+1 层设计

b　SNCR 技术或 SNCR/SCR 联合技术

对于循环流化床锅炉，由于其低温燃烧特性，炉内初始 NO_x 浓度较低，而尾部旋风分离器则为喷氨提供了良好的烟气反应温度和混合条件，因此 SNCR 脱硝是首选脱硝工艺，具有投资少、运行费用低的优点。根据工程设计和实际运行情况，对于挥发分较低的无烟煤、贫煤，炉内初始 NO_x 浓度一般可控制在 150mg/m^3 以下，此时采用 SNCR 脱硝即可实现 NO_x 的超低排放；但对于挥发分较高的烟煤、褐煤，炉内初始 NO_x 浓度控制指标一般为小于 200mg/m^3，此时除了加装 SNCR 脱硝装置外，可在炉后增加一层 SCR 脱硝催化剂，以稳定可靠实现 NO_x的超低排放。

2.3.2　燃煤电厂废水处理

2.3.2.1　燃煤电厂水质污染形式

水是火力发电厂中最重要的能量转换介质。水在使用过程中，会受到不同程度的污染。在火力发电厂中，大部分水是循环使用的。水除用于汽水循环系统传递能量外，还用于很多设备的冷却和冲洗，如凝汽器、冷油器、水泵、风机等。对于不同的用途，产生污染物的种类和污染程度是不一样的。

水污染有以下几种形式：

（1）混入型污染。用水冲灰、冲渣时，灰渣直接与水混合造成水质的变化。输煤系统用水喷淋煤堆、皮带，或冲洗输煤栈桥地面时，煤粉、煤粒、油等混入水中，形成含煤废水。

（2）设备油泄漏造成水的污染。

（3）运行中水质发生浓缩，造成水中杂质浓度的增高。如循环冷却水、反渗透浓排水等。

（4）在水处理或水质调整过程中，向水中加入了化学物质，使水中杂质的含量增加。如循环水系统加酸、加水质稳定剂处理，水处理系统加混凝剂、助凝剂、杀菌剂、阻垢剂、还原剂等，离子交换器、软化器失效后用酸、碱、盐再生，酸碱废液中和处理时加入酸碱等。

（5）设备的清洗对水质的污染。如锅炉的化学清洗、空气预热器、省煤器烟气侧的水冲洗等，都会有大量悬浮物、有机物、化学品进入水中。

火力发电厂产生废水的主要系统是汽水循环系统、循环冷却水系统、工业冷却水系统、冲灰水系统、煤系统等。不同系统产生的废水都有其各自的水质特点，只有认识到这一点，才能更好地对火力发电厂的废水和生活污水进行合理的控制和处理，最终达到降耗减排、保护环境的目的。

2.3.2.2 燃煤电厂废水分类

火力发电厂废水的种类多，水质、水量差异大，有机污染物少，除了油之外，废水中的污染成分主要是无机物。燃煤电厂的主要排放废水包括灰场排水、工业废水和生活污水三大类。按照流量特点，废水分为经常性废水和非经常性废水。燃煤发电厂废水种类及污染因子详见表2-19。

表2-19 燃煤电厂废水种类及污染因子

种类	废水名称	污染因子
经常性废水	生活、工业水预处理装置排水	SS
	锅炉补给水处理再生废水	pH值、SS、TDS
	凝结水精处理再生废水	pH值、SS、TDS、Fe、Cu等
	锅炉排污水	pH值、PO_4^{3-}
	取样装置排水	pH值、含盐量不定
	实验室排水	pH值与所用试剂有关
	主厂房地面及设备冲洗水	SS
非经常性废水	输煤系统冲洗煤场排水	SS
	烟气脱硫系统废液	pH值、SS、重金属、F^-
	锅炉化学清洗废水	pH值、油、COD、SS、重金属、F^-
	锅炉火侧清洗废水	pH值、SS
	空气预热器冲洗废水	pH值、COD、SS、Fe^{3+}
	除尘器冲洗水	pH值、COD、SS
	油区含油污水	SS、油、酚
	蓄电池冲洗废水	pH值
	停炉保护废水	NH_3、N_2H_4

2.3.2.3 燃煤电厂废水特征及处理

A 冲灰废水

火力发电厂除灰方式有两种，水力除灰和干法除灰。水力冲灰系统是火力发电厂最大的耗水系统。冲灰水中的污染物种类及其含量受煤种、燃煤方式及除尘方式影响较大，由于这类废水中pH值、氟化物、砷、COD和悬浮物等超标排放，可导致受纳水体的生物链被严重破坏、水体污染、周围土壤快速盐碱化等。冲灰水通常采用中和法、灰水闭路循环法、混凝沉淀法处理或经预处理，再经过反渗透装置净化处理后作为循环冷却水的补充水反复利用。

将除尘器等设备的冲灰水冲到灰浆前池，然后用灰水泵送至灰浆浓缩池。在灰浆浓缩池中，低浓度的灰水被浓缩，底部较高浓度的灰浆用柱塞泵输送到灰场，上部的水送回冲灰水池循环使用。浓缩水力除灰将原灰水比从1∶(15~20）降至1∶5左右。灰水比应根据全厂水量平衡及灰场水量平衡综合考虑来确定。浓缩水力除灰不仅减少厂区水补给量，而且减少了排放量。

冲灰系统产生的废水基本上全部循环使用。以前火力发电厂冲灰要消耗大量的新鲜水，现在几乎所有的火力发电厂都已通过改造，不再使用新鲜水冲灰。在除灰过程中，因蒸发、泄漏等会消耗一部分水，因此理论上除灰系统不会产生过剩的废水。

在很多火力发电厂中，冲灰系统实质上是全厂各种废水的受纳体，包括循环水排污水、化学车间酸碱废水等都排入冲灰系统。如果这些废水的量过大，补入冲灰系统的水就会超过其消耗量，由此会造成冲灰系统产生多余的废水。冲灰废水处理的主要任务是降低悬浮物，调整pH值和去除砷、氟等有害物质。

a　悬浮物超标的治理

冲灰水中的悬浮物主要是灰粒和微珠（包括漂珠和沉珠），去除灰粒和沉珠可通过沉淀的方法，去除漂珠可通过捕集或拦截的方法。沉淀法又可分为自然沉淀法和加药沉淀法。自然沉淀适用于处理悬浮物浓度不高、悬浮颗粒粒径较大、对去除率要求不高的场合。该方法操作简单，不需要添加药剂，运行费用低，但对悬浮物的去除率低，沉淀时间长，沉淀池占地面积大，对细小颗粒处理效果差。加药沉淀是向体系中加入絮凝剂，特别适用于处理悬浮物浓度高、细微颗粒较多、要求去除率高的场合。这种方法沉淀速度快，沉淀时间短，沉淀池占地面积相对较小，而且处理效果好，但操作相对较麻烦，运行费用也略有增加。此外，为了提高沉降效率，还可以采取加装挡板以减少入口流速，用出水槽代替出水管以减小出水流速，在出口处安装下水堰、拦污栅等，防止灰粒流出。陕西某电厂采用在灰场竖井的周围堆放砾石，水经砾石过滤后从竖井流入再排出的措施，灰场排水悬浮物在10mg/L以下。

冲灰水中的漂珠密度小，漂浮在水面，一般采用捕集或拦截的方法去除。我国有的电厂采用虹吸竖井排灰场的水，也达到了拦截漂珠的目的。漂珠是一种具有多功能的原材料（如保温材料），在厂内或灰场收集漂珠，作为商品出售，既减少了外排灰水悬浮物的含量，又产生了经济效益，一举两得。冲灰水经设计合理的灰场沉降后，澄清水即可返回电厂循环使用（为防止结垢，回水系统宜添加阻垢剂），也可以在确认达标的情况下直接排入天然水体。

b　pH值超标的治理

冲灰废水的pH值与煤质、冲灰水的水质、除尘方式及冲灰系统有关。灰渣中碱性氧化物含量高的电厂，灰水中所含游离氧化钙量也高。对于闭路循环系统，灰水的pH值和钙硬度在输灰管道内逐渐上升，导致管路结垢。如果不进行处理，将会影响电厂的正常运行。对于排入天然水体的灰水系统，pH值必须满足国家相关的排放标准。虽然大面积的灰场有利于灰水通过曝气降低pH值，但仅靠曝气往往还不够，电厂常用的解决灰水pH值超标的措施有炉烟（或纯CO_2）处理、加酸处理、直流冷却排水稀释中和处理、灰场植物根茎的调质处理等。

c 其他有害物质的治理

煤是一种构成复杂的矿物质，当其燃烧时，煤中的一些有害物质——氟、砷以及某些重金属元素，就会以不同的形式释放出来，并有相当一部分进入灰水。燃煤电厂含氟、含砷废水具有水量大，氟、砷浓度低等特点。这些使得灰水除氟具有一定难度，为此多年来人们进行了大量的探索研究工作。

(1) 氟超标的治理。化学沉淀法通常是利用 Ca^{2+} 与 F^- 生成 CaF_2 沉淀，使 F^- 从液相转移到固相。根据氟化钙的溶度积可以得知，它的溶解度是很小的，但氟化钙的沉淀速度较慢，如果要求在很短的时间内将 F^- 沉淀出来，则要大大增加 Ca^{2+} 的投入量，这样做在经济上是不合适的，而且盐类浓度的增加会引起二次污染。向体系中加入絮凝剂可以吸附 F^-，并加快 CaF_2 的沉淀速度。目前采用的絮凝剂一般是铝盐和铁盐的化合物，如硫酸铝、硫酸亚铁等，以及一些有机絮凝剂。电厂灰水中存在大量的 Ca^{2+}，是除氟的有利条件。在实际中，还常常需要向灰水中加入石灰、氯化钙、电石渣等钙盐，然后加入混凝剂，通过化学沉淀、配合、吸附、絮凝等过程来降低氟含量，实践证明，效果良好。

离子交换法处理含氟废水关键在于找到一种对 F^- 选择性强、吸附容量大的树脂。研究表明，若采用弱碱阴树脂来降低灰水含氟量，可以降至排放标准以下，然而这种方法的设备投资和运行费用都较高，在经济上和运行管理上都无法接受。

(2) 砷超标的治理。灰水除砷的方法有铁共沉淀法、硫化物沉淀法、石灰法等。铁共沉淀法是将铁盐加入废水中，形成氢氧化铁 $Fe(OH)_3$，$Fe(OH)_3$ 是一种胶体，在沉淀过程中能吸附砷共沉。这种利用胶体吸附特性除去溶液中其他杂质的过程称为共沉淀法净化。铁共沉淀法中需要通过调节酸度和添加混凝剂促进沉淀，然后将沉淀分离出来使出水澄清。这种方法的效率与微量元素的浓度、铁的剂量、废水的 pH 值、流量和成分等因素有关，特别对 pH 值较为敏感，该方法不仅可以有效去除灰水中的砷，对清除灰水中的亚硒酸盐也有较好的效果。石灰法一般用于处理含砷量较高的酸性废水，对含砷量低的灰水不太适宜。

(3) 灰水中 COD 超标的处理。在电厂灰水排放系统中，灰水中的悬浮物粒子常导致 COD 显著超标，灰水经澄清除去大量悬浮粒子可使 COD 大幅度降低。尽管现场灰水在灰场中都有一定的停留时间，但是 COD 超标在有些电厂时有发生。研究表明，粉煤灰中的碳是影响灰水 COD 的重要因素，粉煤灰中常有未燃尽的碳。因此改善锅炉的燃煤条件，降低灰中的含碳量，合理规划灰水在灰场中的自然澄清时间和低速排放是解决外排水 COD 超标的关键。

B 烟气脱硫废水的处理

脱硫废水的成分及浓度对处理系统的运行管理有很大影响，是影响处理设备的选择、腐蚀等的关键性因素。脱硫废水一般具有以下几个特点。

(1) 水质呈弱酸性：国外脱硫废水的 pH 值变化范围为 5.0~6.5，国内为 4.0~6.0；

(2) 悬浮物含量高，其质量浓度可达数万毫克每升；

(3) 脱硫废水的 COD、氟化物、重金属超标，其中包括第 1 类污染物，如 As、Hg、Pb 等；

(4) 盐分含量高，含大量的 SO_4^{2-}、SO_3^{2-}、Cl^- 等离子，其中 Cl^- 的质量分数约为 0.04。

由于脱硫废水水质的特殊性，脱硫废水处理难度较大；同时，由于金属离子对环境有很强的污染性，因此必须对脱硫废水进行单独处理。现有脱硫废水处理技术主要包括沉降池、化学沉降、生物处理、零排放技术（蒸发池、完全循环、与飞灰混合等）、其他技术（人造湿地、蒸汽浓缩蒸发等）等。进一步，可以将脱硫废水的处理技术分为4种：传统技术、深度处理技术、零排放技术及其他技术（图2-4）。

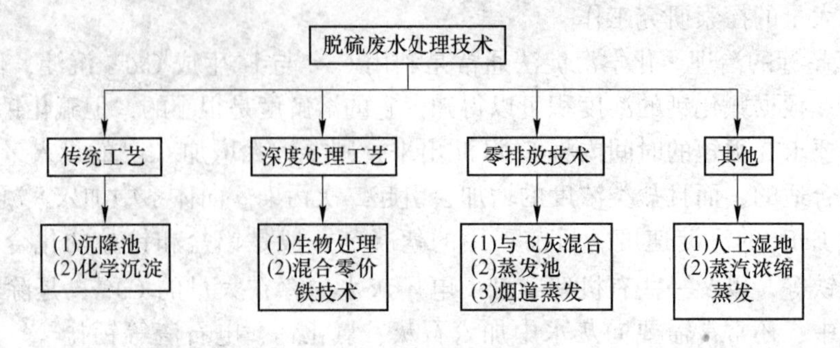

图2-4　脱硫废水处理技术

由于脱硫废水的排放标准较低，除沉降池之外，各项技术都能使脱硫废水达标排放。目前，国内应用最多的处理技术是化学沉淀法，其技术成熟，能使脱硫废水达标排放，因此本教材主要对当前传统技术进行介绍。

a　沉降池

沉降池通过重力作用去除废水中颗粒物，基于此原理，必须保证废水在沉降池内有足够的停留时间。沉降池处理成本低，对悬浮颗粒物有一定的去除作用，但是不能除去废水中溶解的金属盐类，不能满足排放标准的要求，一般只用于其他技术的预处理。

b　化学沉淀法

化学沉淀处理系统工艺流程图如图2-5所示，脱硫废水的化学沉淀处理主要包括4个步骤。

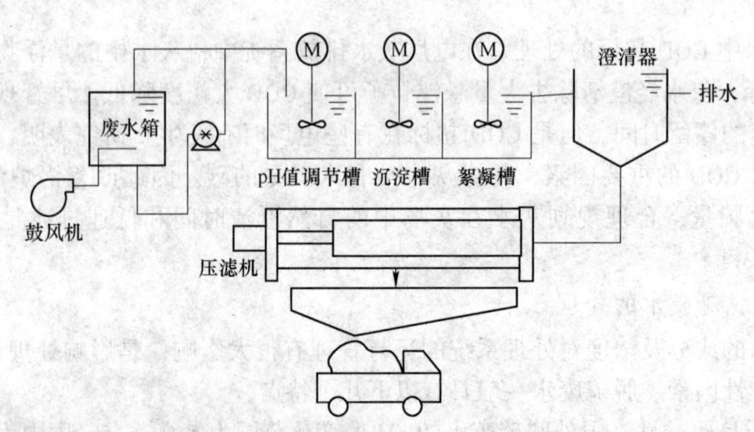

图2-5　化学沉淀处理系统工艺流程图

（1）废水中和。脱硫废水首先进入中和槽，加入含固量为7%的$Ca(OH)_2$乳液，将脱硫废水的pH值调整至6~7，同时部分重金属将生成氢氧化物沉淀，氟生成CaF_2沉淀。槽内安装搅拌器，加速中和反应。沉淀池底部部分污泥作为接触污泥回流至中和槽，以提供沉淀所需的晶核。废水在中和槽的停留时间不少于1h。

（2）重金属沉淀。在第 2 个隔槽中加入有机硫化试剂 TMT-15 与 Hg^{2+}、Pb^{2+} 反应生成难溶的硫化物沉积至槽底。

（3）絮凝。分别加入 $Ca(OH)_2$、有机硫化物、$FeClSO_4$ 等药剂。三种药剂的作用是：$Ca(OH)_2$ 将废水的 pH 值进一步提高到 8~9，有机硫化物沉淀不能以氢氧化物沉淀的重金属，絮凝剂 $FeClSO_4$ 促使重金属氢氧化物、悬浮物和胶体沉积。絮凝槽内设置有搅拌装置，废水在槽中的停留时间至少为 1h。

（4）浓缩/澄清。在澄清/浓缩池中，絮凝物沉积在底部并通过重力作用浓缩成污泥，上部为净水。

化学沉淀法对大部分金属和悬浮物有很强的去除作用，但是对氯离子等可溶性盐分没有去除效果，对硒等重金属离子的去除率不高，且运行费用高。

C　含油废水处理

火力发电厂的油系统包括储油设施、输油系统等。油系统产生的废水主要包括储油设施的排污、泄漏以及夏季油罐的冷却喷淋、冲洗水。电厂使用的燃料油有重油、轻柴油。对于燃煤电厂，轻柴油主要用于启动时点火，重油主要用于助燃；对于燃油电厂，重油是主要的燃料。常用的乳化重油是重油、水和乳化剂的合成物，通过向油中加入乳化剂（表面活性剂）降低了水的表面张力，使得油和水以 W/O 或以 O/W 的形式共同存在。当温度或其他环境条件改变时，这种油品很容易出现破乳，使得油水发生分离，所以在乳化重油长期储存过程中，油箱内不断有水产生并沉积在储油罐的底部。这些积水需要经常排除，从而形成油罐的排污水。重油罐排污水中往往含有大量的重油，污染性很强，一般在储油场地设置专门的含油废水收集、处理系统，将大部分油污清除后再将废水排入厂区公用排水系统。除了油系统产生含油废水之外，火力发电厂的其他废水大多也含有油污，主要是设备泄漏的润滑油。

油在废水中的存在形式有如下几种：

（1）浮油。漂浮于水面，形成油膜甚至油层。油滴粒径较大，一般大于 100μm。这种形态的油常见于油罐排污废水和油库地面冲洗废水中。

（2）分散油。以微细油滴悬浮于水中，不稳定，静置一段时间后往往会变成浮油，其油粒粒径 10~100μm。在混有地面冲洗水的废水中、设备检修时排入沟道的废水中常见这种油的形态。

（3）乳化油。乳化油是一种或几种液体以微小的粒状均匀地分散于另一种液体中形成的分散体系。水中往往含有表面活性剂，这样容易使油分散成为稳定的乳化油。乳化油的油滴直径极其微小，一般小于 10μm，大部分为 0.1~2pm。

含油废水的处理方式按原理来划分，有重力分离法、气浮法、吸附法、膜过滤法、电磁吸附法和生物氧化法。其中，膜过滤法、电磁吸附法和生物氧化法在燃煤电厂不常用。

含油废水的处理通常采用几种方法联合处理，以除去不同状态的油，达到较好的水质。对于悬浮油，一般采用隔油和气浮法就可以除去大部分；对于乳化油，首先要破乳化，再用机械方法去除。

常用的处理工艺流程有以下几种：

（1）含油废水→隔油池→油水分离器或活性炭过滤器→排放或回用。

（2）含油废水→隔油池→气浮分离→机械过滤→排放或回用。

(3) 含油废水→隔油池→气浮分离→活性炭吸附→排放或回用。

2.3.3 除尘技术

2.3.3.1 除尘器的组成和分类

把气溶胶中固相粉尘或液相雾滴从气体介质中分离出来的过程称为除尘过程（亦称为分离捕集过程）。将气溶胶尘粒从气体介质中分离出来并加以捕集的装置统称为除尘器。

A　除尘器的组成

各种除尘器虽然所受的作用外力不同，但都由四大部件组成，即含尘气体引入的除尘器进口、实现气尘分离的除尘空间（或称除尘室）、排放捕集粉尘的排尘口和除尘后排放相对洁净气体的出口。其除尘过程为：进入除尘器后的含尘气体或气溶胶在某一区域或空间内受到不同外力作用下，粉尘颗粒被推移向某一分界面上，推移的过程就是气尘分离的过程，也是粉尘的浓缩过程，最后粉尘到达某分界面时就从运载介质中分离出来，这个界面称为分离界面。经分离界面而被捕集的粉尘最后通过排尘口排出除尘器。除尘后的相对洁净气体，从排气出口排出。

B　除尘器的分类

通过长期生产实践和科研成果的应用，在工业窑炉上使用的除尘器有多种多样，按作用于除尘器的外力或作用机理，除尘器可分为以下四大类：(1) 电除尘器；(2) 袋式除尘器；(3) 机械除尘器；(4) 湿式除尘器。

我国燃煤电厂当前应用的除尘器主要为电除尘器，少部分为袋式除尘器，而机械除尘器和湿式除尘器已很少应用，因此，本教程主要对电除尘器进行介绍。

2.3.3.2 电除尘器

A　电除尘器的工作原理

电除尘器是利用直流高压电源造成一个不均匀电场，使气体电离，即产生电晕放电，进而使悬浮尘粒荷电，并在电场力的作用下，将悬浮尘粒从气体中分离出来的除尘装置。

电除尘器有许多类型和结构，但它们都是由机械本体和供电电源两大部分组成的，都是按照同样的基本原理设计的。图2-6为管式电除尘器工作原理示意图。接地金属圆管叫收尘极（也称阳极或集尘极），与直流高压电源输出端相连的金属线叫电晕极（也称阴极或放电极）。电晕极置于圆管的中心，靠下端的重锤张紧。在两个曲率半径相差较大的电晕极和收尘极之间施加足够高的直流电压，两极之间便产生极不均匀的强电场，电晕极附近的电场强度最高，使电晕极周围的气体电离，即产生电晕放电，电压越高，电晕放电越强烈。在电晕区气体电离生成大量自由电子和正离子，在电晕外区（低场强区）由于自由电子动能的降低，不足以使气体发生碰撞电离而附着在气体分子上形成大量负离子。当含尘气体从除尘器下部进气管引入电场后，电晕区的正离子和电晕外区的负离子与尘粒碰撞并附着其上，实现了尘粒的荷电。荷电尘粒在电场力的作用下向电极性相反的电极运动，并沉积在电极表面，当电极表面上的粉尘沉积到一定厚度后，通过机械振打等手段将电极上的粉尘捕集下来，从下部灰斗排出，而净化后的气体从除尘器上部出气管排出，从而达到净化含尘气体的目的。

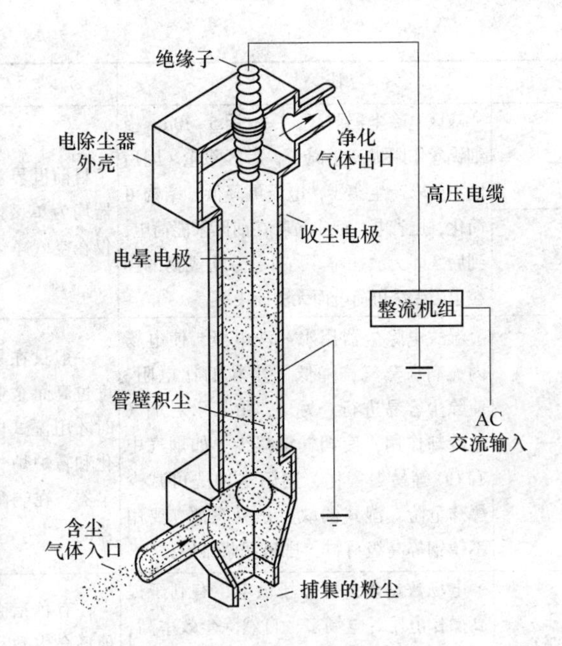

图 2-6 管式电除尘器工作原理示意图

实现电除尘的基本条件是：(1) 由电晕极和收尘极组成的电场应是极不均匀的电场，以实现气体的局部电离。(2) 具有在两电极之间施加足够高电压，能提供足够大电流的高压直流电源，为电晕放电、尘粒荷电和捕集提供充足的动力。(3) 电除尘器应具备密闭的外壳，保证含尘气流从电场内部通过。(4) 气体中应含有电负性气体（如 O_2、SO_2、Cl_2、NH_3、H_2O 等），以便在电场中产生足够多的负离子，来满足尘粒荷电的需要。(5) 气体流速不能过高或电场长度不能太短，以保证荷电尘粒向电极驱进所需的时间。(6) 具备保证电极清洁和防止二次扬尘的清灰和卸灰装置。

B 电除尘器的分类

由于各行业工艺过程不同，烟气和粉尘性质各异，对电除尘器提出了不同要求，因此，出现了各种类型的电除尘器，如表 2-20 所示。

表 2-20 电除尘器的类型和特点

<table>
<tr><th>序号</th><th>区分标准</th><th colspan="2">名称</th><th>特　点</th><th>使　用</th></tr>
<tr><td rowspan="2">1</td><td rowspan="2">按电场烟气流动方向</td><td colspan="2">立式</td><td rowspan="2">烟气由下而上流经电场称为立式电除尘器，烟气水平进入电场称为卧式电除尘器。立式占地小但高度较大，检修不便，且不易做成大型电除尘器</td><td rowspan="2">中小型水泥厂中多用立式电除尘器，有些化工部门也采用小型立式电除尘器。其他部门绝大多数采用卧式电除尘器</td></tr>
<tr><td colspan="2">卧式</td></tr>
<tr><td rowspan="4">2</td><td rowspan="4">按电极形状</td><td colspan="2">板式</td><td rowspan="4">棒帏式电除尘器阳极用实心圆钢制成帏状，结实、耐腐、不易变形，但较重，耗钢材多，且积灰不易振落。管式多制成立式，且小容量较多</td><td rowspan="4">有色冶金系统因烟气温度较高，工况不够稳定，故使用棒帏式电除尘器。管式电除尘器用在高炉烟气净化和炭黑制造部门</td></tr>
<tr><td colspan="2">棒帏式</td></tr>
<tr><td rowspan="2">管式</td><td>并列管式</td></tr>
<tr><td>同心圆管式</td></tr>
</table>

续表 2-20

序号	区分标准	名称	特　点	使　用
3	按电晕区和除尘区是否分开	单区 双区	双区电除尘器前区，一般用 5~10μm 极细钨丝作阴极产生离子，后区除尘。因后区不要求产生离子，电压可降低，结构可简化，也省电。但尘粒若在前区未能荷电，到后区即无法捕集。另外，二次飞扬的尘粒也因无法再荷电而无法捕集	目前世界上使用的绝大多数电除尘器均为单区电除尘器。双区电除尘器仅在空气净化方面有应用
4	按是否需要通水冲洗电极	干式 湿式	湿式电除尘器用水冲洗电极，使电场内充满水蒸气，降低了尘粒的比电阻，使除尘容易进行。另外，由于水对烟气的冷却作用，使烟气量减少。如烟气中有 CO 等易爆气体，则用水冲洗可减少爆炸危险。湿式的缺点是易腐蚀，要用不锈钢等高级材料，排出泥浆难以处理	一般只在易爆气体净化时或烟气温度过高而企业又有现成泥浆处理设备时才用湿式电除尘器，如高炉炉气净化和转炉炉气净化时有时用湿式电除尘器。在制酸系统也有用湿式电除尘器的
5	按电场数或室数多少	n 电场（n=3~8） 单室 双室	电场数量多，可分场供电，有利于提高操作电压。电场多，自然除尘效率高，但成本也高。分室的目的一般是为了损坏时检修方便。有时大型电除尘器由于结构上的需要也分成双室甚至三室的，这对气流分布也较有利	在有色冶金部门中用双室较多，其他场合多数用单室。电场多少则是根据除尘效率要求的高低而决定的。进口含尘量越多，除尘效率要求越高，所以需要电场数越多
6	按电极间距数值多少	窄间距（150mm） 宽间距（>160mm）	在高比电阻粉尘时，电极距宽能提高阴极表面电场强度，增加电场电流，有利于除尘。电极距宽便于检修，但电源电压要求较高，最高达 200kV，绝缘要求高，价格贵	日本在水泥、玻璃、石灰等工业中有应用，称作 WS 型电除尘器或 ESCS 型电除尘器
7	按其他标准	防爆式 原式 移动电极式	防爆电除尘器有防爆装置，能防止爆炸，或者爆炸时卸荷减少损失等。原式电除尘器正离子参加捕尘工作，使电除尘器能力增加。可移动电极电除尘器顶部装有电极卷取器	防爆电除尘器用在特定场合，如平炉烟气、转炉烟气的除尘。原式电除尘器是电除尘器的新品种，目前还在研究中。可移动电极电除尘器常用于净化高比电阻粉尘的烟气

C　清灰装置

沉积在电极上的粉尘需及时清除，不仅是要把捕集的粉尘排入灰斗，更是为了保持良好的工作状态。(1) 粉尘沉积过厚，缩小气流通路，风速增加，增大了粉尘二次飞扬的概率；(2) 沉积在放电极和集尘极上的灰尘，使电晕电流减小；(3) 集尘极上积尘层电压降随层厚而增高，结果影响粉尘荷电和驱进速度，对高比电阻的粉尘会引起反电晕，使除尘效率下降。因此，必须定期清理沉积于电极上的粉尘。工业用电除尘器的清灰方法主要有湿式清灰和振打滑灰。

2.3.3.3　袋式除尘器

A　袋式除尘器的工作原理

袋式除尘器是用滤布过滤除尘的代表形式。滤料是用纤维织成的比较薄而致密的过滤材料，主要是表面过滤作用。滤料使用一段时间后，由于筛滤、碰撞、滞留、扩散、静电等效应，其表面积聚了一层粉尘，这层粉尘称为初始粉尘层，在此以后的运动过程中，初始粉尘层成了滤料的主要过滤层，初始粉尘层的孔隙率小而均匀，对粗、细粉尘都有很好的捕集捕尘效率。滤布过滤作用示意图如图 2-7 所示。

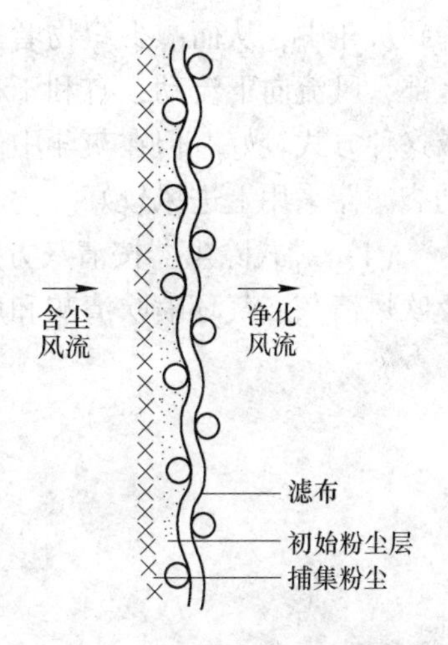

图 2-7 滤布过滤作用示意图

袋式除尘器高的除尘效率是与它的除尘机理分不开的。含尘气体由除尘器下部进气管道，经导流板进入灰斗时，由于导流板的碰撞和气体速度的降低等作用，粗粒粉尘将落入灰斗中，其余细小颗粒粉尘随气体进入滤袋室，由于滤料纤维及织物的惯性、扩散、阻隔、钩挂、静电等作用，粉尘被阻留在滤袋内，净化后的气体逸出袋外，经排气管排出。滤袋上的积灰用气体逆洗法去除，清除下来的粉尘下到灰斗，经双层卸灰阀排到输灰装置。滤袋上的积灰也可以采用喷吹脉冲气流的方法去除，从而达到清灰的目的，清除下来的粉尘由排灰装置排走。袋式除尘器的除尘效率高也是与滤料分不开的，滤料性能和质量的好坏，直接关系到袋式除尘器性能的好坏和使用寿命的长短。而过滤材料是制作滤袋的主要材料，其性能和质量会影响滤袋的应用范围和使用寿命。

B 袋式除尘器的类型

袋式除尘器整机由箱体、滤袋、滤袋架、清灰机构、灰斗、放灰阀等部件组成。根据处理风量的多少，确定滤袋数目及整机大小。可构成一个整体或分若干单元组合成整机。袋式除尘器具体结构形式是多种多样的。

(1) 袋式除尘器按滤袋形状分为圆袋袋式除尘器和扁袋袋式除尘器。圆形滤袋是应用较早也较广泛的一种形式，一般是垂直安装，直径（D）为 0.1~0.3m，长度（L）为 2~4m，长度与直径的比值（L/D）一般认为有一最佳范围，一般取 $L/D=12\sim20$。滤袋的直径小时，在同样占地面积上，可增加过滤面积，但容易发生堵塞，调整和检修也不方便。滤袋的长度也直接影响占地面积，从这一要求看长些好，但滤袋过长将影响清灰的均匀性，稳定性也不好，容易互相摩擦。圆袋安装、更换、检修较方便；清灰效果较好，消耗功率较少，磨损较轻。滤袋的数目根据处理风量、过滤风速及每个滤袋的过滤面积确定。

扁袋装在金属框架上，一般是侧向水平安装。扁袋长度一般为 1~2m，高度为 0.5~1m，扁袋本身宽度及袋间距都比较小，在同样外形尺寸下，可增加过滤面积，安装、检查、维修也较方便。

(2) 袋式除尘器按过滤方式分为外滤式袋式除尘器和内滤式袋式除尘器。滤袋内部或外部过滤的净化效果无明显差别，扁袋大都是外部过滤，主要是考虑滤袋间的磨损和清灰，圆袋两者都可应用，反向吹风，气环喷吹清灰方式多采用内部过滤，脉冲喷吹清灰常用外部过滤。内部过滤可保持袋式除尘器室内比较清洁，便于检查、维修，一般内部过滤可不用支撑的骨架，靠上部的固定弹簧使滤袋保持一定张力。

(3) 袋式除尘器按进风方式分为下进风袋式除尘器和上进风袋式除尘器。下进风：含尘气流入口设在滤袋室的底部，气流流动方向自下向上，大颗粒粉尘进入除尘器后即沉降到灰斗中，从而减少织物磨损和延长清灰的间隔时间。上进风：气流入口设在滤袋室的上部，风流向下流动，有利于粒子沉降，粉尘较均匀地分布于滤袋表面，对较细的粉尘采取这种方式较好。但在灰斗中停留的空气，增加水汽冷凝的可能性。不分间隔室连续过滤的袋滤器采用上进风较好。

（4）袋式除尘器按清灰方式分为机械振动式清灰、反吹风清灰、反吸风清灰、振动-反吹风清灰、气环喷吹清灰和压气脉冲喷吹清灰。

第2篇

案　例

实验性设计及案例

3.1　实验设计基本原则和要求

3.1.1　实验设计原则

环境工程与应用化学实验设计是初步了解、学习和掌握环境工程与应用化学学科科学实验研究方法的一个重要实践性环节。专业实验不同于基础实验，其实验目的不仅仅是为了验证一个原理，观察一种现象或是寻求一个普遍适用的规律，而是为了有针对性地解决一个具有明确工业背景的环境工程和应用化学的相关问题。因此，在实验的组织和实施方法上与科研工作十分类似，也是从查阅文献、收集资料入手，在尽可能掌握与实验项目有关的研究方法、检测手段和基础数据的基础上，通过对项目技术路线的优选，实验方案的设计，实验设备的选配，实验流程的组织与实施来完成实验工作，并通过对实验结果的分析与评价获取最有价值的结论。

实验设计的进行，原则上可分为三个阶段：第一，实验方案的拟定；第二，实验方案的组织与实施；第三，实验结果的分析与评价。

实验方案是指导实验工作有序开展的一个纲要。实验方案的科学性、合理性、严密性与有效性往往直接决定了实验工作的效率与成败。因此，在着手实验前，应围绕实验目的，针对研究对象的特征对实验工作的开展进行全面的规划和构想，拟定一个切实可行的实验方案。实验方案的主要内容包括：实验技术路线与方法的选择，实验内容的确定，实施方案的设计。

环境工程与应用化学实验所涉及的内容十分广泛，由于实验目的不同、研究对象的特征不同，系统的复杂程度不同，实验者要想高起点、高效率地着手实验，必须对实验技术路线与方法进行选择。

技术路线与方法的正确选择应建立在对实验项目进行系统周密的调查研究基础之上，认真总结和借鉴前人的研究成果，紧紧依靠环境工程和应用化学理论的指导和科学的实验方法论，以寻求最合理的技术路线和最有效的实验方法。选择和确定实验的技术路线与方法应遵循如下四个原则。

3.1.1.1 技术与经济相结合的原则

在开发的实验研究中，由于技术的积累，针对一个课题，往往会有多种可供选择的研究方案，研究者必须根据研究对象的特征，以技术和经济相结合的原则对方案进行筛选和评价，以确定实验研究工作的最佳切入点。

以 CO_2 分离回收技术的开发研究为例，在实验工作之前，由文献查阅可知，可供参考的 CO_2 分离技术主要如下。

（1）变压吸附。其技术特征是 CO_2 在固体吸附剂上被加压吸附，减压再生。

（2）物理吸收。其技术特征是 CO_2 在吸收剂中被加压溶解吸收，减压再生。

（3）化学吸收。其技术特征是 CO_2 在吸收剂中被反应吸收，加热再生。使用的吸收剂主要有两大系列，一是有机胺水溶液系列，二是碳酸钾水溶液系列。

究竟应该从哪条技术路线入手呢？这就要结合被分离对象的特征，从技术和经济两方面加以考虑。假设被分离对象是来自于石灰窑尾气中的 CO_2，那么，对象的特征是：气源压力为常压，组成为 CO_2 20%~35%（体积分数），其余为 N_2、O_2 和少量硫化物。

据此特征，从经济角度分析，可见变压吸附和物理吸收的方法是不可取的，因为这两种方法都必须对气源加压才能保证 CO_2 的回收率，而气体加压所消耗的能量60%~80%被用于非 CO_2 气体的压缩，这部分能量随着吸收后尾气的排放而损耗，其能量损失是相当可观的。而化学吸收则无此顾忌，由于化学反应的存在，溶液的吸收能力大，平衡分压低，即使在常压下操作，也能维持足够的传质推动力，确保气体的回收。但是，选择哪一种化学吸收剂更合理，需要认真考虑。如果选用有机胺水溶液，从技术上分析，存在潜在的隐患，因为气源中含氧，有机胺长期与氧接触会氧化降解，使吸收剂性能恶化甚至失效，所以也是不可取的。现在唯一可以考虑的就是采用碳酸钾水溶液吸收 CO_2 的方案。虽然这个方案从技术和经济的角度考虑都可以接受，但并不理想。因为碳酸钾溶液存在着吸收速率慢，再生能耗高的问题。这个问题可以通过添加合适的催化剂来解决。因此，实验研究工作应从筛选化学添加剂、改进碳酸钾溶液的吸收和解吸性能入手，开发性能更加优良的复合吸收剂。这样，研究者既确定了合理的技术路线，又找到了实验研究的最佳切入点。

3.1.1.2 分解与简化相结合的原则

在实验过程开发中所遇到的研究对象和系统往往是十分复杂的，反应因素、设备因素和操作因素交织在一起，给实验结果的正确判断造成困难。对这种错综复杂的过程，要认识其内在的本质和规律，必须采用过程分解与系统简化相结合的实验研究方法，即在化学工程理论的指导下，将研究对象分解为不同层次，然后，在不同层次上对实验系统进行合理的简化，并借助科学的实验手段逐一开展研究。在这种实验研究方法中，过程的分解是否合理，是否真正地揭示了过程的内在关系，是研究工作成败的关键。因此，过程的分解不能仅凭经验和感觉，必须遵循化学工程理论的正确指导。

由化学反应工程的理论可知，任何一个实际的工业反应过程，其影响因素均可分解为两类，即化学因素和工程因素。化学因素体现了反应本身的特性，其影响通过本征动力学规律来表达。工程因素体现了实现反应的环境，即反应器的特性，其影响通过各种传递规律来表达。反应本征动力学的规律与传递规律两者是相互独立的。基于这一认识，在研究一个具体的反应过程时，应对整个过程按照反应因素和工程因素进行不同层次的分解，在每个层次上抓住其关键问题，通过合理简化，开展有效的实验研究。比如，在研究固定床内的气固相反应过程时，对整个过程可进行两个层次的分解，第一层次将过程分解为反应和传递两个部分，第二层次将反应部分进一步分解成本征动力学和宏观动力学，将传递过程进一步分解成传热、传质、流体流动与流体均布等。随着过程的分解，实验工作也被确定为两大类，即热模实验和冷模实验。热模实验用于研究反应的动力学规律，冷模实验用于研究反应器内的传递规律。接下来的工作，就是调动实验设备和实验手段来简化实验对象，达到实验目的。

在研究本征动力学的热模实验中，消除传递过程的影响是简化实验对象的关键。为此，设计了等温积分和微分反应器，采取减小催化剂粒度，消除粒内扩散；提高气体流速，消除粒外扩散与轴向返混；设计合理的反应器直径，辅以精确的控温技术，保证反应器内温度均匀等措施，使传递过程的干扰不复存在，从而测得准确可靠的动力学模型。

在冷模实验中，实验的目的是考察反应器内的传递规律，以便通过反应器结构设计这个工程手段来满足反应的要求。由于传递规律与反应规律无关，不必采用真实的反应物系和反应条件，因此，可以用廉价的空气、砂石和水来代替真实物系，在比较温和的温度、压力条件下组织实验，使实验得以简化。冷模实验成功的关键是必须确保实验装置与反应器原形的相似性。

过程分解与系统简化相结合是化工过程开发中一种行之有效的实验研究方法。过程的分解源于正确理论的指导，系统简化依靠科学的实验手段。正是因为这种方法的广泛运用，才形成了化学工程与工艺专业实验的现有框架。

3.1.1.3 工艺与工程相结合的原则

工艺与工程相结合的开发思想极大地推进了现代化工新技术的发展，反应精馏技术、膜反应器技术、超临界技术、三相床技术等，都是将反应器的工程特性与反应过程的工艺特性有机结合在一起而形成的新技术。因此，如同过程分解可以帮助研究者找到行之有效的实验方法一样，通过工艺与工程相结合的综合思维，也会在实验技术路线和方法的选择上得到有益的启发。

如乙苯脱氢制苯乙烯过程，工艺研究表明：(1) 由于主反应是一个分子数增加的气-固相催化反应，因此，降低系统的操作压力有利于化学平衡，采取的措施是用水蒸气稀释原料气和负压操作。(2) 由于产物苯乙烯的扩散系数较小，在催化剂内的扩散比原料乙苯和稀释剂水分子困难得多，所以，减小催化剂粒度可有效地降低粒内苯乙烯的浓度，抑制串联副反应，提高选择性，适宜的催化剂粒度为0.5~1.0mm。那么，从工程角度分析，应该选用何种反应器来满足工艺要求呢？如果选用轴向固定床反应器，要满足工艺要求(2)，势必造成很大的床层阻力降，而工艺要求 (1) 希望系统在低压或负压下操作，因此，即使不考虑流动阻力造成的动力消耗，严重的床层阻力也会导致转化率下降。显然，轴向固定床反应器是不理想的。那么，如何解决催化剂粒度与床层阻力的矛盾呢？如果从工艺与工程相结合的角度去思考，通过反应器结构设计这个工程手段来解决矛盾，显然，径向床反应器是最佳选择。在这种反应器中，物流沿反应器径向流动通过催化床层，由于床层较薄，即使采用细小的催化剂，也不会导致明显的压力降，使问题迎刃而解。实际上，解决催化剂粒度与床层阻力的矛盾也正是开发径向床这种新型的气固相反应器的动力。此例说明，工艺与工程相结合不仅会产生新的生产工艺，而且会推进新设备的开发。

工艺与工程相结合是制定化工过程开发的实验研究方案的一个重要方法，从工艺与工程相结合的角度思考问题，有助于开拓思路，创造新技术和新方法。

3.1.1.4 资源利用与环境保护相结合的原则

近年来，为使人类社会可持续发展，保护地球的生态平衡，开发资源、节约能源、保护环境成为国民经济发展的重要课题。尤其对化学工业，如何有效地利用自然资源，避免高污染、高毒性化学品的使用，保护环境，实现清洁生产，是化工新技术、新产品开发中必须认真考虑的问题。

下面以近年来颇受化工界关注的有机新产品碳酸二甲酯生产技术的开发为例，说明资源利用与环境保护在过程开发中的导向作用。碳酸二甲酯（dimethyl carbonate，简称DMC）是一种高效低毒、用途广泛的有机合成中间体，分子式为 $CH_3OCOOCH_3$，因其含有甲基羰基和甲酯基三种功能团，能与醇、酚、胺、酯及氨基醇等多种物质进行甲基化、羰基化和甲酯基化反应，生产苯甲醚、酚醚、氨基甲酸酯、碳酸酯等有机产品，以及高级树脂、医药和农药中间体、食品添加剂、染料等材料化工和精细化工产品，是取代目前使用广泛且剧毒的甲基化剂硫酸二甲酯和羰基化剂光气的理想物质，被称为未来有机合成的“新基石”。

3.1.2 实验内容的确定

实验的技术路线与方法确定以后，接下来要考虑实验研究的具体内容。实验内容的确定不能盲目地追求面面俱到，应抓住课题的主要矛盾，有的放矢地开展实验。比如，同样是研究固定床反应器中的流体力学，对轴向床研究的重点是流体返混和阻力问题，而径向床研究的重点则是流体的均布问题。因此，在确定实验内容前，要对研究对象进行认真的分析，以便抓住其要害。实验内容的确定主要包括如下三个环节。

3.1.2.1 实验指标的确定

实验指标是指为达到实验目的而必须通过实验来获取的一些表征实验研究对象特性的参数。如动力学研究中测定的反应速率，工艺实验测取的转化率、收率等。

实验指标的确定必须紧紧围绕实验目的。实验目的不同，研究的着眼点就不同，实验指标也就不一样。比如，同样是研究气液反应，实验目的可能有两种，一种是利用气液反应强化气体吸收；另一种是利用气液反应生产化工产品。前者的着眼点是分离气体，实验指标应确定为：气体的平衡分压（表征气体净化度）、气体的溶解度（表征溶液的吸收能力）、传质速率（表征吸收和解吸速率）。后者的着眼点是生产产品，实验指标应确定为：液相反应物的转化率（表征反应速度）、产品收率（表征原料的有效利用率）、产品纯度（表征产品质量）。

3.1.2.2 实验变量的确定

实验变量是指那些可能对实验指标产生影响，必须在实验中直接考察和测定的工艺参数或操作条件，常称为自变量，如温度、压力、流量、原料组成、催化剂粒度、搅拌强度等。

确定实验因子必须注意两个问题，第一，实验因子必须具有可检测性，即可采用现有的分析方法或检测仪器直接测得，并具有足够的准确度。第二，实验因子与实验指标应具有明确的相关性。在相关性不明的情况下，应通过简单的预实验加以判断。

3.1.2.3 变量水平的确定

变量水平是指各实验变量在实验中所取的具体状态，一个状态代表一个水平。如温度分别取100℃、200℃，便称温度有二水平。

选取变量水平时，应注意变量水平变化的可行域。所谓可行域，就是指变量水平的变化在工艺、工程及实验技术上所受到的限制。如在气-固相反应本征动力学的测定实验中，为消除内扩散阻力，催化剂粒度的选择有一个上限。为消除外扩散阻力，操作气速的变化有一个下限。温度水平的变化则应限制在催化剂的活性温度范围内，以确保实验在催化剂活性相对稳定期内进行。又如在产品制备的工艺实验中，原料浓度水平的确定应考虑原料的来源及生产前后工序的限制。操作压力的水平则受到工艺要求、生产安全、设备材质强度的限制，从系统优化的角度考虑，压力水平还应尽可能与前后工序的压力保持一致，以减少不必要的能耗。因此，在专业实验中，确定各变量的水平前，应充分考虑实验项目的工业背景及实验本身的技术要求，合理地确定其可行域。

3.1.3 实验设计

根据已确定的实验内容，拟定一个具体的实验安排表，以指导实验的进程，这项工作称为实验设计。环境工程与应用化学专业实验通常涉及多变量、多水平的实验设计，由于不同变量不同水平所构成的实验点在操作可行域中的位置不同，对实验结果的影响程度也不一样，因此，如何安排和组织实验，用最少的实验获取最有价值的实验结果，成为实验设计的核心内容。

伴随着科学研究和实验技术的发展，实验设计方法的研究也经历了由经验向科学的发展过程。其中有代表性的是析因设计法、正交设计法和序贯实验设计法，现简介如下。

3.1.3.1 析因设计法

析因设计法又称网格法，该法的特点是以各因子、各水平的全面搭配来组织实验，逐一考查各因子的影响规律。通常采用的实验方法是单变量变更法，即每次实验只改变一个变量的水平，其他变量保持不变，以考查该变量的影响。如在产品制备的工艺实验中，常采取固定原料浓度、配比、搅拌强度或进料速度，考查温度的影响。或固定温度等其他条件，考查浓度影响的实验方法。据此，要完成所有变量的考查，实验次数 n、因子数 N 和变量水平数 K 之间的关系为：$n=K^N$。一个4变量3水平的实验，实验次数为 $3^4=81$。可见，对多变量多水平的系统，该法的实验工作量非常之大，在对多变量多水平的系统进行工艺条件寻优或动力学测试的实验中应谨慎使用。

3.1.3.2 正交设计法

正交设计法是为了避免网格法在实验点设计上的盲目性而提出一种比较科学的实验设计方法。它根据正交配置的原则，从各变量各水平的可行域空间中选择最有代表性的搭配来组织实验，综合考查各变量的影响。正交实验设计所采取的方法是制定一系列规格化的实验安排表供实验者选用，这种表称为正交表。

用正交表安排实验具有以下两个特点：

（1）每个变量的各个水平在表中出现的次数相等，即每个变量在其各个水平上都具有相同次数的重复实验。

（2）每两个变量之间，不同水平的搭配次数相等，即任意两个变量间的水平搭配是均衡的。

由于正交表的设计有严格的数学理论为依据，从统计学的角度充分考虑了实验点的代表性，因子水平搭配的均衡性，以及实验结果的精度等问题。所以，用正交表安排实验具有实验次数少、数据准确、结果可信度高等优点，在多变量多水平工艺实验的操作条件寻优、反应动力学方程的研究中经常采用。

在实验指标、实验变量和变量水平确定后，正交实验设计依如下步骤进行：

（1）列出实验条件表，即以表格的形式列出影响实验指标的主要变量及其对应的水平。

（2）选用正交表。变量水平一定时，选用正交表应从实验的精度要求、实验工作量及实验数据处理三方面加以考虑。

（3）表头设计。将各变量正确地安排到正交表的相应列中。安排变量的顺序是：先排定有交互作用的单变量列，再排两者的交互作用列，最后排独立变量列。交互作用列的位置可根据两个作用因子本身所在的列数，由同水平的交互作用表查得，交互作用所占的列数等于单因子水平数减 1。

（4）制定实验安排表。根据正交表的安排将各变量的相应水平填入表中，形成一个具体的实施计划表。交互作用列和空白列不列入实验安排表，仅供数据处理和结果分析用。

3.1.3.3 序贯实验设计法

序贯实验设计法是一种更加科学的实验方法。它将最优化的设计思想融入实验设计之中，采取边设计、边实施、边总结、边调整的循环运作模式。根据前期实验提供的信息，通过数据处理和寻优，搜索出最灵敏、最可靠、最有价值的实验点作为后续实验的内容，周而复始，直至得到最理想的结果。这种方法既考虑了实验点变量水平组合的代表性，又考虑了实验点的最佳位置，使实验始终在效率最高的状态下运行，实验结果的精度提高，使研究周期缩短。在实验研究中，序贯实验设计法尤其适用于模型鉴别与参数估计类实验。

3.2 案例1——多相类芬顿高级氧化反应器设计及脱硝的实验研究

大气污染问题已经成为我国亟待解决的环境问题之一，尤其是工业生产排放的二氧化硫和氮氧化物，对各地区居民的生产生活都产生了或多或少的影响。目前，我国普遍使用湿式石灰石-石膏法脱硫，以及选择性催化还原法（SCR）脱硝。由于工业化的迅速发展，传统的脱硫脱硝方法已经无法满足人们对大气质量的高标准要求，联合脱硫脱硝技术走进了人们的视野，为大气污染的防护和治理开辟了更加广阔的应用前景。

本研究以芬顿技术为核心，使用 UV 类芬顿法对二氧化硫和一氧化氮进行处理。总结了芬顿技术脱硫脱硝的反应机理，制定了合理的实验方案研究 UV 类芬顿体系中各因素对脱除效率的影响，通过自制鼓泡反应器和催化剂进行实验，寻找到最佳实验条件，并对各因素的影响进行了初步分析，对单独脱硝和同时脱硫脱硝进行对比，为类芬顿法在联合脱硫脱硝技术的实际应用提供了初步的实验依据。

3.2.1 类芬顿反应机理分析

3.2.1.1 类芬顿去除 NO 的机理

Fe^{3+}/H_2O_2 系统在无紫外光照射的情况下，主要发生的反应有平衡反应、二价铁离子与三价铁离子相互转化的反应以及自由基之间的反应，反应过程中，这些反应之间相互影响，特别是两种价态的铁离子之间的平衡，直接关系到自由基的产生，若是平衡遭到破坏，就会降低体系的氧化能力。研究表明，在有紫外光照射的条件下，芬顿类反应会加速进行。自由基的产生速度加快，有利于去除 NO，同时有利于二价铁离子的生成，维持整个反应体系顺畅进行，使体系的脱除效率提高。其反应主要由有：

$$H_2O_2 \xrightarrow{h\nu} 2OH\cdot \tag{3-1}$$

$$Fe^{3+} + H_2O \xrightarrow{h\nu} OH + Fe^{2+} + OH^+ \tag{3-2}$$

$$Fe(OH)^{2+} \xrightarrow{h\nu} Fe^{2+} + OH\cdot \tag{3-3}$$

$$Fe^{3+}(L^-) \xrightarrow{h\nu} Fe^{2+} + L\cdot\ (\text{L：有机配体}) \tag{3-4}$$

$$[Fe^{Ⅲ}—OOH]^{2+} \xrightarrow{h\nu} [Fe^{Ⅲ}—OOH]^{2+*} \tag{3-5}$$

$$[Fe^{Ⅲ}—OOH]^{2+*} \longrightarrow Fe^{Ⅱ} + HO_2\cdot \tag{3-6}$$

$$[Fe^{Ⅲ}—OOH]^{2+*} \rightarrow \{Fe^{Ⅲ}—O\cdot \rightleftharpoons Fe^{Ⅳ}=O\} + \cdot OH \tag{3-7}$$

$$[Fe^{Ⅲ}—OOH]^{2+*} \longrightarrow Fe^{Ⅴ}=O + OH^- \tag{3-8}$$

由上述反应式可以发现，在有紫外光照射的情况下，促进了羟基自由基的生成，总量增加，而羟基自由基与 NO 发生反应使其氧化。具体如下：

$$\cdot OH + NO \longrightarrow HONO \tag{3-9}$$

$$2HO_2\cdot + 2NO \longrightarrow 2HNO_2 + O_2 \tag{3-10}$$

$$\cdot OH + NO_2 \longrightarrow NO_3^- + H^+ \tag{3-11}$$

$$2HO_2\cdot + 2NO_2 \longrightarrow 2NO_3^- + O_2 + 2H^+ \tag{3-12}$$

$$\cdot OH + NO_2^- \longrightarrow NO_2 + OH^- \tag{3-13}$$

$$\cdot OH + HONO \longrightarrow NO_2 + H_2O \tag{3-14}$$

由于 SO_2 本身易溶于水，整个反应又在液相中进行，加上体系具有的氧化性，可以假设 SO_2 的去除效率接近100%，其与羟基自由基的反应式不再赘述。

另外，反应中产生的自由基与自由基之间也会发生反应，如果有大量自由基存在，它们之间相互碰撞产生反应会使一部分自由基无效分解，从而降低 H_2O_2 的利用率。研究表明，仅含有 Fe^{3+} 的碱性溶液本身就具有一定的脱硝作用，但该过程的反应机理研究还未完成。禾志强等研究发现，Fe^{3+} 能够与水分子相结合，形成水合分子，并以此形态存在，其中又有部分会进一步发生一系列水解反应，形成新的配合物。

综上所述，整个反应体系发生的反应极其复杂，影响因素很多，因此亟须通过实验对影响因素进行逐一验证，探究各个因素对最终效率的影响。

3.2.1.2 反应器设计

为达成多相反应，需制备固体催化剂，反应在液相进行，通过设计自制鼓泡反应器完成。

确定吸收液总体积为 $V_0=400\text{mL}$，反应器内部容积设为吸收液总体积的3倍：V(设)= 1200mL。考虑实验过程中使用紫外灯，需外加灯罩，避免紫外灯与吸收液直接接触，紫外灯长度为180mm，灯罩高设为250mm，约一半伸入反应器内。为保证反应中的密封性，反应器开口部分及灯罩与开口接触部分均使用磨砂玻璃，反应器开口高设为50mm，总高设为 $h=250\text{mm}$，则半径为 $\Phi=4.37\text{cm}$，取整为5cm。

则反应器总容积为 $V=1570.8\text{mL}>1200\text{mL}$，满足要求。

反应器开口半径设为4cm，鼓泡发生装置从开口下50mm处伸入，为保证淹没于吸收液中，塔盘距底部25mm，塔盘直径设为70mm。

反应器设计图如图3-1所示。

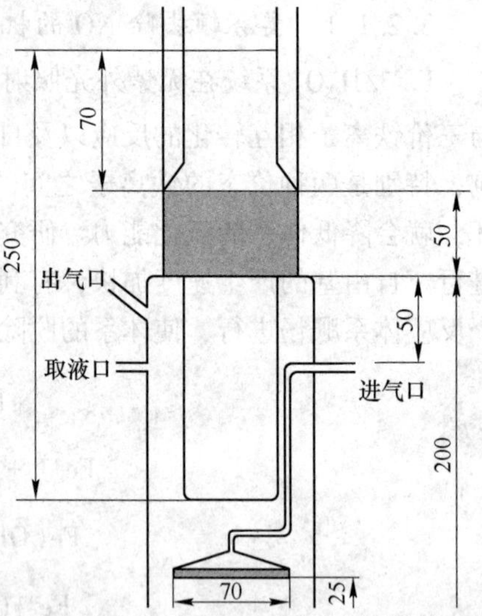

图3-1 反应器设计图

3.2.2 实验部分

3.2.2.1 实验药品与仪器

主要试剂与仪器见表3-1。

表3-1 主要试剂与仪器

名 称	规格、纯度、数量
过氧化氢	AR(分析纯)，30%
氢氧化钠	AR
硫酸	AR，98%
无水氯化钙	AR
六水合三氯化铁	AR
天冬氨酸	AR
磷钨酸	AR
NO标准气	614mg/m^3
SO_2 标准气	3500mg/m^3
高纯 N_2	>99%
便携式pH计	精度：±0.01pH
紫外灯	18W
流量计	精度：±0.01L/min
鼓泡反应器	ϕ50mm×200mm，玻璃

续表 3-1

名　称	规格、纯度、数量
烟气分析仪	1台
电子天平	精度：±0.001g
恒温加热磁力搅拌器	1台
U形干燥管	1个
Y形玻璃管	2个
橡皮管	若干
三口烧瓶	1个
蠕动泵	1台
铁夹	若干
烧杯	若干
量筒	100mL、200mL、500mL
恒温真空干燥机	1台

3.2.2.2 实验步骤

A 催化剂制作

称取2.16g六水合三氯化铁（$FeCl_3 \cdot 6H_2O$）和1.07g天冬氨酸（$C_4H_7NO_4$）溶于200mL去离子水中，在三口烧瓶中搅拌约1h；称取8.16g磷钨酸（$H_3O_{40}PW_{12}$）溶于200mL去离子水，并通过蠕动泵逐滴向三口烧瓶中滴加，边搅拌边反应，持续时间约1h；滴加完毕继续搅拌2h，静置，离心，水洗；将离心得到的产物在40℃下真空干燥约24h；将得到的催化剂小块研磨成粉末状，于干燥处保存。

B 实验流程

实验流程如图3-2所示，本实验采用自制的鼓泡反应器作为反应装置，由各个钢瓶提供不同气体，通过控制流量比例来模拟不同气体环境。将30%的过氧化氢与去离子水按所需比例配制成反应吸收液共400mL，调节pH值。通过烟气分析仪记录NO和SO_2实时浓度变化，计算脱除效率。具体流程如下：按流程图连接好各项器材，检查是否漏气；打开恒温水浴搅拌器，设定温度并保持恒温；按一定比例将30%的H_2O_2与去离子水在烧杯中混合，共400mL，调节pH值，放置于另外的水浴锅（与恒温水浴搅拌器设定相同温度）中加热；用铁夹关闭通路1、2，打开通路3，向实验装置中通入N_2约2min以排出空气；调整气瓶阀门，使NO流量保持为0.3L/min，混合气体的总流量保持为0.9L/min，通过流量计后在气体缓冲瓶中进行混合，经过通路3由烟气分析仪读出各气体浓度并记录为C_{in}；称取一定量的催化剂粉末倒入鼓泡反应器，并加入已恒温的吸收液，盖上磨砂口的紫外灯罩保持整个鼓泡反应器处于密闭状态；打开通路1、2，关闭通路3，调节气瓶阀门使各流量计与4中示数保持一致且恒定；打开水浴磁力搅拌器对吸收液进行搅拌，约2min后，气体流量稳定，打开紫外灯（18W）的开关；反应器中的砂芯板能产生许多更小的鼓泡，使得气体与吸收液以及催化剂在反应器中充分接触，促进吸收；反应后的气体进入装有无水氯化钙的干燥管进行干燥，通过烟气分析仪，设定每分钟测定一次尾气中各气体组分的浓度并记录为 C_{out}。

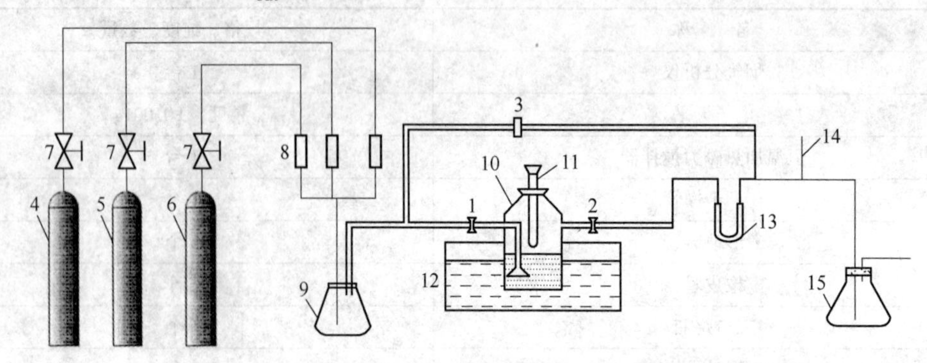

图 3-2　实验流程图

1~3—铁夹；4—N_2 钢瓶；5—SO_2 钢瓶；6—NO 钢瓶；7—减压阀；8—流量计；
9—混气瓶；10—鼓泡反应器；11—紫外灯；12—恒温加热磁力搅拌器；13—U 形干燥管；
14—烟气分析仪；15—尾气吸收装置

C　计算方法

NO 和 SO_2 去除效率的计算方法为：

$$\eta = (G_{in} - C_{out}) \div C_{in} \times 100\% \tag{3-15}$$

式中　C_{in}——反应前气体中 NO 和 SO_2 浓度，mg/m^3；

C_{out}——反应后气体中 NO 和 SO_2 浓度，mg/m^3；

η——NO 和 SO_2 去除效率。

D　实验方案

根据实际实验条件，确定以下参数：

已知采用的烟气分析仪进口气体流量 Q 为 0.9L/min，即混合气体总流量为 Q = 0.9L/min，其中 NO 浓度保持不变。考虑到实际情况，控制 NO 输出流量为 Q(NO) = 0.3L/min，NO 浓度为 x(NO) = 500μL/L = $614mg/m^3$；使用的 SO_2 浓度为：$x(SO_2)$ = $3500mg/m^3$。

采取控制变量法，研究单因素对脱硝效率的影响。

设定温度为 T=50℃，初始 pH 值约为 3.4，催化剂添加量为 0.3g，改变过氧化氢添加量，分别为 0mL、20mL、40mL、60mL、80mL、100mL、120mL 进行上述实验，每组重复 3 次，计算 NO 脱除效率，取平均值做图。

设定温度为 T=50℃，过氧化氢添加量为 60mL，初始 pH=3.4，改变催化剂添加量，分别为 0g、0.1g、0.2g、0.3g、0.4g 进行上述实验，每组重复 3 次，计算 NO 脱除效率，取平均值做图。

设定温度为 T=50℃，过氧化氢添加量为 60mL，催化剂为 0.2g，改变初始 pH 值，分别为 2、3、4、5、6、7、8 进行上述实验，每组重复 3 次，计算 NO 脱除效率，取平均值做图。

设定过氧化氢添加量为 60mL，催化剂为 0.2g，pH=3.4，改变温度，分别为 30℃、40℃、50℃、60℃、70℃、80℃进行上述实验，每组重复 3 次，计算 NO 脱除效率，取平均值做图。

根据以上四组的实验数据结果，确定最优条件，并在此条件下，进行单独脱除 NO 实验和同时脱除 NO、SO_2 实验，每组重复 3 次，计算 NO 脱除效率，取平均值做图。

3.2.3 实验结果与讨论

3.2.3.1 H_2O_2 添加量对脱硝效率的影响

通过反应式可以看出，反应体系中的氧化能力的来源是羟基自由基的产生，反应体系中的羟基自由基的来源是 H_2O_2 在紫外光照射下的分解反应。本实验在总气量 0.9L/min、NO 流量为 0.3L/min、NO 浓度为 614mg/m^3、温度为 50℃、初始 pH 值为 3.4、催化剂添加量为 0.3g 的条件下，使用 18W 紫外灯照射，通过添加不同浓度的 H_2O_2 吸收液进行实验来研究 H_2O_2 添加量对 NO 去除效率的影响。为直观表现出影响趋势，绘制图 3-3。

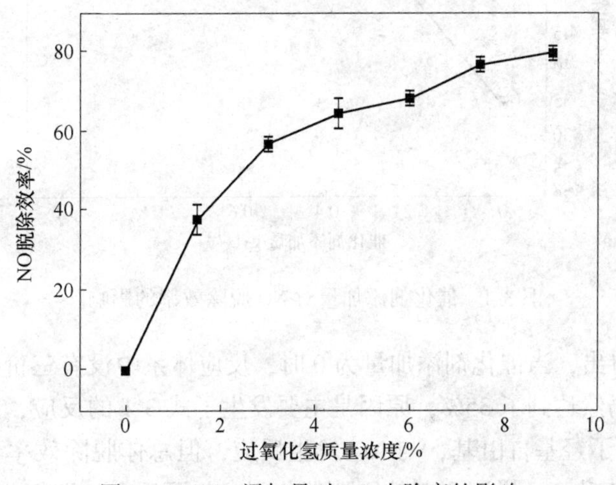

图 3-3 H_2O_2 添加量对 NO 去除率的影响

由图 3-3 可以看出，当吸收液中不添加 H_2O_2 时，对于 NO 的脱除效率为 0，纯水几乎无法吸收 NO，说明在此条件下没有羟基自由基的产生，反应体系几乎没有氧化性，自制固体催化剂也未参与反应，符合实际情况；当吸收液中加入 H_2O_2 后，在紫外光的照射下立即参与反应，产生羟基自由基，发生式 3-9～式 3-14 的反应，使 NO 氧化脱除，且随着 H_2O_2 的添加量逐渐增大，整个体系的脱除效率也逐渐增加。当添加量大于 40mL（即质量浓度为 3%）后，最终脱除效率的增加率变小，虽然总的脱除效率在上升，但 H_2O_2 的利用率变小。当添加量达到 100～120mL，即浓度为 7.5%～9%时，脱除效率虽然仍在增加，但非常缓慢。通过对反应机理的研究可知，在 H_2O_2 量小的情况下，产生羟基自由基较少，且多数均参与到和 NO 的反应中，即发生的副反应少，对整体氧化能力的影响较小；随着 H_2O_2 总量的增加，产生的羟基自由基多，自由基之间发生反应的概率增大，发生的副反应达到了一定的比例，即过氧化氢分解得到的羟基自由基参与 NO 反应的比例减小，导致了 H_2O_2 利用率下降。研究表明，随着系统中 H_2O_2 浓度的增大，最终反应完毕后，体系中残留的 H_2O_2 浓度也随之增大。

在本实验的反应体系中，由于遵循相同的反应机理，H_2O_2 的利用率下降是可以预见的，因此只有合理地调节选择 H_2O_2 的添加量，才能在既维持高利用率的情况下又降低成本，因此，从经济性考虑，选择最佳的 H_2O_2 投加量为60mL（即浓度为4.5%），后续实验中将以此为基础进行进一步的探究。

3.2.3.2　催化剂添加量对脱硝效率的影响

在温度为50℃、过氧化氢添加量为60mL、初始pH值为3.4、NO流量为0.3L/min、NO浓度为614mg/m³、有紫外光照射的条件下，将吸收液一次性投加，通过改变催化剂的添加量从而控制 H_2O_2 在催化剂表面与三价铁的反应，进而影响最终的脱除效率，如图3-4所示。

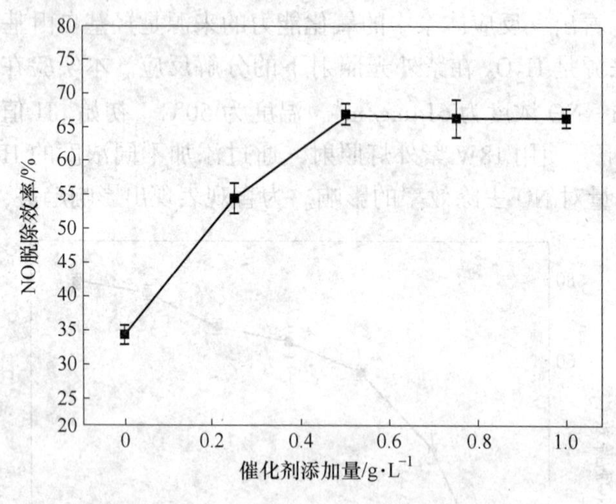

图3-4　催化剂添加量对NO脱除效率的影响

由图3-4可以看出，当催化剂添加量为0时，反应体系中没有三价铁的催化作用，最终的NO脱除效率仍然达到了35%，原因是主要发生了式3-1的反应，即在紫外光的照射下，H_2O_2 分解产生了羟基自由基，与NO发生反应，但总体脱除效率低下；增加催化剂的量，脱除效率迅速升高，说明自制的固体催化剂参与了反应，即催化剂对 H_2O_2 的分解反应有促进作用。催化作用的本质是在固体催化剂表面，存在三价铁与 H_2O_2 接触，促进羟基自由基的生成，因此通过将固体催化剂磨成细颗粒状，加上搅拌使其均匀分散在吸收液中，增大与吸收液的接触面积，能促进 H_2O_2 的分解反应。当催化剂添加量为0.2g，即0.5g/L时，达到了最大值67%，随后继续增加催化剂的量，脱硝效率反而开始下降。从实验现象中发现，当催化剂量大于0.3g，即0.75g/L时，反应后的溶液浑浊且颜色变黄，脱除效率降低，对NO反应产生的负面影响开始显现，因此选择催化剂量为0.2g较为适宜，后续实验中将以此作为最佳添加量。

3.2.3.3　初始pH值对脱硝效率的影响

通过对反应机理的探究可知，反应中两种价态的铁离子之间的平衡，会直接影响自由基的产生，如果破坏了这个平衡，体系的氧化能力就会降低，pH值对催化剂表面铁元素的存在形式，即两种价态的转化及平衡会产生直接影响，同时pH值的大小，对过氧化氢的分解程度也会产生相当程度的影响。由此可见，在本实验中，初始pH值也是影响脱硝反应的一个重要因素。设定在温度为50℃、过氧化氢添加量为60mL、催化剂为0.2g、NO流量为0.3L/min、NO浓度为614mg/m³的条件下，改变吸收液初始pH值，在紫外光照射下进行实验。实验结果如图3-5所示。

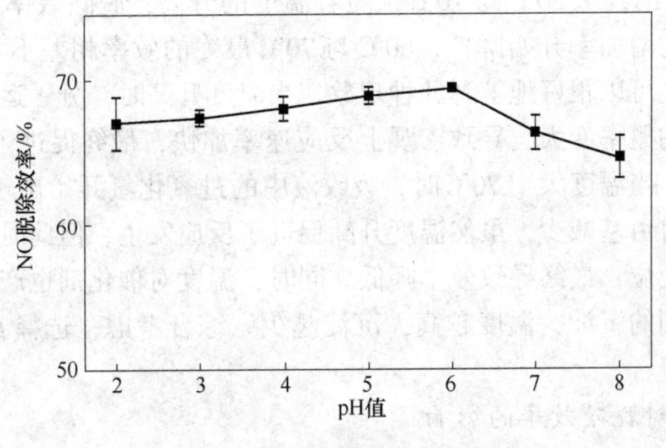

图 3-5　pH 值对脱硝效率的影响

从图 3-5 中可以看出，初始 pH 值的变化对最终的脱除效率影响不大，随着 pH 值从 2 增加到 6，最终脱硝效率逐渐增加，但幅度变化不大，当 pH 值大于 6 时，脱除效率开始下降。通过检测反应后剩余吸收液的 pH 值发现，pH 值均在 2. 9 左右，由式 3-11~式 3-13 可知，体系在反应过程中会产生 H^+和 OH^-导致 pH 值发生变化，因此初始 pH 值的影响只反映在反应开始的阶段，通过实验过程中每分钟记录一次的数据可以清晰地比较出在不同 pH 初始值条件下，NO 脱除效率的瞬时值会不同，但最终的效率相差不大则是因为反应一段时间后，体系的 pH 值都趋于稳定且相差不大。当 pH 值大于 6 时，脱除效率开始降低，这是因为 H_2O_2 开始无法稳定存在。在配置吸收液时可以直观地看到，当 pH 值达到 8 时，吸收液在水浴加热阶段就有不少气泡冒出，即过氧化氢在反应开始前已经分解，以至于生成的羟基自由基减少，最终效率也减少。考虑到实际情况，吸收液 pH 值过低容易导致设备的腐蚀，结合最终效率的数值，选择 pH 值为 6 作为后续实验的最佳条件。

3. 2. 3. 4　温度对脱硝效率的影响

在实际的化学反应中，温度影响化学反应的速率，也影响着化学反应的终点。实验中设定过氧化氢添加量为 60mL，催化剂为 0. 2g，初始 pH 值为 3. 4，NO 流量为 0. 3L/min、浓度为 614mg/m^3，只改变水浴锅的温度来改变反应温度，结果如图 3-6 所示。

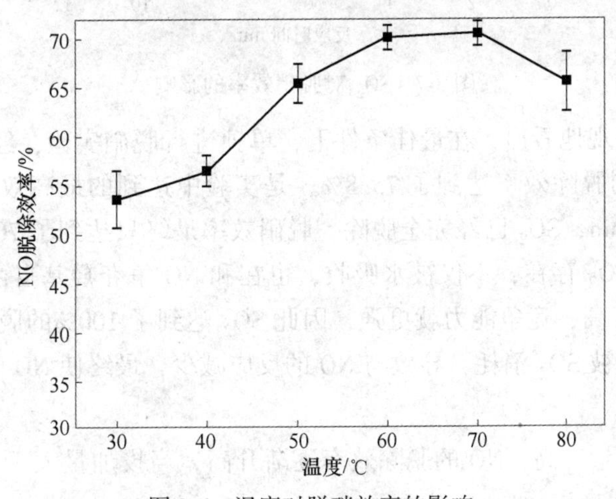

图 3-6　温度对脱硝效率的影响

从图3-6可以看出，从30℃到70℃，随着温度的升高，脱除效率在逐渐升高，超过50℃后，脱除效率的增加率开始降低，60℃与70℃最终的效率相差不大，超过70℃效率下降。活化分子理论可以很好地解释此种现象，当温度升高时，分子运动加快，活化分子数增多，发生反应的概率变大，导致宏观上反应速率加快，最终促进了脱硝反应的发生，使得脱除效率升高。当温度大于70℃时，吸收液中的过氧化氢开始出现明显的分解现象，以至于生成的羟基自由基减少，虽然温度升高促进了反应发生，但此时羟基自由基减少对反应的影响占主导地位，最终导致效率降低。同时，温度对催化剂也产生影响，反应结束后容器底部有催化剂的沉淀，温度越高，沉淀越少。综合考虑，选择60℃作为最佳的反应温度。

3.2.3.5 SO_2对脱硝效率的影响

基于上述的实验结果，进行单独脱硝实验和同时脱硫脱硝实验，以此来探究SO_2对NO脱除效率的影响。即温度设定为60℃，过氧化氢添加量为60mL，催化剂投加量为0.2g，初始pH值调为6.0。总气量为0.9L/min，单独脱硝实验中NO流量为0.3L/min、浓度为614mg/m^3，N_2流量为0.6L/min；同时脱硫脱硝实验中NO流量为0.3L/min、浓度为614mg/m^3，SO_2流量为0.3L/min、浓度为3500mg/m^3，N_2流量为0.3L/min。所有实验均在紫外光照射下进行。实验结果见图3-7。

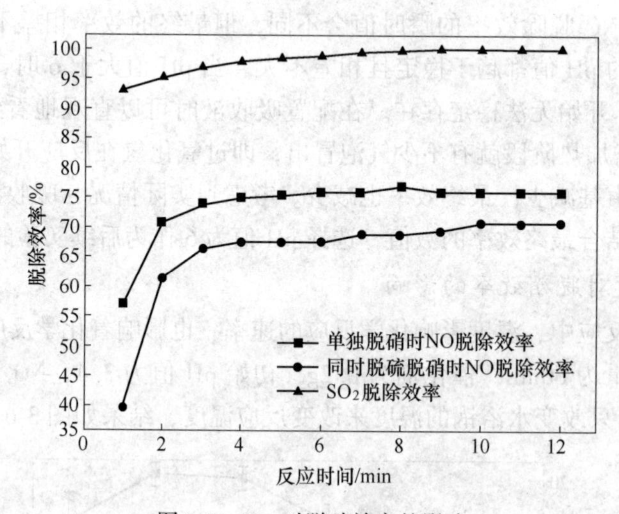

图3-7 SO_2对脱硝效率的影响

从图3-7可以直观地看出，在最佳条件下，单独进行脱硝实验，经过12min，反应达到稳定状态，最终的脱除效率达到了75.8%，是实验中达到的最高效率；在同时进行脱硫脱硝时，经过10min，SO_2已经完全脱除，脱硝效率最终只达到了70%，低于单独进行的脱硝实验，说明SO_2存在，不仅被水吸收，也在和NO争夺羟基自由基以及H_2O_2，由于其在水中的溶解度高，竞争能力就更强，因此SO_2达到了100%的脱除效率。吸收液中部分H_2O_2和自由基被SO_2消耗，导致与NO的反应减少，最终使NO的脱除效率降低。

3.2.3.6 小结

随着H_2O_2投加量升高，NO的脱除效率逐渐升高，当投加量大于120mL时，即过氧化氢质量浓度大于9%时，脱硝效率可达到80%；随催化剂投加量增加，NO脱除效率先增大后基本维持不变；随温度升高，NO 脱除效率先增大后减小；本实验中的最佳 pH 值为 6，为解决设备腐蚀问题提供了研究方向，对模拟电厂烟气进行同时脱硫脱硝实验有一定的实际意义。

3.2.4 结论与展望

3.2.4.1 结论

本节基于国内大气污染现状，通过归纳总结现有的脱硫脱硝技术及其基本原理，在学习探讨类芬顿技术发展及其反应原理的基础上，设计了 UV 类芬顿体系用于脱硫脱硝的实验方案，采用了自制催化剂和自制鼓泡反应器完成了实验。通过控制变量法，改变反应中的单一因素，来确定 H_2O_2 添加量、催化剂添加量、初始 pH 值、反应温度、以及 SO_2 的存在对脱除 NO 效果的影响。通过对实验结果进行处理，联系实验现象，探讨了反应机理，系统地研究了 UV 类芬顿体系对 NO 和 SO_2 的脱除作用，初步得出下述结论：

在单独脱硝的实验中，随着 H_2O_2 投加量升高，NO 的脱除效率逐渐升高，当过氧化氢浓度大于 9%时，脱硝效率可达到 80%；自制催化剂能够有效地提高脱硝效率；在同时脱硫脱硝实验中，SO_2 的存在使 NO 脱除效率减小，但 SO_2 能被 100%完全吸收。

找到最佳的初始 pH 值为 6，拓宽了类芬顿反应的酸性范围；制备的催化剂为固态，回收方便，可以有效减少二次污染；找到最佳的实验温度为 60℃，联系在实际电厂生产中，通过湿法脱硫之后的烟气温度大约为 55℃，说明实验对指导实际生产具有一定的现实意义。

3.2.4.2 展望

本实验在实验室条件下表现出了较好的脱硫脱硝效果，但仍然存在着一定问题，比如过氧化氢消耗量过大的问题无法解决，虽然在保持高利用率和低成本之间取得一个平衡值，但此条件下无法达到最大脱除效率。此外，类芬顿技术在工业生产中的应用不够广泛，因此提出以下几点建议：在理论研究方面，UV 类芬顿体系在脱硫脱硝方面的应用存在很大的潜力，需要进一步加强对反应机理以及反应动力学的研究；在实践方面，基于坚实的理论指导，通过尝试开发各种催化剂，提高过氧化氢的利用率以提升此技术的经济性，同时在实验研究的基础上，进行工业试验，以确定在工业应用中的价值也是必不可少的。

3.3 案例 2——绝缘油污染土壤脱附处理实验研究

随着现代社会的快速发展，人们对于环境保护的要求越来越严格，由于绝缘油会对人类和周边的生态环境形成很大威胁，而且一部分废弃的电器具有回收利用的价值。绝缘油中主要的污染物具有复杂和不明确的特性，有毒添加物质的剂量在持续增加，这些都抑制了油品的处理和再利用。因此掌握绝缘油污染土壤的修复技术，分析微波热解技术对污染土壤中多环芳烃（PAHs）的含量及去除率的影响，具有一定的研究意义。

实验结果表明：(1) 调整热解温度、停留时间、微波功率、含水量皆对微波加热去除污染土壤中 PAHs 有明显的效果；(2) 在条件为热解温度 $T=350℃$、停留时间 $t=60\text{min}$ 时，PAHs 去除率大于 80%，继续延长停留时间并不能对 PAHs 的去除率有太大改变；

（3）热解修复前污染土壤中16种PAHs的单体污染物含量在0.86～1.31mg/kg，经过热解工艺修复后的含量均低于0.15mg/kg，去除率平均达到84%，部分污染物达到90%以上；（4）土壤颗粒粒径对污染土壤中的PAHs的热解有明显的影响，土壤颗粒粒径越小越有利于提高热解的效率。

3.3.1　实验部分

本节采用微波热脱附处理土壤中绝缘油污染。

3.3.1.1　实验样品

供试土壤取自华北电力大学二校区日新园，进行烘干处理后过20目（0.833mm）筛后分为细（简称1号）、粗（简称2号）两种粒径。将1mL，200μg/mL的PAHs用乙腈试剂（CH_3CN）稀释至500mL，在两种粒径的土壤样品中各投加125mL稀释后的PAHs，最后将有机溶剂挥发完全。

3.3.1.2　实验仪器

本实验主要涉及仪器包括：微波管式炉（微波频率为2.45GHz，最大功率为2kW，管的尺寸为ϕ33mm×1000mm，升温速率为300～400℃/min（煤）、测温方式为K型热电偶）、电子分析天平、氮气填充装置、气相色谱质谱联用仪（GC-MS）、电热鼓风干燥箱。

3.3.1.3　分析方法

A　微波热脱附

微波热脱附的实验方法如下。

（1）选取16种多环芳烃污染物进行土壤样品的配置。

（2）放入实验样品后载气通入微波热解装置内驱赶炉内的残余其他气体，设定仪器参数并启动，开始升温并计时，到达实验时间后，在载气持续通入的情况下等待降温后取出样品收集。

（3）选择停留时间、微波功率、热解温度、土壤颗粒粒径对微波热脱附的影响变量，参照上述过程进行实验。

（4）停留时间选取20min、30min、40min、50min、60min，微波功率选取500W、800W、1100W、1500W、2000W，热解温度选择150℃、200℃、250℃、300℃、350℃。土壤从初始温度升至目标温度后，立即取出冷却。

（5）样品分析处理

土壤中PAHs去除效率按式3-16计算：

$$去除效率 = \frac{原始土壤内有机物含量 - 处理后土壤内有机物含量}{原始土壤内含量} \times 100\% \quad (3\text{-}16)$$

实验流程：首先依次将氮气瓶、流量计、微波管式炉、洗气瓶连接完成，将土壤试样装入石英舟再放入微波管式炉内，按照上述条件设置程序参数后开启仪器，完成后取出石英舟待自然冷却后装入自封袋，保存于室温下用于样品检测。分别设置程序参数，重复实验过程。

B　测定指标及测定方法

16种PAHs由美国环保局提出的采用气相色谱质谱联用仪测定，根据《土壤干物质和水分的测定——重量法》测定土壤含水率。

3.3.2 数据处理

3.3.2.1 含水量 M 对 PAHs 含量及去除率的影响

由于在热解吸技术处理土壤的实验时其含水量 M 适宜在 15%~20%，含水量过高时，水的蒸发会明显增加其能耗，并且会影响到土壤中污染物的热解。所以实验中选择以 $M=20\%$ 和 $M=30\%$ 的含水量作为变量研究其对 PAHs 的影响因素。研究含水量的影响时，保持其他变量不变：微波功率（K）= 1500W，停留时间（t）= 40min，温度选择 $T_1=150℃$、$T_2=200℃$、$T_3=250℃$、$T_4=300℃$、$T_5=350℃$。含水量对 PAHs 的影响如图 3-8 所示。

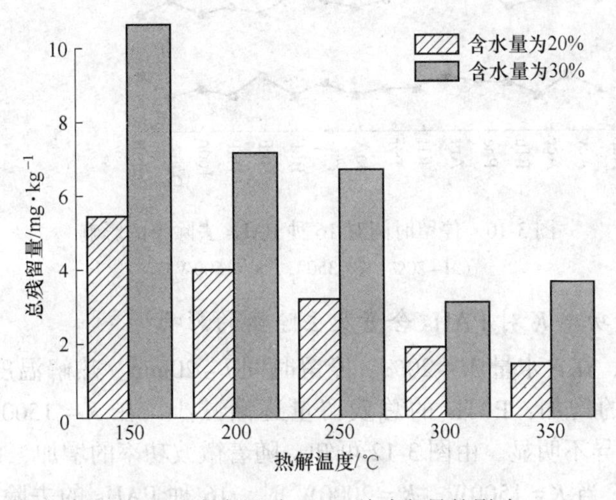

图 3-8 含水量对 PAHs 总残留量的影响

由图 3-8 可知，随着温度的升高 PAHs 的总残留量减小，当含水量 $M=20\%$ 时的 PAHs 总残留量明显低于含水量 $M=30\%$ 的。由此可知，$M=20\%$ 的条件对于去除 PAHs 的效果优于 $M=30\%$，选择 $M=20\%$ 为最佳条件。

3.3.2.2 停留时间 t 对 PAHs 含量及去除率的影响

由图 3-9 可知，在含水量 $M=20\%$、微波功率 $K=1500W$、热解温度 $T=350℃$ 的条件下，随着停留时间的增加，PAHs 的总残留量逐渐减小，停留时间为 60min 时 PAHs 的总

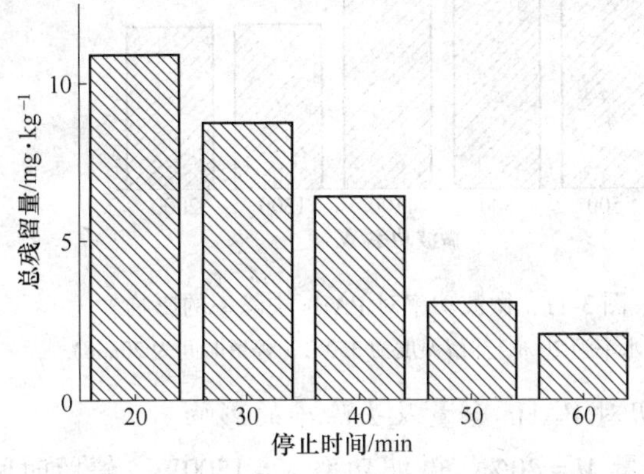

图 3-9 停留时间对 PAHs 总残留量的影响

（含水率为 20%，热解温度为 350℃，微波功率为 1500W）

残留量最少。由图3-10可知，随着停留时间的增加，16种PAHs的去除率也会增加，停留时间为60min时去除率达到80%以上。由此可知，选择$t=60$min为最佳条件。

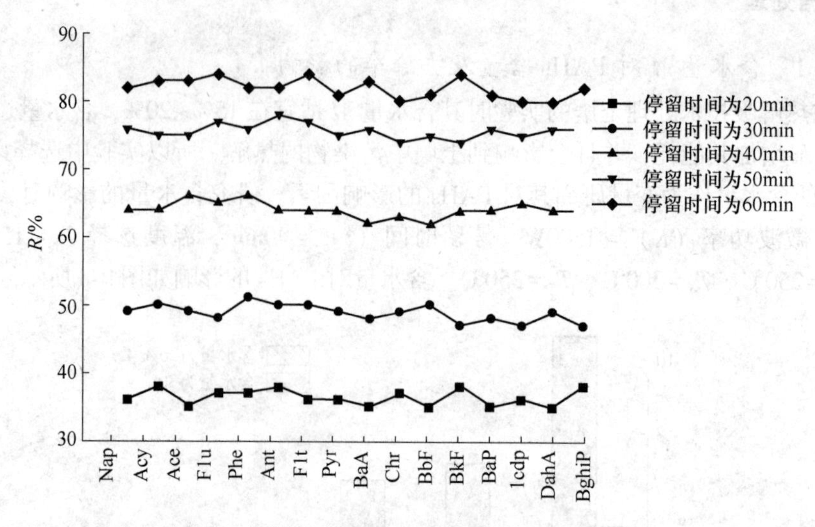

图3-10 停留时间对16种PAHs去除率的影响

($M=20\%$，$T=350$℃，$K=1500$W)

3.3.2.3 微波功率K对PAHs含量及去除率的影响

由图3-11可知，在含水量$M=20\%$、停留时间$t=20$min、热解温度$T=350$℃的条件下，随着微波功率的增加，PAHs的总残留量逐渐减小，在$K=1500$W、$K=2000$W时PAHs的总残留量差异不明显。由图3-12可知，随着微波功率的增加，16种PAHs的去除率越高且比较平均，当$K=1500$W、$K=2000$W时，16种PAHs的去除率越高差距越小，其中有5种污染物的去除率基本一致，由此基于对能耗资源以及运行的优化两方面的考虑，选择$K=1500$W为最佳条件。

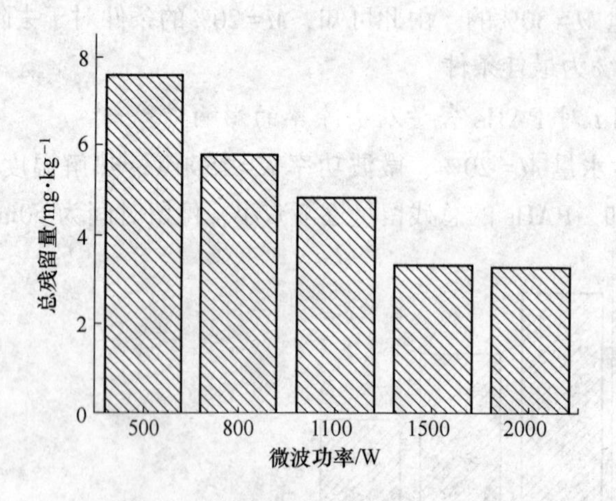

图3-11 微波功率对PAHs去除率的影响

(含水率为20%，热解温度为350℃，停留时间为20min)

3.3.2.4 热解温度T对PAHs含量及去除率的影响

由图3-13可知，含水量$M=20\%$、微波功率$K=1500$W、停留时间$t=40$min的条件

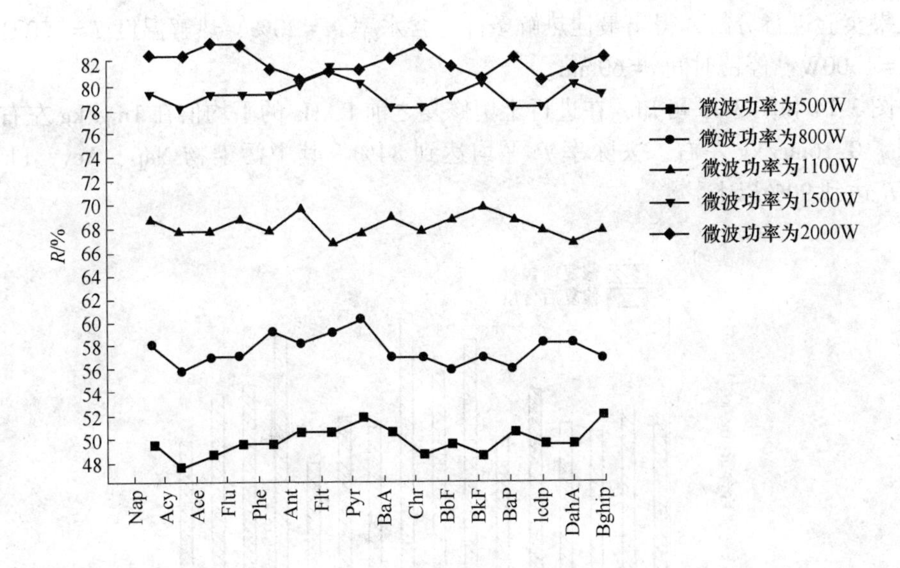

图 3-12 微波功率对 16 种 PAHs 去除率的影响

（$M=20\%$，$T=350℃$，$t=20min$）

下，随着热解温度的升高，16 种 PAHs 的去除率变大，在 $T_5=350℃$时 16 种 PAHs 的去除率平均达到 90%以上，并且在 $T_1=150℃$、$T_2=200℃$、$T_3=250℃$、$T_4=300℃$的条件下，16 种 PAHs 的去除率差异较大，只有在 $T_5=350℃$的条件下 16 种 PAHs 的去除率比较平均；T_4 与 T_5 条件下的去除率较之前其他温度条件的差异减小，由此选择 350℃为最佳条件。

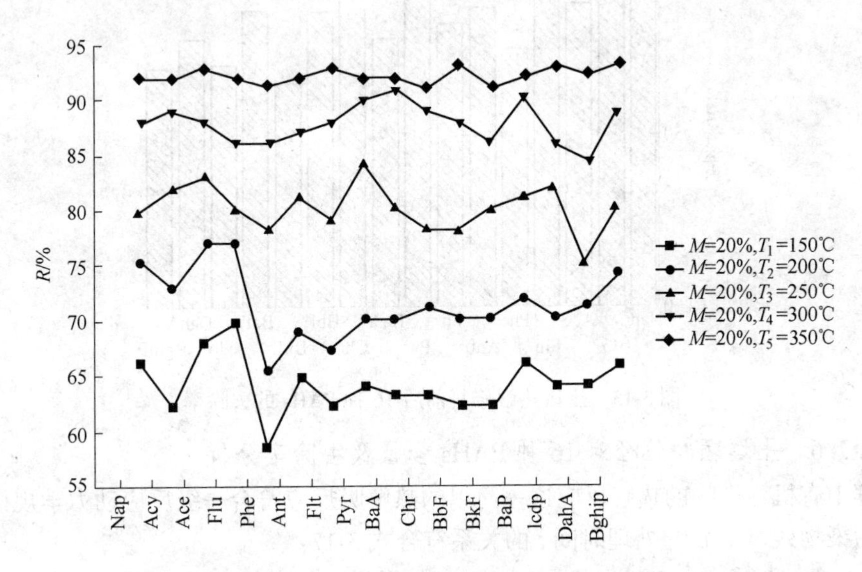

图 3-13 热解温度对 16 种 PAHs 去除率的影响

（$t=40min$，$K=1500W$）

3.3.2.5 土壤热解修复前后 16 种 PAHs 含量及去除率

通过对停留时间 t、微波功率 T、热解温度 T、土壤颗粒粒径等因素对土壤中 PAHs 的去除效果实验进行分析，得出最佳热解条件为含水率 $M=20\%$、热解温度 $T=350℃$、微波功率 $K=1500\mathrm{W}$、停留时间 $t=60\mathrm{min}$。

由图 3-14 和图 3-15 可知，在进行土壤修复之前 PAHs 的平均值在 1mg/kg 左右，修复后降到了 0.16mg/kg 左右，去除率 R 平均达到 84%，其中污染物 Nap、Acy、Flu、Pyr、Chr 的 R 达到 90%以上。

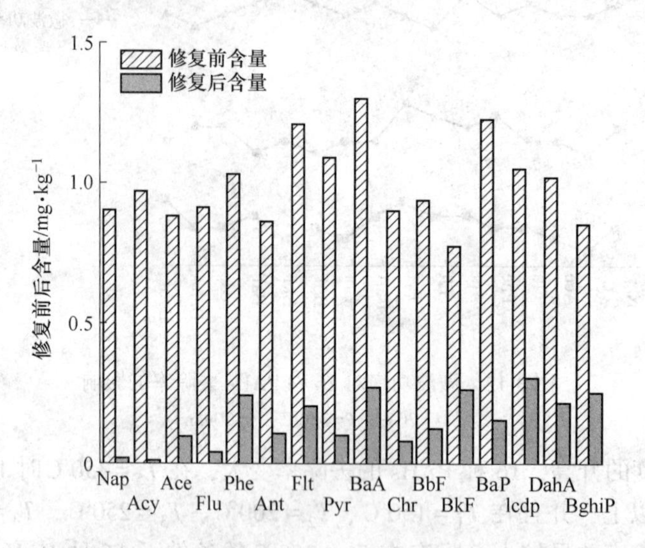

图 3-14 土壤热解修复前后 16 种 PAHs 含量

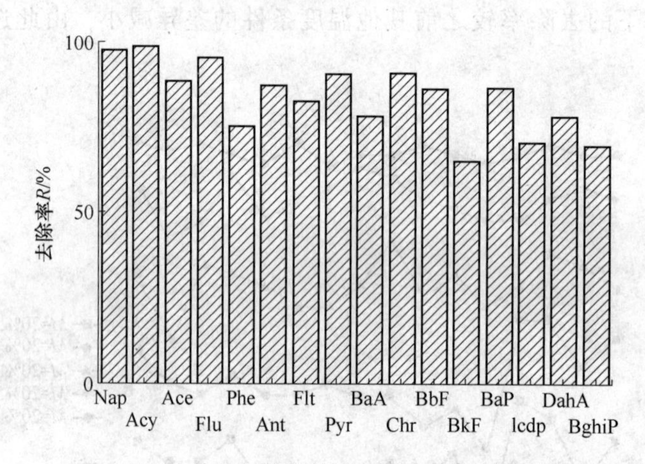

图 3-15 土壤热解修复前后 16 种 PAHs 的去除率

3.3.2.6 土壤颗粒粒径对 16 种 PAHs 含量及去除率分析

土壤中有机污染物的热解反应这一简单的热解吸反应符合一级反应动力学规律。土壤中有机污染物残留量 C 与处理时间 t 的关系符合式 3-17：

$$C = C_0 e^{-kt} \tag{3-17}$$

由上式可得变形式 3-18：

$$kt = -\ln(C/C_0) \tag{3-18}$$

式中 C_0——初始质量分数；

C——处理时间为 t 时的质量分数；

k——一级反应动力学常数，即热解速率常数，min^{-1}。

由式（3-18）可知利用 $-\ln(C/C_0)$ 对时间 t 做图并且做线性拟合，得出的直线斜率即为不同粒径土壤中 PAHs 在不同处理温度下的一级反应速率常数，结果见表 3-2。

表 3-2　不同土壤颗粒粒径中的 PAHs 在不同温度下的热解吸反应速率常数

粒径	150℃	200℃	250℃	300℃	350℃
>2mm	0.0270	0.0347	0.0402	0.0530	0.0602
1~2mm	0.0278	0.0385	0.0433	0.0563	0.0611
0.5~1mm	0.0292	0.0397	0.0512	0.0577	0.0634
0.2~0.5mm	0.0297	0.0603	0.0818	0.0734	0.0884
0.074~0.200mm	0.0321	0.0787	0.0881	0.0996	0.0990
<0.074mm	0.0326	0.0846	0.0893	0.1215	0.1007

由表 3-2 可知，土壤颗粒粒径越小、热解温度越高，热解速率常数 k 越大。

由此可知，在将土壤进行热解处理之前，将大颗粒土壤经过一定程度的破碎，使之粒径减小，可以明显提高热解吸处理效率，降低热解温度。

3.3.3　总结

本节设计了微波处理污染土壤中的绝缘油的实验，针对微波热解污染土壤中多环芳烃的研究，得到以下结论。

微波热解 16 种多环芳烃的实验表明：热解温度、停留时间、微波功率、含水率、土壤颗粒粒径等对热解污染土壤中的有机污染物有一定程度的影响。

具体表现为：

（1）热解技术是治理多环芳烃（PAHs）污染土壤的有效手段。当热解温度与微波功率达到固定值时，随着停留时间的延长，污染土壤中的 PAHs 减少。热解温度 $T=350℃$、微波功率 $K=1500W$，停留时间为 20~40min 时去除率在 70%以下，而停留时间为 60min 时去除率达到 80%以上，大部分 PAHs 是可以去除的。

（2）热解修复前污染土壤中 16 种 PAHs 的单体污染物含量为 0.86~1.31mg/kg，经过热解工艺修复后的含量均低于 0.15mg /kg，去除率平均达到 84%，部分污染物去除率达到 90%以上。

（3）土壤颗粒粒径对土壤中的多环芳烃的热解效果有显著的影响，土壤粒径越小越有利于热解过程及效率。热解处理前对大颗粒的土壤进行破碎处理会有助于提高热解效率，降低热解温度，从而有利于降低能耗。

3.4　案例 3——AAILs-醇胺 CO_2 吸收液解吸系统实验设计

近年来，CO_2 的过度排放造成的温室效应引起了大量的关注。目前醇胺法是最成熟的化学吸收技术，复配醇胺方案的提出改进了单一醇胺方案的吸收效果，但在电厂实际运行过程中烟气共存气体会降低吸收剂在长期运行后的稳定性，再生能耗也依旧很高。氨基酸离子液体（amino acid ionic liquids，AAILs）具有良好的化学稳定性等优点。因此，将离子液体与传统的有机胺水溶液复配捕集 CO_2 具有一定的研究意义。

以 N-甲基二乙醇胺（N-methyldiethanolamine，MDEA）为主体，引入四甲基铵甘氨酸盐（tetramethylammoniumglycinate，[N_{1111}][Gly]）、1-丁基-3-甲基咪唑赖氨酸盐（1-butyl-3-methylimidazoliumlysinate，[Bmim][Lys]）两种氨基酸离子液体作为促进剂，配置不同浓度的 AAILs-醇胺吸收剂及具有不同 CO_2 载荷的系列吸收液，使用高温解吸、高温 N_2 吹扫解吸、矿化结晶解吸三种实验方法，系统研究了 AAILs-醇胺吸收液、促进剂浓度和解吸量、解吸速率以及循环解吸量的关系。阐明了一定温度条件下，不同质量分数 AAILs 促进的 MDEA 吸收液解吸量的关系；测定了系列浓度条件下，AAILs-醇胺吸收液中解吸量-时间的关系；测定了 AAILs-醇胺吸收液的循环解吸量，阐明了吸收液的再生性能。

3.4.1 实验部分

本节主要阐述 AAILs-醇胺吸收剂的吸收实验方案以及选取吸收实验的参数；介绍高温解吸、高温有 N_2 吹扫解吸以及矿化结晶解吸的实验流程及选取的实验参数。

3.4.1.1 实验材料

本节所采用的试剂如表 3-3 所示。

表 3-3 实验试剂以及生产厂家

试剂名称	CAS No.	分子量	纯度/%	生产厂家
MDEA	105-59-9	119.16	99	阿拉丁试剂有限公司
[Bmim][Lys]	1084610-48-9	284.40	99	上海成捷化学有限公司
[N_{1111}][Gly]	158474-94-3	148.2	99	上海成捷化学有限公司
CO_2	124-38-9	44	99.9	保定市京联气体厂
变色硅胶	112926-00-8	60.08	99	苏州龙辉干燥剂有限公司
无水氯化钙	10043-52-4	110.98	分析纯 AR	天津市南区咸水沽工业园区
H_2O	7732-18-5	18.01	电阻率>15MΩ · cm	HealforceROE-100 纯水仪

MDEA（N-甲基二乙醇胺），分子式 $C_5H_{13}NO_2$，是一种无色油状液体，分子结构中包含一个氨基和两个羟基，氨基决定了溶液是碱性，羟基可以降低压力，增加对 CO_2 的溶解度，但由于结构特性，其吸收 CO_2 速率很慢。

[Bmim][Lys]（1-丁基-3-甲基咪唑赖氨酸盐），分子式 $C_{14}H_{28}N_4O_2$，包含四甲基铵阳离子和甘氨酸阴离子，呈黄色，咪唑类离子液体制备简单，相比其他离子液体成本较低，具有良好的再生性能。

[N_{1111}][Gly]（四甲基铵甘氨酸盐），分子式 $C_6H_{16}N_2O_2$，无色，包含四甲基铵阳离子和甘氨酸阴离子，具有良好的吸收性能。这两种氨基酸离子液体均呈黏稠状，与水和醇胺互溶。

3.4.1.2 实验设备

实验使用的仪器见表 3-4。

表 3-4 实验仪器

实验仪器	型号	生产厂家
电子分析天平（精度 0.1mg）	FA1604A	上海精天电子仪器有限公司
真空干燥箱	DZF-6050	上海新苗医疗器械制造有限公司
集热式恒温加热磁力搅拌器	DF-101S	巩义市予华仪器有限责任公司
质量流量计	CS200A	北京七星华创电子股份有限公司
质量流量控制器	CS200A	北京七星华创电子股份有限公司
智能磁力搅拌器	ZNCL-TS250ML	巩义市予华仪器有限责任公司
循环水式多用真空泵	SHD-Ⅲ	保定高新区阳光科教仪器厂
CO_2 分析仪	AGMDTMEⅢ	SensorsEuropeGmbH

实验中还会用到三口烧瓶、温度计、冷凝管、一次性滴管等。质量流量计和质量流量控制器的流量规格控制在 0~190mL/min。

3.4.1.3 实验过程

A 吸收实验过程

吸收实验流程图如图 3-16 所示。

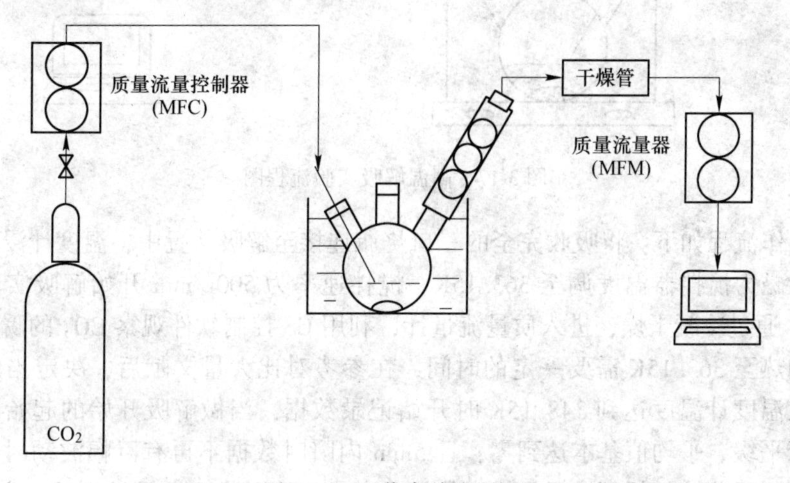

图 3-16 吸收实验流程图

实验过程中 MDEA 的质量分数为 30%，AAILs 的质量分数为 0%~15%，其余均为去离子水；吸收温度为 313.3K；搅拌速率为 1000r/min；CO_2 体积流量为 150mL/min。首先配置一定比例的溶液，将其用保鲜膜密封摇匀放入恒温水槽中预热待用。维持吸收装置 CO_2 浓度，向三口烧瓶中加入配制好的待用吸收剂，未吸收的 CO_2 经过冷凝干燥进入质量流量计，利用 CS 控制软件观察 CO_2 的瞬时流量，当吸收剂满载荷完成吸收时，质量流量计与质量流量控制器的数值可达相同且 5min 内不再有巨幅波动，即瞬时流量可回到最初维持 CO_2 浓度时的流量（150mL/min）且数据不再波动，吸收实验完成。

CO_2 吸收载荷计算公式如下：

$$\alpha = \frac{\sum[(V_0 - V_i)/1000/60/22.4/T \times 273.15]}{m_1/M_1 + m_2/M_2} \tag{3-19}$$

式中 V_0——初始 CO_2 的体积流量，mL/min；

V_i——i 时刻末端质量流量计中 CO_2 的体积流量，mL/min；

T——末端质量流量计的温度，K；

m_1——未吸收 CO_2 的复配溶液中 MDEA 的质量，g；

m_2——未吸收 CO_2 的复配溶液中 AAILs 的质量，g；

M_1——MDEA 的摩尔质量，g/mol；

M_2——AAILs 的摩尔质量，g/mol。

B 高温解吸实验过程

a 高温解吸实验流程

高温解吸实验流程图如图 3-17 所示。

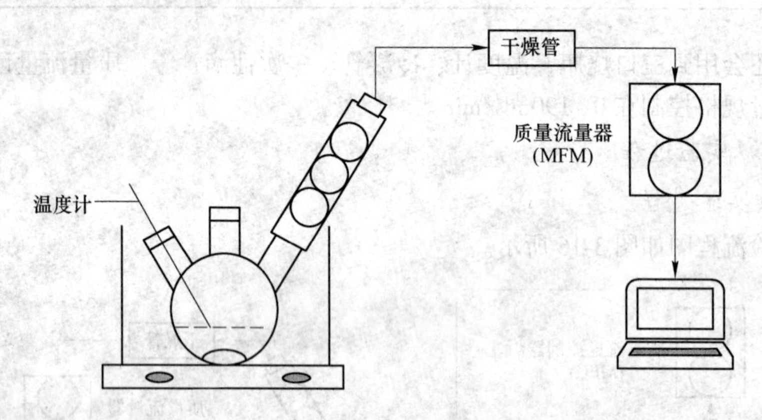

图 3-17 高温解吸实验流程图

实验操作流程如下：将吸收完全的三口烧瓶连接至解吸装置中，温度计浸入解吸液液面，将智能磁力搅拌器温度调至 363.15K，搅拌速率为 500r/min 开始解吸实验。被解吸分离的 CO_2 通过冷凝干燥，进入质量流量计，利用 CS 控制软件观察 CO_2 的瞬时流量。由于解吸液加热至 363.15K 需要一定的时间，在参考对比大量文献后，决定当观测到有瞬时流量，且温度计温度达到 348.15K 时开始记录数据，当做解吸开始的起始时刻。当瞬时流量趋于平缓，平均值基本达到零，且 5min 内瞬时数据不再有巨幅波动时，解吸实验完成。为测得吸收液的循环解吸量，会将解吸完成的解吸液再次吸收解吸，重复 3 次。

CO_2 解吸载荷计算公式如下：

$$\alpha = \frac{\sum (V_i/1000/60/22.4/T \times 273.15)}{m_3/M_3 + m_4/M_4} \tag{3-20}$$

式中 V_i——i 时刻末端质量流量计中 CO_2 的体积流量，mL/min；

T——末端质量流量计的温度，K；

m_3——未吸收 CO_2 的复配溶液中 MDEA 的质量，g；

m_4——未吸收 CO_2 的复配溶液中 AAILs 的质量，g；

M_3—— MDEA 的摩尔质量，g/mol；

M_4——AAILs 的摩尔质量，g/mol。

b 高温 N_2 吹扫解吸实验流程

高温 N_2 吹扫解吸实验流程图如图 3-18 所示。

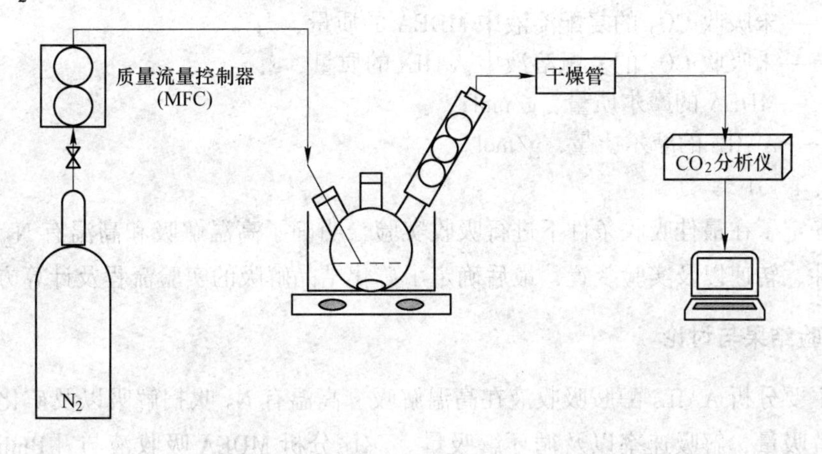

图 3-18 高温 N_2 吹扫解吸实验流程图

实验操作流程如下：将吸收完全的三口烧瓶连接至解吸装置中，使用流量为 100mL/min N_2 通入三口烧瓶中进行吹扫，将智能磁力搅拌器温度调至 363.15K，搅拌速率为 500r/min 开始解吸实验。被解吸分离出来的 CO_2 通过冷凝干燥，进入 CO_2 分析仪，利用 CO_2 分析仪观察 CO_2 的浓度。由于解吸液加热至 363.15K 需要一定的时间，当观测到有瞬时流量，且温度计温度达到 308K 时开始记录数据，当做解吸开始的起始时刻。当 CO_2 分析仪浓度数值达到零，且 5min 内瞬时数据不再有波动时，解吸实验完成。为测得吸收液的循环解吸量，会将解吸完成的解吸液再次吸收解吸，重复 3 次。

CO_2 解吸载荷计算公式如下：

$$\alpha = \frac{\sum \{[100/(1 - c_i) \times c_i]/1000/60/22.4/T \times 273.15\}}{m_3/M_3 + m_4/M_4} \tag{3-21}$$

式中 c_i——i 时刻末端 CO_2 分析仪中 CO_2 的浓度，%；

T——末端质量流量计的温度，K；

m_3——未吸收 CO_2 的复配溶液中 MDEA 的质量，g；

m_4——未吸收 CO_2 的复配溶液中 AAILs 的质量，g；

M_3——MDEA 的摩尔质量，g/mol；

M_4——AAILs 的摩尔质量，g/mol。

C 矿化结晶解吸

实验操作流程如下：在解吸装置中加入利用吸收满载荷计算所需无水氯化钙固体的质量，为使反应充分要进行搅拌。待其充分反应后，使用抽滤机抽滤，使固体沉淀与液体分离，由于要测量吸收液循环解吸量，抽滤后的液体再次进行吸收。润洗三口烧瓶，再次抽滤，抽滤后将滤纸取出，用烘干箱高温 80℃烘干 24h 后称重，计算。

CO_2 解吸载荷计算公式如下：

$$\alpha = \frac{(m_5 - m_6)/M \times 2}{m_3/M_3 + m_4/M_4} \tag{3-22}$$

式中 m_5——过滤前烧杯和滤纸的质量，g；

m_6——过滤烘干后烧杯和滤纸的质量，g；

m_3——未吸收 CO_2 的复配溶液中 MDEA 的质量，g；

m_4——未吸收 CO_2 的复配溶液中 AAILs 的质量，g；

M_3——MDEA 的摩尔质量，g/mol；

M_4——AAILs 的摩尔质量，g/mol。

3.4.1.4　小结

本节确定了在最佳吸收条件下进行吸收实验，明确了高温解吸和高温有 N_2 吹扫解吸的温度条件、转速以及实验装置，最后确定了矿化结晶解吸的实验流程及计算方法。

3.4.2　实验结果与讨论

本节主要分析 AAILs-醇胺吸收液在高温解吸、高温有 N_2 吹扫解吸以及矿化结晶解吸条件下，解吸量、解吸速率以及循环解吸量。对比分析 MDEA 吸收液与［Bmim］［Lys］-MDEA 吸收液及［N_{1111}］［Gly］-MDEA 吸收液的解吸效果和循环解吸效果。

3.4.2.1　实验可靠性的验证

为验证实验的可靠性，测定了在常压、313K 条件下 5mol/m^3 MEA 吸收，常压、363K 条件下满载荷 5mol/m^3 MEA 解吸载荷，其结果（0.54、0.12）与文献结果（0.53、0.11）在工程误差范围内，证明本文所用实验仪器是可靠的。

3.4.2.2　AAILs-醇胺吸收剂高温解吸

MDEA-AAILS 吸收液解吸载荷、解吸量和解吸效率见表 3-5。

表 3-5　MDEA-AAILs 吸收液解吸载荷、解吸量和解吸效率

解吸液	α（molCO_2/(molMDEA+molAAILs)）			m（gCO_2/100g 溶液）			解吸效率/%		
	Ⅰ	Ⅱ	Ⅲ	Ⅰ	Ⅱ	Ⅲ	Ⅰ	Ⅱ	Ⅲ
30%MDEA	0.54	0.40	0.51	5.84	4.47	4.98	74.00	51.78	51.99
30%MDEA-5%［Bmim］［Lys］	0.55	0.54	0.44	6.57	6.45	5.16	83.14	80.27	70.27
30%MDEA-10%［Bmim］［Lys］	0.49	0.51	0.48	6.16	6.44	6.12	74.34	74.13	70.09
30%MDEA-15%［Bmim］［Lys］	0.46	0.48	0.46	6.19	6.42	6.20	63.89	63.07	58.65
30%MDEA-5%［N_{1111}］［Gly］	0.49	0.49	0.49	6.12	6.19	6.16	80.62	79.26	80.35
30%MDEA-10%［N_{1111}］［Gly］	0.42	0.36	0.41	5.92	5.12	5.72	72.80	61.86	62.26
30%MDEA-15%［N_{1111}］［Gly］	0.38	0.34	0.37	5.93	5.24	5.74	65.20	56.27	56.71

图 3-19 和图 3-20 分别为［Bmim］［Lys］和［N_{1111}］［Gly］质量分数对吸收液解吸量的影响。

从图 3-19 中可以看出，以［Bmim］［Lys］促进的 MDEA 水溶液中，相比 MDEA 吸收液，解吸量有显著的提升，30%MDEA-5%［Bmim］［Lys］吸收液的解吸量最优，解吸量随着 $w_{[Bmim][Lys]}$ 的上升略有下降。从图 3-20 中可以看出，以［N_{1111}］［Gly］促进的 MDEA 水溶液中比 MDEA 吸收液的解吸量有略微的提升，30%MDEA-5%［N_{1111}］［Gly］吸收液的解吸量最优，解吸量随着 $w_{[N1111][Gly]}$ 的上升略有下降。

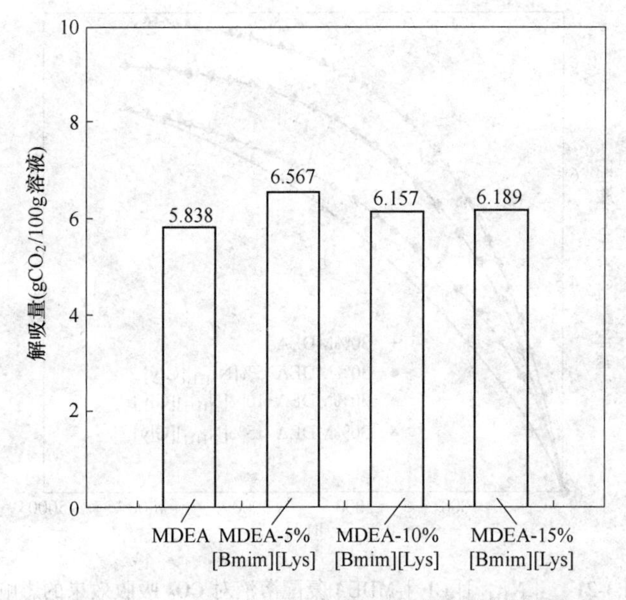

图 3-19 [Bmim][Lys]质量分数对解吸量的影响

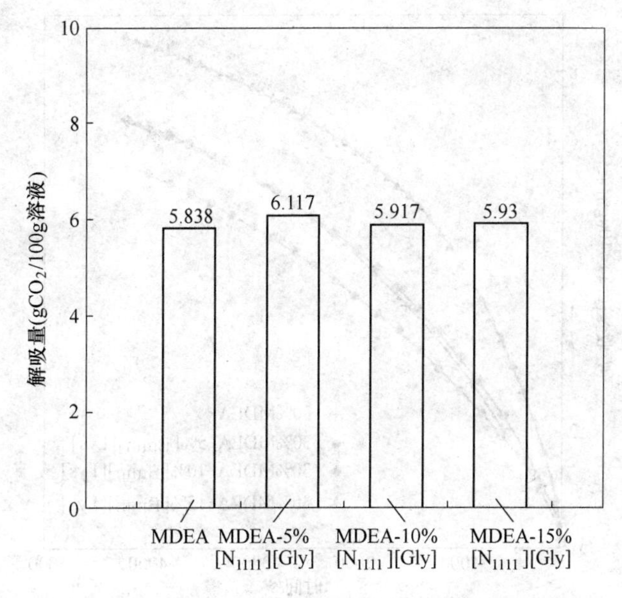

图 3-20 [N_{1111}][Gly]质量分数对解吸量的影响

图 3-21 和图 3-22 分别为 [N_{1111}][Gly]和 [Bmim][Lys]与 MDEA 复配溶液对 CO_2 吸收效果的影响。

从图 3-21 及图 3-22 中可以看出，促进剂 AAILs 可以有效地提升 MDEA 水溶液的吸收速率，[N_{1111}][Gly]-MDEA 体系的效果优于 [Bmim][Lys]-MDEA 体系。在吸收实验中，加入 [N_{1111}][Gly]均可加快吸收速率，且吸收速率随着 $w_{[N1111][Gly]}$ 的上升而加快；加入 [Bmim][Lys]在达到一定浓度后才可加快吸收速率。从图中还可以看出，[Bmim][Lys]-MDEA 体系的吸收速率随着 $w_{[Bmim][Lys]}$ 的上升而加快。

图 3-23 和图 3-24 分别为加入 [Bmim][Lys]和 [N_{1111}][Gly]的 MDEA 复配溶液对

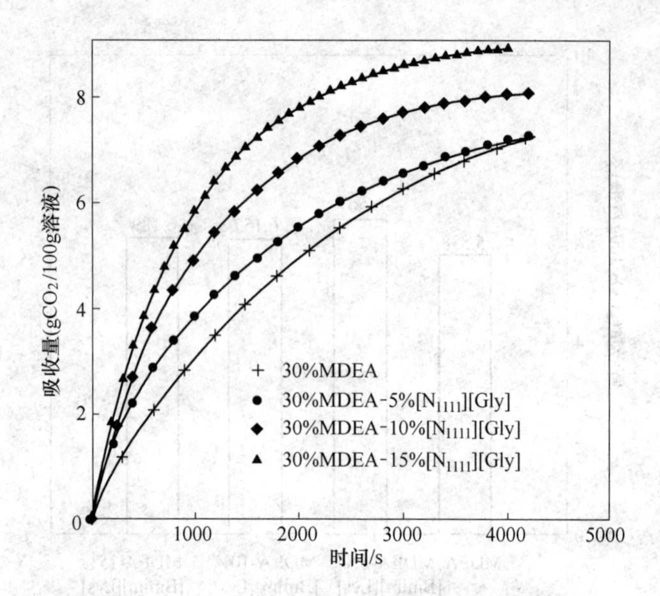

图 3-21 [N_{1111}][Gly]-MDEA 复配溶液对 CO_2 吸收效果的影响

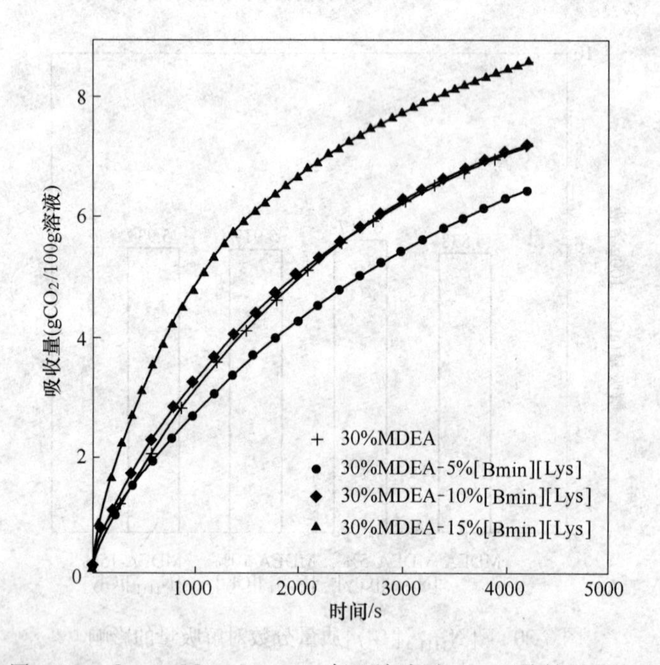

图 3-22 [Bmim][Lys]-MDEA 复配溶液对 CO_2 吸收效果的影响

CO_2 解吸效果的影响。从图 3-23 和图 3-24 中可以看出，加入 AAILs 对解吸实验的解吸速率无明显促进的作用，甚至相比 MDEA 单一醇胺解吸实验，加入促进剂的解吸速率还会降低。

为测定吸收液的再生性能，本实验分别用两种不同的 AAILs 进行了 3 次吸收-解吸循环实验，通过循环解吸量评定 AAILs-MDEA 吸收液的再生效果。

图 3-25 和图 3-26 分别为单一 MDEA 吸收液和 MDEA-5% [Bmim][Lys]吸收液的循环解吸量。

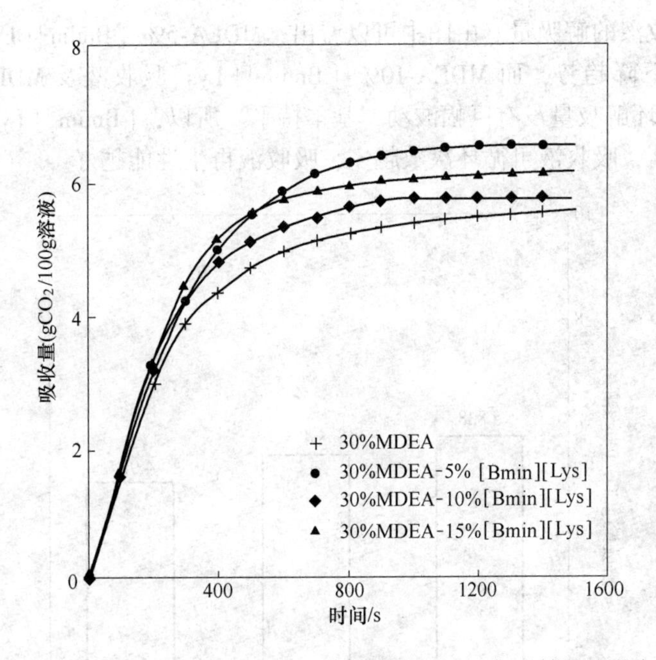

图 3-23 [Bmim][Lys]-MDEA 复配溶液对 CO_2 解吸效果的影响

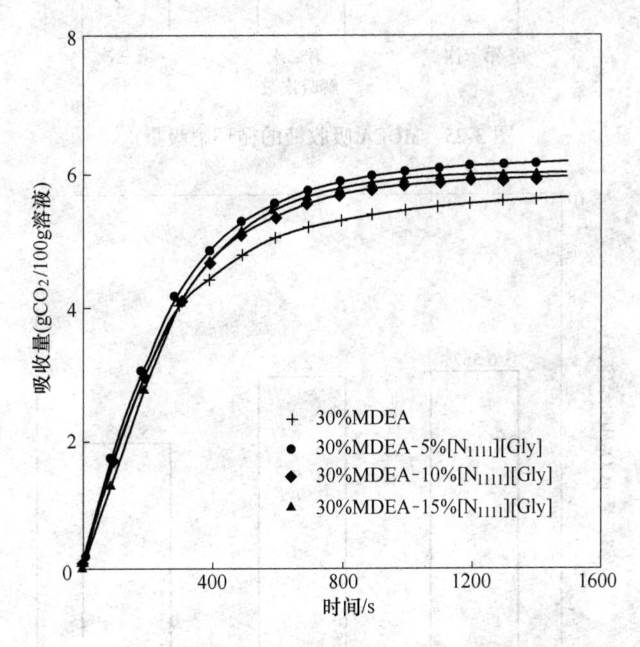

图 3-24 $[N_{1111}]$[Gly]-MDEA 复配溶液对 CO_2 解吸效果的影响

从图 3-25 和图 3-26 中可以看出，在 MDEA 中加入促进剂 [Bmim][Lys]，吸收液的循环解吸效果有显著提升，大大提高了吸收液的再生能力。在循环实验中，第一次解吸时 MDEA-5% [Bmim][Lys]吸收液的解吸量最大；第二次循环时，MDEA-5% [Bmim][Lys]、MDEA-10% [Bmim][Lys]以及 MDEA-15% [Bmim][Lys]这三种浓度吸收液的解吸量大致相同，解吸量均在 6.4g/100g；第三次循环解吸实验时 MDEA-5% [Bmim][Lys]吸收液的解吸量远小于 MDEA-10% [Bmim][Lys]吸收液的解吸量以及 MDEA-15%

[Bmim][Lys]吸收液的解吸量。由图中可以看出，MDEA-5% [Bmim][Lys]吸收液的循环解吸量有明显的下降趋势，而 MDEA-10% [Bmim][Lys]吸收液及 MDEA-15% [Bmim][Lys]吸收液的循环解吸量没有巨幅波动，基本持平。所以，[Bmim][Lys]在 MDEA 水溶液中质量浓度越高，吸收液可循环次数越多，吸收液再生性能越好。

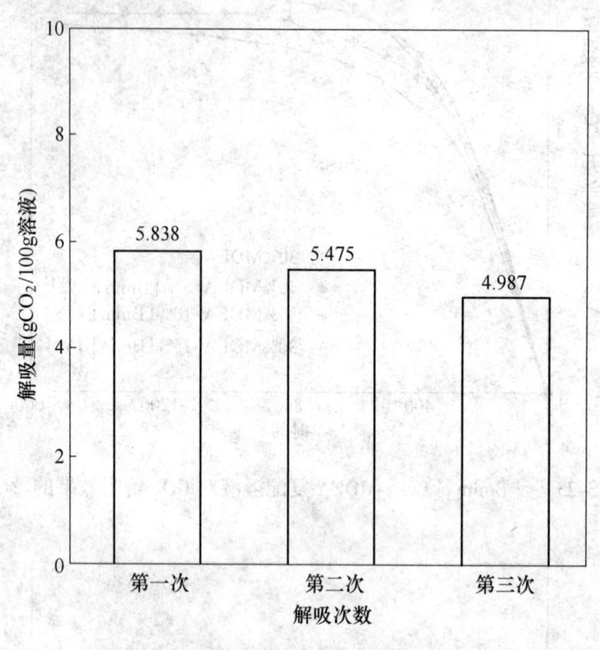

图 3-25 MDEA 吸收液的循环解吸量

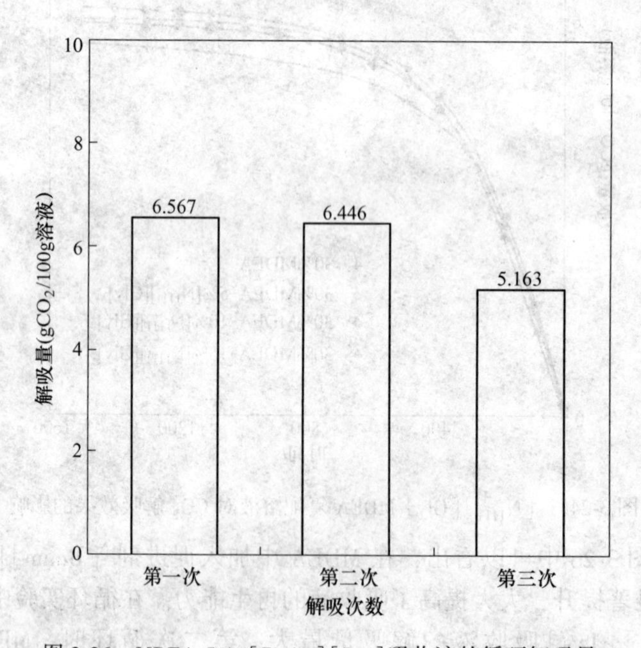

图 3-26 MDEA-5% [Bmim][Lys]吸收液的循环解吸量

图 3-27 和图 3-28 分别为 MDEA-5%/10% [N_{1111}][Gly]吸收液的循环解吸量。

从图 3-27 和图 3-28 中可以看出，在 MDEA 中加入促进剂 [N_{1111}][Gly]，吸收液的循

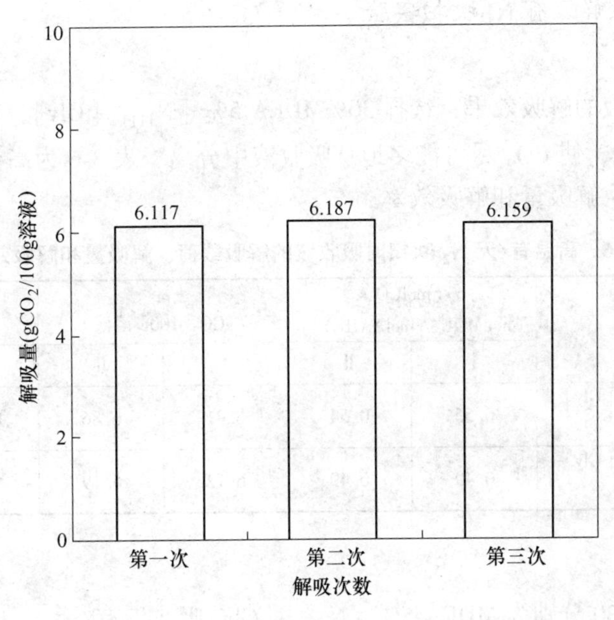

图 3-27　MDEA-5% $[N_{1111}][Gly]$吸收液的循环解吸量

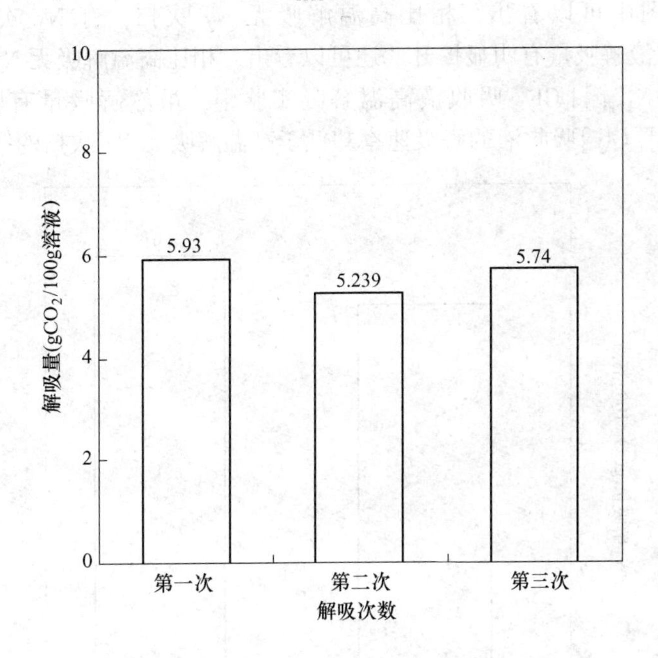

图 3-28　MDEA-15% $[N_{1111}][Gly]$吸收液的循环解吸量

环解吸效果略微有所提升，也提高了吸收液的再生能力。在循环实验中，MDEA-5% $[N_{1111}][Gly]$吸收液 3 次循环解吸量都略优于 MDEA-15% $[N_{1111}][Gly]$吸收液，且 MDEA-5% $[N_{1111}][Gly]$吸收液循环后解吸量的趋势趋于平稳，而 MDEA-10% $[N_{1111}][Gly]$吸收液以及 MDEA-15% $[N_{1111}][Gly]$吸收液均有缓慢下降趋势。所以，$[N_{1111}][Gly]$在 MDEA 水溶液中质量浓度越高，吸收液可循环次数越少，吸收液再生性能越差。综上所述，得出 30%MDEA-5% $[N_{1111}][Gly]$吸收液的循环解吸效果最好。

3.4.2.3 高温解吸有 N_2 吹扫实验

A 数据处理

为了提升吸收液的解吸效果，选择 30%MDEA-5% [N_{1111}][Gly]，在高温解吸实验的基础上增加 N_2 吹扫，使 CO_2 尽可能多地从吸收液中分离，表 3-6 为高温有/无 N_2 吹扫时吸收液的解吸载荷、解吸量和解吸效率。

表 3-6 高温有/无 N_2 吹扫时吸收液的解吸载荷、解吸量和解吸效率

解吸液	α（molCO_2/(molMDEA+molAAILs)）		m（gCO_2/100g 溶液）		解吸效率/%	
	Ⅰ	Ⅱ	Ⅰ	Ⅱ	Ⅰ	Ⅱ
30%MDEA-5% [N_{1111}][Gly]（有 N_2 吹扫）	0.55	0.54	6.91	6.86	85.94	79.26
30%MDEA-5% [N_{1111}][Gly]（无 N_2 吹扫）	0.49	0.49	6.12	6.19	80.62	76.05

B 数据分析

图 3-29 和图 3-30 分别为 MDEA-5% [N_{1111}][Gly]吸收液有/无 N_2 吹扫解吸量与解吸速率的对比。从图中可以看出，相比高温解吸无 N_2 吹扫，有 N_2 吹扫的 MDEA-5% [N_{1111}][Gly]吸收液解吸量有明显提升。还可以看出，相比高温解吸无 N_2 吹扫，有 N_2 吹扫的 MDEA-5% [N_{1111}][Gly]吸收液高温解吸实验中，虽然解吸量有明显提升，但是 MDEA-5% [N_{1111}][Gly]吸收液的解吸速率却低于高温解吸无 N_2 吹扫的解吸速率。

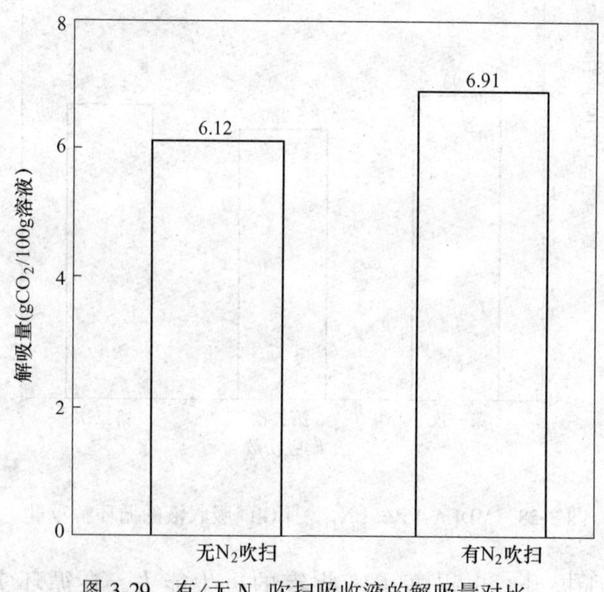

图 3-29 有/无 N_2 吹扫吸收液的解吸量对比

3.4.2.4 AAILs-醇胺吸收剂矿化结晶解吸

A 数据处理

由于高温解吸实验以及高温解吸有 N_2 吹扫实验解吸速率较慢，解吸时间较长，为了提升解吸速率，减少解吸时间，尝试了化学解吸法——矿化结晶解吸。此部分实验是选择

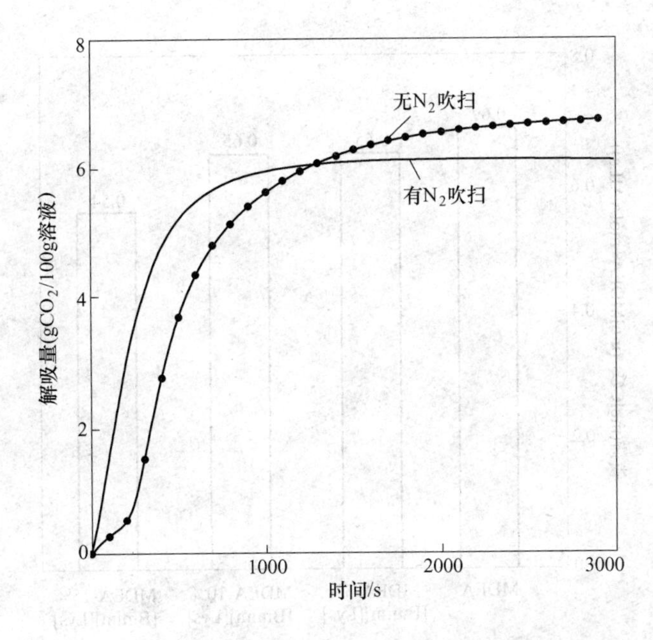

图 3-30 有/无 N_2 吹扫吸收液的解吸量对比

了在高温解吸实验中解吸量较高的［Bmim］［Lys］作为促进剂。MDEA-［Bmim］［Lys］吸收液载荷和解吸效率见表 3-7。

表 3-7 MDEA-［Bmim］［Lys］吸收液载荷和解吸效率

解吸液	α（$molCO_2$/(molMDEA+molAAILs)）			解吸效率/%		
	Ⅰ	Ⅱ	Ⅲ	Ⅰ	Ⅱ	Ⅲ
30%MDEA	0.69	0.09	0.08	97.00	84.69	93.81
30%MDEA-5%［Bmim］［Lys］	0.65	0.13	0.05	94.83	78.09	37.94
30%MDEA-10%［Bmim］［Lys］	0.65	0.09	0.09	94.72	66.91	66.84
30%MDEA-15%［Bmim］［Lys］	0.56	0.09	0.08	89.51	57.24	56.56

B 数据分析

图 3-31 和图 3-32 分别为加入［Bmim］［Lys］及其质量分数对吸收液解吸载荷和解吸效率的影响。从图 3-31 中可以看出，MDEA 吸收液解吸载荷最高，以［Bmim］［Lys］促进的 MDEA 吸收液的解吸载荷低于 MDEA 吸收液解吸载荷。解吸载荷随着［Bmim］［Lys］质量分数的增加有降低趋势，其中，当 $w_{[Bmim][Lys]}=0.15$ 时，载荷有明显下降趋势，下降到了 0.56。从图 3-32 中可以看出，矿化结晶解吸效果极佳，整体解吸效率高达 90%以上，尤其是 MDEA 吸收液，解吸效率高达 97%，CO_2 基本全部从吸收液中分离了出来，并转化成为沉淀析出。但以［Bmim］［Lys］促进的 MDEA 吸收液的解吸效率低于 MDEA 吸收液解吸效率。解吸效率随着 $w_{[Bmim][Lys]}$ 的增加而有降低趋势，其中当 $w_{[Bmim][Lys]}=0.15$ 时，解吸效率明显下降，解吸效率从 94.7%下降到了 89.51%。

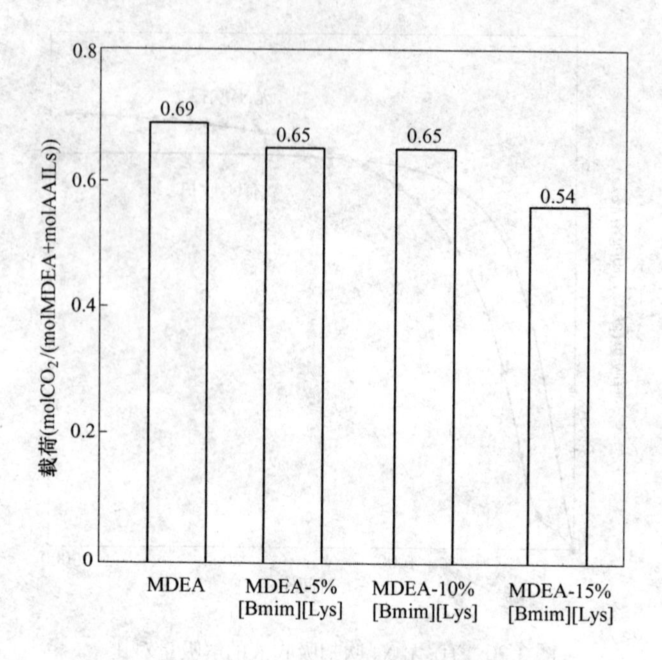

图 3-31　[Bmim][Lys]质量分数对解吸载荷的影响

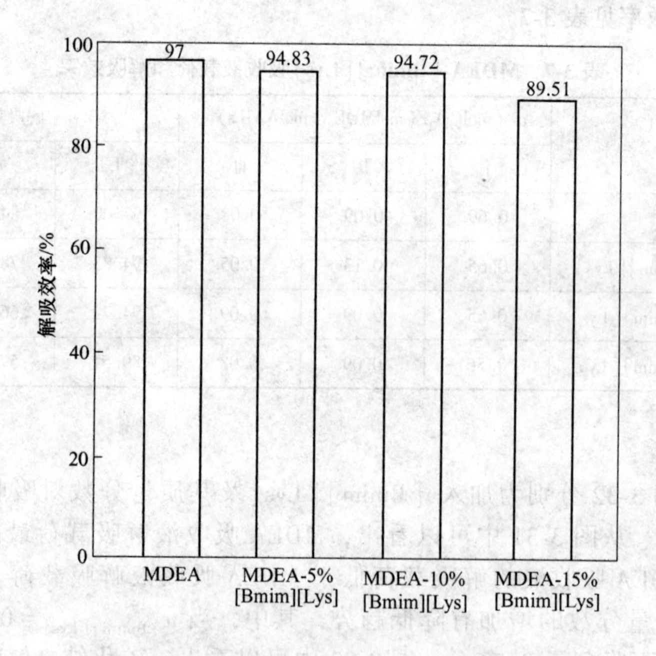

图 3-32　[Bmim][Lys]质量分数对解吸效率的影响

为测得吸收液再生能力，矿化结晶解吸实验以不同质量浓度的［Bmim］［Lys］促进的MDEA 吸收液进行了 3 次吸收-解吸循环实验。通过循环解吸载荷评定吸收液的再生能力。图 3-33 和图 3-34 分别为不同浓度的［Bmim］［Lys］吸收液的循环解吸载荷。

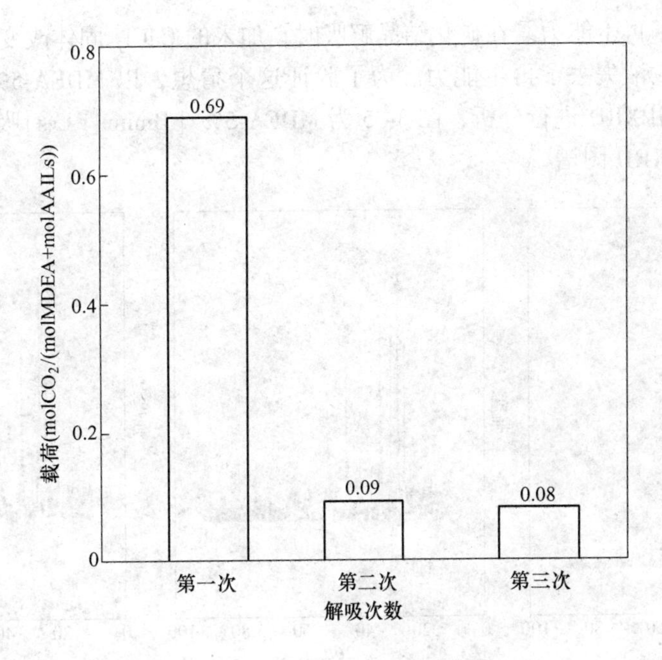

图 3-33　MDEA 吸收液的循环解吸载荷

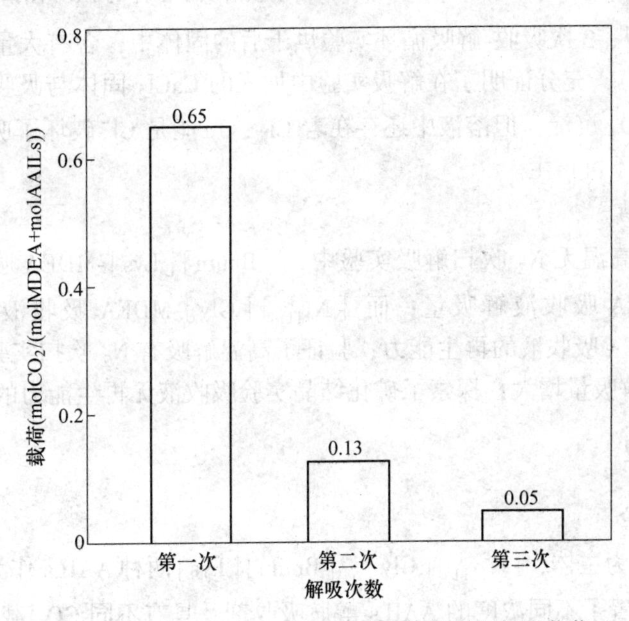

图 3-34　MDEA-[Bmim][Lys]吸收液的循环解吸载荷

从图 3-33 和图 3-34 中可以看出，无论 MDEA 吸收液还是［Bmim］［Lys］促进的 MDEA 吸收液，在循环实验中第二次与第三次解吸载荷远远低于第一次的循环载荷，且解吸载荷小于 0.1，在解吸实验中基本没有循环效果。在吸收循环实验中，理论上，由于矿化结晶解吸实验的解吸效率高达 90%以上，对比第一次的吸收载荷，循环实验中的吸收载荷应该呈现缓慢下降趋势，且不会有巨幅的波动。但在实际实验中，MDEA-5%［Bmim］［Lys］吸收液第二次与第三次的吸收载荷远远小于第一次的吸收载荷，且吸收载荷均小于 0.1，吸收液基本失去了再生能力。在矿化结晶解吸时，加入的 $CaCl_2$ 固体改变了吸收液中分子结构，从而使吸收液失去了再生能力。为了验证这个猜想，以 MDEA-5% [Bmim][Lys] 吸收液为例，使用 XRD 进行分析，图 3-35 为 MDEA-5% [Bmim][Lys]吸收液矿化结晶解吸后的烘干固体 XRD 图谱。

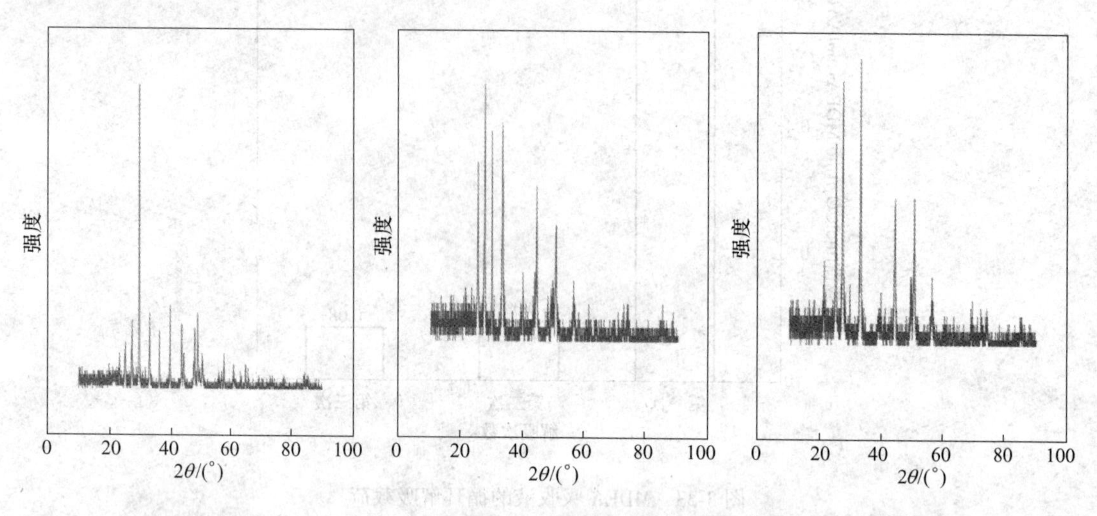

图 3-35 MDEA-5% [Bmim][Lys]吸收液烘干固体的 XRD 图谱

经 XRD 分析得，3 次吸收-解吸循环实验烘干后的固体中，含有大量的 $CaCO_3$ 和少量的 $Ca(C_2O_4)(H_2O)$，充分证明了在解吸实验中加入的 $CaCl_2$ 固体与吸收液中的 CO_2 充分反应并生成了 $CaCO_3$ 沉淀，但溶液中还存在着 Cl^-，可能是 Cl^-破坏了吸收液中原有的分子结构导致吸收液不可再生。

3.4.2.5 小结

本节分析了在高温无 N_2 吹扫解吸实验中，[Bmim][Lys]-MDEA 吸收液解吸量大于 [N_{1111}][Gly]-MDEA 吸收液解吸量；而 [N_{1111}][Gly]-MDEA 吸收液的再生能力优于 [Bmim][Lys]-MDEA 吸收液的再生能力；验证了高温解吸有 N_2 吹扫实验，相比高温解吸无 N_2 吹扫会使得解吸量增大；探索了矿化结晶实验吸收液无再生能力的原因。

3.4.3 结论与展望

3.4.3.1 结论

本节以 MDEA 为主体，[N_{1111}][Gly]、[Bmim][Lys]两种 AAILs 作为促进剂，构建了新型复配溶液，配置了不同浓度的 AAILs-醇胺吸收剂及具有不同 CO_2 载荷的系列吸收液，使用了高温无 N_2 吹扫解吸、高温有 N_2 吹扫解吸、矿化结晶解吸三种实验方法，研究了 AAILs-醇胺吸收液、促进剂浓度和解吸量、解吸速率以及循环解吸量的关系；阐明了在所有实验条件一定下，不同质量分数 AAILs 促进的 MDEA 吸收液间解吸量的关系；测定了一系列浓度条件下，AAILs-醇胺吸收液中解吸量-时间关系；测定了 AAILs-醇胺吸收液的循环解吸量，阐明了吸收液的再生性能。主要结论如下：

高温无 N_2 吹扫解吸实验两种 AAILs 不同浓度循环解吸效率可达 80%，但需高温加热，能耗较高；高温有 N_2 吹扫解吸实验，相比高温无 N_2 吹扫解吸实验解吸量略微增大，但解吸速率降低；矿化结晶解吸实验，单次解吸效果最优，解吸效率高达 90%以上，解吸速率也是最快的，但是吸收液不可循环使用，无再生能力。综上，高温无 N_2 吹扫仍是目前解吸方法中的最佳方案。

在高温无 N_2 吹扫实验中，综合考虑吸收实验效果、解吸量、解吸速率以及循环解吸量，在其他实验条件一定时，30% MDEA-5% AAILs 的解吸效果最好。在吸收实验中，[N_{1111}][Gly]的促进效果与［Bmim][Lys]的促进效果相近，加入促进剂［N_{1111}][Gly]的 MDEA 水溶液吸收过程中吸收速率比加入促进剂［Bmim][Lys]的 MDEA 水溶液吸收过程中吸收速率快；30% MDEA-5%［Bmim][Lys]吸收液的解吸量和解吸速率略优于 30% MDEA-5%［N_{1111}][Gly]吸收液的；30%MDEA-5%［N_{1111}][Gly]吸收液的循环解吸效果优于 30%MDEA-5%［Bmim][Lys]吸收液的循环效果。综上，考虑电厂实际运行能耗，在高温解吸无 N_2 吹扫实验中，30%MDEA-5%［N_{1111}][Gly]吸收液效果最佳。

3.4.3.2 展望

本节以 AAILs 为促进剂、以 MDEA 为吸收主体，构建了新型复配方案，进行吸收实验，对具有不同 CO_2 载荷的系列吸收液的解吸特性及相关规律进行了研究，并达到了预期目的。针对矿化结晶解吸实验，在今后可开展以下工作：

探究在矿化结晶实验中加入的 Cl^-对吸收液的影响。在吸收实验结束后，先进行核磁共振氢谱分析，确定分子结构；待解吸实验完成后，将吸收液再次进行核磁共振氢谱分析，确定分子结构，分析 Cl^-是否改变了分子结构。

在高温解吸实验过程中，由于高温加热，吸收液会有部分挥发，从而在循环实验中，二次吸收与解吸会产生误差，本节忽略此误差进行分析计算。接下来为实验更精准，应考虑减小误差或计算因高温解吸挥发的部分吸收液。

工艺设计及案例

4.1 工艺设计基本原则和要求

4.1.1 工艺设计阶段

4.1.1.1 研究性实验方案设计

项目方案设计通常以研究性实验结果为依据，编制项目方案。如果是成熟工艺，也可以直接进行设计。

环境工程的对象（废水、废气等）的特点是水质、水量、气质变化大，不稳定。不同厂家生产的同一种产品排放的废水、废气也会有较大差别，一种处理工艺是否可行，仅仅通过文献调研远远不够，在多数情况下，实验是唯一可行和可靠的途径。从严格意义上说，如果没有同类工程实例，除了COD浓度适宜、BOD与COD之比恰当的废水可以直接进行好氧生化系统设计外，包括混凝在内的环境工程工艺单元，都需经过实验，尤其是萃取、吸附、化学氧化、光催化氧化、微电解、膜分离等过程，验证其处理效果和二次污染物妥善处置的可行性，才能进入编制技术方案阶段。

研究性实验就是通常所称的“小试”，主要目的是研究废弃物处理程序，打通工艺路线，提出主要原辅材料、主要技术经济指标及工艺技术条件，编制工艺技术方案，为中试做技术准备。“小试”要求技术指标和工艺操作条件稳定、可靠，经济性合理，建立相应的工艺控制和分析方法。

研究性实验与生产性工程相比较，有以下几方面差异：

(1) 所用原料不同。研究性实验所用原料为实验用药剂，纯度较高，多为化学纯，甚至为分析纯。实验用药剂纯度高、杂质少，简化了杂质对实验的影响，方便了对实验规律的研究，但带来的问题是不清楚杂质物质可能对实验的影响。

(2) 搅拌。搅拌对于很多化学过程有着至关重要的影响，例如对于混凝过程，需先高速搅拌，使混凝剂与废水在短时间内充分混合，然后减速搅拌，有利于絮凝体长大。研究性实验的反应容器多为各类烧杯，直径小，搅拌时搅拌轴心与搅拌叶尖刀的线速度差别不大，物料混合较为均匀；而生产性工程装置直径大，搅拌时搅拌轴心与搅拌叶尖刀的线速度差别非常大，物料混合不均匀，将严重影响混凝效果。生产性工程在各类废水处理的搅拌过程中，还常常采用矩形的池子作为反应器，其物料混合特征更与实验室实验相差巨大。

(3) 传热。同样，由于传热的研究性实验的反应容器多为各类烧杯、交换柱等小直径容器，无论是采用夹套加热还是直接加热，传热距离短，温度均一所需时间短；而生产性工程装置直径大，反应体系内部温度梯度大，对于吸附—脱附这样的过程而言，在低浓度的吸附流出液与高浓度的脱附液间会形成较长的混合区，最终将缩小脱附液与流出液的浓度比，使吸附装置的经济指标下降。

除以上问题外，在加料方式、过滤、物料转移、过程控制等方面，研究性实验与生产性工程装置也存在着巨大差异。实验室实验中，由于物料量小，加料基本采用手工，而实际工业生产中，液体物料有机泵压送、真空泵抽吸、计量罐自流滴加等多种方式，气体物料有自身压力压送、抽吸等方式，粉状物料有机械输送加料、气力输送加料、人工加料等方式。在实验室实验中，过滤常采用各类滤纸、滤膜，而实际工业生产中，过滤材料多用各种滤布、微孔金属、陶瓷、高分子材料等，过滤机械更是种类繁多、性能各异。这些差异的积累使得仅仅按实验室实验得到的参数放大到工业规模后，往往无法重现实验的结果，形成所谓的“工程放大效应”。因此，研究性实验参数往往不能直接应用于工程设计。

为了了解这些差异，减小这些差异对工程设计的影响，就需要进行放大模拟试验，并以其结果进行基础设计。

大型项目则需编制可行性研究报告。可行性研究报告的主要内容有：

（1）项目兴建理由与目标。

（2）技术提供单位以往的研究基础和本项目研究进展。

（3）方案比选。包括场址方案、技术方案、设备方案、工程方案、原材料燃料供应方案、总图布置方案、场内外运输方案、公用与辅助工程方案等。

（4）劳动安全卫生与消防。环境工程内容有时会使用易燃易爆、有毒有害等原辅材料，因此同样应注意劳动安全卫生与消防问题。

（5）组织机构与人力资源配置。

（6）项目实施进度。

（7）财务评价。

（8）风险分析。由于环境工程项目应当尽量采用先进技术，因此可能会带来一些技术风险问题，应当加以阐述。

（9）研究结论与建议。对于设计方案，通常由建设单位委托管理部门组织评审，如果通过评审，即可以编制项目建议书，上报立项。

4.1.1.2 放大模拟试验与基础设计

基础设计（foundation design）以放大模拟试验（中试）结果为依据，编制基础设计说明书。

放大模拟试验（中试）又称“生产性放大试验”。放大模拟试验是研究在一定规模设备中的操作参数和条件的变化规律，验证实验室工艺路线的可行性，解决在实验室阶段未能解决或尚未发现的问题，提供将研究结果应用到大规模的工业生产中所必需的数据。

放大模拟试验的目的，是为了最大限度地降低“工程放大效应”。

放大模拟试验应具有一定规模。这是因为，同样的工艺目标，处理规模不同，所用的设备可以完全不同，其单元效率、成本甚至二次污染的情况都有可能不同。放大模拟试验规模一般可为实际工业生产的几十分之一，放大效用越显著的，放大倍数应当越小。放大模拟试验应采用工业级的原料以及与今后工业规模基本相同的设备，并配套全部辅助过程，如输料、搅拌、加热、冷却、过程控制等。

放大模拟试验还应有一定的持续时间。这是因为，有些单元过程存在着积累性的损害影响。这些影响有时甚至是不可逆转的。例如，树脂吸附过程的脱附效率常随着工作次数的增加逐渐降低，最终影响树脂的吸附能力而导致树脂失效；过滤材料以及超滤、纳滤、反渗透等膜分离过程，会由于微生物的滋长和机械杂质的堵塞使过滤材料及膜材料逐渐失效。因此，放大模拟试验必须有一定的持续时间，通过对试验期间过程效率-时间曲线的分析，最终判断相关工艺单元应用时工艺参数的稳定性和设备的可靠性。放大模拟试验得到的试验数据，供编制基础设计说明书使用。

4.1.1.3 初步设计

在基础设计通过论证的基础上，开展初步设计（preliminary design），包括编制初步设计说明书、绘制主要图纸及编制项目总概算各类图纸（包括带控制点工艺流程图、物料平衡图、设备布置图、管道布置图、关键非标设备总图、定型设备总图等）。初步设计由建设单位委托管理部门组织审查。

4.1.1.4 施工图设计

初步设计审查通过后，进入施工图设计（construction drawing design）阶段，其成果为详细的施工图纸、施工文字说明、主要材料汇总表及工程量表。

各类图纸包括：带控制点工艺流程图，蒸汽、空气等辅助管道系统图，物料平衡图，设备特征图，设备及换热器的热量平衡图。其中设备布置图包括首页图、设备布置图、设备支架图、管口方位图，管道图包括各类管道布置图、管段图、管架图、管件图，非标准设备图包括各类非标准总设备图及零部件图，定型设备图包括设备总图和零部件图等。

4.1.2 设计步骤

4.1.2.1 了解生产工艺及污染源、污染物状态和性质

污染物的性质、排放量、排放方式等与生产工艺密切相关。充分了解生产工艺及污染源、污染物状态和性质，可以最大限度地回收资源，减少污染物的排放及处理量；可以合理地设计操作方式、处理流程、降低运行成本；可以合理地布置处理设施，减少对工艺装置的干扰。

A 原辅材料调查

任何一种生产过程的转化效率都不会是100%，生产中所使用的原料常常不能够完全转化为产品，可能转变成副反应物或被分解等。根据物质不灭定律，其未转化为产品的原料在生产过程中以各种形式进入废气、废水或固体废弃物中，成为污染物质。另外，生产过程常常使用的大量辅助性原料，如溶剂、酸碱调节剂、催化剂等，虽不参与反应，但会有过程损耗，如流失、回收损失和分解损失等，损耗的部分同样最终进入废气、废水和固体废弃物中，成为污染因子。因此，对生产过程中使用的各类原辅材料进行调查分析是必要的。

B 产污环节及源强核算

对建设项目工艺流程进行分析，是为了找出流程中全部的污染物产生环节，为进一步查清源强提供依据。一般来说，一个工业产品的生产过程是由一个或多个工艺单元构成的，这些单元按其原理可分为物理过程和化学过程两大类，在实际工艺流程中，常常既有

物理过程又有化学过程。

工业生产中的产污环节按生产过程可分为原料投放时、生产过程中和仓储过程中的产污环节。按污染源的种类可分为废气、废水、固体废弃物和噪声等。在工程分析中，首先要绘制流程框图（大型项目一般用装置流程图的方式说明生产过程），按工艺流程中的单元过程顺序逐一阐述，说明并图示主要原辅料的投加点和投加方式。工艺流程中有化学反应过程的，应列出主化学反应方程式、主要副反应方程式和主要工艺参数，明确主要中间产物、副产品及产品产生点、污染物产生环节和污染物的种类、物料回收或循环环节。工艺流程说明、工艺流程及产污环节图和污染源一览表，应做到文、图、表统一。

污染源分布和污染物类型及排放量是各专题评价的基础资料，必须按建设过程、运营过程两个时期，详细核算和统计，根据项目评价需要，一些项目还应对服务期满后的退役期影响源的源强进行核算。因此，对于污染源分布，应根据已经绘制的带产污环节的生产工艺流程图以及列表，逐个给出各污染源中各种污染物的排放强度、浓度及数量，完成污染源核算。

4.1.2.2 确定操作方式

工程设施的操作方式主要确定两个问题，其一是连续操作还是间歇操作，其二是否与生产设施同步。

工程工艺单元按操作方式可分为连续操作（continuous operation）或间歇操作（intermittent operation）。如过滤、化学氧化还原过程、萃取、离子交换与吸附为间歇操作过程；膜分离、生化处理等过程为连续操作过程；混凝、化学沉淀等过程，视采用的设备，可以为间歇操作也可以为连续操作。如果生产设施的操作方式与拟采用的环境工程设施的操作方式不一致，应当增加必要的调节设施（如调节池等）进行缓冲。

污染控制设施的操作方式或周期是否采取与生产工艺操作相同的方式，可根据污染物处理周期的长短考虑。例如，生产装置为连续生产，但废水量很小，很短的时间即可处理完毕，则污染控制设施的生产操作方式可采取间歇式，以一定容量的调节池暂时接纳、均质化停机时间的废水；反之，若生产装置为间歇生产，但在某个时间段废水量很大或较难处理，处理流程很长，亦可设置较大容量的调节池进行调节、均质，并采用运行操作较稳定的连续操作方式的污染控制设施为好。

4.1.2.3 选择单元过程及设备

根据实验、经验或文献调研，选择合理的处理单元或单元组合，构成处理工艺。

选择恰当的单元过程，以及为完成该单元过程所需的设备。同一工艺目的或要求可用不同的工艺单元完成。例如，去除有机物（COD）可以用混凝、化学氧化/还原、吸附、萃取、生化法等，到底采用哪一种工艺单元才合理呢？对于固液分离过程，沉淀、过滤、离心、分离、气浮等单元都可以完成。同一工艺单元也可以用不同的方式和设备实现，如过滤可以分为重力过滤、真空过滤和压力过滤等方式，各种过滤方式都有多种可选设备，如压力过滤用滤布过滤、颗粒层过滤器、微孔过滤器、纤维球过滤器等完成。在选择时，要考虑单元或设备的效率、成本以及对下一工艺步骤的影响等因素，还要考虑物料的理化性质，如腐蚀性、黏度、细度、气味、易燃易爆性、浓度、单位时间产生量等。进一步地，还要综合考虑所需的原料来源、厂方的技术、经济状态、人员素质、环境管理部门的要求、气候条件及其他影响因素等。

4.1.2.4 确定辅助过程及设备

通常组成一个完整的单元过程，需要主反应器（main reactor）和辅助系统（auxiliarysystem）两大部分。主反应器包括：反应器、分离器等设备和水工构筑物。辅助系统包括：物料输送系统（materials handling system）、储配料系统（feed proportioning system）、加热冷却系统（heater and cooling system）、过程控制系统（process control system）等。

物料输送系统中，液体的输送方式有泵送、负压抽送、气体压送、重力自流等；气体的输送方式有风机抽吸、空气压缩机压力输送等；固体的输送方式有机械输送（各种提升机、螺旋输送机、皮带输送机）、水力输送、气力输送（真空抽吸或压送）、人工搬运等。

储配料系统主要指原辅材料储罐、高位槽、计量罐、配料罐、缓冲储器等。缓冲储器起中间过渡作用，有时也起中间均质作用，如作为吸附、离子交换过程的中间容器。储配料系统的操作可以选择人工液位控制加料、计算机控制计量泵加料、计算机控制全自动配料、加料系统加料等。加热、冷却系统有各种不同的加热方式，如蒸汽加热、电加热、热媒体加热或直接加热等；传热方式和设备也有多种多样。冷却方式有水冷却、空气冷却、自然冷却等。过程控制系统包括数据采集（data capture）和控制部分（control portion），主要对象有温度、压力、酸碱度、料位、成分等采样、测量、控制装置等，可以分为间断采样和在线控制两类。按控制水平，又可以分为现场仪表显示、人工控制、电动仪表远传控制和计算机控制，如DCS系统等。

4.1.2.5 确定设备的相对高低位置

设备的相对高低位置影响连续操作程度、设备规格和数量、动力消耗、厂房展开面积、劳动生产率等，最终都会影响处理设施的工艺流程和运行费用。当各单元间不需要很大的压力差时，可采用一次提升，然后利用重力使物料逐级地从上一单元自流向下一单元；在设计废水处理设施尤其是生物化学处理装置时，不同的废水提升方式将形成不同的工艺流程，设计时应仔细考虑这个问题。

4.1.3 工艺设计内容

4.1.3.1 工艺流程图设计

所谓工艺流程图，是通过图解方式，描述整个工艺流程、使用的设备、设备间的关系和衔接、相对位差等。在废水处理过程中，工艺流程图可以表现废水中污染物和能量发生的变化及流向、采用的单元过程及设备，还可以在此基础上通过图解的形式进一步表示出管道流程和计量-控制流程。

在整个工艺设计中，工艺流程图设计是最先开始、最后完成的。

在可行性研究阶段可先定性地画出工艺流程示意图，其目的是确定工艺路线、采用的处理单元和设备，为物料计算提供依据。在初步设计阶段，应根据物料计算和初步的设备计算（选定容积型定型设备和非标设备的形式、台数、主要尺寸，计量和储存设备的容积、台数），画出物料和动力（水、汽、压缩空气、真空等）的主要流程、管线和流向箭头、必要的文字注释等，为车间布置设计提供依据。在施工图设计阶段，继续进行设备设计（包括所有技术问题，如过滤面积、传热面积、加热冷却剂用量等），并根据最终计算结果和设备布置设计完成工艺流程图，施工图阶段的工艺流程图，必须画出所有的设备、仪表等。

4.1.3.2　物料计算

物料计算（material calculation）是工程设计中的基本计算。物料计算建立在物料衡算（material balance）的基础上，通过物料计算得出进入和离开设备的物料（原料、中间产品、成品）的成分、质量和体积，即设计由定性转入定量阶段，可进行能量计算、设备计算（确定设备的容量、套数、主要尺寸和材料）、工艺流程设计和管道设计等。

通过物料计算，可以考察工艺可行性。例如通过计算检验转化率、去除率是否符合设计要求；核算经处理后的尾水、尾气是否达到排放标准。根据物料计算，还可进一步计算出原料消耗定额、消耗量，汇总成原料的综合消耗表，在表中除给出物料量外，还应根据该原料的工业品规格给出实际消耗量，以便计算运输量。根据物料计算，还可以得出水、电、蒸汽、压缩空气、真空、其他惰性气体、冷介质等公用工程消耗量。

物料计算中最基本的和最重要的是物料衡算计算。物料衡算可以是对过程的总的物质平衡计算，也可以是对一个单元过程或一台设备的局部物质平衡计算。在环境工程领域，还常进行针对某特定物质，如有毒有害物质、重金属或某个元素等的衡算。

物料衡算可以是针对现有的生产设备和装置，利用实际运行时测定的数据，计算出其他不能直接测定的数据，建立起整个生产过程的数字化模型；也可以是为了设计新的设备单元或装置，根据设计任务，先做物料衡算，再计算能量平衡，求出设备或过程的热负荷，从而确定设备规格、数量等。

化工单元过程指包含有物理化学变化的化学生产基本操作，例如有关物料流动的操作：管道输送、泵道输送、风机输送等；有关传质过程的操作：蒸发、蒸馏、吸收、吸附萃取等；有关机械过程的操作：固液分离、气固分离、固体物料的粉碎等。这些过程也是环境工程中最基本的工艺单元过程。

无论进行何种层次的物料衡算，均需要如下基本数据和条件：

输入输出物料的速率、组分、浓度，单位应当统一；物料发生物理变化时的变化率（吸收率、吸附率等）；当有化学反应发生时，应明确反应转化率和产物；有多个化学反应同时发生时，应获得各反应的比例等。

物料衡算的基准如下：

（1）以单位批次操作为基准，例如若物化处理过程采用间歇操作方式，其物料衡算常采用此基准；

（2）以单位时间为基准，适用于连续操作过程的物料衡算；

（3）以每单位废弃物量为基准，如每立方米废水、每万立方米废气、每吨固体废弃物等。

某些环境工程设施的运行时间与生产车间设备正常年开工生产时间不同，如一些废气只是在过程的某个阶段才产生，或某些生产过程的废水量很小时，其废气或废水处理装置的运行时间常小于生产车间设备正常年开工生产时间，因此在进行物料衡算时应加以注意。

物料衡算的计算步骤如下：

（1）收集和计算物料衡算所必需的基本数据和条件，包括主、副反应化学方程式，根据给定条件画出工艺流程简图。

（2）选择物料衡算计算的基准。

（3）进行物料衡算。

（4）根据衡算结果，列出物料衡算表，画出物料平衡流程图。对于整个流程的物料计算，应根据计算结果给出原辅材料消耗定额、公用工程和动力消耗定额等具体数据。

4.2　案例1——改性粉煤灰吸附包装印刷行业VOCs的工艺设计

4.2.1　设计说明

4.2.1.1　设计任务

本设计以广东省某包装印刷有限公司为研究对象，对其生产过程中产生的VOCs的处理工艺进行设计，主要内容包括：处理VOCs工艺的选择、主要设备的选型和设计以及吸附脱附系统的设计等。

4.2.1.2　污染源

A　污染源特征

该包装印刷有限公司在印刷、烘干、裱褙和糊盒过程中，由于油墨、胶黏剂和各类溶剂的挥发与烘干，会产生大量VOCs。有机废气中含有乙醇、乙酸乙酯以及甲苯、二甲苯等物质，成分复杂，且易燃易爆，若直接排放对周边环境影响很大。包装印刷厂废气的排放具有连续性，由于车间面积大，产生废气量大，VOCs浓度也比较低。另外，大多印刷车间的封闭性较差，气体收集效率低，故排放方式以无组织排放为主。

B　主要原辅材料及其用量

生产过程中主要原辅材料及其用量见表4-1。

表4-1　生产过程主要原辅材料及其用量

产品	产量/万个·a^{-1}	原辅材料	用量
包装盒	370	油墨	28.1t/a
		稀释剂	4.2t/a
		白乳胶	512.0t/a
		白卡纸	54.3t/a
		铜版纸	57.0t/a
		中纤纸	448.8t/a
		烫金纸	22.3万平方米/a
		特种纸	462.6t/a
商标吊牌	2000	油墨	0.8t/a
		白卡纸	15.36t/a
		铜版纸	10.38t/a

C 生产工艺

包装盒和商标吊牌的生产工艺流程如图4-1和图4-2所示。

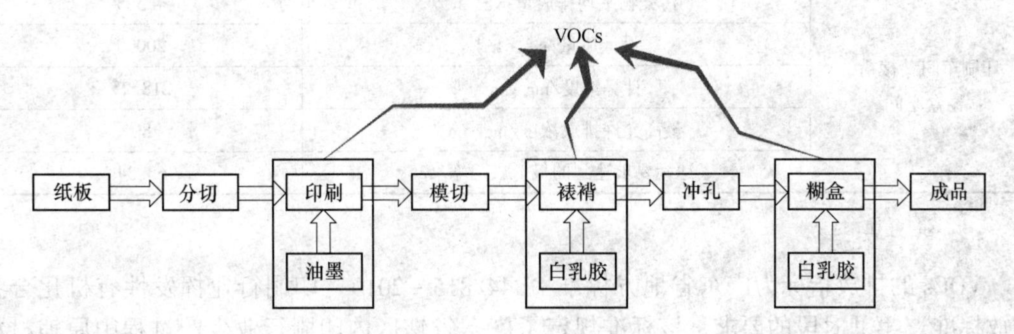

图4-1 包装盒生产工艺流程

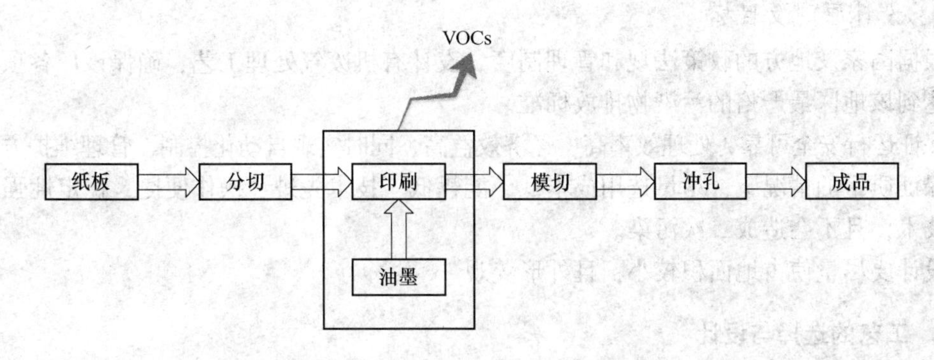

图4-2 商标吊牌生产工艺流程

D 废气排放量

印刷过程中使用的油墨和油墨稀释剂在挥发与烘干中会产生大量的有机废气（按VOCs计算），该厂使用的油墨主要是无苯油性油墨，其中有机溶剂含量约为4%，而稀释剂100%为有机溶剂。该厂在生产包装盒过程中，印刷所使用的油墨、稀释剂的量分别为28.1t/a、4.2t/a；在生产商标吊牌过程中，印刷所使用的油墨量为0.8t/a。由此可得，各生产车间印刷过程产生VOCs的最大速率分别为：

包装盒生产：28.1×0.04+4.2×1=5.324t/a；

商标吊牌生产：0.8×0.04=0.032t/a；

总产生速率：5.324+0.032=5.356t/a。

该厂在裱褙、糊盒过程中需使用大量的白乳胶，白乳胶中的有机溶剂含量约为1%，使用过程中会挥发产生有机废气。在生产车间中白乳胶使用量为512t/a，则胶黏产生的VOCs废气量为：512×0.01=5.12t/a。

该厂工作时间为300d/a，日工作时间为8h，所以VOCs的小时排放速率为：(5.356t/a + 5.12t/a)/(8h × 300d) = 4.365kg/h。

该厂印刷车间、裱褙车间和糊盒车间的设计风量分别为10000m^3/h、5000m^3/h和5000m^3/h，总设计风量为20000m^3/h。该厂有机废气设计参数和设计要求如表4-2所示。

表 4-2 有机废气的设计风量及设计要求一览表

生产车间	污染物名称	参数
印刷车间、裱褙、糊盒车间	污染物平均排放量/kg · h^{-1}	4.365
	设计风量/m^3 · h^{-1}	20000
	计算浓度/mg · m^{-3}	218.25
	最高允许排放浓度/mg · m^{-3}	80
	达标要求达到的最低去除率/%	63.34

E 设计依据

VOCs 的排放指标为广东省地方标准 DB44/815—2010《印刷行业挥发性有机化合物排放标准》第Ⅱ时段的要求。该标准规定了广东省辖区内印刷行业生产过程中原辅材料所含挥发性有机化合物的限值，也规定了 VOCs 的排放控制要求。

F 设计原则及目标

根据国家及地方的政策法规和管理制度，设计有机废气处理工艺，确保该厂各项污染指标达到该地区最严格的污染物排放标准。

保证运行安全可靠，处理效率高，经济效益高，同时实现自动化控制，管理维护方便。

保证质量的情况下，尽量选用成本低、能耗低、技术先进、操作便捷、稳定性强的方法与技术，且不会造成二次污染。

设计要尽量使占地面积较小，且外形美观。

4.2.2 工艺的选择与设计

4.2.2.1 处理工艺比选

目前 VOCs 的主要处理技术有吸附法、燃烧法、吸收法、生物法等，此外还有光催化氧化法、膜分离法、等离子体法等新兴技术，由于它们技术要求高、当前技术还不够成熟，故暂不考虑。

VOCs 主要处理工艺的优缺点对比如表 4-3 所示。

表 4-3 VOCs 主要处理工艺对比

处理技术	优 点	缺 点
吸附法	（1）应用最广泛，技术成熟； （2）投资成本较低，且能耗低，运行费用也较低； （3）操作相对简单，易于控制； （4）净化效率高	（1）不适用于浓度较高的废气处理； （2）占地面积较大； （3）属于回收法，不能彻底去除
燃烧法	（1）处理彻底，可以处理浓度较高的气体； （2）占地面积较小，设备比较简单，且易于控制操作	（1）成本较高； （2）耗能相对较高； （3）易发生催化剂中毒，易失效
吸收法	（1）成本较低； （2）占地面积小，管理容易，操作简单	（1）处理不彻底，需要进行后续处理； （2）后期处理费用较高
生物法	（1）设备比较简单，操作容易； （2）处理效果较好； （3）成本较低	（1）不适用于浓度较高的废气处理； （2）对所需生物的要求很高； （3）占地面积大

另外，随着 VOCs 的排放标准和政策越来越严格，单一的 VOCs 治理技术已经难以掩饰其局限性，无法满足排放要求了，合理的技术联用显得尤为必要。多技术联合控制技术可以发挥多种技术的优势，提高去除效率，已受到广泛重视。在包装印刷工艺中排放的 VOCs 成分复杂，气量大，浓度较低，非常适合选取吸附-催化氧化技术。

4.2.2.2　工艺流程

如图 4-3 所示，该处理工艺为吸附-催化燃烧技术工艺，吸附床采用“一吸一脱一备”的工作模式，吸附脱附同时进行，设计紧凑，布置美观。在吸附过程中，从印刷、裱褙、糊盒车间产生的有机废气，通过集气罩收集后混合，通过预处理过滤器初步过滤后，进入吸附床进行吸附，吸附后的洁净气体经过排风机后从烟囱排出。在吸附床层中吸附的有机物的量达到设计的吸附量，即将被穿透时，改变管道阀门的开合，使吸附床和脱附床互换，使接近饱和的吸附床进行脱附过程。脱附所需要的洁净空气进入吸附床进行脱附再生，通过脱附风机进入换热器升温到 280℃左右，然后进入催化燃烧器中催化燃烧，生成 CO_2 和水等无害气体，再通过换热器降温后，一部分气体直接从烟囱排出，另一部分气体与补风机所补入的气体作为脱附风同时进入脱附床进行脱附，达到循环利用的目的。

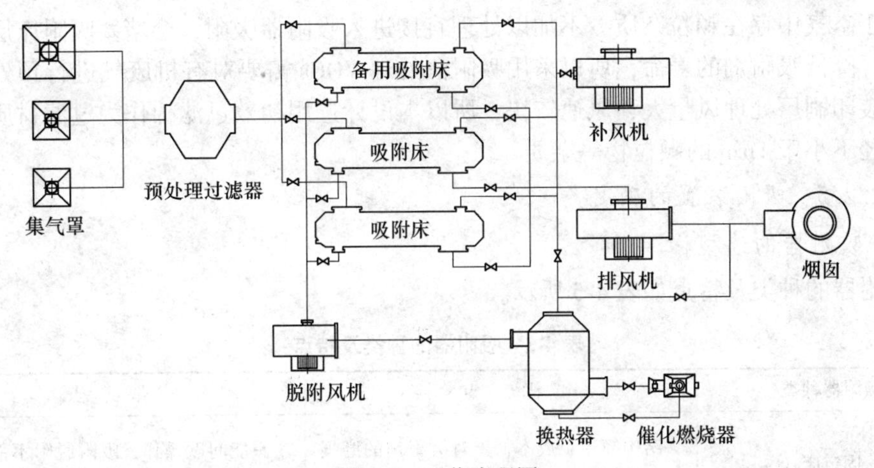

图 4-3　工艺流程图

4.2.2.3　集气罩的选择

集气罩是废气污染源的收集设备，是有机废气处理工艺中的重要组成部分。集气罩可以把有机废气在污染源处收集起来，克服印刷行业车间密封性差、废气无组织排放的缺陷。

集气罩按照气体流动方式可以分为吸气式集气罩和吹气式集气罩。由于吸气式集气罩装置简单、使用方便，目前采用较多。吸气式集气罩还可分为密闭罩、排气柜、外部集气罩、接受式集气罩等，它们的区别如表 4-4 所示。

在集气罩的选型中，要综合考虑多种因素。该包装印刷厂生产车间需要进行实时操作，且操作范围较大，无法使用密闭罩或排气柜进行密闭收集；包装印刷产生的有机废气无明显的热过程或机械运动，无法使用接受式排气罩；该厂生产车间处理风量大，排风量大，在室内操作基本无风，故外部气流干扰性不大，所以可以使用外部集气罩进行废气的收集。另外，集气罩的方向应尽量与污染源所排放废气的方向相同，这样可以减小抽吸力，节约能源，故选用顶吸罩。综上，本设计选用顶吸式外部集气罩。

表4-4　集气罩的类型及特点

集气罩类型	介　绍	优　缺　点
密闭罩	将污染源完全罩住，把其控制在密闭空间中，来防止废气的扩散。其以结构形式划分可分为局部密闭罩、整体密闭罩和大容积密闭罩	密闭性好，收集效率高，不受外部气流干扰，且所需排风量较小。但密闭后不利于对污染源处产品进行操作，不太适用于印刷行业
排气柜	在柜中进行操作，使操作所产生的有害气体在柜内收集，然后由排气口排出	操作方便，但结构较复杂，气体容易外逸，一般操作范围较小
外部集气罩	通过罩的抽力，在污染源附近把废气吸入集气罩。常见的形式有顶吸罩、侧面吸罩、底吸罩以及槽边吸气罩	结构简单，成本低廉，操作方便。但所需排风量大，且收集效率不高，易受外部气流的影响
接受式集气罩	通过污染源产生时的自身作用收集废气，分为低悬罩和高悬罩	成本低廉，操作简单，但不适用于印刷行业的废气收集

4.2.2.4　过滤器的选择

由于空气中存在颗粒杂质，不加以处理直接进入吸附器吸附，会堵塞吸附床层吸附剂的微孔，降低吸附剂的寿命，所以采用吸附法处理VOCs需要对有机废气进行预处理。由于该包装印刷厂处理风量大、风速较快，所以本设计选用初效过滤棉作为过滤材质，用来过滤粒径不小于1μm的颗粒物等杂质。

4.2.2.5　吸附装置的确定

A　吸附器的选型

吸附器的种类及特点如表4-5所示。

表4-5　吸附器的种类及特点

吸附器种类	优　点	缺　点
固定床	结构简单，成本低，对吸附剂的磨损小，是目前工业应用最广泛的吸附设备	只能间歇操作，吸附脱附不能同时进行，导热性较差
流化床	可以连续操作，气固接触充分，处理能力较强	吸附剂易被磨损，能耗高，成本高
移动床	可以连续操作，处理气体量大	吸附剂易被磨损，设备复杂，成本高

结合有机废气排放特征、经济性和技术性分析，本设计吸附器采用固定床吸附器。固定床吸附器分为立式、卧式、环式吸附器。结合包装印刷行业产生的有机废气的特点，本设计选用卧式固定床吸附器。

B　吸附剂的选择

目前，常用的吸附剂有活性炭、硅胶、沸石分子筛、吸附树脂等，详细信息如表4-6所示。

表 4-6　吸附剂的比较

吸附剂种类	优　点	缺　点
活性炭	应用广泛，吸附性能好；成本比较低；可重复利用	不适用于湿度大的情况； 热稳定性差，易着火，存在安全隐患； 不太适合吸附大分子的 VOCs
硅胶	具有极性，适合吸附极性物质	吸湿性强，结构易被破坏
沸石分子筛	具有筛分功能	天然沸石分子筛杂质较多，吸附量较低； 人工合成的分子筛成本较高，用量大
吸附树脂	吸附性能较好，吸附容量大；再生能力强	影响因素多，不易控制； 易破碎，使用寿命短
改性粉煤灰	廉价易得，成本低；改性后吸附性能较好；“以废治废”	改性过程易造成污染； 应用于工业生产中时，操作较难，需制成分子筛的形式

由表 4-6 中可以发现，传统的吸附剂都存在不可避免的缺陷，故采用成本较低、吸附性能较好的改性粉煤灰制备分子筛来吸附 VOCs 是一种有效控制方式。粉煤灰是煤粉燃烧后的剩余细颗粒状物质，主要来自燃煤电厂，所含主要成分为 SiO_2 和 Al_2O_3。

随着电力行业的发展，我国粉煤灰的排放量逐年增加。2017 年，我国燃煤电厂的粉煤灰产生量已高达 6 亿吨。目前，粉煤灰主要应用于建材和农业，可以用在制作混凝土、砖块、水泥等建筑材料的过程中，也可以用作土壤改良剂或化肥添加剂，但利用效果并不好，利用率不足 70%。粉煤灰若不加以利用，会占用大量土地资源，易扬尘引发雾霾，其中的重金属离子还会威胁人体健康。由于粉煤灰比表面积较大，孔隙率较高，具有较好的吸附性能，所以可以考虑用作吸附剂，达到“以废治废”的目的。

粉煤灰的改性可以使其吸附量、比表面积、孔隙率都有明显的提升，可以增强其吸附性能。粉煤灰的改性方式包括机械研磨改性、微波改性、高温热改性、酸改性、碱改性和盐改性等。机械研磨改性只适用于粒径较大的粉煤灰，且改性效果一般；微波改性粉煤灰多用于水处理过程，由于能耗较大，主要用于实验室的研究；高温热改性效果较好，但温度高，能耗较大；酸改性是用酸溶液对粉煤灰进行浸洗后，使粉煤灰表面结构被破坏，变得粗糙多孔，从而提高其吸附性能，但所需酸溶液浓度高，易造成二次污染；碱改性和盐改性是分别用碱溶液和盐溶液浸洗粉煤灰，使其致密的表层被破坏，从而提高其比表面积和孔隙率，吸附性能提升效果较好，且成本不太高、污染不严重。

分别用质量分数为 10%、15%、20%、25% 的氢氧化钠溶液浸洗粉煤灰样本，搅拌 5min，在微波功率为 600W、微波温度为 60℃ 的条件下进行微波辐射，时长 15min，然后洗净粉煤灰中的碱溶液，把粉煤灰干燥后，研磨。用改性的粉煤灰吸附苯和甲苯两种挥发性有机气体，得到吸附量的数据见表 4-7。

表 4-7　碱改性粉煤灰吸附数据

氢氧化钠质量分数/%	苯吸附量/$mg \cdot g^{-1}$	甲苯吸附量/$mg \cdot g^{-1}$
10	33.28	50.37
15	37.62	52.66

续表 4-7

氢氧化钠质量分数/%	苯吸附量/mg·g^{-1}	甲苯吸附量/mg·g^{-1}
20	46.23	83.14
25	40.55	66.38

改性粉煤灰吸附量与氢氧化钠质量分数的关系如图4-4所示。由图可以看出，改性粉煤灰的吸附量随氢氧化钠质量分数的增加呈现先增大后减小的趋势，在氢氧化钠质量分数为20%时，达到最高吸附量，苯的最大吸附量为46.23mg/g，甲苯的最大吸附量为83.14mg/g。

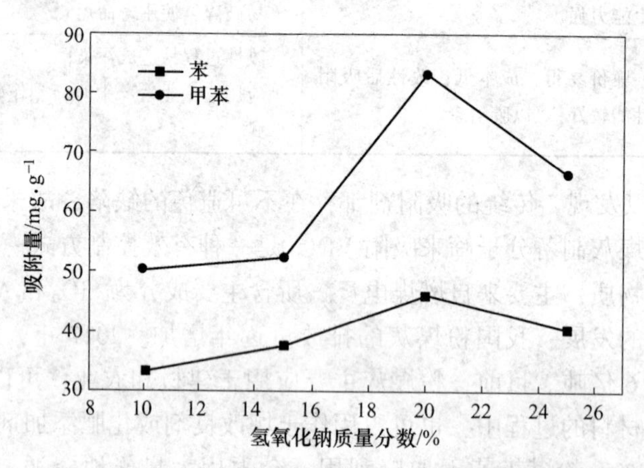

图4-4 碱改粉煤灰吸附量与氢氧化钠质量分数的关系

分别用与粉煤灰质量比为0.3、0.6、0.9、1.2的碳酸钠溶液浸洗粉煤灰样本，然后分别在800℃和850℃下用马弗炉高温煅烧2h，研磨。用改性的粉煤灰吸附苯和甲苯两种挥发性有机气体，得到吸附量的数据如表4-8和表4-9所示。

表4-8 盐改性粉煤灰吸附苯

质量比（碳酸钠/粉煤灰）	煅烧温度800℃下的吸附量/mg·g^{-1}	煅烧温度850℃下的吸附量/mg·g^{-1}
0.3	26.30	29.86
0.6	33.84	38.69
0.9	48.63	49.12
1.2	42.30	43.04

表4-9 盐改性粉煤灰吸附甲苯

质量比（碳酸钠/粉煤灰）	煅烧温度800℃下的吸附量/mg·g^{-1}	煅烧温度850℃下的吸附量/mg·g^{-1}
0.3	36.54	39.60
0.6	48.14	50.03
0.9	81.23	88.30
1.2	60.23	62.58

改性粉煤灰吸附苯和甲苯的吸附量与质量比（碳酸钠/粉煤灰）的关系如图4-5所示。

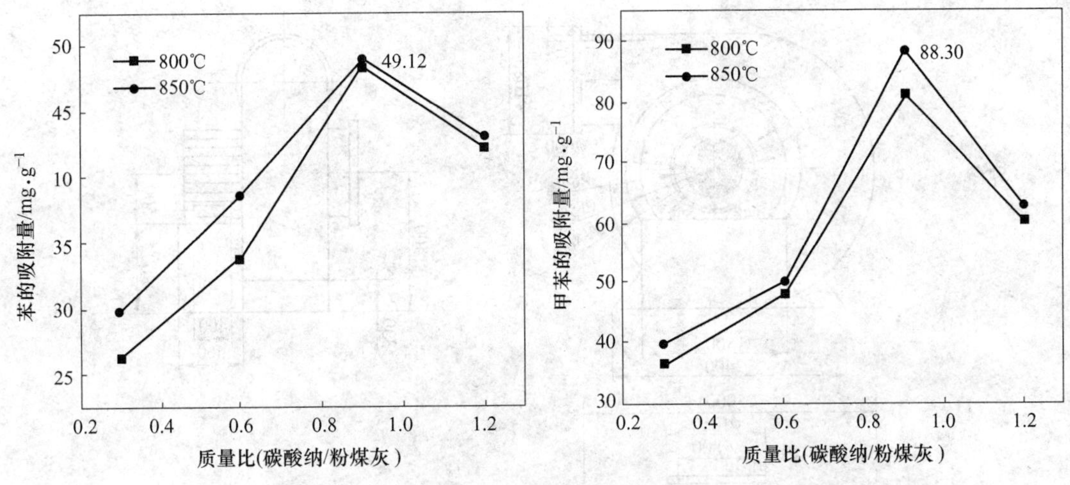

图 4-5 盐改性粉煤灰吸附量与质量比（碳酸钠/粉煤灰）的关系

由图 4-5 可以看出，改性粉煤灰的吸附量随碳酸钠和粉煤灰的质量比的增加，先增大后减小，煅烧温度在 850℃下比 800℃下吸附量大，所以在碳酸钠和粉煤灰的质量比为 0.9，煅烧温度为 850℃时，达到最高吸附量，苯的最大吸附量为 49.12mg/g，甲苯的最大吸附量为 88.30mg/g。

C 风机的选择

由于需要考虑到漏风情况，所以风机的设计风量应大于管道设计风量，其计算公式为

$$Q_0 = K_Q Q \tag{4-1}$$

式中 Q_0——所选风机的选取风量，m^3/h；

K_Q——风机保险系数，一般取 1.0~1.15，本设计取 $K_Q=1.1$。

则吸附风机风量为：$Q_0=K_Q Q=1.1\times20000=22000m^3/h$；同理，脱附风机风量和补风机风量分别为 $1430m^3/h$ 和 $660m^3/h$。

江苏中南鼓风机有限公司生产的 NO4.5A 型高压离心风机相关参数：流量为 0.23~17.58m^3/s，全压为 2705~15425 Pa。所以吸附风机选用 NO4.5A 型高压离心风机，脱附风机和补风风机均采用轴流式 HTF-1 风机。

以排风机为例的风机设计图如图 4-6 所示。

D 催化燃烧装置

a 换热器的选型

换热器是使热量在冷热流体中交换，以达到节约能源的装置。根据工作方式的不同，换热器可以分为间壁式换热器、混合式换热器和蓄热式换热器。由于间壁式换热器可以避免冷热气体的混合，结构简单，成本低廉，操作方便，同时其中的管壳式换热器的换热效率较高，应用广泛，故本设计选用间壁式管壳换热器。换热器设计图如图 4-7 所示。

b 催化燃烧器的选择

吸附技术属于一种回收法，不能做到对 VOCs 的彻底去除，所以对吸附床进行脱附时，需要采用催化燃烧的方式把 VOCs 氧化分解成 CO_2 和 H_2O 等无害物质，从而彻底去除。催化燃烧装置包括换热器和催化燃烧室两部分，本设计采用立式固定床催化燃烧器，

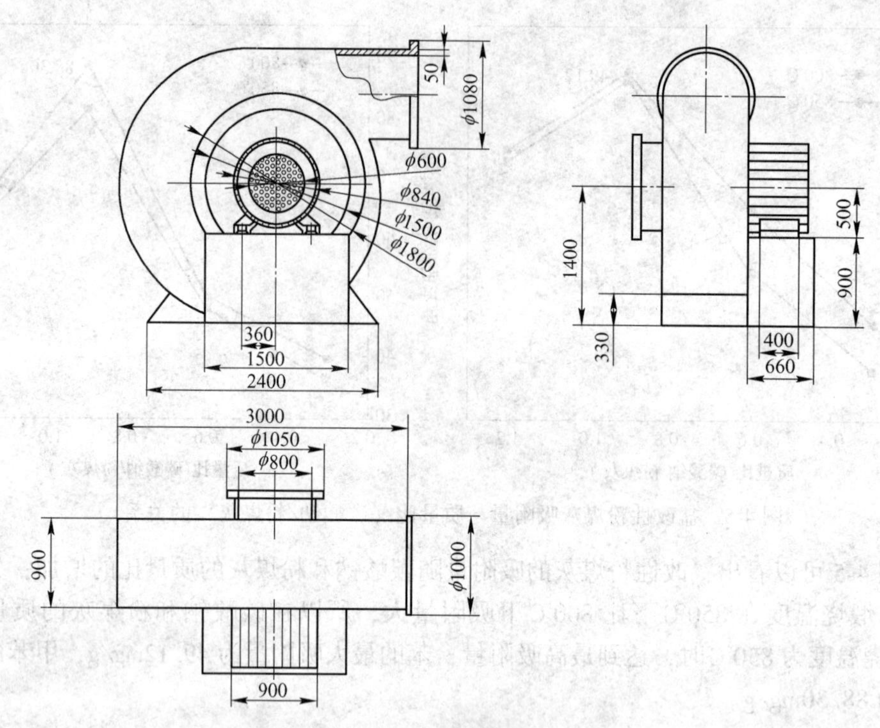

图 4-6 排风机设计图

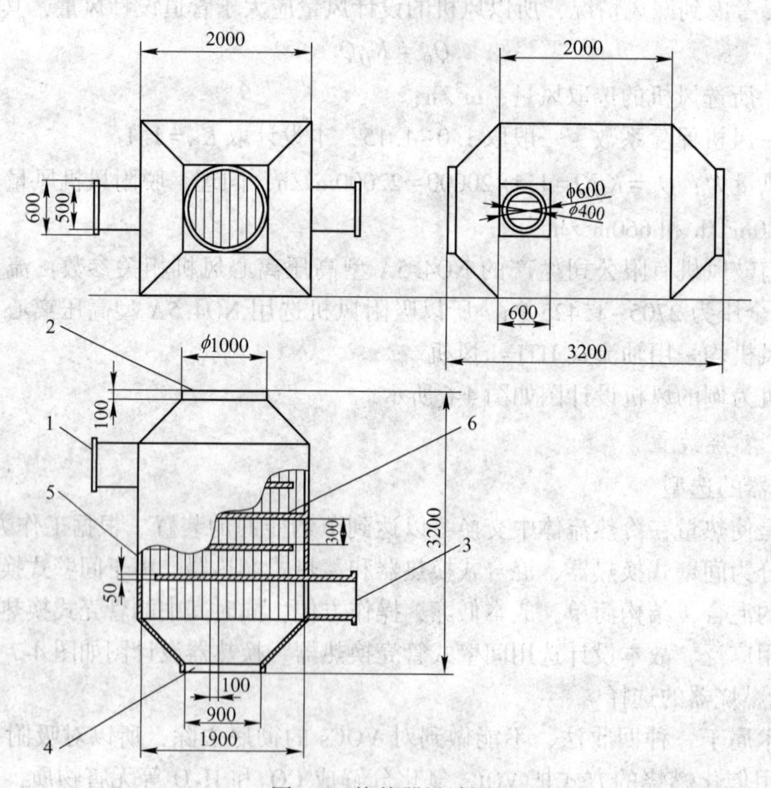

图 4-7 换热器设计图

1—脱附气体入口；2—净化气体出口；3—脱附气体出口；4—净化气体入口；5—换热器壳体；6—隔板

脱附产生的高浓度有机废气在换热器中升温到280℃，可以在催化床层上持续燃烧，热能重复利用，节约能源，降低成本。

c 催化剂的选择

有机废气在催化剂的催化作用下燃烧，可以降低有机废气的分解温度，使其在250~500℃下就能氧化分解成 CO_2 和 H_2O，节约能耗。

催化剂主要分为两大类：贵金属催化剂和金属氧化物催化剂。常见的贵金属催化剂有铂、钯、钌等，它们的催化活性高，催化效果好，使用寿命长，但价格昂贵。金属氧化物催化剂工业上使用较广泛的是过渡金属氧化物的催化剂，如 MnO_x、CoO_x 和 CuO_x 等催化剂，它们催化活性较好，成本比贵金属催化剂低，但使用寿命较短，更换麻烦。

综合考虑该厂脱附过程产生废气的特征以及成本、操作性能、安全性等方面，本设计选用的催化剂是以陶瓷为载体，在其表面涂敷一层氧化铝薄膜，把铂分散在氧化铝薄膜的多孔中制成的蜂窝状催化剂。这种催化剂阻力小，比表面积大，催化性能好，寿命也较长。

4.2.3 设计与计算

4.2.3.1 集气罩的计算

本设计选用顶吸式外部集气罩。产生 VOCs 的车间主要有印刷车间、裱褙和糊盒车间，设计的集气罩风量分别为 $10000m^3/h$、$5000m^3/h$ 和 $5000m^3/h$。

风管设计采用钢板圆形管道，设风速为12m/s，根据风管直径计算公式：

$$d = \sqrt{\frac{4 \times Q}{\pi \times u}} \tag{4-2}$$

可得印刷车间、裱褙车间和糊盒车间的风管直径分别为

$$d_{印} = \sqrt{\frac{4 \times Q}{\pi \times u}} = \sqrt{\frac{4 \times 10000}{3.14 \times 12 \times 3600}} = 0.543\text{m}$$，圆整为0.6m，规格为600mm×1.0mm

$$d_{裱} = \sqrt{\frac{4 \times Q}{\pi \times u}} = \sqrt{\frac{4 \times 5000}{3.14 \times 12 \times 3600}} = 0.384\text{m}$$，圆整为0.4m，规格为400mm×1.0mm

$$d_{糊} = \sqrt{\frac{4 \times Q}{\pi \times u}} = \sqrt{\frac{4 \times 5000}{3.14 \times 12 \times 3600}} = 0.384\text{m}$$，圆整为0.4m，规格为400mm×1.0mm

同理可得，汇总后总的风管直径为800mm。

风管横截面积计算公式为

$$f = \frac{1}{4}\pi d^2 \tag{4-3}$$

所以印刷车间、裱褙车间和糊盒车间的风管横截面积分别为

$$f_{印} = \frac{1}{4}\pi d^2 = \frac{1}{4} \times \pi \times 0.6^2 = 0.2826\text{m}^2$$

$$f_{裱} = \frac{1}{4}\pi d^2 = \frac{1}{4} \times \pi \times 0.4^2 = 0.1256\text{m}^2$$

$$f_{糊} = \frac{1}{4}\pi d^2 = \frac{1}{4} \times \pi \times 0.4^2 = 0.1256\text{m}^2$$

则实际风速分别为

$$u_{印} = \frac{4Q}{\pi d^2} = \frac{4 \times 10000}{3.14 \times 0.6 \times 3600} = 5.9\text{m/s}$$

$$u_{裱} = \frac{4Q}{\pi d^2} = \frac{4 \times 5000}{3.14 \times 0.4 \times 3600} = 4.4\text{m/s}$$

$$u_{糊} = \frac{4Q}{\pi d^2} = \frac{4 \times 5000}{3.14 \times 0.4 \times 3600} = 4.4\text{m/s}$$

罩口速度：通过查阅相关标准，印刷行业中，在扬尘低速扩散、外部无明显干扰气流的条件下，集气罩罩口速度取0.5~1m/s，本设计取$v=1.0\text{m/s}$。罩口面积分别为

$$A_{印} = \frac{Q}{v} = \frac{10000}{3600 \times 1.0} = 2.78\text{m}^2$$

$$A_{裱} = \frac{Q}{v} = \frac{5000}{3600 \times 1.0} = 1.39\text{m}^2$$

$$A_{糊} = \frac{Q}{v} = \frac{5000}{3600 \times 1.0} = 1.39\text{m}^2$$

罩口边长分别为

$$D_{印} = \sqrt{A_{印}} = \sqrt{2.78} = 1.67\text{m}，取1.70\text{m}$$

$$D_{裱} = \sqrt{A_{裱}} = \sqrt{1.39} = 1.18\text{m}，取1.20\text{m}$$

$$D_{糊} = \sqrt{A_{糊}} = \sqrt{1.39} = 1.18\text{m}，取1.20\text{m}$$

为减少外部横向气流的影响，在集气罩下端加装罩口直边，长度：$L_2=0.2\text{m}$。罩口喇叭口长度分别为

$$L_{印} \leqslant 3d，取 L_{印} = 1.5d = 1.5 \times 0.6 = 0.9\text{m}$$

$$L_{裱} \leqslant 3d，取 L_{裱} = 1.5d = 1.5 \times 0.4 = 0.6\text{m}$$

$$L_{糊} \leqslant 3d，取 L_{糊} = 1.5d = 1.5 \times 0.4 = 0.6\text{m}$$

印刷车间集气罩的扩张角度：

$$\alpha = \arctan\frac{D-d}{2L_0} = \arctan\frac{1.70-0.6}{2 \times 0.9} = 31° \leqslant 60°（在允许范围内）$$

裱褙车间集气罩的扩张角度：

$$\alpha = \arctan\frac{D-d}{2L_0} = \arctan\frac{1.20-0.6}{2 \times 0.6} = 27° < 60°（在允许范围内）$$

糊盒车间集气罩的扩张角度：

$$\alpha = \arctan\frac{D-d}{2L_0} = \arctan\frac{1.20-0.6}{2 \times 0.6} = 27° < 60°（在允许范围内）$$

污染源至罩口高度：$H=1\text{m}$。

以印刷车间为例的集气罩设计图如图4-8所示。

4.2.3.2 预处理过滤箱的计算

过滤箱的过滤棉采用初效过滤棉，设计过滤风量为20000m^3/h，有机废气通过过滤棉的流速控制为1m/s，则过滤截面积为：$20000 \div 3600 \div 1 \approx 5.56\text{m}^2$。

设计取宽为2.4m，高为2.4m。初效过滤棉厚度为20mm。

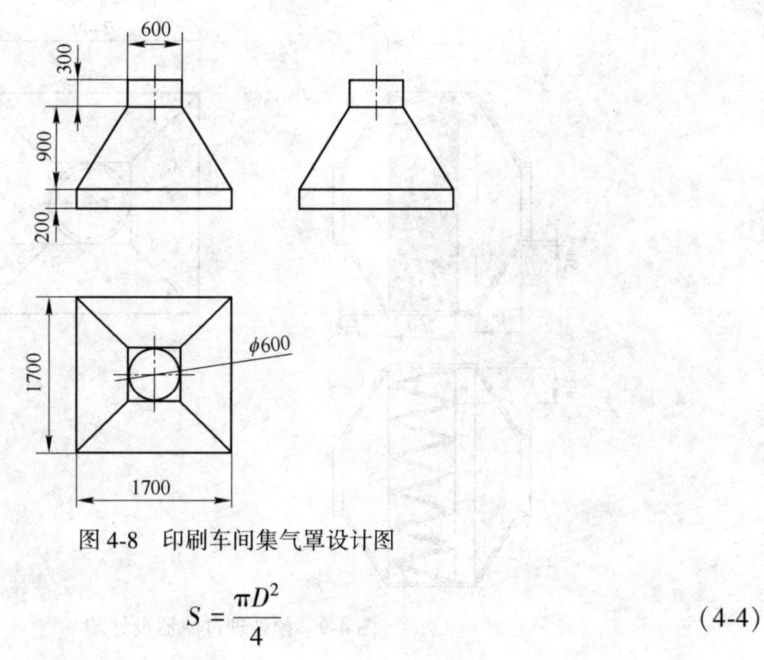

图 4-8 印刷车间集气罩设计图

$$S = \frac{\pi D^2}{4} \tag{4-4}$$

取管道内的流速为 12m/s，可得管径为

$$D = \sqrt{\frac{S}{\pi} \times 4} = \sqrt{\frac{20000 \div 3600 \div 12}{\pi} \times 4} = 768\text{mm}$$

取管径为 800mm，则管道截面积为

$$S = \frac{1}{4}\pi D^2 = \frac{1}{4} \times \pi \times 0.8^2 = 0.5024\text{m}^2$$

反算实际流速为：

$$v = \frac{Q}{S} = \frac{20000 \div 3600}{0.5024} = 11.05\text{m/s}$$

预处理过滤箱设计图如图 4-9 所示。

4.2.3.3 吸附器的计算

A 吸附过程

该包装印刷有限公司的生产周期为 8h，因此设定为“一吸一脱一备”的三箱模式，吸附周期为 4h，脱附周期为 4h。

采用一吸一脱一备的工作模式，因此每个吸附床的处理风量为 20000m³/h，吸附床内空速取 1.2m/s，则吸附床截面积：

$$S = \frac{20000 \div 3600}{1.2} = 4.63\text{m}^2$$

宽取 1m，长取 4.8m，则实际截面积为 4.8m²。根据 $S = \frac{1}{4}\pi D^2$，取管道内的流速为 12m/s，可得管径为

$D = \sqrt{\frac{S}{\pi} \times 4} = \sqrt{\frac{20000 \div 3600 \div 12}{\pi} \times 4} = 768\text{mm}$，取 800mm，反算吸附床的流速为

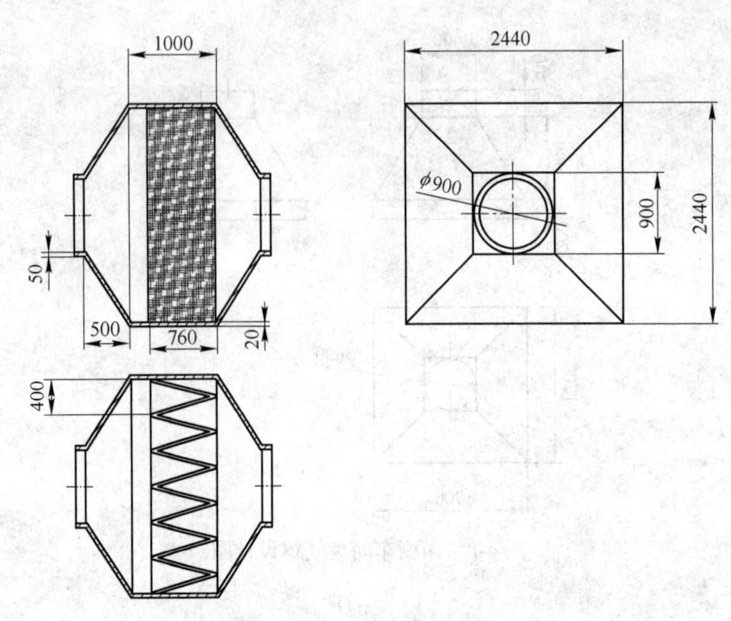

图4-9　预处理过滤器设计图

11.05m/s。设计吸附时间为4h，则改性粉煤灰吸附的有机物的量为：4.365×4＝17.46kg。

根据实验，改性粉煤灰的吸附量最高为88.30mg/g，则所需改性粉煤灰的量为：17.46÷88.3×1000＝197.73kg。考虑留有一定的余量，装填量取A＝220kg。

查阅资料可知，改性粉煤灰装填密度为0.55～0.68t/m^3，而粉煤灰制成分子筛后密度为0.15～0.18g/cm^3，取装填密度Y＝0.60t/m^3＝600kg/m^3，取分子筛密度Z＝0.16g/cm^3＝160kg/m^3，则所需改性粉煤灰分子筛体积$V=A/Z=220/160=1.375$m^3。

吸附床改性粉煤灰装填厚度$H=V/4.8=0.286$m，取H＝0.3m＝300mm。

此外，吸附层废气进气方向空间高度H_1取350mm，支撑层H_0取50mm，吸附层废气出气方向空间高度H_2取300mm，吸附器外壳壁厚H_3取50mm，吸附器总高度为：300＋350＋50＋300＋50×2＝1100mm。吸附器的总体设计以及相关附件图纸见图4-10。

B　脱附过程

脱附浓度设计一般取3～5g/m^3，脱附有机物的总量为：m＝17.46kg。设计脱附时间为4h，脱附浓度按3.5g/m^{3}设计，则脱附风量为

$$q_v = m/\rho = \frac{(17.46 \div 4) \times 1000}{3.5} = 1247\text{m}^3/\text{h}$$

考虑留有一定的余量，设计脱附风量取1300m^3/h。脱附管道内风速取8m/s，根据$S = \frac{\pi D^2}{4}$，可得管径为

$$D = \sqrt{\frac{S}{\pi} \times 4} = \sqrt{\frac{q_v}{v\pi} \times 4} = \sqrt{\frac{1300 \div 3600}{8\pi} \times 4} = 0.2397\text{m} = 239.7\text{mm}，取 D = 250\text{mm}。$$

管道截面积为：$S = \frac{1}{4}\pi D^2 = \frac{1}{4} \times \pi \times 0.25^2 = 0.049\text{m}^2$。

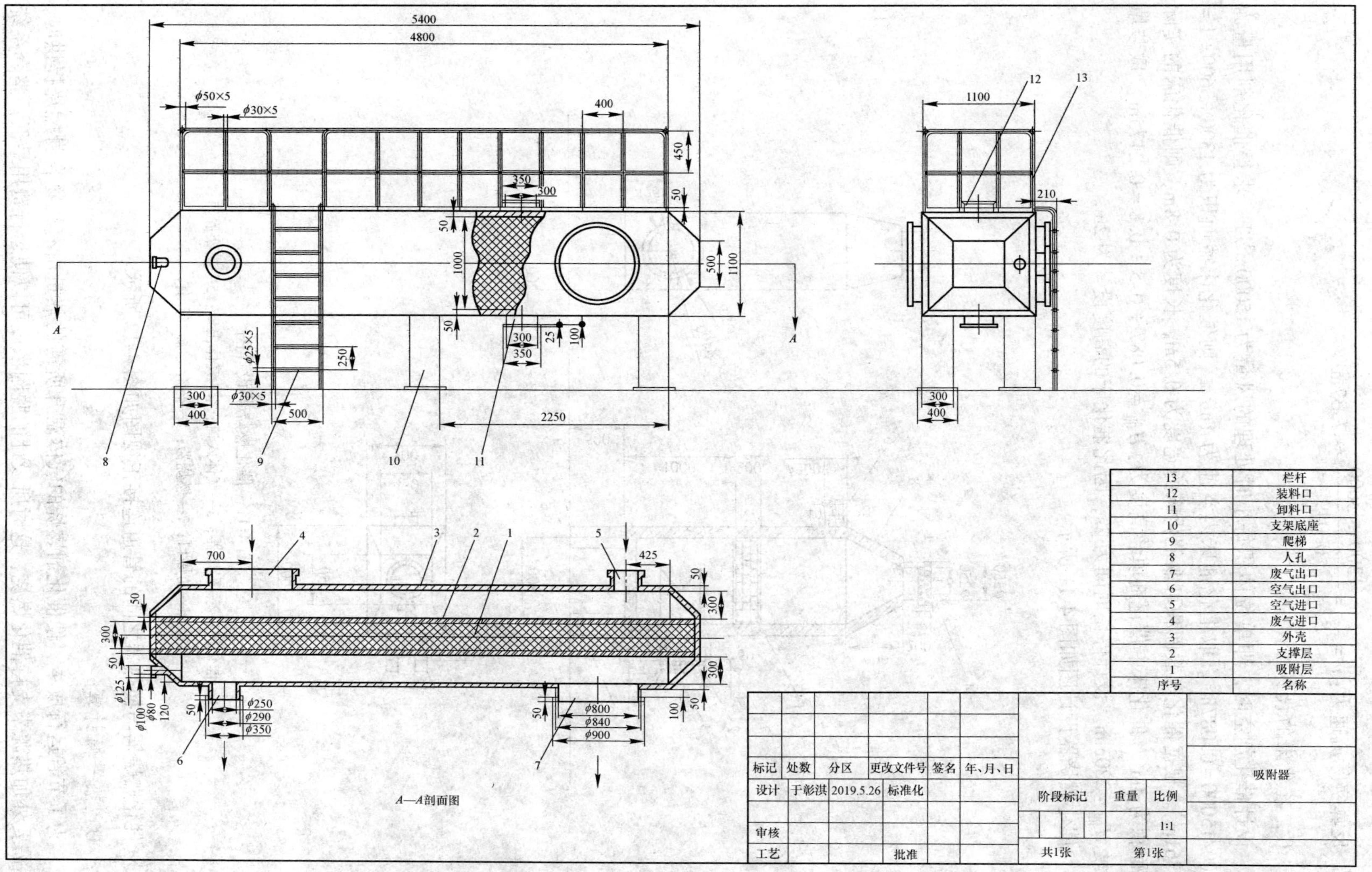

13 栏杆
12 装料口
11 卸料口
10 支架底座
9 爬梯
8 人孔
7 废气出口
6 空气出口
5 空气进口
4 废气进口
3 外壳
2 支撑层
1 吸附层
序号 名称
吸附器
标记 处数 分区 更改文件号 签名 年、月、日
设计 于彰淇 2019.5.26 标准化
审核
工艺
批准
阶段标记 重量 比例
1:1
共1张 第1张
A—A剖面图

图 4-10 吸附器设计图

反算实际流速为：$v = \frac{q_v}{S} = \frac{1300 \div 3600}{0.049} \approx 7.37\text{m/s}$。

C 催化床的设计

设计催化剂空时，即单位体积每小时处理的风量为 15000m³/h，求得催化剂用量为 1300/15000 = 0.087m³。取催化剂床内空速为 1m/s，则催化床截面积为 1300÷3600÷1 = 0.361m²。根据催化床截面积可取催化床的宽度为 0.5m，长度为 0.8m，则催化床的实际截面积为 4m²。催化床中催化剂填装高度为：$H_{催} = 0.087 \div 0.5 \div 0.8 = 0.2175\text{m}$，取装填高度 $H_{催} = 220\text{mm}$。设计停留时间为 2s，因此催化床的高度设计为 2m。

催化燃烧器设计图如图 4-11 所示。

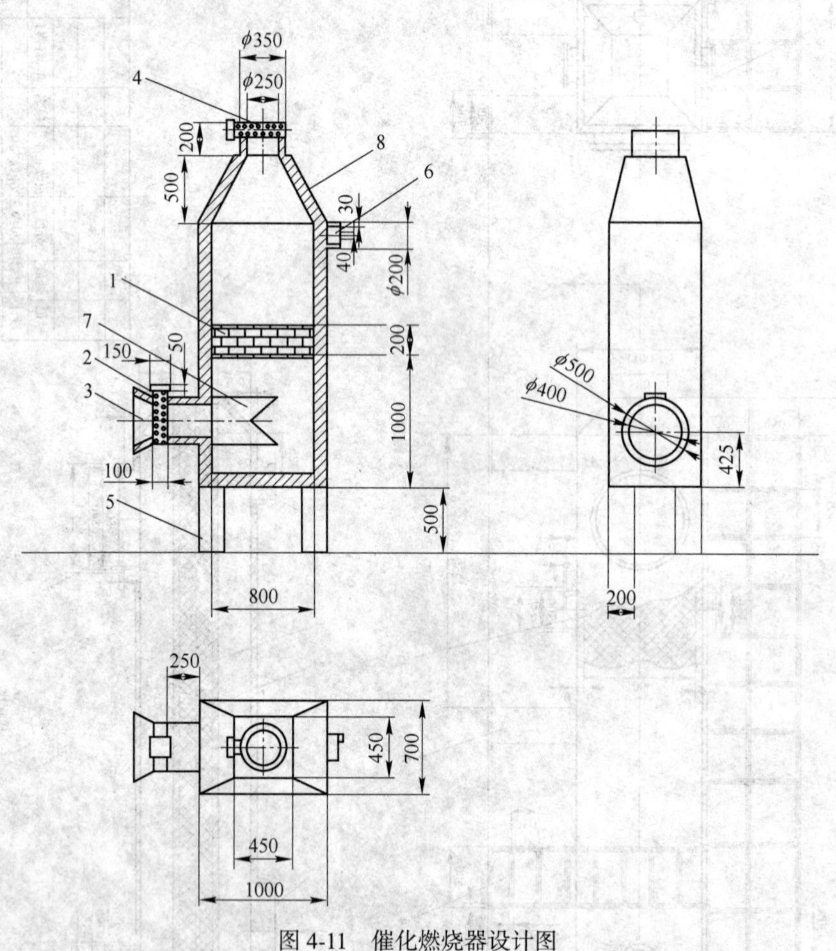

图 4-11 催化燃烧器设计图

1—催化剂；2—阻燃器；3—气体入口；4—气体出口；5—支架底座；
6—防爆口；7—燃烧器；8—催化燃烧器壳体

催化燃烧器与换热器之间的管道连接正视图如图 4-12 所示。

D 热平衡计算

为了节省运行成本，使催化剂燃烧的气体温升所需的热量由有机物自身燃烧提供时，不需要外加热源来支持催化燃烧，这时所设计的脱附浓度可以使运行费用最低。整套系统

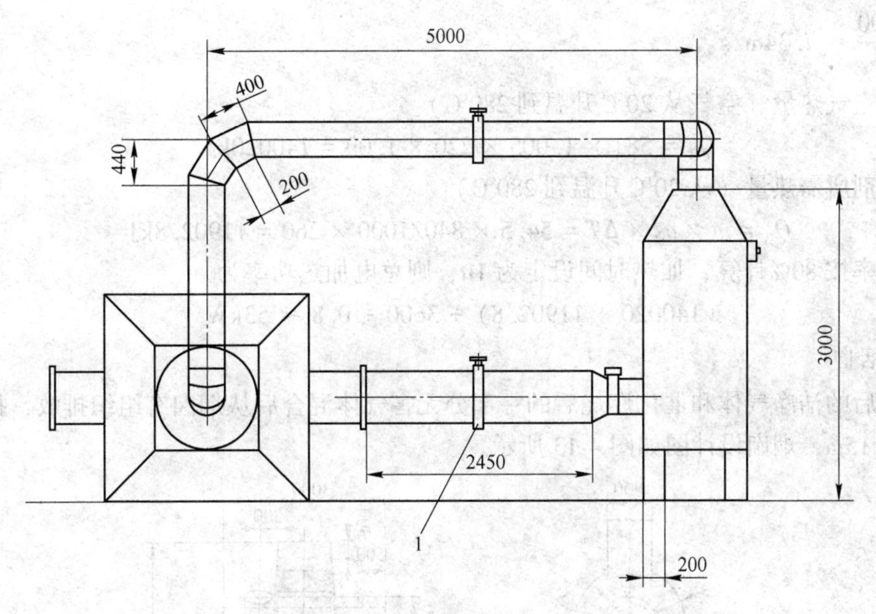

图 4-12 催化燃烧装置连接图

1—管道阀门

设计的脱附风量为 $q_v = 1300m^3/h$，正常运行时，脱附风中的有机废气经过换热器从 180℃升温到 280℃后进入催化燃烧器燃烧，生成的洁净气体再经过换热器降温后，排出一部分气体，剩余部分与补风机补入新风预热后混合。经过换热器后脱附气体从 180℃加热到 280℃，脱附气量 $q_v = 1300m^3/h$，则升温所需热量：

$$Q_1 = q_v \times c_{p空气} \times \Delta T \times \rho_{空气} = 1300 \times 1.34 \times 100 \times 0.695 = 121069kJ/h$$

1h 脱附有机物的量为 4.365kg/h，经实验测得其平均燃烧热值约为 30000kJ/kg，则

$$Q_2 = q_v \times q_{v热值} \times C_{脱附废气} = 1300 \times 30000 \times C_{脱附废气} = 39000000C_{脱附废气}kJ/h$$

根据 $Q_1 = Q_2$ 可得：$121069 = 39000000C_{脱附废气}$

故求得 $C_{脱附废气} = 3.10g/m^3$，调节脱附浓度为 $3.5g/m^3$，脱附风量为 $1300m^3/h$。

设计催化剂空时取 $15000m^3/h$，求得催化剂用量为 $1300/15000 = 0.087m^3$，催化剂规格取 100mm×100mm×40mm，故需要 218 块，每块 0.25kg，共 54.5kg。

根据气体状态方程：$pV = nRT$，设补充新风为 $q_{v新风}$，排放的风量也为 $q_{v新风}$，则剩余风量为 $1300 - q_{v新风}$，那么 $\frac{1300 - q_{v新风}}{273 + 150} + \frac{q_{v新风}}{273 + 20} = \frac{1300}{273 + 80}$，计算得 $q_{v新风} = 581m^3/h$，取 $600m^3/h$。

脱附管道内风速取 8m/s，根据 $S = \frac{\pi D^2}{4}$，可得管径为：$D = \sqrt{\frac{S}{\pi} \times 4} = \sqrt{\frac{q_{v新风}}{v\pi} \times 4} = \sqrt{\frac{600 \div 3600}{8\pi} \times 4} \approx 0.1629m \approx 163mm$，取 170mm。

管道截面积 $S = \frac{1}{4}\pi D^2 = \frac{1}{4} \times \pi \times 0.17^2 \approx 0.0227m^2$。反算实际流速 $v = \frac{q_{v新风}}{S} =$

$\frac{600 \div 3600}{0.0227} \approx 7.34\text{m/s}$。

预热空气热量（空气从20℃升温到280℃）：

$$Q_3 = 581 \times 1.005 \times 220 \times 1.09 = 140020\text{kJ}$$

催化剂所需热量（从20℃升温到280℃）：

$$Q_2 = m \times c_p \times \Delta T = 54.5 \times 840/1000 \times 260 = 11902.8\text{kJ}$$

电功率按80%计算，加热时间设定为1h，则总电加热功率为

$$(140020 + 11902.8) \div 3600 \div 0.8 \approx 53\text{kW}$$

E 烟囱

吸附后的洁净气体和催化燃烧后的一部分无害气体混合后从烟囱有组织排放，排放高度设计为15m，烟囱设计图如图4-13所示。

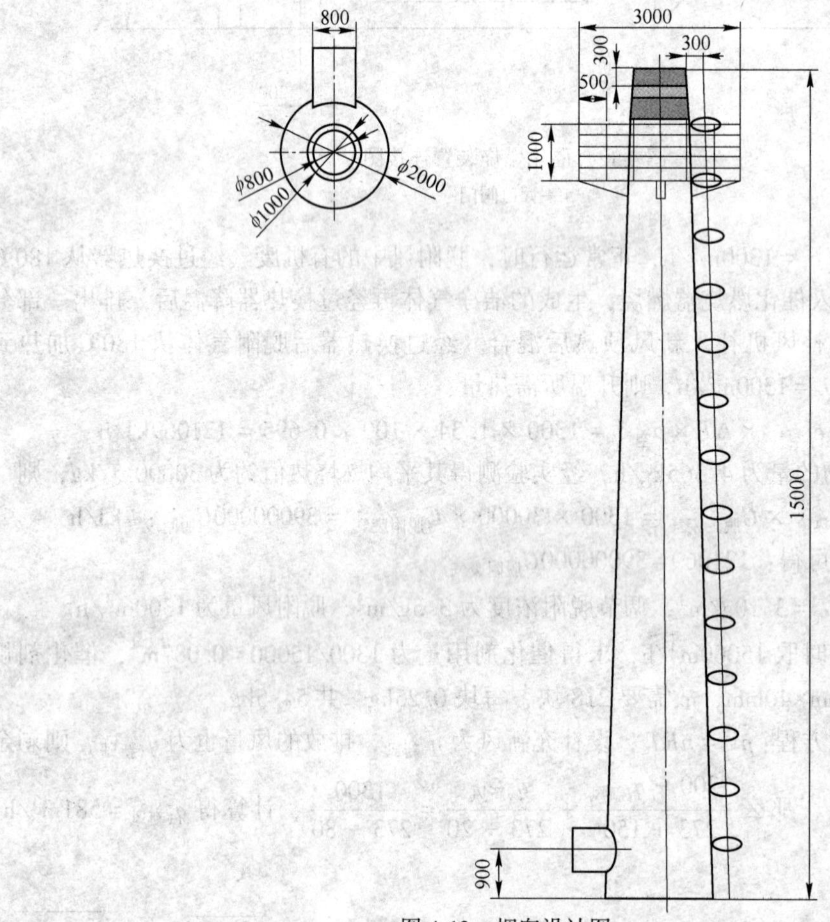

图4-13 烟囱设计图

4.2.4 工程核算

4.2.4.1 改性粉煤灰成本核算

粉煤灰价格为250元/t，改性每吨粉煤灰需要0.9t的碳酸钠，碳酸钠的价格为1920元/t，所以改性每吨粉煤灰所需碳酸钠的成本为：0.9t×1920元/t=1728元。

需要使用马弗炉对粉煤灰进行煅烧，煅烧温度为850℃，煅烧时间为2h，温升速率为10℃/min，从室温30℃升高到850℃需要的时间为

$$\frac{850℃-30℃}{10℃/\text{min}\cdot 60\text{min/h}}=1.36\text{h}\approx 1.4\text{h}$$

粉煤灰比热容为0.92kJ/(kg·K)，将1t粉煤灰从30℃升高到850℃需要的热量为

$$1000\text{kg}\times 0.92\text{kJ/(kg}\cdot\text{K)}\times(850℃-30℃)=754400\text{kJ}$$

电功率按80%计算，加热时间设定为1.4h，保温时间为0.6h，假设保温时的功率为加热时功率的10%，则煅烧粉煤灰所消耗的电能为

$$(754400\text{kJ}+754400\text{kJ}/1.4\text{h}\times 0.6\text{h}\times 10\%)/80\%=983415\text{kJ}$$

换算成kW·h：

$$983415\text{kJ}\times 0.0002778(\text{kW}\cdot\text{h})/\text{kJ}=273.2\text{kW}\cdot\text{h}$$

工业用电平均0.75元/(kW·h)，所以煅烧粉煤灰的开销为：273.2kW·h×0.75元/(kW·h)= 204.9元。

综上所述，改性粉煤灰的成本分为三个部分：粉煤灰原料成本、碳酸钠成本、煅烧电耗，所以每吨改性粉煤灰的总价格为：250元+1728元+204.9元=2182.9元。

4.2.4.2　设备投资

本设计中需要采购的主要设备预算清单如表4-10所示。

表4-10　工程材料预算清单

单位：广东省某包装印刷有限公司　　　　编制日期：2019-6

序号	材料名称	规　格	单位	数量	单价/元	总价/元
（一）设备、材料部分						
1	卧式吸附设备	5400mm×1100mm×1100mm	台	3	3000	9000
2	预处理过滤器	2000mm×2440mm×2440mm	台	1	3000	3000
3	催化燃烧装置	500mm×800mm×2000mm	台	1	15000	15000
4	吸附风机	NO4.5A型高压离心风机	台	1	10000	10000
5	脱附风机	轴流式HTF-1风机	台	1	1800	1800
6	补风机	轴流式HTF-1风机	台	1	1800	1800
7	改性粉煤灰	碱改，850℃煅烧	t	1	2183	2183
8	集气罩		个	3	1500	4500
9	风管	$d=800$mm	m	24	75	1560
	风管	$d=600$mm	m	10	50	500
	风管	$d=400$mm	m	20	40	800
	风管	$d=250$mm	m	24	30	720
	风管	$d=170$mm	m	4	25	100
10	烟囱	900mm×100mm	m	15	300	4500
11	三通	800mm×400mm	个	9	200	1800
12	弯头	800mm×400mm	个	10	150	1500
13	设备及风管支架		套	1	2000	2000

续表 4-10

序号	材料名称	规　格	单位	数量	单价/元	总价/元
14	电器设备		套	1	4000	4000
15	五金器件		批	1	3000	3000
设备、材料部分总计 T_1						67763
（二）费用部分						
16	装配费 $T_2 = T_1 \times 10\%$					6777
17	无法预知材料短缺 $T_3 = (T_1 + T_2) \times 3\%$					2237
18	税费 $T_4 = (T_1 + T_2 + T_3) \times 5.49\%$					4216
总计：工程总开销（$T_1 + T_2 + T_3 + T_4$）						80993

4.2.4.3　运行费用

电费：运行功率为 53kW，以工业用电 0.75 元/(kW · h) 计，电费为 0.75×53 = 39.75 元/h。

改性粉煤灰费用：改性粉煤灰每两个月更换一次，两个工作的吸附器中改性粉煤灰总质量为 440kg，总费用为 0.44×2183 = 961 元，每月运行 240h，则 961÷(240×2) = 2.0 元/h。人工：一人一班 8h，工资共 7300 元/月，则人工费为 3 元/h。综上得，每小时的总运行费用为：39.75 + 2.0 + 3 = 44.75 元，处理废气的运行费用为：44.75 元/20000m^3 = 0.002424 元/m^3。

4.3　案例 2——某小区雨水管网污染物调查及处理工艺设计

4.3.1　研究区域雨水采集与分析

4.3.1.1　研究区域范围

本节以保定市某小区为研究对象，占地 64630m^3，绿地面积为 21005m^3，建筑面积为 29730m^3，其余为道路及空地面积（及水泥路面）。

4.3.1.2　样品采集与分析

根据查阅大量资料得知，雨水中的主要污染物为 SS（悬浮颗粒物）、COD（化学需氧量）、TN（总氮）、TP（总磷）和氨氮，因此本节中主要对这五种污染物进行检测分析。检测方法如表 4-11 所示。

表 4-11　检测方法一览表

监测项目	监测方法
SS（悬浮颗粒物）	重量法
TN（总氮）	碱性过硫酸钾消解-紫外分光光度法
COD（化学需氧量）	重铬酸钾法
TP（总磷）	钼酸铵分光光度法
氨氮	纳氏试剂分光光度法

A 污染物浓度变化分析

由于前期准备工作较多，因此本节只对保定市某月份的 3 场降雨进行了采样收集，分别为 4 日、12 日及 18 日降雨事件，各污染物瞬时浓度见表 4-12～表 4-14。从表 4-12～表 4-14 可以看出，5 种主要污染物在降雨初期浓度最大，再随着时间的推移逐渐减小，前期浓度减小速度极快，后面变化速度较为缓慢，最后浓度到达一个比较稳定的状态，浓度基本没有变化。由于污染物浓度在降雨过程中不停地发生变化，很难由某个时刻的浓度来定义正常降雨过程中浓度水平，因此由检测数据根据下式计算各污染物的 EMC（污染物事件平均浓度）来进行判断：

$$\mathrm{EMC} = \frac{Z}{V} = \frac{\int_0^t C_t Q_t \mathrm{d}t}{\int_0^t Q_t \mathrm{d}t} \approx \frac{\sum C_t Q_t \mathrm{d}t}{\sum Q_t \mathrm{d}t} \tag{4-5}$$

式中 EMC——单次降雨事件平均浓度，mg/L；

Z——整个径流过程中污染物的质量，g；

V——径流总量，m^3；

t——时间，min；

C_t——t 时刻污染物的浓度，mg/L；

Q_t——t 时刻径流流量，m^3/min；

dt——采样间隔时间，min。

表 4-12 4 日降雨事件污染物瞬时浓度

采样时间/min	SS	COD	TP	TN	氨氮	流量/$m^3 \cdot min^{-1}$
0	750	200	2.2	4.7	1.3	66
5	745	195	2.1	4.5	1.25	78
10	730	188	2	3.8	1.22	132
15	320	85	0.9	2	0.65	102
20	220	60	0.65	1.5	0.45	72
25	140	40	0.33	14	0.4	45
30	100	28	0.2	1.3	0.38	30
40	90	15	0.1	1.23	0.35	18
50	60	14	0.07	1.2	0.29	6
60	40	13	0.05	1.05	0.27	4.8
90	28	10	0.02	0.094	0.27	1.8
120	10	7	0.01	0.08	0.25	1.2

表 4-13 12 日降雨事件污染物瞬时浓度

采样时间/min	SS	COD	TP	TN	氨氮	流量/$m^3 \cdot min^{-1}$
0	600	210	2	5.8	0.85	48
5	280	190	1.9	6	0.7	60

续表 4-13

采样时间/min	SS	COD	TP	TN	氨氮	流量/$m^3 \cdot min^{-1}$
10	560	170	1.7	5.4	0.65	108
15	220	100	0.8	2.3	0.3	90
20	120	100	0.5	1.9	0.35	78
25	100	80	0.3	1.7	0.25	51
30	90	60	0.15	1.5	0.2	36
40	70	40	0.1	1.1	0.2	18
50	45	30	0.06	0.95	0.15	12
60	20	22	0.03	0.75	0.12	4.8
90	18	10	0.01	0.65	0.1	1.8

表 4-14 18 日降雨事件污染物瞬时浓度

采样时间/min	SS	COD	TP	TN	氨氮	流量/$m^3 \cdot min^{-1}$
0	595	190	2.1	4.8	0.9	60
5	572	160	2.05	4.5	0.9	66
10	550	150	1.9	4.3	0.89	120
15	200	90	0.9	1.8	0.4	90
20	190	70	0.4	1.75	0.4	60
25	150	60	0.2	1.6	0.38	33
30	100	50	0.07	1.5	0.35	21
40	80	38	0.05	1.3	0.32	12
50	55	35	0.03	1.2	0.28	6
60	30	30	0.01	1	0.22	3.6
90	18	20	0.01	0.95	0.13	1.2

求得 3 场降雨事件中 5 种主要污染物的 EMC 如表 4-15 所示。

表 4-15 各污染物 EMC (mg/L)

污染物	SS	COD	TP	TN	氨氮
4 日 EMC	405.8519	105.9618	1.0891	2.5056	0.7670
12 日 EMC	271.6853	109.8117	0.8636	3.0110	0.3963
18 日 EMC	324.9946	103.5014	1.0855	2.7792	0.5896
EMC 均值	334.1772	106.425	1.0128	2.7652	0.5843

由表 4-15 中可以看出，3 场降雨各污染的 EMC 略有差异，这可能与每场降雨的雨前干期和气候有关，从 3 场降雨中以及 EMC 均值可以看出来，SS 的浓度最大，即雨水中最主要的污染物为 SS，其次是 COD，TN>TP>氨氮。检测结果和前期查阅资料基本一致。

为了研究不同降雨事件中各污染的特性，将 3 场降雨中各污染物的 EMC 做出柱状图进行比较，如图 4-14 所示。

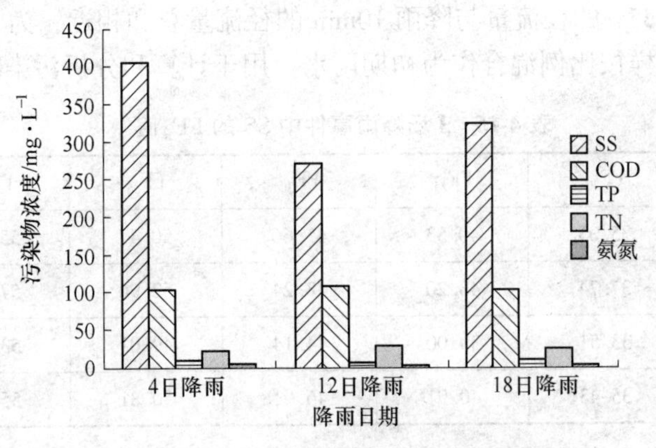

图 4-14　不同降雨场次 EMC 柱状图

从图 4-14 中可以看到，3 场降雨中，除 SS 差异较明显外，其他污染物的浓度都比较相近，因此将 3 场降雨的 EMC 均值作为该小区雨水的水质特性是合理的。而其中 SS 浓度的差异可能是由降雨间隔期间的社会活动引起的。

B　各污染物的冲刷效应分析

雨水的冲刷效应意味着在整个降雨期间，降雨初期的少量雨水径流中携带有整个降雨过程的大部分污染物。以累积径流体积分数为横坐标，累积污染物负荷为纵坐标，做出每种污染物的 $M(V)$ 曲线，定性分析各污染物的冲刷效果。

当曲线位于平衡线 $Y=X$ 上方时，则表明发生冲刷效应，曲线与平衡线偏离程度越大，则说明冲刷效应越强。为进一步定量分析污染物的冲刷效应，每种污染物的 $M(V)$ 曲线拟合为 b 参数方程。b 参数方程是通过参数 b 的值来判断污染物冲刷效应的，b 是冲刷效应参数，当 $b=1$，则说明发生冲刷效应，b 越小于 1，则冲刷效应越强，从参数 b 的均值可以看出污染物均发生冲刷效应，且冲刷效应最强的是 TP，其次是 SS，然后是 TN>COD>氨氮。这说明在初期雨水中污染物的浓度较高。从 R^2 的值可以看出，b 参数方程具有较高的拟合度，因此拟合结果是可信的。SS 冲刷效应明显的原因可能由于该小区经常进行地面清扫，SS 没有黏附在地表，容易在降雨初期被冲刷，氨氮的冲刷效应最弱，可能是因为氨氮在直接雨水中的浓度较大，地表的较少，因此总体浓度最低，冲刷效应也最不明显。

C　相关性分析

为了研究污染物之间的关系，根据污染物的瞬时浓度，以 SS 浓度作自变量，其他 4 种污染物浓度为因变量进行分析。SS 与其他 4 种污染物浓度具有很强的线性相关性，这对于污染物的去除有很重要的意义，也就是说 SS 能够携带其他 4 种污染物，在去除时，应该以 SS 的去除为重点，当雨水中的 SS 被去除时，其他污染物也能随着 SS 被脱除。

D　初期降雨量的确定

由于 SS 是污染物中污染最严重的，且根据研究发现，SS 的浓度与其他污染物的浓度具有很强的线性相关性，因此选择 SS 的污染累积负荷来确定初期降雨量。

从表 4-16 中 3 场降雨事件的平均 FF_n 可以看出，35%的径流占总降雨量 SS 污染物负荷的 50%，大约是形成径流后的 10min。因此，可以确定降雨量的前 35%作为初始降雨量。由于在采样时，35%的径流量与降雨 10min 的径流量总和相近，为了方便接下来的研究，将前 10min 的水样按比例混合作为初期雨水，用于计算和分析污染物浓度。

表 4-16 3 场降雨事件中 SS 的 FF_n 值 (%)

FF_n值	FF_{20}	FF_{25}	FF_{30}	FF_{35}	FF_{40}	FF_{45}
4 日降雨	35.05	40.53	45.66	50.47	55.05	59.44
12 日降雨	37.74	43.20	48.24	52.96	57.42	61.66
18 日降雨	33.51	39.00	44.14	49.01	53.65	58.34
均值	35.43	40.91	46.01	50.81	55.37	59.81

通过计算出的初期雨水量和各污染物的瞬时浓度，计算初期雨水及后期雨水中各污染物的浓度如表 4-17 和表 4-18 所示。

表 4-17 初期雨水中各污染物的 EMC (mg/L)

污染物	SS	COD	TP	TN	氨氮
4 日降雨事件	735.5714	190.6	2.0371	4.06	1.2311
12 日降雨事件	567.1429	177.1429	1.7714	5.6143	0.6679
18 日降雨事件	557.8065	153.5484	1.9532	4.3710	0.8935
EMC 均值	620.1736	173.7637	1.9206	4.6818	0.9308
GB 3838—2002	20	40	0.4	2.0	2.0

表 4-18 后期雨水中各污染物的 EMC (mg/L)

污染物	SS	COD	TP	TN	氨氮
4 日降雨事件	192.5397	51.2052	0.4758	1.4999	0.4667
12 日降雨事件	123.6923	76.0859	0.4089	1.7070	0.2602
18 日降雨事件	154.7783	66.9104	0.4512	1.6153	0.3673
EMC 均值	157.0034	64.73	0.4453	1.6074	0.3647
GB 3838—2002	20	40	0.4	2.0	2.0

根据计算出的 EMC 与《地表水环境质量标准》中第Ⅴ类水质标准进行比较，可以观察到初期雨水中的氨氮是符合标准的。后期雨水中的 TN 和氨氮也没有超标，TP 只是稍微高于标准值，因此后期雨水的处理主要考虑 SS 和 COD。通过比较可以发现，初期雨水的污染远远大于后期雨水，两者之间的水质差异很大，因此有必要收集初期雨水单独进行处理。

4.3.2 处理工艺流程设计

4.3.2.1 小区雨水径流量的计算

用保定市暴雨强度公式计算小区的径流量：

$$i = \frac{14.973 + 10.266\lg CH}{(t + 13.877)^{0.776}} \tag{4-6}$$

式中 i——设计暴雨强度，mm/min；

CH——通过非年最大值方法选择的雨水重现期，其值为 1 年；

t——设计降雨历时，min，这里选择 90min。

根据表 4-19 中各地面种类的径流系数，计算不同地面径流量值。

建筑屋面径流量：$0.41 \times 0.9 \times 29730 \times 90 \times 10^{-3} = 987.3333\text{m}^3$；

绿地径流量：$0.41 \times 0.15 \times 21005 \times 90 \times 10^{-3} = 116.262675\text{m}^3$；

水泥路面径流量：$0.41 \times 0.9 \times (64630 - 21005 - 29730) \times 90 \times 10^{-3} = 512.7255\text{m}^2$；

小区总径流量：$512.7255 + 987.333 + 116.262675 = 1616\text{m}^3$；

小区初期雨水径流量：$1616 \times 35\% = 565.6\text{m}^3$；

小区后期雨水径流量：$1616 \times 65\% = 1050.4\text{m}^3$。

表 4-19 径流系数 ϕ 值

地 面 种 类	ϕ 值	地 面 种 类	ϕ 值
各种屋面、混凝土和沥青路面	0.90	干砌砖石和碎石路面	0.40
大块石铺砌路面和沥青表面处理的砾石路面	0.60	非铺砌土路面	0.30
级配碎石路面	0.45	公园或绿地	0.15

4.3.2.2 初期雨水处理工艺设计

根据初期雨水的污染特性设计处理流程如下：

初期雨水⟶混凝沉淀⟶A^2/O⟶消毒⟶回收利用

通过烧杯实验确定混凝剂为 PAC（聚合氯化铝），其最佳投药量为 125mg/L，最适搅拌速度为 50r/min，最佳 pH 值为 8。SS 去除率为 75%，COD 去除率为 50%。

A 平流式沉淀的设计计算

平流式沉淀池具有构造简单、管理方便、效果稳定、沉淀效果好、对冲击负荷和温度变化的适应性强、施工方便等优点，因此选用平流式沉淀池进行 SS 和 COD 的分离脱除。

初期雨水径流量 565.6m³，设计降雨持续时间 90min，沉淀时间 1h，采用链带式刮泥机平流沉淀池。

池子总面积：

$$A = \frac{Q_{max} \times 3600}{q'} \tag{4-7}$$

式中 Q_{max}——设计流量，m³/s，$Q_{max} = 0.11\text{m}^3/\text{s}$；

q'——表面负荷，m³/(m²·h)，t 为沉淀时间，取 $t = 3600\text{s}$。

$$A = \frac{0.11 \times 3600}{2.5} = 158.4\text{m}^2$$

沉淀部分有效水深：

$$h_2 = q't \tag{4-8}$$

式中 t——沉淀时间，h，取 $t = 1\text{h}$。

$$h_2 = 2.5 \times 1 = 2.5\text{m}$$

沉淀部分有效容积：

$$V' = Q_{max}t \times 3600 = 0.11 \times 1 \times 3600 = 396\text{m}^3$$

池长：

$$L = vt \times 3.6 \tag{4-9}$$

式中　v——水平流速，mm/s，取 $v = 3$mm/s。

$$L = 3 \times 1 \times 3.6 = 10.8 \approx 11\text{m}$$

池子总宽度：

$$B = \frac{A}{L} = \frac{158.4}{11} = 14.4\text{m}$$

池子个数：

$$n = \frac{B}{b} \tag{4-10}$$

式中　b——每个池子（或）分格宽度，m，取每个池子宽2.4m。

$$n = \frac{14.4}{2.4} = 6\text{个}$$

校核长宽比 $\frac{L}{b} = \frac{11}{2.4} = 4.583 > 4$ 符合要求。

每格池污泥所需容积：

$$V'' = \frac{V}{n} = \frac{40}{6} = 6.67\text{m}^3$$

污泥斗容积：

$$h''_4 = \frac{3 - 0.5}{2} \times \tan 60° = 2.17\text{m}$$

$$V_1 = \frac{1}{3} \times h''_4(f_1 + f_2 + \sqrt{f_1 f_2})$$

$$= \frac{1}{3} \times 2.17 \times (9 + 0.25 + \sqrt{9 \times 0.25})$$

$$= 8.89\text{m}^3$$

式中　f_1——污泥斗上部面积，m^2；

　　　f_2——污泥斗下部面积，m^2。

污泥斗以上梯形部分污泥容积：

$$V_2 = \left(\frac{l_1 + l_2}{2}\right) h'_4 b \tag{4-11}$$

式中　l_1——污泥斗以上梯形部分上底长度，m；

　　　l_2——污泥斗以上梯形部分下底长度，m。

$$h'_4 = (11 + 0.3 - 3) \times 0.01 = 0.083\text{m}$$

$$l_1 = 11 + 0.3 + 0.5 = 11.8\text{m}$$

$$l_2 = 3\text{m}$$

$$V_2 = \frac{11.9 + 3}{2} \times 0.083 \times 2.4 = 1.47\text{m}^3$$

污泥斗和梯形部分污泥容积 $V_1 + V_2 = 8.89 + 1.47 = 10.36\text{m}^3 > 6.67\text{m}^3$

池子总高度 H，缓冲层高度 $h_3 = 0.5\text{m}$，则

$$\begin{aligned} H &= h_1 + h_2 + h_3 + h_4' + h_4'' \\ &= 0.3 + 2.5 + 0.5 + 0.083 + 2.17 \\ &= 5.553\text{m} \end{aligned}$$

初期雨水平流式沉淀池设计图如图 4-15 所示。

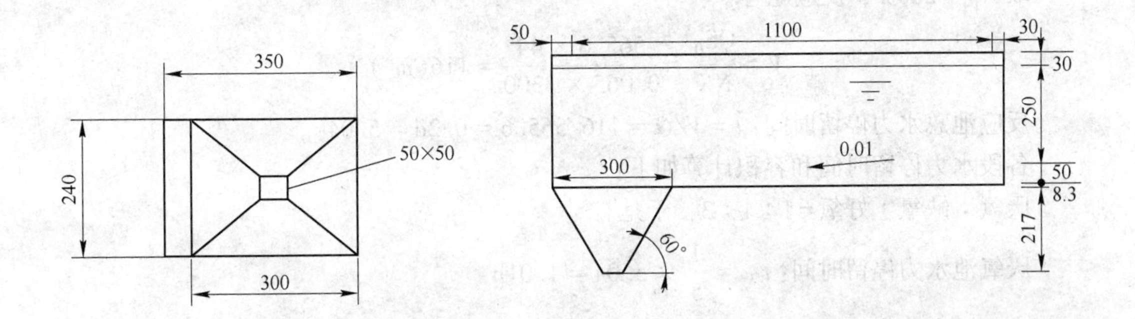

图 4-15 初期雨水平流式沉淀池设计图

B A^2/O 工艺的设计计算

因初期雨水中除 SS、COD 外，主要污染物是 TN 和 TP，所以选择典型的脱氮除磷工艺 A^2/O 进行 TN 和 TP 的去除。A^2/O 工艺适用于对氮、磷排放指标要求严格的污水处理，工艺流程简单。总水力停留时间少于其他同类工艺，节省了资金投入，并且该工艺在厌氧、缺氧和好氧环境中交替运行，对抑制丝状菌的膨胀，提高污泥的沉降性能是有益的。该工艺不需要外加碳源，厌氧、缺氧池只需要进行缓速搅拌，节省运行费用。其中，出水水质以地表水环境质量标准中第Ⅴ类水质指标为准，因为该标准中没有 SS 的标准限值，所以在 GB/T 18921—2002《城市污水再生利用景观环境用水水质》中，将观赏性景观环境用水的水质指标作为 SS 的出水指标。

进水水质：SS = 155mg/L，COD = 87mg/L，BOD_5 = 44mg/L，TP = 1.9mg/L，TN = 4.7mg/L，氨氮 = 0.93mg/L。

出水水质：SS = 20mg/L，COD = 40mg/L，TP = 0.4mg/L，TN = 2.0mg/L，氨氮 = 2mg/L。

判断是否可以采用 A^2/O 法：COD/TN = 87/4.7 = 18.5 > 8，TP/BOD_5 = 1.9/44 = 0.04 < 0.06，符合要求。

有关设计参数：BOD_5 污泥负荷 $N = 0.13\text{kgBOD}_5/(\text{kgMLSS} \cdot \text{d})$，回流污泥浓度 X_R = 6600mg/L，污泥回流比 $R = 100\%$。

混合液悬浮固体浓度：

$$X = \frac{R}{1+R}X_R = \frac{1}{1+1} \times 6600 = 3300\text{mg/L}$$

TN 去除率：

$$\eta_{TN} = \frac{TN_0 - TN_e}{TN_0} \times 100\% = \frac{4.7 - 2}{4.7} \times 100\% = 57.4\%$$

式中 TN_0——进水中 TN 的浓度，mg/L；

TN_e——出水中 TN 的浓度，mg/L。

混合液回流比：

$$R_{内} = \frac{\eta_{TN}}{1 - \eta_{TN}} \times 100\% = \frac{54.7\%}{1 - 54.7\%} \times 100\% = 134.7\%$$

取 $R_{内}=200\%$，反应池容积：

$$V = \frac{QS_0}{NX} = \frac{565.6 \times 44}{0.065 \times 3300} = 116(\text{m}^3)。$$

反应池总水力停留时间：$t = V/Q = 116/565.6 = 0.2\text{d} = 5.04\text{h}$。

各段水力停留时间和容积计算如下：

厌氧：缺氧：好氧=1：1：3，于是有

厌氧池水力停留时间：$t_{厌} = \frac{1}{5} \times 5.04 = 1.01\text{h}$

缺氧池水力停留时间：$t_{缺} = \frac{1}{5} \times 5.04 = 1.01\text{h}$

好氧池水力停留时间：$t_{好} = \frac{3}{5} \times 5.04 = 4.03\text{h}$

厌氧池池容：$V_{厌} = \frac{1}{5} \times 116 = 23.2\text{m}^3$

缺氧池池容：$V_{缺} = \frac{1}{5} \times 116 = 23.2\text{m}^3$

好氧池池容：$V_{好} = \frac{3}{5} \times 116 = 69.6\text{m}^3$

$$好氧段总氮负荷 = \frac{Q \times TN_0}{XV_{好}} = \frac{565.6 \times 4.7}{3300 \times 69.6} = 0.01 < 0.05\text{kgTN/(kgMLSS·d)}$$

$$厌氧段总磷负荷 = \frac{Q \times TP_0}{XV_{厌}} = \frac{565.6 \times 1.9}{3300 \times 23.2} = 0.014 < 0.06\text{kgTN/(kgMLSS·d)}$$

反应池总容积 $V=116\text{m}^3$，设反应池有 1 组，有效水深 $h=1.5\text{m}$，采用 5 廊道式推流式反应池，廊道宽 $b=1.5\text{m}$。

有效面积：$S = \frac{V}{h} = \frac{116}{1.5} = 77.33\text{m}^2$

反应池长度：$L = \frac{S}{B} = \frac{77.33}{5 \times 1.5} = 10.4\text{m}$

校核：$b/h = 1.5/1.5 = 1$（满足 $b/h=1\sim2$），$L/b = 10.4/1.5 = 6.93$（满足 $L/b=5\sim6$）

取超高为 0.4m，反应池总高度：$H = 1.5 + 0.4 = 1.9$m。

A^2/O 工艺设计图如图 4-16 所示。

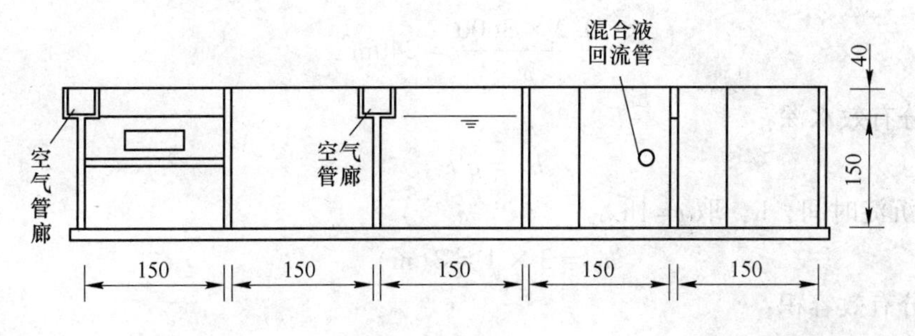

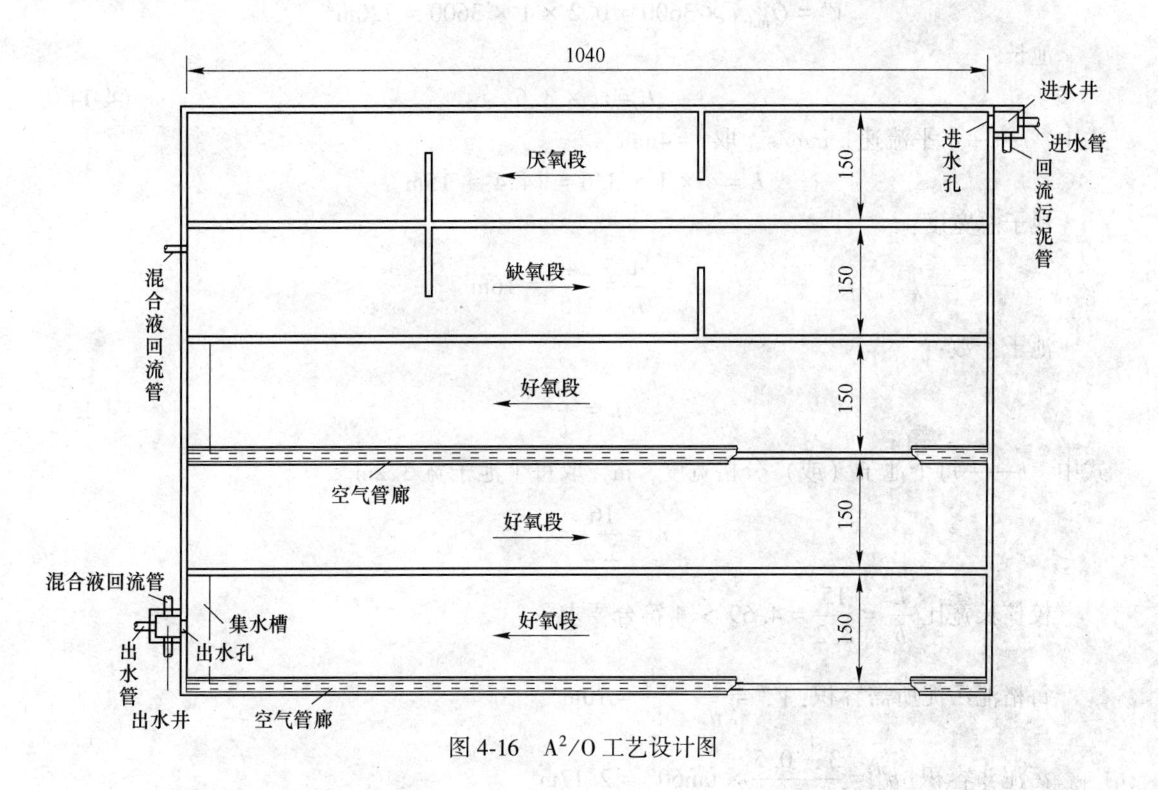

图 4-16　A^2/O 工艺设计图

C　后期雨水处理工艺设计

根据后期雨水的污染特性设计处理流程如下：

后期雨水⟶混凝沉淀⟶V 形过滤池⟶消毒⟶回收利用

通过烧杯实验确定混凝剂为 PAC（聚合氯化铝），其最佳投药量为 30mg/L，最适搅拌速度为 30r/min，最佳 pH 值为 8。SS 去除率为 60%，COD 去除率为 40%。

a　平流式沉淀池的设计计算

后期雨水径流量为 1050.4m^3，设计降雨历时 90min，沉淀时间为 1h，采用链带式刮泥机。

池子总面积：

$$A = \frac{Q_{max} \times 3600}{q'} \tag{4-12}$$

式中　Q_{max}——设计流量，m^3/s，$Q_{max}=0.2m^3/s$；

q'——表面负荷，$m^3/(m^2 \cdot h)$，t为沉淀时间，取$t=3600s$。

$$A=\frac{0.2\times3600}{3}=240m^2$$

沉淀部分有效水深：

$$h_2=q't \tag{4-13}$$

式中　t——沉淀时间，h，取$t=1h$。

$$h_2=3\times1=3(m)$$

沉淀部分有效容积：

$$V'=Q_{max}t\times3600=0.2\times1\times3600=720m^3$$

池长：

$$L=vt\times3.6 \tag{4-14}$$

式中　v——水平流速，mm/s，取$v=4mm/s$。

$$L=4\times1\times3.6=14.4\approx15m$$

池子总宽度：

$$B=\frac{A}{L}=\frac{240}{15}=16m$$

池子个数：

$$n=\frac{B}{b} \tag{4-15}$$

式中　b——每个池子（或）分格宽度，m，取每个池子宽3.2m。

$$n=\frac{16}{3.2}=5个$$

校核长宽比$\frac{L}{b}=\frac{15}{3.2}=4.69>4$符合要求。

每格池污泥所需容积：$V''=\frac{V}{n}=\frac{50}{5}=10m^3$

污泥斗容积：$h_4''=\frac{3-0.5}{2}\times\tan60°=2.17m$

$$V_1=\frac{1}{3}\times h_4''(f_1+f_2+\sqrt{f_1f_2})$$
$$=\frac{1}{3}\times2.17(9+0.25+\sqrt{9\times0.25})$$
$$=8.89m^3$$

污泥斗以上梯形部分污泥容积：

$$V_2=\left(\frac{l_1+l_2}{2}\right)h_4'b \tag{4-16}$$

式中　l_1——污泥斗以上梯形部分上底长度，m；

l_2——污泥斗以上梯形部分下底长度，m。

$$h_4'' = (15 + 0.3 - 3) \times 0.01 = 0.123\text{m}$$
$$l_1 = 15 + 0.3 + 0.5 = 15.8\text{m}$$
$$l_2 = 3\text{m}$$

计算出：$V_2 = \frac{15.8 + 3}{2} \times 0.123 \times 3.2 = 3.70\text{m}^3$

污泥斗和梯形部分污泥容积 $V_1 + V_2 = 8.89 + 3.70 = 12.59\text{m}^3 > 10\text{m}^3$

池子总高度 H，缓冲层高度 $h_3 = 0.5\text{m}$，则

$$\begin{aligned} H &= h_1 + h_2 + h_3 + h_4' + h_4'' \\ &= 0.3 + 3 + 0.5 + 0.123 + 2.17 \\ &= 6.093\text{m} \end{aligned}$$

后期雨水平流式沉淀池设计图如图 4-17 所示。

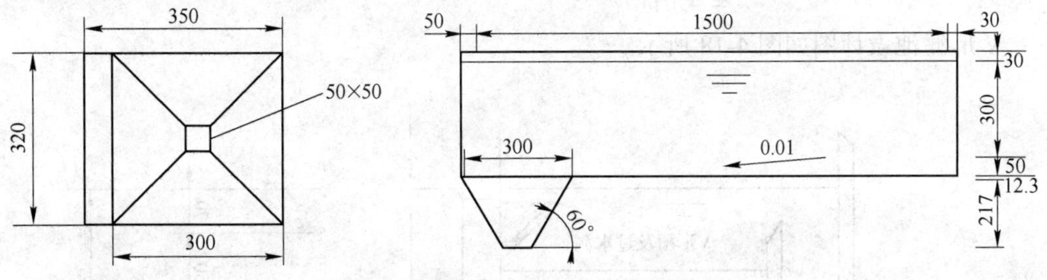

图 4-17 后期雨水平流式沉淀池设计图

b V 形过滤池的设计计算

过滤是确保出水达到高级标准的必要处理单元。过滤在降低出水 SS 的同时，还可以有效地降低出水的 COD、TP 等。V 形滤池也称为均质过滤介质过滤池，是重力式快速过滤池。采用均质粗砂过滤材料，厚度大，截留量大，过滤周期长，出水水质好。采用小阻力配水系统，气水联合反冲洗加表面扫洗，冲洗效果更好，冲洗过程中滤料层膨胀率较低。不会出现跑砂，冲水强度低，冲洗水消耗低。出水阀可以随着水池水位的变化调节开度，可以实现恒定的水位恒速过滤，避免滤料层的负压，便于操作与控制。

进水水质：TSS = 62.8mg/L，COD = 38.84mg/L，TP = 0.4453mg/L；

出水水质：TSS = 19.47mg/L，COD = 19.42mg/L，TP = 0.36mg/L。

滤池工作时间：根据 24h 计算滤池的工作周期，首先空气洗涤（2min），然后气水同时洗涤（5min），最后水洗（3min）的冲洗方式，冲洗历时 $t = 10\text{min} = 0.17\text{h}$，有效工作时间为 $T = 24 - 0.17 = 23.83\text{h}$。

滤床面积：滤料采用单层粗砂均匀级配滤料，设计滤速 $v = 10\text{m/h}$，滤池总面积为

$$F = \frac{24Q_{\max}}{Tv} = \frac{24 \times 936}{23.83 \times 10} = 94.27\text{m}^2$$

过滤单元的数量 $n = 2$，每格滤池设 1 个滤床，每个滤床面积为

$$f = \frac{F}{n} = \frac{94.27}{2} = 47.14\text{m}^2$$

滤床宽度 B_c 取 3.6m，滤床长度为 $L = f/B_c = 47.14/3.6 = 13.1\text{m}$。

单格滤床实际面积 $f' = LB_c = 13.1 \times 3.6 = 47.16\text{m}^2$。

校核强制滤速 $v_q = \dfrac{Q_{max}}{2f'(n-1)} = \dfrac{0.26 \times 3600}{2 \times 47.16 \times 1} = 9.92\text{m/h} < 12\text{m/h}$。

滤池强制产水量 $Q_{qz} = 2v_q LB_c = 2 \times 9.92 \times 13.1 \times 3.6 = 935.65\text{m}^3/\text{h} < 936\text{m}^3/\text{h}$ 符合要求。

滤池宽度：为施工方便，排水槽宽度 B_p 取 0.8m，排水槽结构厚度 σ_p 取 0.15m，滤池宽度为 $B = 2B_c + B_p + 2\delta_p = 2 \times 3.6 + 0.8 + 2 \times 0.15 = 8.3\text{m}$。

滤池高度：气水室高度 $H_1 = 0.9\text{m}$；采用整体浇筑式滤板，厚度 $H_2 = 0.2\text{m}$；承托层厚度 $H_3 = 0.1\text{m}$；滤料层厚度 $H_4 = 1.3\text{m}$；滤料淹没高度 $H_5 = 1.5\text{m}$；进水系统跌差（包括进水槽、孔洞水头损失及过水堰跌差）H_6 取 0.4m；进水总渠超高 $H_7 = 0.3\text{m}$；滤池总高度为

$$\begin{aligned} H &= H_1 + H_2 + H_3 + H_4 + H_5 + H_6 + H_7 \\ &= 0.9 + 0.2 + 0.1 + 1.3 + 1.5 + 0.4 + 0.3 \\ &= 4.7\text{m} \end{aligned}$$

V 形滤池设计图如图 4-18 所示。

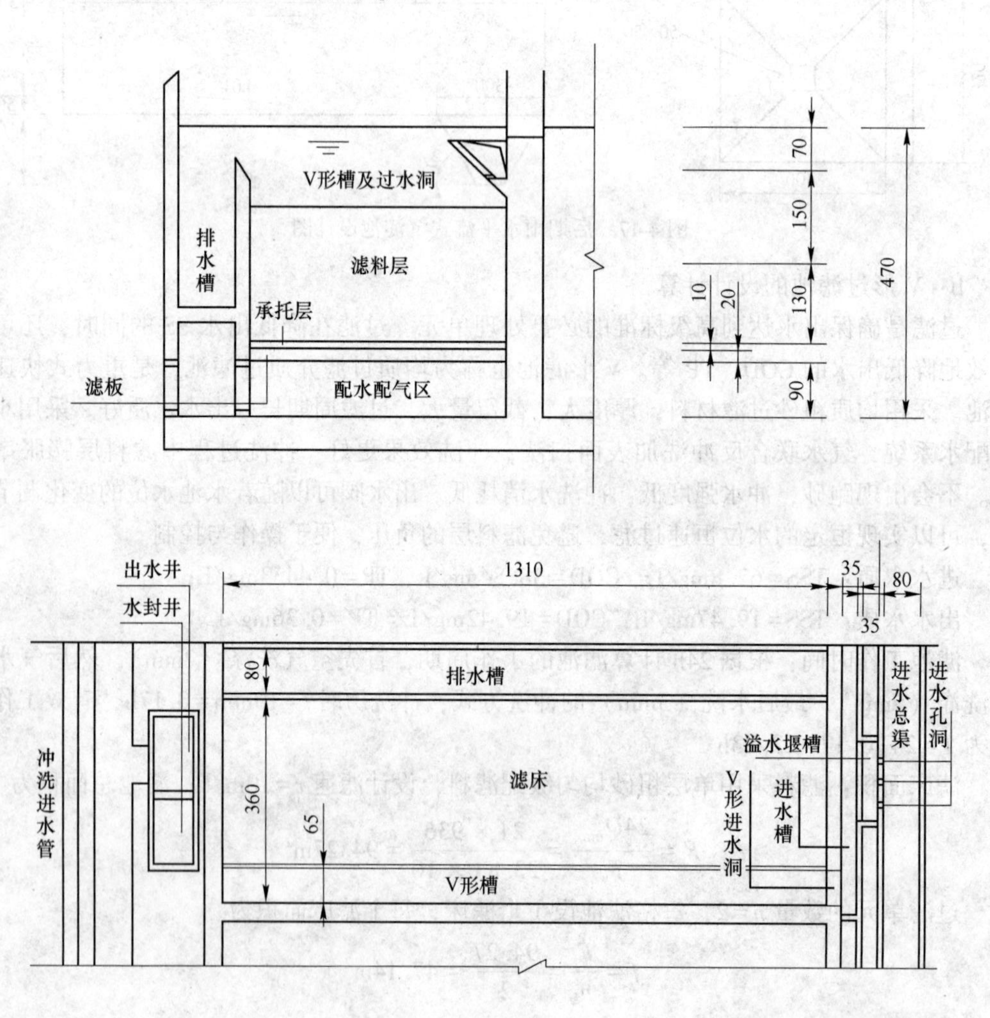

图 4-18　V 形滤池设计图

D 消毒

经过处理后的雨水中可能残留着一些真菌、细菌等，如果将这样的雨水直接用于小区景观用水可能会造成生物污染，影响景观水体的生态，因此对初期雨水和后期雨水的出水都应该进行消毒处理。采用现在使用最广泛且最经济的消毒剂——液氯，它对细菌及病毒都有消毒效果，成本以及运转成本都较低，相关技术发展成熟，投加的设备也比较简单，容易操作，具有后续消毒的作用，非常适合小区物业人员进行操作。因此选择液氯消毒。液氯的投加量确定为10mg/L，在混合池中混合10s，采用机械混合的方式，消毒30min。液氯消毒工艺流程如图4-19所示。

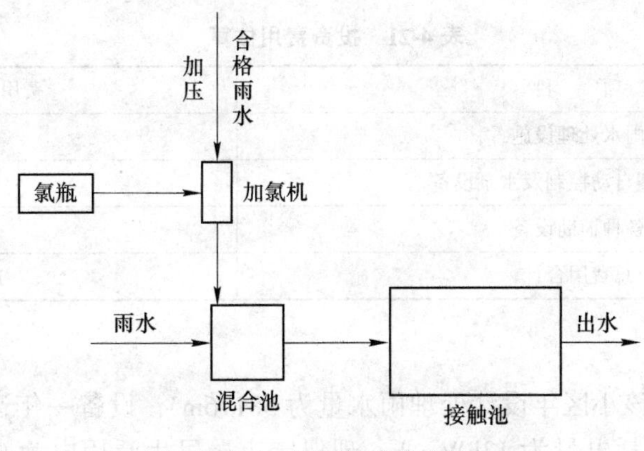

图 4-19 液氯消毒流程图

4.3.3 经济性分析

4.3.3.1 小区杂用水需水量

小区杂用水主要用于绿地、道路浇洒和车辆清洗，本节主要考虑绿地和道路浇洒用水，用水指标见表4-20。

表 4-20 小区每日杂用水量计算表

杂用水用途	用水量指标
道路浇洒（6个月，一天一次）	1.5L/(m²·次)
绿地用水（6个月，一天一次）	2.0L/(m²·次)

小区绿地浇灌年用水量估算：

V_1=绿地面积×单位绿地灌溉用水=$21005\times2.0\times6\times30\times10^{-3}=7561.8m^3$

道路浇洒年用水量估算：

V_2=路面面积×单位路面浇洒用水=$13895\times1.5\times6\times30\times10^{-3}=3751.65m^3$

综上计算，小区年用水量为：$V=V_1+V_2=7561.8+3751.65=11313.45m^3$。

小区年雨水径流量估算（根据近几年的降雨情况，取保定市年降雨天数为36天）：

$V'=36\times(987.3333+116.262675+512.7255)=58176m^3$

$V'-V=58176-11313.45=46862.55m^3$

可以看出，小区可利用的雨水量远远大于小区日常杂用水量，因此收集的雨水可以用于小区日常用水，减少自来水的使用，说明小区雨水的处理收集回用对于节约水资源、降低小区自来水水费是具有重要意义的。

4.3.3.2　经济效益

按照目前保定市自来水水费4.83元/m³计算，小区杂用水可节省水费为

$$M_1 = 4.83 \times 11313.45 = 54643.9635 \text{ 元}$$

A　投资估算

雨水处理流程中包括2个沉淀池、A^2/O池、V形滤池、2个消毒池以及混凝等附属设备，其投资估算如表4-21所示。

表4-21　投资费用估算

项　　目	费用/万元
雨水处理设施	6
雨水处理自动控制及水泵设备	6
各种辅助设备	1
总费用合计	13

B　年运行费用

设备运行电费：该小区年设计处理雨水量为58176m³，设备一年运行36次，每次运行用电时间为7.5h，耗电量为13kW·h，现保定市居民生活用电为0.52元/(kW·h)，则年运行电费为

$$M_2 = 0.52 \times 13 \times 36 = 243.36 \text{ 元}$$

沉淀池运行时选用PAC做混凝剂，初期雨水投加量为125mg/L，后期雨水为30mg/L，其单价为1200元/t，则一年的PAC费用为$M_3' = (125 \times 565.6 + 30 \times 1050.4) \times 0.0012 \times 36 = 4415.6$元。

液氯密度为15kg/m³，液氯价格为1元/kg，一次降雨1616m³，每次投加量为10mg/L，则一年所产生的液氯费用为$M_3'' = 10 \times 1616 \times 36 \times 1 \times 10^{-3} = 581.76$元。

则一年的药剂费用=PAC年费用+液氯年费用=4997.36元

滤料采用粗石英砂，其密度取1.8t/m³，目前市场单价为180元/t，滤池一次共需要61.31m³的石英砂，更换周期为一年，则其一年的费用为$M_4 = 1.8 \times 180 \times 61.31 = 19864$元。

设备的日常管理费用主要由运行检查等费用组成，由小区物业人员安排，按每年6000元计。综上，运行年总费用=运行电费+药剂费用+滤料费用+设备维护费=31105元。

C　投资回收期

投资回收期是指该工艺流程投产并达到设计能力后，以每年所得净效益来偿还总投资所需的年数，其计算式为

$$T = \frac{K}{B - C} = 13/(5.4644 - 3.1105) = 5.52 \text{ 年}$$

式中　T——投资回收期（抵偿年限），年；

K——总投资（设备总投资费用），万元；

B——年效益（雨水代替自来水节省的费用），万元；

C——年费用（设备运行费用），万元。

设施投产建成后，投资回报期只需要5.52年，同时，由于减小了雨水的外排，因此雨水外排工程中的管道直径可以大大减小，从而减少其工程的投资。随着雨水处理技术的提高，其投资回报期会逐渐缩短，雨水处理设施的投产会更加经济，除了其带来的经济效益外，社会效益也是不可忽视的。

4.3.4 结论

根据小区雨水水质分析的结果可以看出，雨水中除SS和COD外，主要污染物是TP和TN，如果直接将雨水排入河流，将会造成河流的富营养化，破坏水环境，因此，雨水是需要进行处理的。此外，各污染物均存在初期冲刷效应，前期雨水与后期雨水的水质差异较大，需要将初期雨水单独进行处理，以减小后期雨水处理负荷，简化后期雨水处理工艺。SS是各污染物的载体，SS的去除对于污染物整体的去除具有重要作用。

将初期雨水进行混凝沉淀、A^2/O工艺处理后，其出水水质能达到水质标准，后期雨水经过简单的沉淀过滤后也能回用于小区杂用。

根据经济性分析的结果可以得到，小区雨水的处理是具有经济可行的，其投资回报期较短，为5.52年，而其带来的社会效益是巨大的，一方面减小了城市水环境的污染程度，另一方面缓解了城市用水紧张的现状，尤其是在干旱地区，因此，城市雨水的处理回用是非常有必要的。

4.4 案例3——汽车尾气二次催化净化工艺的设计

4.4.1 掺杂催化剂的低温性能实验

本节实验过程中，选择Pd作为催化剂中的活性组分，进行掺杂实验研究。

Ce-Zr晶体由于晶格较大，是非常好的储氧材料，在富氧的条件下可以储存氧气，缺氧的情况下又可以释放氧气，这都得益于CeO_2的变价能力，通过Ce^{4+}与Ce^{3+}之间的转换完成了储氧放氧的过程。Ce-Zr晶格储氧放氧原理示意图见图4-20。

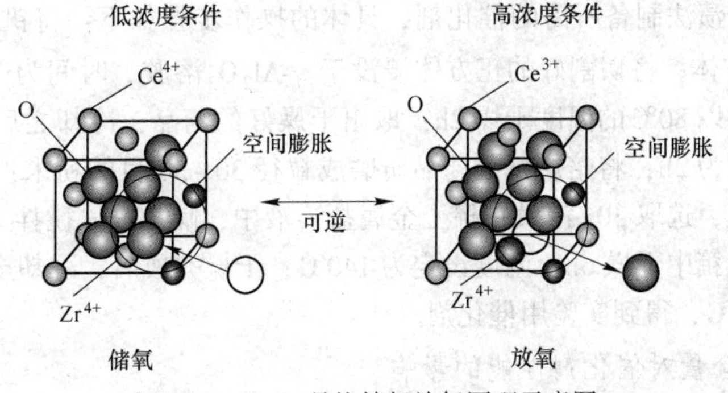

图4-20 Ce-Zr晶格储氧放氧原理示意图

La及其氧化物也可以作为三元催化剂助剂，研究表明，La的添加可以一定程度上提升催化剂的抗烧结性能，并且可以有效防止催化剂积炭。本节对掺杂催化剂的研究实验通过改变催化剂活性组分以及稀土元素催化助剂（Zr、Ce、La）的比例探讨低温条件下活性最好的催化剂配比。

A 实验药品及实验装置

本实验采用的 Pd 源为硝酸钯，分子式为 $Pd(NO_3)\cdot 2H_2O$； Ce 源为硝酸亚铈，分子式为 $CeN_3O_9\cdot 6H_2O$；Zr 源为硝酸氧锆，分子式为 $ZrO(NO_3)_2$；La 源为硝酸镧，分子式为 $La(NO_3)_3\cdot 6H_2O$。

实验装置如图 4-21 所示，催化剂对污染物的脱除效率用如下公式进行计算：

$$\eta = \frac{c_i - c_o}{c_i} \times 100\% \tag{4-17}$$

式中 η——催化剂的处理效率,%；

c_i——催化前某种污染物的浓度；

c_o——催化后某种污染物的浓度。

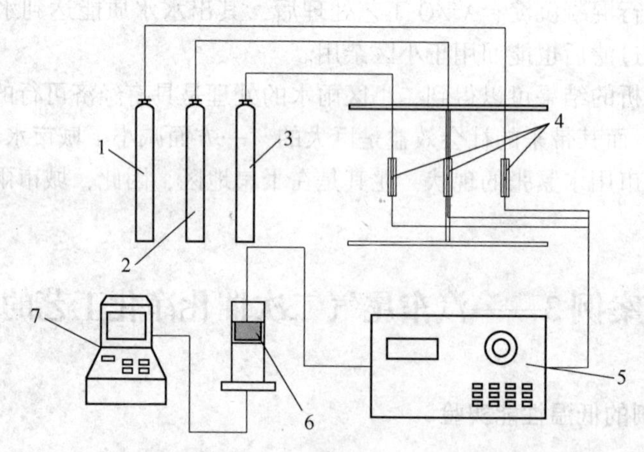

图 4-21 实验装置示意图

1，2，3—HC、NO_x、CO 气瓶；4—流量计；5—高温箱式电阻炉；6—催化剂；7—汽车尾气分析仪

B 催化剂的制备步骤

本实验采用浸渍法制备所需的催化剂，具体的操作步骤如下：将钒系 SCR 载体切割成边长 1cm 的正方体；将切割好的正方体浸没于 γ-Al_2O_3溶胶，时间为 2h；浸渍完成后，将其放入干燥箱中以 80℃的温度干燥 2h；取出干燥好的药品，冷却之后放入电阻炉中进行焙烧，时间设定为 2h；将焙烧好的药品研磨成粒径 30~50 目的粉末；根据实验需要配置稀土金属盐溶液，选取 30g 浸没在稀土金属盐溶液中，隔 30min 搅拌 1 次，共浸渍 2h；将溶液放置在干燥箱中干燥 6h，温度设定为 140℃；干燥完成后，冷却至室温，继续焙烧 2h，温度设定 600℃，得到实验用催化剂。

C 金属 Pd 含量对催化剂性能的影响

为了使脱除效果更加明显，本实验在添加 Pd 的基础上，添加了稀土金属作为催化助剂。依据 Pd 添加量的不同，共分为 4 组，Pd 负载量分别为 0.4%、0.8%、1.2%、1.6%，每组实验重复 3 次，催化剂配比见表 4-22。脱除效率如图 4-22 所示。

表 4-22　单一 Pd 实验催化剂配比　（%）

实验组号	$Pd(NO_3)_2$ 比例	CeN_3O_9 比例	$ZrO(NO_3)_2$ 比例	$La(NO_3)_3$ 比例
1 号	0.4	0.5	0.5	0.5
2 号	0.8	0.5	0.5	0.5
3 号	1.0	0.5	0.5	0.5
4 号	1.2	0.5	0.5	0.5

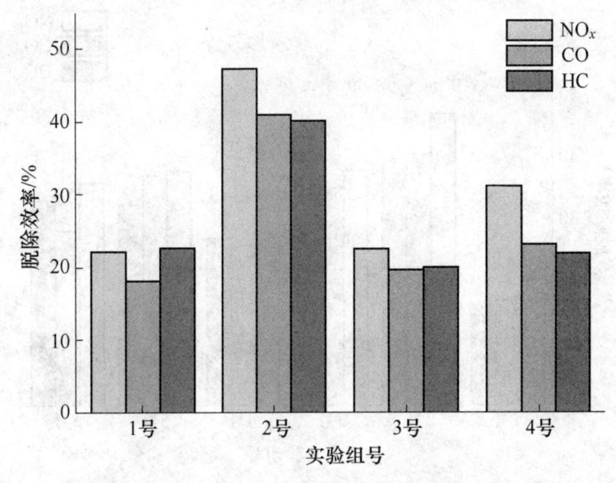

图 4-22　不同 $Pd(NO_3)_2$ 含量下的污染物脱除效率

如图 4-22 所示，Pd 对 3 种污染物的脱除效率并不是随着 Pd 含量的增加而增加的，催化效果从低到高为 1 号、3 号、4 号、2 号，对应的 Pd 含量分别为 0.4%、1.2%、1.6%、0.8%。从中可以得到结论，当 Pd 添加量为 0.8%时，其催化效果是最好的，对 HC、NO_x、CO 的脱除效率分别为 39.8%、47.2%和 40.9%。4 号的催化效果次之，对 HC、NO_x、CO 的脱除效率分别为 22.3%、31.0%、23.2%；1 号及 3 号实验组的实验效果都十分不理想，每种污染物的脱除效率都在 30%以下。脱除效率与 Pd 添加量未成正比例关系可能的原因：Pd 被纳米 γ-Al_2O_3覆盖，使得 Pd 活性组分未能完全暴露在表面，对脱除效率造成了影响；过多的 Pd 会覆盖稀土金属催化助剂，阻碍其电子传递以及储存 NO_x 的能力，造成脱除能力的下降。

D　稀土金属的量对催化效果的影响

a　稀土金属等比例增长对脱除效率的影响

按照 CeN_3O_9、$ZrO(NO_3)_2$、$La(NO_3)_3$ 以 1%的浓度梯度递增共制备了 5 组催化剂，每组催化剂分为 3 份，进行污染物脱除效果的实验，配比见表 4-23。脱除效率如图 4-23 所示。

表 4-23　等比增长实验催化剂配比　（%）

实验组号	$Pd(NO_3)_2$ 比例	CeN_3O_9 比例	$ZrO(NO_3)_2$ 比例	$La(NO_3)_3$ 比例
1 号	0.8	0	0	0

续表 4-23

实验组号	$Pd(NO_3)_2$ 比例	CeN_3O_9 比例	$ZrO(NO_3)_2$ 比例	$La(NO_3)_3$ 比例
2号	0.8	0.5	0.5	0.5
3号	0.8	1.5	1.5	1.5
4号	0.8	2.5	2.5	2.5
5号	0.8	3.5	3.5	3.5
6号	0.8	4.5	4.5	4.5

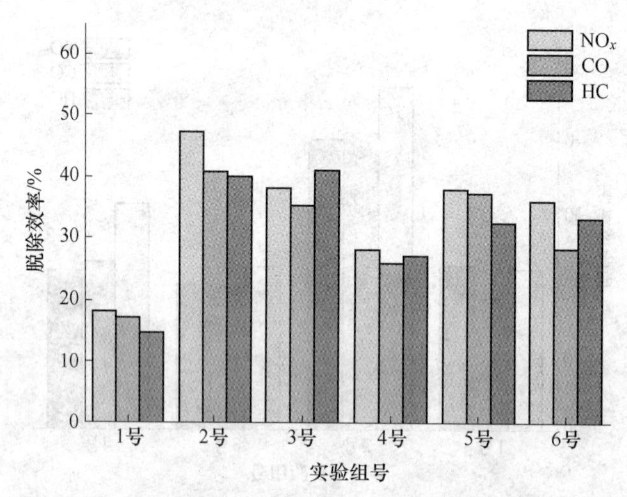

图 4-23 稀土金属等比增长的污染物脱除效率

从图 4-23 可以看出，在稀土金属元素添加量较低时，催化剂对 HC 的催化效果是最好的，这恰好填补了冷启动阶段对 HC 处理的不足，使其可以作为汽车二级处理的催化剂。除此之外还可以得出结论，稀土金属元素的添加比例与脱除效果也并非是正比例的关系，当添加量为 0.5%时所获得的污染物脱除效率是最高的，对 HC 的脱除可以达到 40.2%，NO_x的脱除效率可达 44.8%，对 CO 的脱除效率可达 38.4%。之后随着稀土金属元素的添加，脱除效率在经过一定的下降后达到一个平稳的阶段，脱除效率稳定在 33%左右。产生这种现象的原因很可能是稀土金属作为催化助剂，如果添加量过多，很可能会影响活性组分即贵金属 Pd 的催化作用，毕竟催化助剂仅仅是作为贮存剂，只要可以调节三效反应的化学计量即可，添加量需要依照实验结果进行确定。

b 改变 CeN_3O_9添加量对脱除效率的影响

首先进行的是改变 CeN_3O_9添加量的实验，$Pd(NO_3)_2$比例为 0.8%，CeN_3O_9从 0.5%开始，以 1%的增长梯度进行添加，$ZrO(NO_3)_2$与 $La(NO_3)_3$的比例保持 0.5%不变，催化剂配比见表 4-24，制作出 4 组催化剂，每组进行 3 次实验，取平均值，得到如图 4-24 所示的实验结果。

表 4-24 CeN_3O_9的添加比例实验催化剂配比 (%)

实验组号	$Pd(NO_3)_2$ 比例	CeN_3O_9 比例	$ZrO(NO_3)_2$ 比例	$La(NO_3)_3$ 比例
1号	0.8	0.5	0.5	0.5

续表 4-24

实验组号	$Pd(NO_3)_2$ 比例	CeN_3O_9 比例	$ZrO(NO_3)_2$ 比例	$La(NO_3)_3$ 比例
2号	0.8	1.5	0.5	0.5
3号	0.8	2.5	0.5	0.5
4号	0.8	3.5	0.5	0.5
5号	0.8	4.5	0.5	0.5

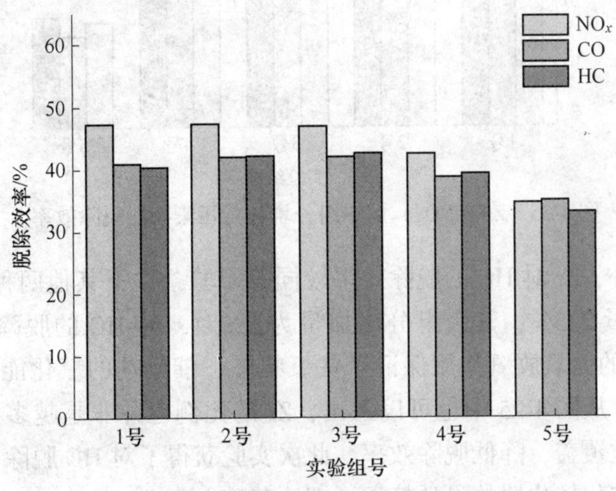

图 4-24 CeN_3O_9的单组分增长对污染物的脱除效率

从图 4-24 中可以看出，当CeN_3O_9的添加比例为 0.5%时，对NO_x的脱除效率是最高的，可以达到 47.4%，但对 CO 与 HC 的脱除效率只能达到 41%及 40.3%，说明 Ce 源的添加主要是促进NO_x的降解，符合理论研究，但在逐步增加CeN_3O_9的量时，对NO_x的脱除效率基本上是一直下降的，仅在 3 号实验组中有一点回升，而其对于 CO 与 HC 的处理效果呈一种先升后降的情况，在CeN_3O_9添加量为 2.5%，其余添加量为 0.5%时，取得了最好的实验效果，对 CO 与 HC 的脱除效率分别可达 42.1%和 42.6%。

c 改变$ZrO(NO_3)_2$添加量对脱除效率的影响

在进行CeN_3O_9添加量的实验之后，对$ZrO(NO_3)_2$的添加量进行改变，探究其对催化剂的影响，$Pd(NO_3)_2$比例为 0.8%，$ZrO(NO_3)_2$从 0.5%开始，以 1%的增长梯度进行添加，CeN_3O_9与$La(NO_3)_3$的比例保持 0.5%不变，催化剂配比见表 4-25，制作出 4 组催化剂，每组进行 3 次实验，取平均值，得到如图 4-25 所示的实验结果。

表 4-25 $ZrO(NO_3)_2$的添加比例实验催化剂配比 (%)

实验组号	$Pd(NO_3)_2$ 比例	CeN_3O_9 比例	$ZrO(NO_3)_2$ 比例	$La(NO_3)_3$ 比例
1号	0.8	0.5	0.5	0.5
2号	0.8	0.5	1.5	0.5
3号	0.8	0.5	2.5	0.5
4号	0.8	0.5	3.5	0.5
5号	0.8	0.5	4.5	0.5

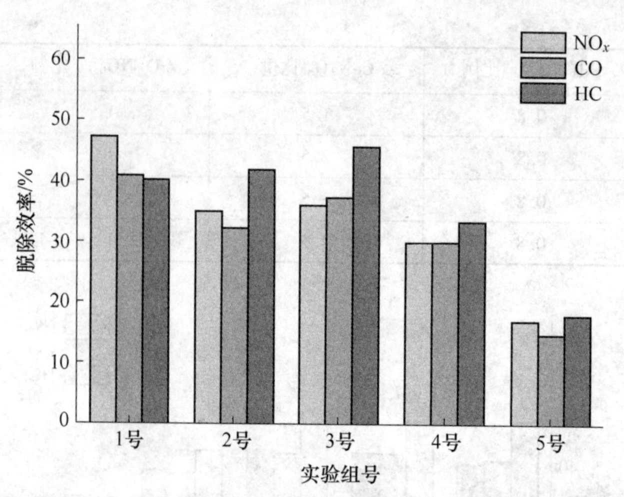

图 4-25 $ZrO(NO_3)_2$的单组分增长对污染物的脱除效率

除1号实验组外，Zr对HC的脱除效果较同等实验条件下其他两种污染物是最好的，在$ZrO(NO_3)_2$添加量2.5%，其余组分添加量为5%时，对HC的脱除效率可达45.9%，这可能是由Zr所起的储氧放氧作用保证了贫氧状态下催化剂的氧化能力，使HC可以更容易地转化为CO_2。从图4-25中也可以看出，Zr的比例也并非是越多越好的，过多的添加会使得活性组分被覆盖，降低脱除效率，此次实验获得了对HC脱除效果最好的催化剂配比，也为下文中催化转化器的设计打下了理论基础。

d 改变$La(NO_3)_3$添加量对脱除效率的影响

与前两组实验类似，进一步探究$La(NO_3)_3$对催化剂催化效果的影响。本组实验中，$Pd(NO_3)_2$比例为0.8%，$La(NO_3)_3$从0.5%开始，以1%的增长梯度进行添加，CeN_3O_9与$ZrO(NO_3)_2$的比例保持0.5%不变，催化剂配比见表4-26，制作出4组催化剂，每组进行3次实验取平均值，得到如图4-26所示的实验结果。

表 4-26 $La(NO_3)_3$的添加比例与催化剂配比 (%)

实验组号	$Pd(NO_3)$ 比例	CeN_3O_9 比例	$ZrO(NO_3)_2$ 比例	$La(NO_3)_3$ 比例
1号	0.8	0.5	0.5	0.5
2号	0.8	0.5	1.5	0.5
3号	0.8	0.5	2.5	0.5
4号	0.8	0.5	3.5	0.5
5号	0.8	0.5	4.5	0.5

除4号实验，即$La(NO_3)_3$为3.5%，其余组分比例为0.5%所给出的实验结果较1号实验在CO以及HC的脱除效率方面表现出更优秀的性能外，其余实验组中La源的增加并没有很明显地提升催化剂的性能，但是从Jin等人的研究中发现，在金属中添加La元素可以有效提升其抗烧结能力，除此之外，La_2O_3还可以与CO_2在高温下发生反应形成$La_2O_2CO_3$，大大提升其抗积炭能力，也就防止了催化转化器的蜂窝状结构因为积炭而产生的堵塞问题，因此La源的添加是不可或缺的。

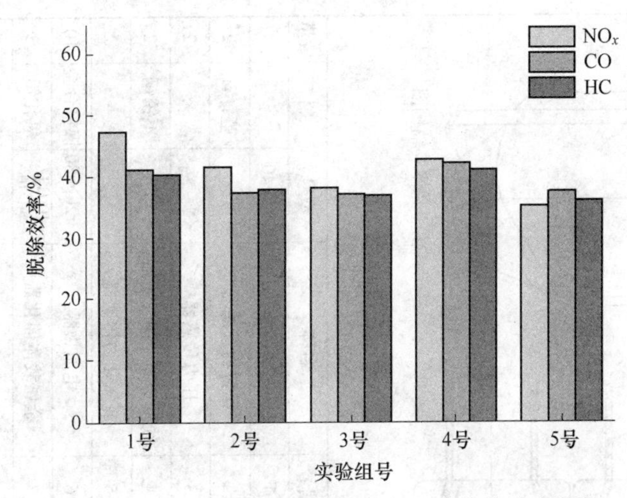

图 4-26 $La(NO_3)_3$的单组分增长对污染物的脱除效率

4.4.2 装置设计部分

4.4.2.1 等离子体发生器的设计

低温等离子体的产生采用电晕放电的方式，即通过中心电极与导体之间放电使得空气电离，产生氧原子、臭氧等活性氧，将 CO 以及 NO_x 氧化为 CO_2、NO_2 等比较好处理的物质，在通过之后的三元催化器净化为 N_2、H_2O 等无害物质。

根据以上得出的实验结果，使得电极线的直径尽量小，取 0.8mm，不锈钢管厚度为 2mm，管径为 40mm，电极线上设置芒刺，产生尖端放电，降低产生电晕所需的电压，为了保证电极线可以固定在排气管内部，由于陶瓷的耐热性较好且有很强的刚性，采用陶瓷中轴固定芒刺线，电源采用车载 40V 电源，通过变压器将电压变为 13kV 给等离子体发生器供电。总体设计结果见图 4-27。

为节省电能，在等离子体发生器前放置 NO_x 传感器，当 NO_x 的浓度达到排放标准时断开等离子体装置的电源。等离子体发生器的侧面及正面图如图 4-28 所示。

4.4.2.2 三元催化器的设计

三元催化剂的载体一般分为金属与陶瓷两种（图 4-29），选择哪种材料需要根据设计的需求进行计算与选择。金属载体与陶瓷载体的参数见表 4-27。

从表 4-27 中可以看出，金属载体在热容量、导热性、目数、比表面积等方面都比较优秀，可以与电加热器配合使其快速起燃，并且由于陶瓷难以回收，会增加新的固体废物，因此选择金属载体为二次净化装置中三元催化器的载体材料。

由于装置的安装空间受限制，因此应考虑在有限的空间内能否实现流体的均匀流动，而三元催化转化器的扩张室是可以人为控制长度的，在确定催化器与排气管截面的情况下，扩张室的长度从 50mm 增加至 100mm。

由于多孔介质内的速度分布已经较为均匀，受设计空间的限制，扩张室长度定为 80mm。当进气口为半径 30mm 的圆，出气口为 60mm×100mm 的圆角矩形时，三元催化转化器的外壳设计如图 4-30 所示。

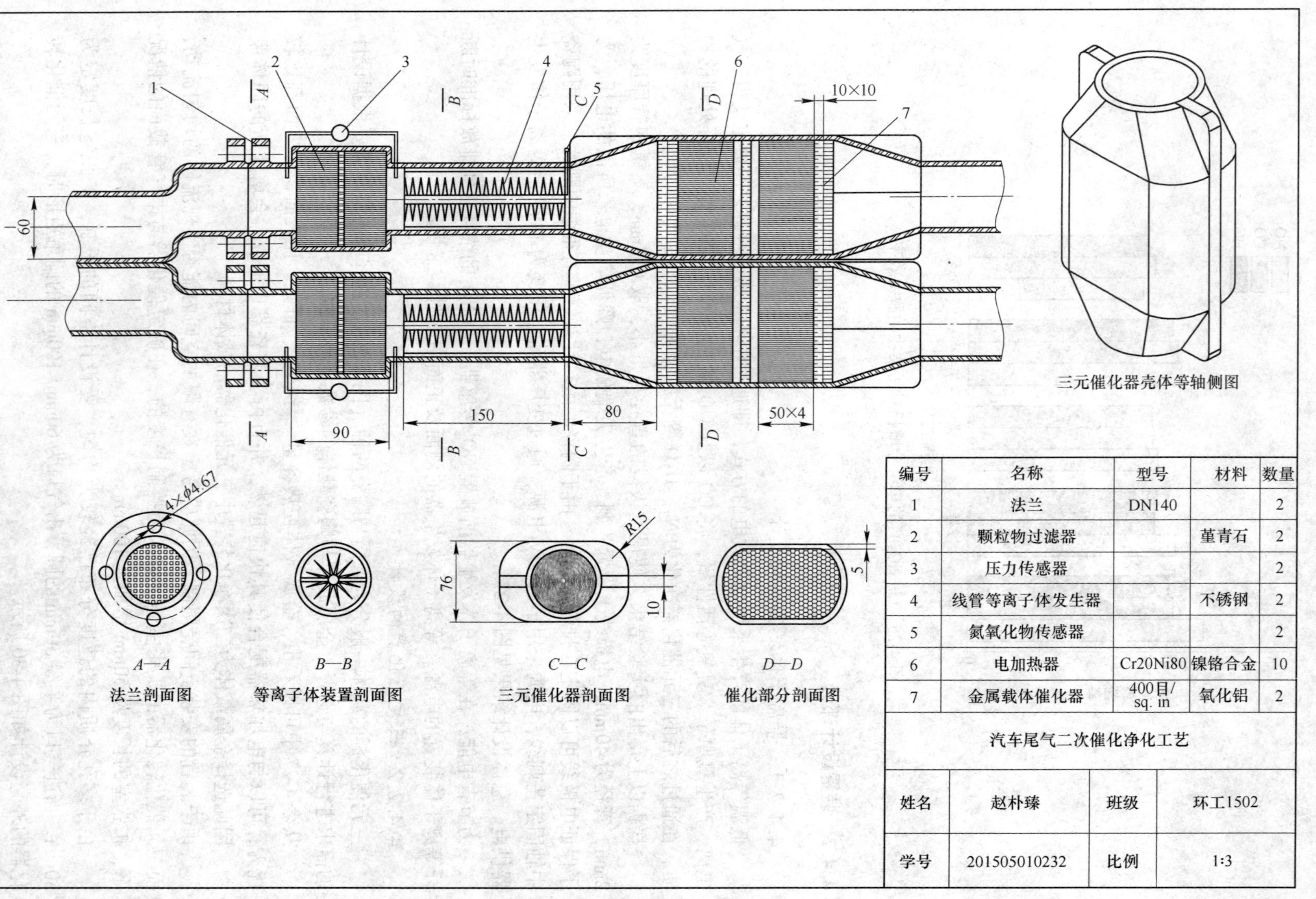

编号	名称	型号	材料	数量
1	法兰	DN140		2
2	颗粒物过滤器		堇青石	2
3	压力传感器			2
4	线管等离子体发生器		不锈钢	2
5	氮氧化物传感器			2
6	电加热器	Cr20Ni80	镍铬合金	10
7	金属载体催化器	400目/sq. in	氧化铝	2

汽车尾气二次催化净化工艺

姓名	赵朴臻	班级	环工1502
学号	201505010232	比例	1:3

图 4-27 总体设计图

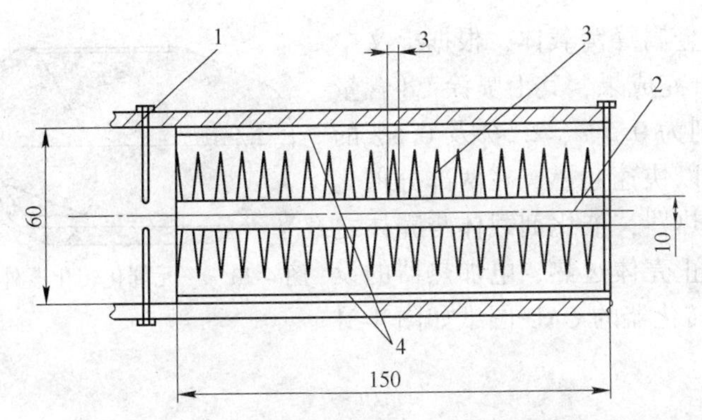

图 4-28　等离子体发生器的侧面及正面图

1—NO_x感应器；2—陶瓷中轴；3—芒刺；4—不锈钢管

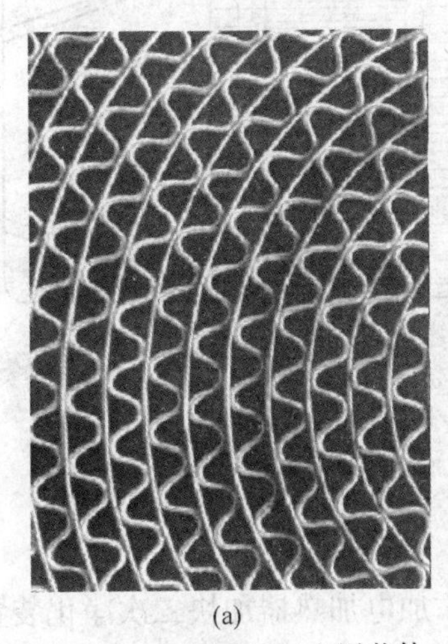
(a)

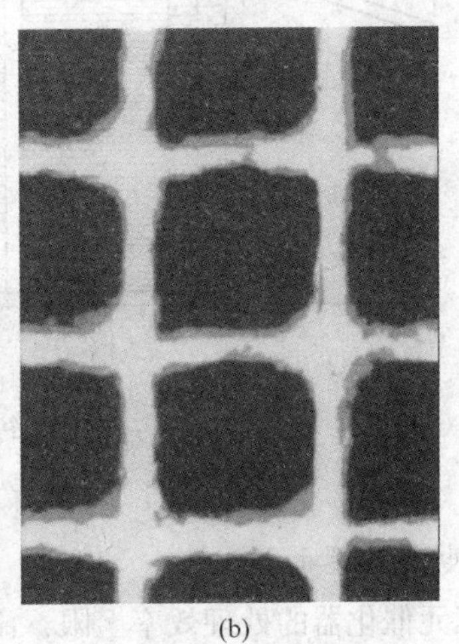
(b)

图 4-29　金属载体（a）与陶瓷载体（b）

表 4-27　金属载体与陶瓷载体的部分特性

项　目		金属	陶瓷
热容量/$kJ \cdot (K \cdot kg)^{-1}$		0.5	1.05
导热性/$W \cdot (K \cdot m)^{-1}$	20℃	13	1
	600℃	20	0.8
载体的热容量/$kJ \cdot (K \cdot kg)^{-1}$	20℃	420	750
	600℃	840	1230
目数/$g \cdot cm^{-3}$		7.15	1.7
壁厚/mm	正常壁厚	0.046	0.16
	较薄壁厚	—	0.11
涂层厚度/mm		0.025	0.025
比表面积/$cm^2 \cdot cm^{-3}$	100cpsi	17.9	—
	200cpsi	26.7	—
	300cpsi	31.2	—
	400cpsi	36.9	27.9
	500cpsi	40.4	—
	600cpsi	42.9	—

催化剂的载体部分采用金属蜂窝载体，根据上文中对于单 Pd 催化剂掺杂比的研究成果，其上喷涂 Pd 含量 0.8%，Ce、Zr、La 比例分别为 0.5%、2.5%及 0.5%的催化剂，为了保证催化剂可以快速起燃，在两部分催化剂载体之间及两侧加装电加热器，催化剂载体与壳体之间通过石棉纤维毡分隔，防止壳体过热，电加热器的设计见 4.4.2.3 节，三元催化转化器的 CAD 图纸如图 4-31 所示。

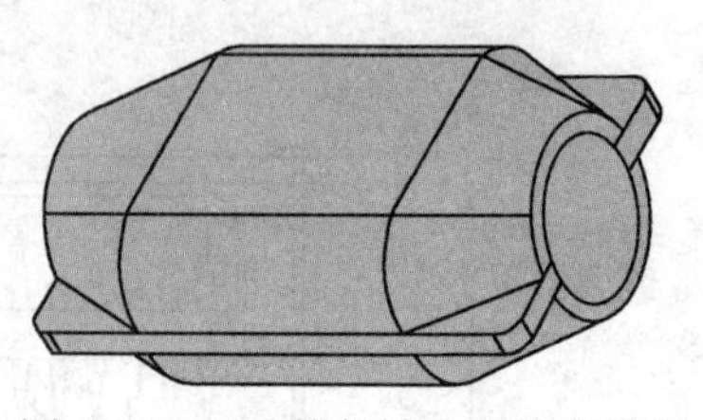
图 4-30　三元催化转化器外壳模型

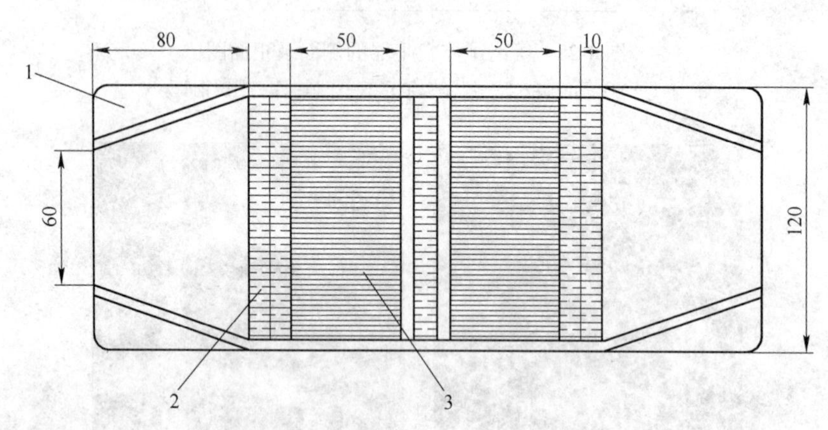

图 4-31　三元催化转化器的 CAD 设计图
1—支撑钢板；2—电加热器；3—催化部分

4.4.2.3　电加热器的设计

为了增强三元催化器的处理效率上限，添加电加热器加快二次净化装置中三元催化器的起燃速度，以及在尾气温度过低时调节三元催化器的温度，使其保持在最佳的催化效率。设冷启动尾气温度为 105℃，三元催化器初始温度为 25℃，需要将其加热至 400℃以上，加热时间限定为 60s。

取催化剂载体的热容量为 $c_1 = 600\text{kJ}/(\text{K} \cdot \text{kg})$，假设电阻丝的效率为 80%，催化剂载体总质量为 4kg，根据 $c = Q/(m\Delta T)$ 可知：

需要将载体从 20℃加热到 600℃，$\Delta T = 580\text{K}$，所需热量 Q 为

$$Q_{理想} = cm\Delta T = 600 \times 4 \times 580 = 1.4 \times 10^6\text{kJ}$$

$$Q_{实际} = 1.4 \times 10^6 \div 80\% = 1.75 \times 10^6\text{kJ}$$

由于其为纯电阻电路，又根据欧姆定律及焦耳定律可得：

$$Q = (U^2/R_{总})t \tag{4-18}$$

$$R_{总} = L \times R_1 \tag{4-19}$$

式中　$R_{总}$——电阻丝总电阻，Ω；

R_1——每米电阻丝的电阻，Ω；

L——长度，m。

电阻丝共设置 5 组，每组螺旋排列，设螺旋后的长度为螺旋前的 7.8 倍，单组电阻丝长度为 $L = 1.1\text{m} \times 7.8 = 8.58\text{m}$。由式 4-18 和式 4-19 得：

$$R_{总} = [U^2/(Q/5)]t \tag{4-20}$$

$$R_{总} = [40^2/(1.75 \times 10^6/5)] \times 60 = 0.2743\Omega \tag{4-21}$$

$$R_1 = 0.2743 \div 8.58 = 0.037005\Omega \tag{4-22}$$

根据所需的电阻，选取 6mm 线径的 Cr20Ni80 合金丝作为电加热器的电阻丝。

4.4.2.4 汽油颗粒物过滤器

参照市面上已有的柴油发动机，使用汽油为燃料的汽油车产生的碳烟颗粒物（PM）是比较少的，因此，以柴油颗粒物过滤器（DPF）作对比，设计汽油颗粒物过滤器（GPF）时其体积更小，过滤器的目数更多，CAD 设计图如图 4-32 所示。

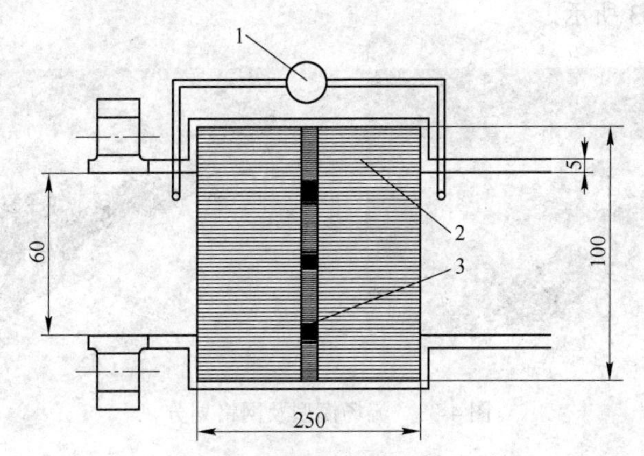

图 4-32 汽油颗粒物过滤器 CAD 设计图

1—压力传感器；2—堇青石过滤器；3—点燃器

由于堇青石的内部孔隙众多，有很好的吸附效果，当碳烟颗粒经过堇青石过滤器时，被内部的孔隙吸附，减少排放。

在还没有吸附颗粒物之前，过滤器内没有颗粒堵塞的情况，气体的流动阻力很低，不会影响正常的排气，但当其吸附的碳烟颗粒越来越多，尾气的排气阻力就会急剧升高，这时，压力传感器就会检测到两侧产生压差，当压差增加到一定的数值时，自主控制单元就会自行进行过滤器的再生，即开启点燃器，产生瞬间高温，达到碳烟颗粒的燃点，将其燃烧为 CO_2 等气体，恢复过滤器内部的清洁环境。经过研究发现，堇青石过滤器对 PM 的过滤效果可达 80%左右，是一种柴油机使用的非常成熟的技术，将其缩小放置于汽油机的排气系统也会起到很好的效果。

4.4.2.5 装置流场模拟

当设计完装置的每一部分后，需要对装置的总体进行流场模拟，探究装置是否会对排气产生影响。对于过滤器以及三元催化转化器，在模拟中按照多孔介质处理，由于针对的是 2.0T 汽油车，因此需要对其排气流速进行计算。

假设冷启动时转速为 1500r/min，满负荷转速为 3500r/min，则冷启动时双扭力发动机的一冲程的时间分别为：$t = 60 \div 1500 \times 2 = 0.08\text{s}$。 (4-23)

一冲程排出的废气量为 2.0L，则排气速率为 25L/s，设排气管的半径为 60mm，则排气管中的尾气速度为

$$v = Q/S = 25 \div (0.03^2 \times \pi) = 8.85\text{m/s} \tag{4-24}$$

同理得，满负荷运行时：

$$t = 60 \div 3500 \times 2 = 0.034\text{s} \tag{4-25}$$

$$v = \frac{Q}{S} = 2 \div 0.034 \div (0.03^2 \times \pi) = 20.63\text{m/s} \tag{4-26}$$

尾气速度为 20.63m/s。

A 网格划分

将装置三维模型去壳，做出内部流场模型，设定网格质量为 Fine，网格精细度为 100，划分 230546 个网格，考虑到边界对于流体的影响，边界层厚度设置为 1mm，共划分 10 层网格，如图 4-33 所示。

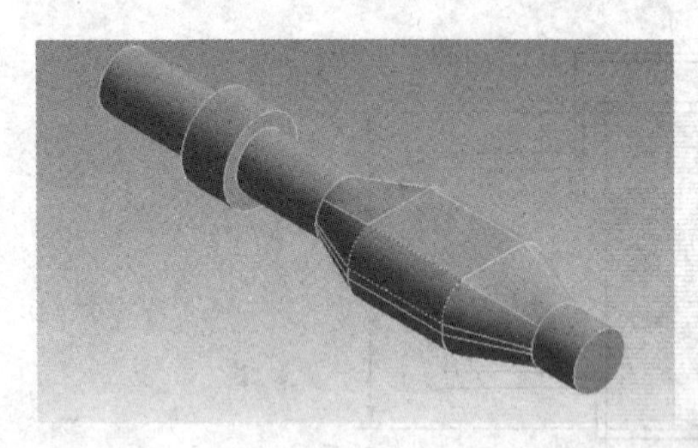

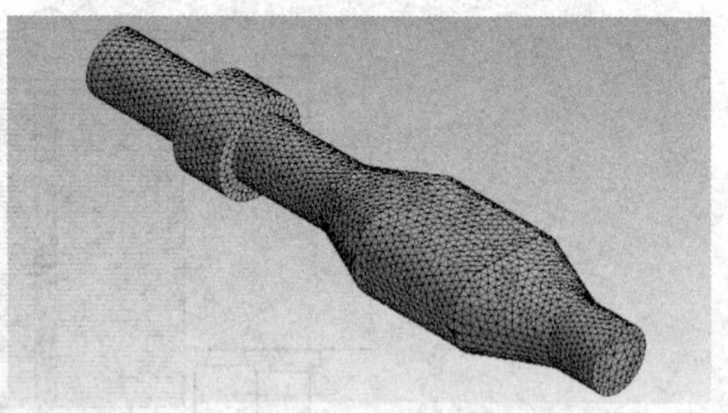

图 4-33 流场模型及网格划分

B 边界条件的设定

首先定义求解器，时间设置为 steady，计算基准选取 Pressure-based，流体流动模型采用标准 k-ε 模型。其次定义材料，在 450℃ 情况下，排气管内废气的密度大约为 0.4832kg/m^3，将其设为流体密度，外壳材料设置为氧化铝。对边界条件的定义时，分别对两种情况进行迭代计算，一种为冷启动情况下流速较为缓慢的情况，一种为满负荷时流速较快的情况，入口边界条件分别为 8.85m/s 以及 20.63m/s，分别作为两次模拟的边界条件。出口边界条件为表压 0Pa，即外接大气。

C 流体模拟部分总结

在 Fluent 对流场进行模拟之后，可以看出虽然气体的流动由于装置的阻力受到了影响，但进气口流速与出气口流速基本相等，这是由于装置内部阻力较大的部分都进行了扩张处理，降低了对排气管内气体的阻力，使得气体可以顺利排出，因此，装置的添加不会对原有的气体流动造成影响。

4.4.3 结论与展望

通过对实验结果的探讨，最终得到了如下结论：

(1) 在催化剂中，贵金属 Pd 的添加量与对污染物的脱除效率无正比关系；

(2) 稀土金属元素的添加毫无疑问对催化剂的催化效果是有贡献的，但是实验表明，如果添加过量反而会引起脱除效率降低，因此在添加稀土金属元素作为催化剂助剂时需要进行添加量的确定；

(3) CeN_3O_9、$ZrO(NO_3)_2$、$La(NO_3)_3$三种稀土金属对催化剂所起的贡献是不同的，

Ce 的贡献体现在它对 NO_x的突出处理效果上，而 Zr 在 HC 的脱除上展现出了很好的效果，La 的作用主要是提升了催化剂的抗烧结和防止积炭的能力。

（4）等离子体对于污染物的直接脱除并没有效果，等离子体的作用是将 NO_x转化为比较容易处理的物质，如 NO_2，再与其余的净化装置进行协同作用，共同脱除污染物。对于线管等离子体发生器，电极线与不锈钢管的直径越小，对污染物的脱除效果越好。

通过对装置的设计计算，获得了以下成果：

（1）完成了等离子体装置、电加热器、三元催化转化器的尺寸以及参数设计。

（2）完成了整体装配后的 CAD 图纸。

（3）进行了装置的流场模拟。

在本设计的基础上，还可以进行一些实验方面以及设计方面的进一步工作，如：

（1）探究两种催化助剂同时改变对催化效果的影响以及某种催化助剂负载量为零时的催化效果。

（2）低温等离子实验可以继续采用介质阻挡放电、沿面放电等多种形式来产生等离子体，并对比多种放电条件下对污染物的催化效果。

（3）低温等离子实验还可进一步对碳烟颗粒的去除进行研究，由于尾气中 PM 的成分较为复杂，也可对其进行分别探究。

（4）在装置的设计上，可以对电加热器以及颗粒过滤器的形式以及安装位置进行进一步的优化设计，有可能的话将安装在一级三元催化器之前，降低一级三元催化器堵塞的可能性，降低故障率。

（5）在流场模拟的部分，由于尾气的物理特性难以确定，本设计才用了 N_2的物理特性进行代替，在进一步的研究中如果可以确定物理特性，流场模拟将更加准确。

5 规划设计及案例

5.1 规划设计基本原则和要求

环境规划是国民经济与社会发展规划的有机组成部分，它是指为使环境与社会经济协调发展，把“社会-经济-环境”作为一个复合生态系统，依据社会经济发展规律、生态学原理和地学原理，对其发展变化趋势进行控制，而对人类自身活动和环境所做出的时间和空间上的合理安排。

5.1.1 环境规划的基本原则

5.1.1.1 经济建设、城乡建设和环境建设同步原则

经济建设、城乡建设、环境建设同步规划、同步实施、同步发展，实现经济效益、社会效益和环境效益的统一，促进经济、社会和环境持续、协调地发展。它标志着中国的发展战略，从传统的只重视发展经济忽视环境保护的战略思想向环境与经济社会持续、协调地发展的战略思想的转变，是环境规划编制最重要的基本原则。

5.1.1.2 遵循经济规律，符合国民经济计划总要求的原则

环境与经济存在着互相依赖、互相制约的密切联系，经济发展要消耗环境资源，排放污染，施加对环境的影响，从而产生了环境问题。自然生态环境的保护和污染的防治需要资金、人力、技术、资源和能源，受到经济发展水平和国力的制约。环境问题说到底是一个经济问题，经济起着主导的作用。环境规划必须遵循经济规律，符合国民经济计划的总要求。

5.1.1.3 遵循生态规律，合理利用环境资源的原则

在制定环境规划时，必须遵循生态规律，利用生态规律为社会主义建设服务。对环境资源的开发利用要遵循开发利用与保护增值同时并重的原则，防止开发过度造成恶性循环，对环境承载力的利用要根据环境功能的要求，适度利用、合理布局，减轻污染防治对经济投资的需求，促进生态系统良性循环，使有限的资源发挥更大的效益。

5.1.1.4 预防为主，防治结合的原则

“防患于未然”是环境规划的根本目的之一，在污染和生态破坏发生之前，予以杜绝和防范，减少污染和生态破坏带来的危害和损失是环境保护的宗旨。同时鉴于我国污染和生态破坏现状已较严重，环境保护方面的欠账太多，新账不能欠，老账也要逐步地、积极地还。因此，预防为主、防治结合是环境规划的重要原则。

5.1.1.5 系统原则

环境规划对象是一个综合体，用系统论方法进行环境规划有更强的实用性，只有把环

境规划研究作为一个子系统，与更高层次的大系统建立广泛联系和协调关系，才能达到保护和改善环境质量的目的。

5.1.1.6 坚持依靠科技进步的原则

大力发展清洁生产和推广“三废”综合利用，将污染消灭在生产过程之中，积极采用适宜规模的、先进的、经济的治理技术。同时，环境规划还必须寻求支持系统，包括数据采集、统计、处理和信息整理等，这些都必须借助科技的力量。

5.1.2 环境规划方案的生成

环境规划方案的生成主要包括前期计划与调研、评价预测与主要问题辨析、方案的开发设计及方案优化等主要过程。

5.1.2.1 前期准备与调研阶段

前期准备与调研阶段主要内容包括接受任务、确定规划的时域与空域范围、成立规划领导小组与课题组、编制规划提纲与调研提纲、进行广泛的咨询、吸取各方意见并采集相关的数据和资料。咨询方式可以是个别咨询、开专题研讨会、问卷调查等。咨询范围从决策部门和领导、各行业和企业的领导及有关人员、相关专业的专家学者直到普通民众。数据的采集工作包括资料查找和踏查两部分。主要资料来源有统计年鉴，环保、土地、水利、农业、工业、矿产等部门统计年报及年度工作总结，资源调查分析报告，以往的规划成果，相关的课题成果，环境年鉴，污染企业的污染统计年报以及对自然状况、污染状况、自然资源状况所做的实地监测与调查等。

5.1.2.2 评价预测与主要问题辨析阶段

在现状调查的基础上，对区域的环境质量状况、资源利用状况及社会经济发展状况做出评价及预测，摸清区域环境的污染和资源可利用程度，掌握环境系统的动态趋势，找出目前及将来可能发生的主要环境问题，分析其成因及症结所在，从而为制定合理、可行的环境质量目标、污染综合整治对策、生态建设措施及协调经济发展与保护环境的方法提供可靠的科学依据。

5.1.2.3 方案的开发设计阶段

方案的开发设计阶段是在上一阶段对区域环境质量现状、社会经济发展状况做出评价，并分析了主要环境问题的人口和社会经济成因的基础上，对本区域环境保护与建设的目标、重点、对策与实施步骤做出规划，这是整个规划工作的核心所在。

环境目标又是该核心中的核心。环境目标一旦确立，以后的对策制定以及实施管理便围绕着目标而展开。

围绕一个规划目标，可以多方位、多层次地提出多个可供选择的规划方案，要遵循最小费用原则，对多个方案通过深刻的可行性分析和论证，能实现规划目标的费用最小方案即为可行性方案。当然，方案确立下来后，仍不能到此为止，仍需要在方案优化与实施监控过程中，根据反馈回来的信息，不断地进行调整。

5.1.2.4 方案优化阶段

规划方案的优化，是在上述工作的基础上，对规划总目标和各种可行方案进行详细分析。首先，应选取有利于环境的产业结构、规划布局，推行清洁生产；其次，在此前提下，仍可能有的污染物要设法综合利用、变废为宝；再次，对不能利用的废物，要尽量利用自然环境容量予以净化；最后，对超过环境自净能力的废物，要采取区域集中处理工程和分散治理等多种途径与措施的优化组合，进行人工无害化处理。

总之，要将这些途径和措施进行分析评价，筛选出最有效、最经济的措施，并进行科学组合，搞好总规划管理方案与各专题规划管理方案之间的纵向衔接和各专题规划管理方案之间的横向协调。形成一套由主到次、由产业结构到规划布局、由综合利用到废物治理、由污染防治到自然资源保护的科学组合方案。

5.1.3 环境规划方案的决策

5.1.3.1 制定决策目标

根据人类社会发展的需要，对目前存在或潜在的环境问题进行研究，并根据社会经济发展水平，提出环境决策所要达到的目标。

5.1.3.2 调查收集信息

搜集决策过程中所需要的各种资料和数据。

5.1.3.3 设计决策方案

分析与实现决策目标有关的各种因素，从经济、技术、社会等方面的条件考虑，拟定实现决策目标的方案。

5.1.3.4 评估决策方案

对拟定的各种方案进行比较、分析，做出评价。

5.1.3.5 选定决策方案

在确保实现决策目标的前提下，选定一个经济、技术和社会等条件均可接受的实施方案。

5.1.3.6 调查反馈

若出现所有可能方案均不能被当时的经济、技术和社会等条件所接受的情况，应对决策目标进行修正或调整，并重新进行上述工作，直至得到可行的决策方案。

5.2 案例1——火力发电替代燃料生命周期评价

5.2.1 生命周期评价简介

生命周期影响评价主要是根据清单分析的结果，评价生命周期中各个环境相互交换的影响，进而得出生命周期中环境的具体影响类型以及参考指标，以此来评估各阶段对环境的影响大小以及各个环境相互交换的相对重要性，对生命周期结果解释提供必要的基础。ISO 和 SETCA 都偏向于将影响评价看作一个“三步走”模型，即影响分类（classification）、特征化（characterization）和量化评价（valuation）。由于模型工作量较大，因此一般采取简化后的模型进行生命周期影响评价，中科院生态环境研究中心依据 LCA 的概念框架简化的评价模型如图 5-1 所示。

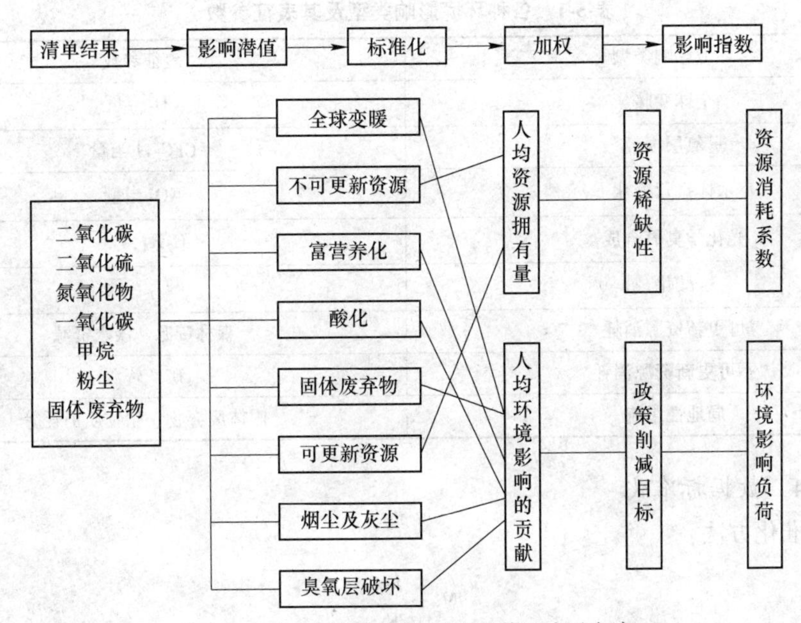

图 5-1 生命周期环境影响评价模型方法框架

5.2.1.1 评价指标

(1) 能源评价指标选用净能量和能量产出投入比。

净能量：玉米秸秆颗粒燃料燃烧释放的热能与生产玉米秸秆颗粒燃料消耗的总能量之差。计算公式如式 5-1 所示。能量产出投入比：玉米秸秆颗粒燃料燃烧释放的热能与生产玉米秸秆颗粒燃料消耗的总能量之比。计算公式如式 5-2 所示。

$$NE = BE - \sum BE_i \tag{5-1}$$

$$\eta = \frac{BE}{\sum BE_i} \tag{5-2}$$

式中，NE 为净能量；BE 为玉米秸秆颗粒燃料燃烧释放的热能；BE_i 为生产玉米秸秆颗粒燃料第 i 种物质消耗的能量；η 为能量产出投入比。

(2) 环境评价指标均采用 Simapro 软件进行模型计算，本研究选用的评价方法为 Eco-indicator 99。

(3) 资源评价指标选用土地利用潜值、矿物利用潜值和化石燃料利用潜值，均利用 Simapro 软件进行分析计算。

5.2.1.2 影响分类

本节选用致癌物质、可吸入有机物、可吸入无机物、气候变化、电离辐射、臭氧层损耗、生态毒性、酸化八种环境影响类型以及土地利用、矿物利用、化石燃料利用三种资源影响类型作为玉米秸秆颗粒燃料生命周期评价的影响类型。

5.2.1.3 数据特征化

当前我国进行数据特征化所采用的主要方法是“环境问题当量因子法”。表 5-1 是各种环境影响类型及对应的表征参数。

表 5-1 各种环境影响类型及其表征参数

环境影响类型	表征参数
全球变暖	CO_2 当量
臭氧层损耗	CFC-11 当量
水体富营养化	NO_3^- 当量
光化学臭氧合成	C_2H_4 当量
酸化	SO_2 当量
可更新资源消耗	森林资源、淡水资源
不可更新资源消耗	矿产资源
局地性影响	固体废弃物、生物质消耗等

5.2.1.4 数据标准化

数据标准化方法：

$$N_i = \frac{C_i}{S_i} \tag{5-3}$$

式中，N 为标准化结果；C 为参数类型结果；S 为标准化基准值；i 为环境影响类型。

5.2.1.5 数据加权处理

加权后的环境影响潜值：

$$WP(j) = WF(j) \cdot NP(j) \tag{5-4}$$

式中，$WF(j)$ 为第 j 种环境影响的权重因子；$NP(j)$ 为标准化后的环境影响潜值。

5.2.2 玉米秸秆颗粒燃料生命周期分析

5.2.2.1 研究范围

生命周期模型如图 5-2 所示。

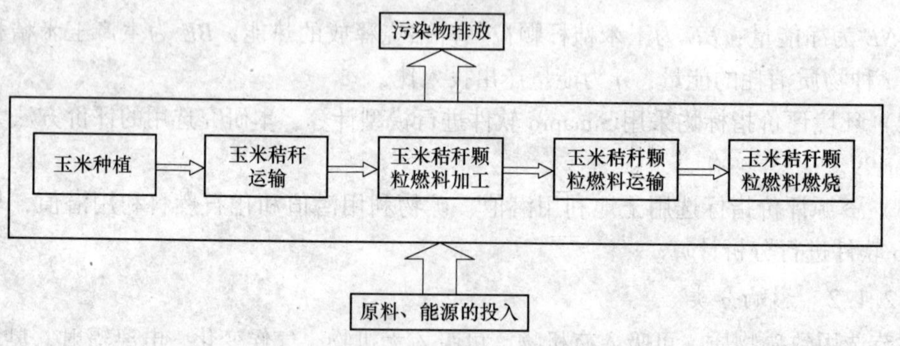

图 5-2 玉米秸秆颗粒燃料生命周期模型

5.2.2.2 清单分析

A 玉米种植阶段

玉米种植阶段的输出主要为各种温室气体的排放，温室气体主要是指 CO_2、CH_4、N_2O 这三种。该阶段玉米产量为 0.75kg/m^2，单位能量为 44.3MJ/kg；玉米秸秆产量为

9000kg/m²，单位能量为 14. 6MJ/kg。温室气体排放数据如表 5-2 所示。

表 5-2 种植阶段温室气体排放数据 （g/m²）

来源	CO_2	CH_4	N_2O
种子	434.431×10^{-2}	0.424×10^{-2}	2.983×10^{-2}
氮肥	2696.307×10^{-2}	2.403×10^{-2}	17.115×10^{-2}
钾肥	38.729×10^{-2}	0.017×10^{-2}	0.157×10^{-2}
磷肥	76.748×10^{-2}	0.068×10^{-2}	0.487×10^{-2}
杀虫剂	183.979×10^{-2}	0.133×10^{-2}	1.014×10^{-2}
除草剂	172.184×10^{-2}	0.124×10^{-2}	0.949×10^{-2}
机械用柴油	218.751×10^{-2}	0.360×10^{-2}	0.360×10^{-2}
灌溉用电能	580.887×10^{-2}	1.063×10^{-2}	8.336×10^{-2}

B 玉米秸秆运输阶段

玉米秸秆采用农用柴油车进行运输，生产 1 万吨玉米秸秆颗粒燃料需要 1. 2 万吨玉米秸秆，运输距离采用收集半径模型进行计算。经查阅资料，收集半径模型计算公式为

$$R^2 = \frac{M}{\pi M_0 \alpha \beta} \tag{5-5}$$

式中，R 为原料的收集半径，m；M 为年秸秆废弃物收集量，kg；M_0 为单位面积秸秆废弃物产量，kg/m²；α 为种植面积的比例；β 为秸秆废弃物用作能源的比例。

我国年秸秆需要量为 12000t，玉米秸秆单位面积产量为 0. 90kg/m²，该区土地面积为 1031km²，玉米种植面积为 25000m²，故种植面积的比例为 24%，我国年秸秆用于能源和废弃总量占总秸秆量的 43%，根据以上数据和式 5-5 可以计算出收集半径为 65. 6km。此阶段产生的温室气体（CO_2、CH_4、N_2O）折合成 CO_2 当量为 20. 15kg。

C 玉米秸秆颗粒燃料加工阶段

此阶段采用环模式成型机进行加工，具体加工工艺包括原料粉碎、细粉、输送、除尘、成型、冷却、包装等工序。据查阅文献可知，生产 1 万吨玉米秸秆颗粒燃料需要 1. 2 万吨玉米秸秆，生产加工阶段主要消耗电力能源约为 179. 375kW · h/t，故需要 1793750kW · h 电能。本阶段包含燃料厂到生产车间转运过程的能量，此过程运输距离约为 1km，耗油量为 0. 05L/(t · km)，柴油能量强度为 38. 72MJ/L。此阶段的温室气体 CO_2 当量排放为 398. 12t。

D 玉米秸秆颗粒燃料运输阶段

玉米秸秆颗粒燃料采用柴油车运输，运输距离为 30km，耗油量为 0. 05L/(t · km)，柴油能量强度为 38. 72MJ/L。经计算，此阶段的温室气体 CO_2 当量排放为 6. 662kg。

E 玉米秸秆颗粒燃料燃烧阶段

秸秆发电与燃煤发电原理相同，都分为给料系统、锅炉系统、汽轮机系统、空气冷凝器和环境保护系统。秸秆成型燃料发电主要采用循环流化床锅炉。

此阶段以 1hm²（1hm = 10⁴m²）对应的玉米秸秆颗粒燃料为基础的投入和产出量作为

分析数据。经查资料和计算可得，1hm 所产的玉米加工成玉米秸秆颗粒燃料为 1. 59t，燃烧发电阶段需氧量为 596kg，工业用水量为 15. 7t，酸洗过程中所用盐酸量为 1. 94kg，碱洗过程中所用 NaOH 量为 1. 25kg，机械用柴油为 30. 6MJ。此阶段的温室气体 CO_2 当量排放为 48. 375kg。

5. 2. 2. 3 生命周期影响评价

A 玉米种植阶段

本节使用生命周期评价软件 Simapro 软件进行模型计算与分析。图 5-3 为玉米种植阶段各影响类型加权后的影响潜值对比图。

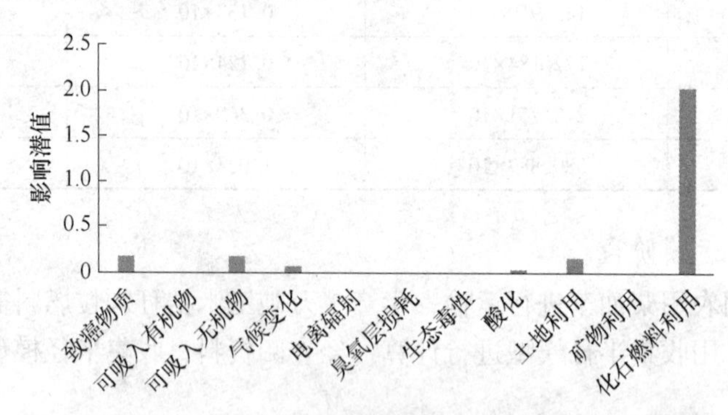

图 5-3 玉米种植阶段各影响类型加权后的影响潜值对比图

从图 5-3 可知，在玉米种植阶段产生的主要环境影响类型为致癌物质和可吸入无机物，其次是气候变化，再次是酸化。致癌物质的产生主要是由于农用机械柴油的使用，杀虫剂和除草剂的使用也会导致致癌物质的产生。可吸入无机物的产生也主要是由于农用机械柴油的使用，再次是由于灌溉所使用的电能，氮肥、磷肥、杀虫剂和除草剂的使用也会导致可吸入无机物的产生。气候变化也主要是由于柴油的使用，其次是由于灌溉所用电能，以及氮肥、除草剂的使用，磷肥、杀虫剂的使用也会导致气候变化。酸化也主要是由柴油所导致的，氮肥、除草剂和灌溉所用的电能也会导致酸化影响。

在资源影响方面，由于柴油的使用，对化石燃料的影响较大，其次是土地利用，此外对矿物资源也会产生一定的影响，但总体来说，此阶段对资源的影响不大。

经计算，此阶段的总能耗为 2. 3867MJ/m^2，玉米秸秆能量占玉米种植总能量的 30%，即分配后玉米秸秆的能量输入为 0. 71607MJ/m^2。种植阶段主要能量投入的前三位为氮肥、农机油耗、灌溉电力，分别占 54. 2%、16. 9%、11. 2%。可见合理使用氮肥对能量输入有着重要意义，可以大大减少一次能源的使用量。因此可以通过推广中耕技术、免耕技术、节水灌溉技术来减少玉米种植阶段的能量投入，从而降低生产 CSPF 的能耗。

B 玉米秸秆运输阶段

图 5-4 为玉米秸秆运输阶段各影响类型加权后的影响潜值对比图。由图 5-4 可知，由于柴油车的使用，运输阶段产生的环境影响较大，特别是产生了大量的可吸入无机物，对气候变化的影响也很大，此外还导致了致癌物质、可吸入有机物、生态毒性和酸化的影响。由于此过程燃烧了大量的化石燃料，因此对化石燃料这一资源类型产生了很大的影响。此阶段运输能耗约为 170. 7MJ/t。运输阶段对环境的影响较大，适当缩短运输距离是降低此阶段环境污染的重要方式之一，因此合理选择加工厂厂址就显得尤为重要。

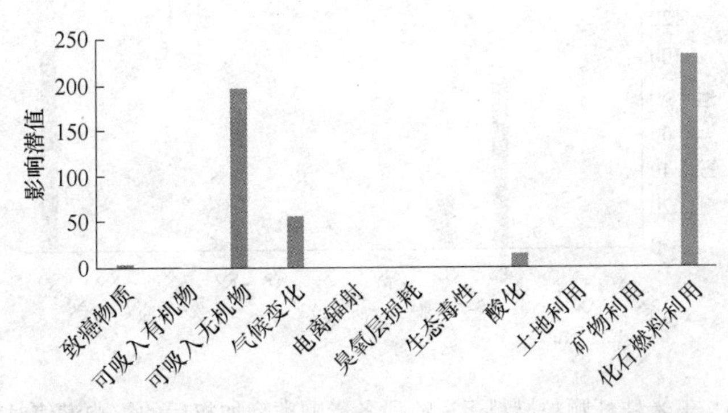

图 5-4 玉米运输阶段各影响类型加权后的影响潜值对比图

C 玉米秸秆颗粒燃料加工阶段

图 5-5 为玉米秸秆颗粒燃料加工阶段各影响类型加权后的影响潜值对比图。由图 5-5 可知，在玉米秸秆颗粒燃料加工阶段产生的主要环境影响类型为可吸入无机物，其次是气候变化，再次是生态毒性和酸化。可吸入无机物的产生主要是由于加工过程中使用的电能，运输过程中所用的柴油也会导致可吸入无机物的产生；气候变化主要是由加工用电能导致的，运输车所用柴油对此也有一定的贡献；生态毒性主要是由电能所导致；酸化也主要是由电能所导致，运输用柴油也会导致一定的酸化。

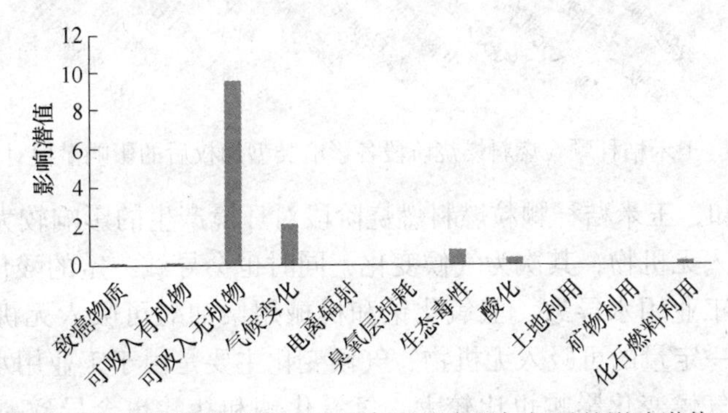

图 5-5 玉米秸秆颗粒燃料加工阶段各影响类型加权后的影响潜值对比图

在此阶段，对资源的影响主要表现为对化石燃料的影响，主要是由于加工用电，而电能的产生需要消耗化石燃料，运输用柴油也会消耗化石能源，但整体来说，加工阶段对资源的影响较小。此阶段，加工 1t 玉米秸秆颗粒燃料需要消耗 328. 7MJ 的能量，主要为电力消耗。因此，降低生产设备的能耗是降低此阶段能量投入的最主要途径。

D 玉米秸秆颗粒燃料运输阶段

图 5-6 为玉米秸秆颗粒燃料运输阶段各影响类型加权后的影响潜值对比图。由图 5-6 可知，玉米秸秆颗粒燃料运输阶段由于柴油车的使用，对环境产生的影响较大。最主要为可吸入无机物，其次为气候变化，再次为酸化和致癌物质，同时也会产生一定的生态毒性和可吸入有机物。由于运输过程中使用了大量的柴油，因此对化石燃料这一资源类型产生了很大的影响。此阶段，运输能耗约为 58. 1MJ/t。运输阶段对环境产生的影响较大。因此，合理选择生物质发电厂厂址对减少污染、降低能耗、节约成本具有重要意义。

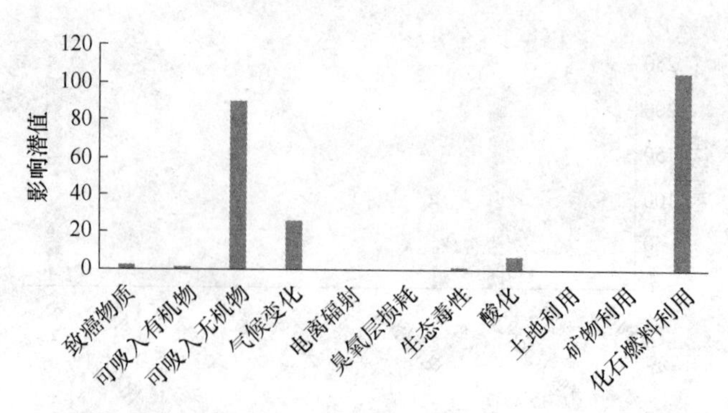

图 5-6 玉米秸秆颗粒燃料运输阶段各影响类型加权后的影响潜值对比图

E 玉米秸秆颗粒燃料燃烧阶段

图 5-7 为玉米秸秆颗粒燃料燃烧阶段各影响类型加权后的影响潜值对比图。

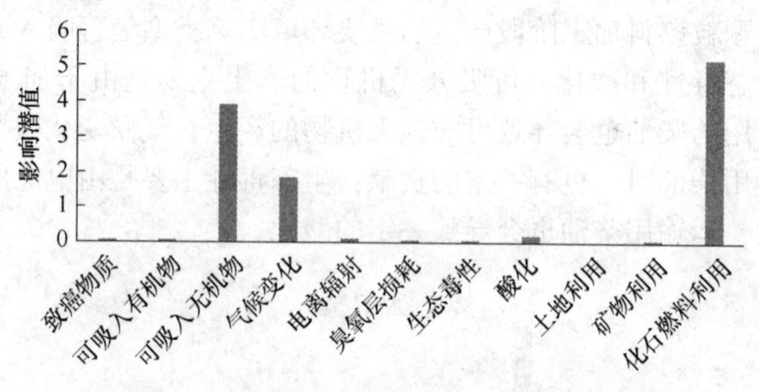

图 5-7 玉米秸秆颗粒燃料燃烧阶段各影响类型加权后的影响潜值对比图

根据图 5-7 可知，玉米秸秆颗粒燃料燃烧阶段对环境产生的影响较大，导致的主要环境影响类型为可吸入无机物，其次为气候变化，同时也会导致一定的酸化。可吸入无机物主要是燃烧用氧和工业用水导致，氢氧化钠和机械用柴油对可吸入无机物的影响也比较大，盐酸也会产生一定量的可吸入无机物；气候变化主要是由于工业用水和燃烧用氧导致的，机械用柴油对气候变化影响也比较大，氢氧化钠和盐酸也会导致一定程度的气候变化；酸化主要是由于燃烧用氧和工业用水，机械用柴油对酸化的影响也较大，同时氢氧化钠和盐酸也会导致一定程度的酸化。

从以上数据还可以发现，燃烧用氧和工业用水导致的环境影响类型较多，对环境的影响较大。燃烧用氧主要会导致可吸入无机物，其次是气候变化，再次为酸化，其余几种影响类型按程度由大到小排序依次为致癌物质、电离辐射、生态毒性、臭氧层损耗和可吸入有机物；工业用水主要会导致可吸入无机物，其次是气候变化，再次为酸化，其余几种影响类型按程度由大到小排序依次为致癌物质、电离辐射、生态毒性、可吸入有机物和臭氧层损耗。盐酸主要会导致可吸入无机物和气候变化，其次是酸化和致癌物质，同时还会导致一定程度的生态毒性和电离辐射；氢氧化钠主要会导致可吸入无机物，其次为气候变化，同时还会导致一定的酸化、致癌物质、生态毒性和电离辐射影响；机械用柴油主要会导致气候变化和可吸入无机物的影响，其次为致癌物质和酸化，再次为生态毒性，此外，还会导致可吸入有机物和电离辐射的产生。此阶段对资源的影响主要表现为对化石燃料的影响，但整体来说影响不大。

5.2.2.4 生命周期评价结果解释

将以上各个阶段加权后的影响潜值进行汇总列入表5-3中，并将其绘制成柱状图，如图5-8所示。

表5-3 玉米秸秆颗粒燃料各阶段加权后影响潜值

项目	玉米种植阶段	玉米秸秆运输阶段	玉米秸秆颗粒燃料加工阶段	玉米秸秆颗粒燃料运输阶段	玉米秸秆颗粒燃料燃烧阶段
致癌物质	0.179	6	0.0321	2.74	0.07794
可吸入有机物	0.000535	0.267	9.83×10^{-4}	0.122	0.001336
可吸入无机物	0.1764	197	9.703	90.1	3.917
气候变化	0.06143	58	2.151	26.5	1.837
电离辐射	7.21×10^{-5}	—	—	—	0.0357
臭氧层损耗	9.31×10^{-7}	9.75×10^{-6}	6.359×10^{-9}	4.46×10^{-6}	0.00154
生态毒性	0.00312	0.362	0.801	0.165	0.031537
酸化	0.01364	16.5	0.366	7.56	0.187
土地利用	0.157	—	—	—	—
矿物利用	0.000124	—	—	—	0.00395
化石燃料利用	2.04	232	0.182	106	5.211
总计	2.631	510.139	13.236	233.187	11.304

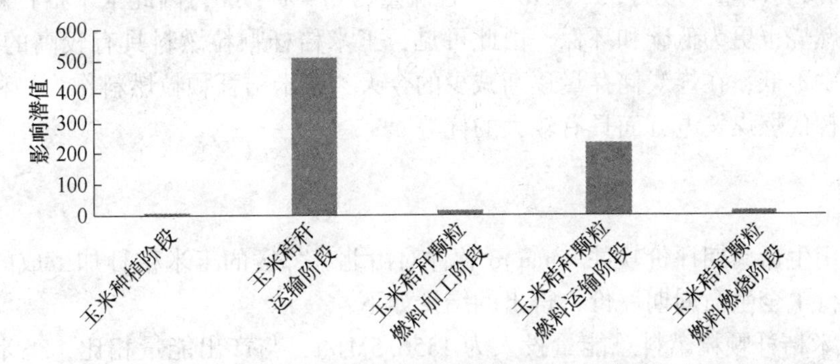

图5-8 玉米秸秆颗粒燃料各阶段加权后影响潜值对比

由表5-3和图5-8可以得出，在玉米秸秆颗粒燃料的整个生命周期中，对环境产生的影响最大的是玉米秸秆运输阶段，玉米秸秆颗粒燃料运输阶段对环境产生的影响也较大。两个阶段的共同点是都采用柴油车进行运输，由此可见，运输用柴油对环境产生的影响较大，为了降低这两个阶段所导致的环境影响，就必须要尽可能地缩短运输距离。因此，合理选择加工厂厂址和生物质发电厂厂址对减少这两个阶段所产生的环境污染具有重要意义。此外，玉米秸秆颗粒燃料加工阶段和燃烧阶段对环境也产生了一定的影响，且燃烧阶段还会导致一定程度的电离辐射。对于这两个阶段，想办法降低生产设备能耗和合理调整化学药品的用量是减少环境影响的重要途径。玉米种植阶段对环境产生的影响较小，此阶段可通过调整化肥和除草剂、杀虫剂用量，以及降低农用机械能耗的方式来减少污染。

综合玉米秸秆颗粒燃料整个生命周期所产生的环境影响，导致的最主要环境影响为可吸入无机物的产生和气候变化，导致的酸化影响也较大，应将这三个方面作为主要方面进行控制和深入研究。

在资源影响方面，贡献最大的是玉米秸秆运输阶段，其次是玉米秸秆颗粒燃料运输阶段，由于这两个阶段消耗了大量的柴油，所以对化石燃料这一资源的影响较大，其余阶段对资源方面的影响不大。

经查阅文献和单位转换，可计算出玉米秸秆颗粒燃料总能量投入为1356.5MJ/t，与产出能量相比，玉米秸秆颗粒燃料的净能量为13243.5MJ/t，能量产出投入比为10：8。在玉米种植阶段投入的能量较多，约占58.66%，其次是玉米秸秆颗粒燃料加工阶段，再次是玉米秸秆运输阶段，最后是玉米秸秆颗粒燃料运输阶段和燃烧阶段。

5.2.2.5　与煤炭对比

经查阅资料可知，煤炭投入的能源中，石油消耗量为0.002MJ/MJ，煤炭消耗量为0.053MJ/MJ，主要在采选过程和运输过程投入能耗。1t煤需投入的总能量为1149.94MJ，产出能量为20908MJ，故净能量为19758.06MJ/t，能量产出投入比为18：2，温室气体CO_2当量排放为100.5g/MJ。结合玉米秸秆颗粒燃料的数据可以发现，煤的能量投入约为玉米秸秆颗粒燃料能量投入的0.6倍，但温室气体排放量却为玉米秸秆颗粒燃料的9倍，此外玉米秸秆颗粒燃料的各项环境影响潜值均比煤的低。燃烧过程中，由于玉米秸秆颗粒燃料的原料特殊性，其所含挥发分较高，这使得氮氧化物排放可以得到有效的抑制。除此之外，玉米秸秆颗粒燃料一般所含氮量仅为0.3%。而煤所含氮量一般为0.5%~3%，因此玉米秸秆颗粒燃料的燃烧比煤的燃烧更为低氮。同时CSPF一般含碳量为40%，含硫量为0.1%，而煤含碳量一般为55%~90%，含硫量为0.4%~7%，因此玉米秸秆颗粒燃料的燃烧比煤的燃烧也更为低碳和环保。由此可见，玉米秸秆颗粒燃料具有较高的环境效益，且能源转化率不低，在煤炭储存量逐渐减少的今天，玉米秸秆颗粒燃料作为一种新型的清洁能源，在替代燃煤发电方面具有较大的优势。

5.2.3　总结

本节利用生命周期评价软件Simapro软件对由北京郊区的玉米秸秆加工成的玉米秸秆颗粒燃料进行了全生命周期评价，得出的结论如下：

（1）玉米秸秆颗粒燃料总能量投入为1356.5MJ/t，与产出能量相比，玉米秸秆颗粒燃料的净能量为13243.5MJ/t，能量产出投入比为10：8，具有良好的能源效益。

（2）在玉米秸秆颗粒燃料整个生命周期中，运输阶段由于燃烧柴油产生了大量的汽车尾气，由此产生的环境影响最大，导致的主要环境影响类型为可吸入无机物和气候变化，应考虑由此入手来减轻所产生的环境影响，如可考虑运输阶段采用生物质燃料替代燃油，在减少油耗量的同时减轻汽车尾气带来的环境污染。

（3）利用玉米秸秆颗粒燃料替代燃煤，可减少燃煤温室气体排放的90.46%，从而大大降低生命周期内温室气体排放量，具有较高的环境效益。

5.3　案例2——城市生活垃圾收运路线的优化设计

5.3.1　华电一校垃圾清运路线设计概述

5.3.1.1　垃圾的收集

通过对学校垃圾收集的调查，发现学校垃圾收集主要是将垃圾从垃圾产生的源头收集到垃圾桶的一个过程。以下是作者对学校垃圾主要来源地及垃圾收集方式的调查。

(1) 餐厅区域：餐厅主要是大部分学生和工作人员就餐地，产生垃圾主要是食物残渣，收集方式为人们将没吃完的食物残渣和包装全部倒入提前准备好的泔水桶，掉落在桌子以及地上的垃圾由专人负责收集。

(2) 宿舍区域：住在公寓中的师生及相关工作人员首先将垃圾装入各自准备的小型垃圾桶，等装满后倒入每层楼公用的大型垃圾桶之内，宿舍内其他垃圾自行打扫，楼道及其他区域有专人进行打扫。

(3) 教室区域：在教室中产生的垃圾由人们各自丢入各个教室的垃圾桶，教室中的其他垃圾则由专人负责清理收集。

5.3.1.2 垃圾的运输

华北电力大学一校区（以下简称为华电一校）的垃圾运输方式为各相关负责人员把每天各区域产生的垃圾放置到各固定垃圾收集点，之后由专门负责人员将各收集点的垃圾装到垃圾运输车上，垃圾运输的方式主要有以下两种：

(1) 固定容器运输系统。它是由相关负责人员开着垃圾收集车，来到每一个垃圾收集点或者垃圾桶，将其中的垃圾装到垃圾车中，等车装满之后运到转运站，然后继续运输。

(2) 拖拽容器运输系统。它是由相关的负责人员将垃圾车开到各个装满的垃圾桶旁，将整个桶装到垃圾运输车上，之后将其运输到垃圾收集站，将垃圾处理掉之后再将垃圾桶放回原处。

学校的垃圾运输方式更倾向于第一种垃圾运输方式，即固定容器运输系统。

5.3.1.3 清运系统的设计

根据华电一校的具体状况，本次设计的大致思路为首先从垃圾的收集地点运输到学校内的各个垃圾转运点，再由各个垃圾运输车将各转运点的垃圾进行集中收集运输，运送到学校东门附近的一个垃圾转运站。

A 清运系统优化设计的考虑因素

清运系统优化设计需要考虑的因素具体如下。

(1) 设计的路线应该比较简洁，方便相关负责人员更好地按照路线运输垃圾。

(2) 设计的路线应该较短，减少垃圾运输成本。

(3) 设计的路线应该尽可能选择较为宽阔、平坦的路线，防止运输过程的垃圾洒落。

(4) 设计的路线应该比较连续，不能出现间断。

(5) 设计的路线应该最好覆盖全部的收集点，减少人工搬运，提高效率。

B 垃圾清运系统路线的设计方案

根据作者对华电一校具体情况的调查以及从相关资料上的调查，大致有以下三种方案。

第一种路线的设计方案是按工作人员所管辖的区域各自收集，每个人分管一片区域或者几个垃圾转运点，按照各自的时间点以及垃圾产生情况进行收集运输。这种垃圾收集方案的优点在于时间更为宽松，垃圾收集更为自由，但缺点就是垃圾收集的点位所产生的垃圾量不同，垃圾产生时间也不尽相同，会导致各人员垃圾收集难度加大，而且会导致垃圾收集难度不相同，工资分配出现差别，这也会导致垃圾收运效率降低。

第二种路线的设计方案是相关的垃圾收运负责人员每天按照规定的垃圾收集路线进行收集。负责垃圾收集的人员先将各区域所产生的垃圾进行集中收集，然后收集到各个垃圾转运点，由相关人员按照固定的路线收集运输。优点在于收集效率更高，收集方式也非常简便，但是缺点也很明显，如果相关垃圾收运人员因故没有上班，很难在第一时间将垃圾转运到垃圾的转运点，还有不同的区域垃圾产量以及垃圾产生时间也不相同，可能会降低相关效率。

第三种路线的设计方案是进行随机收集，相关负责人员每天巡视各垃圾转运点的垃圾堆积情况。如果该转运点的垃圾足够多，便将该垃圾转运点的垃圾进行清运处理。该方法也是目前华电一校垃圾运输的使用方法。这种方法的优点就是可以不按照固定的垃圾时间来进行收集，收集简单自由化，也可以根据不同时间、不同地点的不同产量来进行收集。但是缺点也非常明显，就比如大大降低了人们的垃圾运输效率，减慢了垃圾处理的速度，造成了人力资源的浪费。

根据对学校的多次调查结果来看，学校的主要适合方案应该是第二种方案。此方案的内容是：由校园中的垃圾相关负责人员将各区域产生的垃圾收集到各区域的垃圾转运点，再由相关负责人员开着垃圾运输车将各转运点的垃圾运输到垃圾转运站，完成垃圾清运。

5.3.2 华电一校生活垃圾收集现状调查

根据作者对华电一校长时间的实地调查以及不断走访，对学校的垃圾转运状况有了一个更加具体的统计，以下是作者记录的具体数据。

5.3.2.1 校园生活垃圾的组成调查

学校垃圾主要来源地区及其主要类别情况具体见表5-4。

表5-4 校园生活垃圾的详细来源

产生地点	垃圾主要类别
宿舍	食物垃圾、废弃的衣物、塑料、少量金属、电池、废纸、玻璃
教学楼	食物垃圾、废纸、塑料、玻璃
办公楼	废纸、塑料、玻璃
实验楼	损坏的实验器材、实验产生的无害废物、有毒物品、玻璃
餐厅	食物垃圾、废弃食物原料、塑料、废纸、木块
图书馆	废纸、塑料
空地	落叶、少许废纸、少许塑料

5.3.2.2 学校建筑物的调查

学生公寓：学一舍、学二舍、学三舍、学四舍、学五舍、女研究生公寓、单身公寓。

教学楼：教一、教二、教三、教四、教五、图书馆A、图书馆B、自动化系大楼。

餐厅：一餐厅、二餐厅、聚博园。

其他：实验楼、办公楼、浴室、超市、培训中心。

5.3.2.3 华电一校垃圾调查情况

根据调查的实际情况可知，调查的对象、调查的频率、调查的时间、调查的数据来源等会对作者掌握的数据有很大的影响。所以这次调查计划在5月中旬进行，总共调查7天，调查时间不连续，不规律。所有数据均为调查所得结果的平均值。

A 学生公寓

学生公寓是学生主要活动区域，是学校垃圾的主要产生区域，垃圾种类繁多，垃圾成分复杂。垃圾主要有：剩饭、废弃包装、饮料瓶、纸巾、各种水果果皮果核、旧衣物、旧鞋子、旧家具、旧书、废弃的电器、废电池、废弃的体育器材等。具体产量见表5-5。

表5-5 学生公寓垃圾产量收集情况表

学生公寓楼	人数	清理次数（大楼）/次·d^{-1}	日均垃圾产量/kg
学一舍	845	2~3	684
学二舍	689	2~3	489
学三舍	646	2~3	556
学四舍	878	2~3	658
学五舍	514	2~3	432
女研究生公寓	532	2~3	516
单身公寓	1215	2~3	954

B 教学楼

教学楼是学生活动的另一主要区域，但是垃圾种类相较于宿舍区域有所降低，垃圾产量也较少。垃圾主要有：旧书、废纸、塑料包装、饮料瓶、粉笔头等。垃圾产量见表5-6。

表5-6 教学楼垃圾产量情况表

教学楼号	清理次数/次·d^{-1}	日均垃圾产量/kg
教一	2~3	46
教二	2~3	36
教三	2~3	45
教四	2~3	43
教五	2~3	37
图书馆A	2~3	25
图书馆B	2~3	22
自动化系大楼	2~3	19

C 餐厅

餐厅是学校垃圾产量的第二大区域，垃圾日产量惊人，而且垃圾收集与垃圾运输难度较大。垃圾种类主要有：食堂剩菜剩饭、学生的食物残渣、食物包装袋、饮料瓶、一次性塑料袋，还有各种泔水等。具体产量见表5-7。

表5-7 餐厅垃圾产量情况表

餐厅名称	清理次数/次·d^{-1}	日均垃圾产量/kg
一餐厅	3	750
二餐厅	3	281
聚博园	3	825

D 其他建筑物

这些建筑物学生活动虽也相对频繁，但是垃圾产量却较低。垃圾种类也不多，主要有：废旧实验器材、旧家具、包装袋、空的罐装包装等。具体情况见表5-8。

表5-8　其他建筑物垃圾产量情况表

建筑物名称	清理次数/次 · d^{-1}	日均垃圾产量/kg
实验楼	1	28
办公楼	1	44
浴室	1	67
超市	1	101
培训中心	1	55

5.3.2.4　校园内垃圾桶种类的调查

校园内垃圾桶主要有以下几种：

(1) 金属圆筒垃圾桶，这种垃圾桶最为常见，大多位于道路两侧，部分教学楼以及办公楼道内，容积较小。

(2) 绿色方形塑料垃圾桶，这种垃圾桶数量不多，位于垃圾转运点以及操场等地，容积大。

(3) 蓝色圆筒塑料垃圾桶，这种垃圾桶常见于宿舍楼内，每层有3个，容积大。

(4) 分类式金属垃圾桶，数量少，常见于教学楼、宿舍楼门口，容积不大，但可分类收集。

(5) 小型网状塑料垃圾桶，这种垃圾桶数量极多，常分布在各个宿舍之内，每人1个，教室中也有，容积小，但非常灵活。

5.3.2.5　校园内垃圾收集时间的调查

校园内的垃圾不同区域、不同种类，收集方式和收集时间各不相同。因此，对学校各不同垃圾产生地的垃圾收集时间的调查显得极为重要。这可以更好地帮助作者掌握垃圾的产生状况，方便更好地收集处理。

(1) 宿舍区：宿舍人流量很大，垃圾产生量很多，垃圾收集次数也多。一般是上午9点和下午3点两个时间段，因为此时是上课时间，人流量少，方便清扫。

(2) 教学楼：此处的垃圾主要是学生们上课时间留下的，清扫时间一般为下午1点和晚上7点，这时间段为放学时间，而且不和午饭时间冲突，便于清扫。

(3) 餐厅：该区域垃圾产量大，产量时间较为密集，清理时间为早上9点，下午2点，晚上8点之后，因为饭点时间已过，垃圾已经产生，此处的垃圾应立即清理。

(4) 其他建筑物：该区域的垃圾产量和垃圾种类相对较少，每天早上6点清扫。

(5) 路面：该区域的垃圾产生不确定，垃圾的产生具有随机、自然产生性。如落叶、树枝等。该区域的垃圾清扫有专门人员负责专门区域，清扫时间为早上5点半到8点，下午2点到5点。

5.3.2.6　校园垃圾的日总产量与日总体积的估算

A　日总产量计算

据调查，华电一校在校师生及其他工作人员总数大概共计6000人。可按式5-6计算该范围内垃圾日总产量：

$$M = P \times Q \times U \times C \tag{5-6}$$

式中，P 为华电一校人口数；Q 为调查得出的人均垃圾日产量，kg/(人 · d)，根据调查可得，人均垃圾日产量约为1.12kg/d；U 为垃圾日产量的不均匀系数，通常在1.1~1.15，这里取1.15；C 为居住人口变动系数，通常在1.02~1.05，这里取1.05。因此，计算得出：

$$M = P \times Q \times U \times C = 6000 \times 1.12 \times 1.15 \times 1.05 = 8114.4\text{kg/d}$$

B 日总体积计算

计算得到日总产量后，可根据日产量由式 5-7 计算垃圾日总体积：

$$V_{\text{ave}} = M/(S \times D_{\text{ave}}) \tag{5-7}$$

式中，V_{ave}为垃圾的平均每日产生垃圾体积，m^3/d；S 为垃圾数量的变动系数，一般取 0.7~0.9，这里取 0.8；D_{ave}为垃圾平均容重，kg/m^3。据查询可知国家统计出来的垃圾平均容重为 $488kg/m^3$。因此，计算得出：

$$V_{\text{ave}} = M/(S \times D_{\text{ave}}) = 8114.4/(0.8 \times 488) = 20.8\text{m}^3/\text{d}$$

5.3.2.7 校园内垃圾桶位置调查

根据作者对华电一校的实地调查，将校园内垃圾桶（不包括建筑内）的摆放位置进行了详细记录。然后绘制了校园垃圾桶分布图，具体情况如图 5-9 所示。

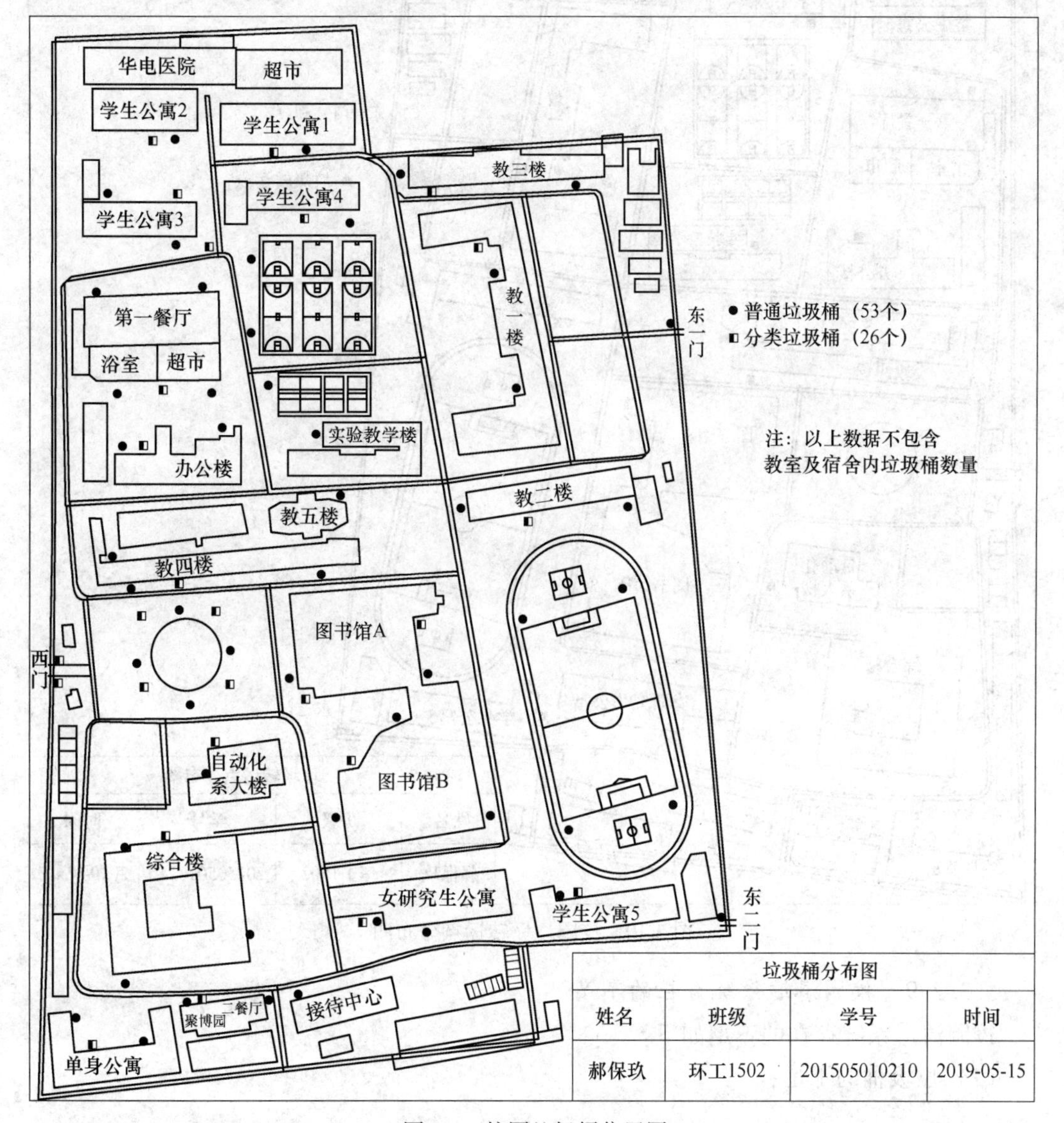

图 5-9 校园垃圾桶位置图

5.3.2.8　校园内垃圾转运点调查

根据长时间对学校的实地调查，作者找到了学校各垃圾转运点的大概位置分布，并且经过仔细询问相关负责人员，得到了校园垃圾转运点的具体分布图。学校的垃圾转运点位置不够固定，具有很强的随机性，可能和每日运输垃圾的负责人员也有一定关系，中央喷泉和校园操场等地不设垃圾转运点。因为这些地方垃圾产量较少，而且地方面积较大，需要相关负责人员每天定时收集处理，直接运往垃圾转运站，所以不设转运点。校园垃圾转运点分布情况如图5-10所示。

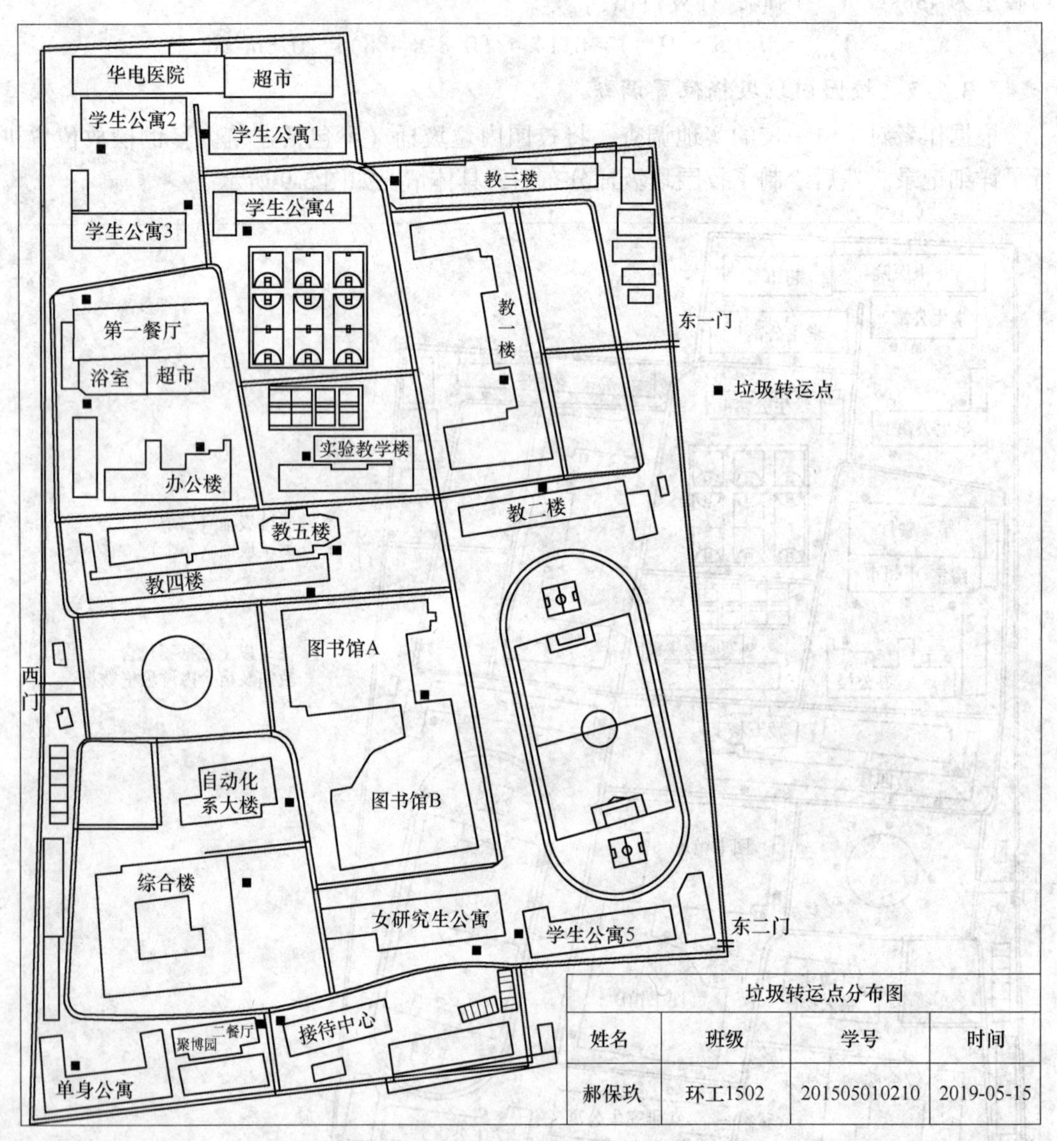

图5-10　校园垃圾转运点分布图

5.3.2.9　校园清运系统存在的不足

校园清运系统存在的不足如下：

(1) 垃圾桶的不足；

(2) 垃圾运输车的不足；
(3) 垃圾分类回收的不足；
(4) 学生环保意识的不足；
(5) 垃圾转运点分布的不足。

5.3.3 华电一校垃圾清运系统的优化设计

5.3.3.1 校园垃圾清运系统的优化

A 校园垃圾桶的优化

a 垃圾桶数量的优化

首先应该在学校范围内增加垃圾桶的数量。目前学校的垃圾桶数量不能满足垃圾产生量的需求，尤其是在公寓楼、教学楼等地增加垃圾桶数量。普通垃圾桶和分类式垃圾桶的数量都应相应的增加。垃圾桶数量分配应更加合理，也可以增加垃圾桶的利用效率，使得每个垃圾桶都不会被闲置或者过度使用。

b 垃圾桶容量的优化

首先应增加垃圾产生地多的垃圾桶容量，比如教学楼、公寓楼和餐厅。这些地方的垃圾产量较多，增加垃圾桶容量来应对现状。还有中央喷泉、操场等地，垃圾产量不多，垃圾桶数目要适当减少，应适当增加容量。这样一来，可以大大提高垃圾的收集效率，减少不必要的环境污染，不仅使环境得到了保护，更使垃圾桶物尽其用，大大增加了利用率。

c 垃圾桶种类的优化

在学生活动频繁、学生人数较多的地方，垃圾产量较多的地方应该多增加分类式垃圾桶的数量，比如教学楼、公寓楼等地，可回收垃圾较多，适当增加分类式垃圾桶数量可以提高回收价值，增加利用率，提高垃圾处理效率。这样不仅可以美化环境，还能间接提醒同学们要注意垃圾分类回收，可以一举两得，美化校园环境。

B 垃圾运输车的优化

a 机动运输车数目的优化

根据实地调查发现，华电一校的垃圾运输车机械化程度较低，大部分都是人力运输车，这大大增加了运输难度。学校在各方面条件合适的情况下，应该多多增加电动运输车的数量，以此来提高学校垃圾的清运效率。这样不仅可以节省人力，让卫生相关负责人员工作量减少，工作也更加轻松，使收运的效率也变得更高，校园垃圾收运系统更加完善。

b 可压缩式垃圾运输车的优化

根据调查，学校的垃圾大多可以进行压缩，以此来减小垃圾体积。垃圾大多比较干燥蓬松，可以进行压缩，增加每次垃圾车的运输数量，这样可以减少垃圾的运输次数，增加垃圾运输效率。这样不仅使得垃圾运输更加轻松，而且也可以减少垃圾运输过程中的垃圾洒落情况，使校园环境更加美化，也更加提高了运输效率。

C 垃圾转运点的优化

学校的原垃圾转运点较为分散，不够集中，而且有些点距离道路较远，运输较为困难。因此需要对学校的垃圾转运点进行优化。学校的垃圾转运点应更加集中，更加靠近道路，优化后的垃圾转运点如图 5-11 所示。

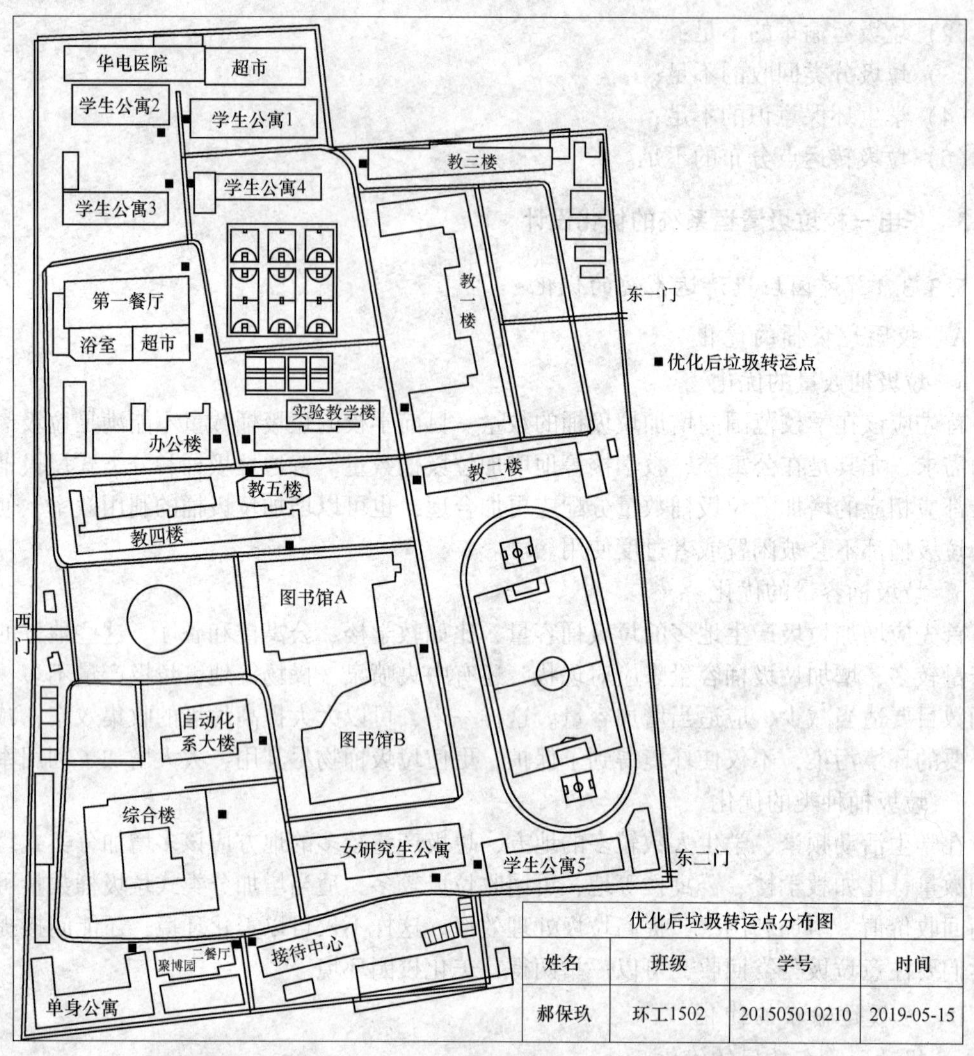

图 5-11　优化后校园垃圾转运点分布图

D　垃圾分类回收的优化

根据长时间对华电一校的实地调查发现，学校的垃圾大部分都是可回收垃圾，包括废旧纸张、塑料瓶、废旧书籍、废旧实验仪器等，这些垃圾可以回收利用，具有很高的回收再生价值。学校应大力宣传回收利用的好处，督促大家将垃圾分类收集，这样可以大大提高垃圾的回收利用率，产生许多的额外价值，也可以降低垃圾清运的难度，垃圾分类回收可以带来许多的益处。

a　经济效益

优化设计可以大幅提高经济效益。首先，垃圾回收可以使资源回收利用，促进生态环境保护，提高资源利用率，而且可以改变生活中的不良习惯，提高垃圾分类回收的意识。其次，垃圾回收可以为学校带来一定的收入，而且可以减少垃圾的产生量，提高垃圾处理效率，减少垃圾处理时间，提高人们经济生活水平。

b　社会效益

垃圾资源的回收与利用，可以给人们带来更多的有用资源，可以带动整个学校，学生还可以到社会上去宣传，带动整个社会的垃圾分类回收，提高整个社会的垃圾回收效率，促进社会的和谐发展，提高全社会人们的垃圾分类回收意识，促进社会的高效垃圾回收率，进而促进社会的垃圾回收。

c 生态效益

垃圾回收能够切实减少垃圾对校园内大气、水和土壤造成污染，减少环境污染的风险，有助于构建美好的校园环境。

E 增强学生们的环保意识

通过对各种污染源、各种污染途径的认识，使学生认识到目前校园环境污染的普遍存在性，从而掌握减少污染的方法。在实际行动中加强了学生环保意识的教育。

5.3.3.2 校园垃圾清运路线设计与计算结果

A 校园垃圾运输路线设计一

此设计方案的设计路线一如图 5-12 所示。

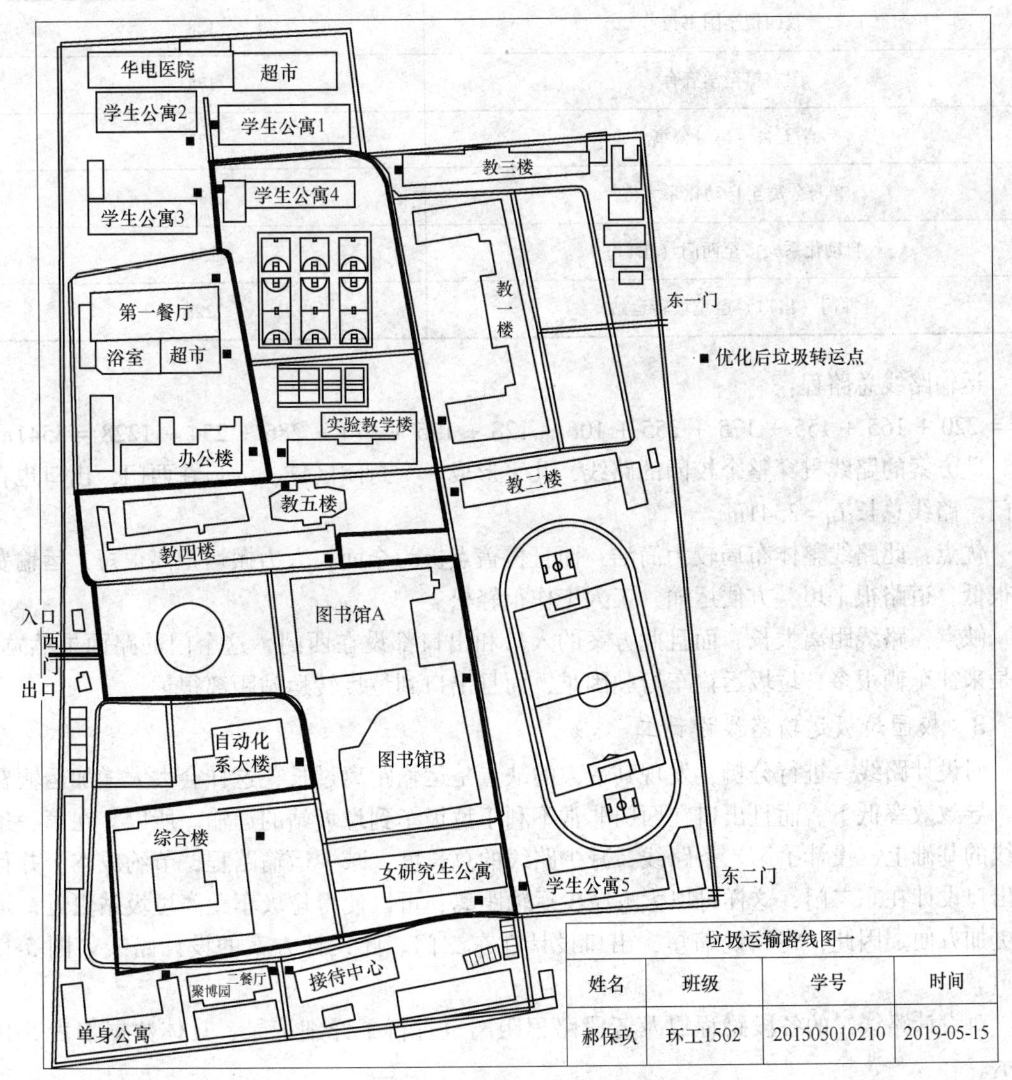

图 5-12 设计方案一路线图

对设计路线一的各段路程以及各段路程距离进行了详细记录，具体数据如表5-9所示。

表5-9 设计方案一各段路线的路程

收集路线	距离/m
西门（入口）至办公楼	220
办公楼至一餐厅	165
一餐厅至学二舍	155
学二舍至教三楼	175
教三楼至教二楼	255
教二楼至教四楼	106
教四楼至图书馆	128
图书馆至学五舍	175
学五舍至单身公寓	374
单身公寓至自动化系大楼	286
自动化系大楼至西门（出口）	254
西门（出口）至垃圾转运站	1228

运输路线总路程：

$$L_1 = 220 + 165 + 155 + 175 + 255 + 106 + 128 + 175 + 374 + 286 + 254 + 1228 = 3541\text{m}$$

此方案的路线贯穿整个校园的路线，几乎形成一个封闭区域，入口在西门，出口也在西门。路线总长 $L_1 = 3541\text{m}$。

优点：此路线整体布局较为简洁，而且覆盖点极为全面，人力搬运距离很短，运输费用很低，道路很平坦，方便运输，工人工作很轻松。

缺点：路线距离太长，而且此方案的入口和出口都设在西门，这个门的路面虽然宽，但是来往车辆很多，垃圾运输车行驶困难，而且出口到垃圾转运站距离很远。

B 校园垃圾运输路线设计二

对设计路线一进行分析，发现其最大的缺点是运输距离过长，这样会大大增加运输费用，导致效率低下。而且出口在西门非常不利于垃圾车到垃圾站的运输。所以，在第一条路线的基础上，设计了第二条路线，减少路线的总长度，减少运输路程，节约成本。并且将出口设计在东二门，这样可以大大减少运输距离，可以使得垃圾车距离垃圾站更近，运输更加方便。因此，将路线缩短，出口设计在东二门。此设计方案的设计路线如图5-13所示。

对设计路线二的各段路程以及各段路程距离也进行了详细记录，具体数据如表5-10所示。

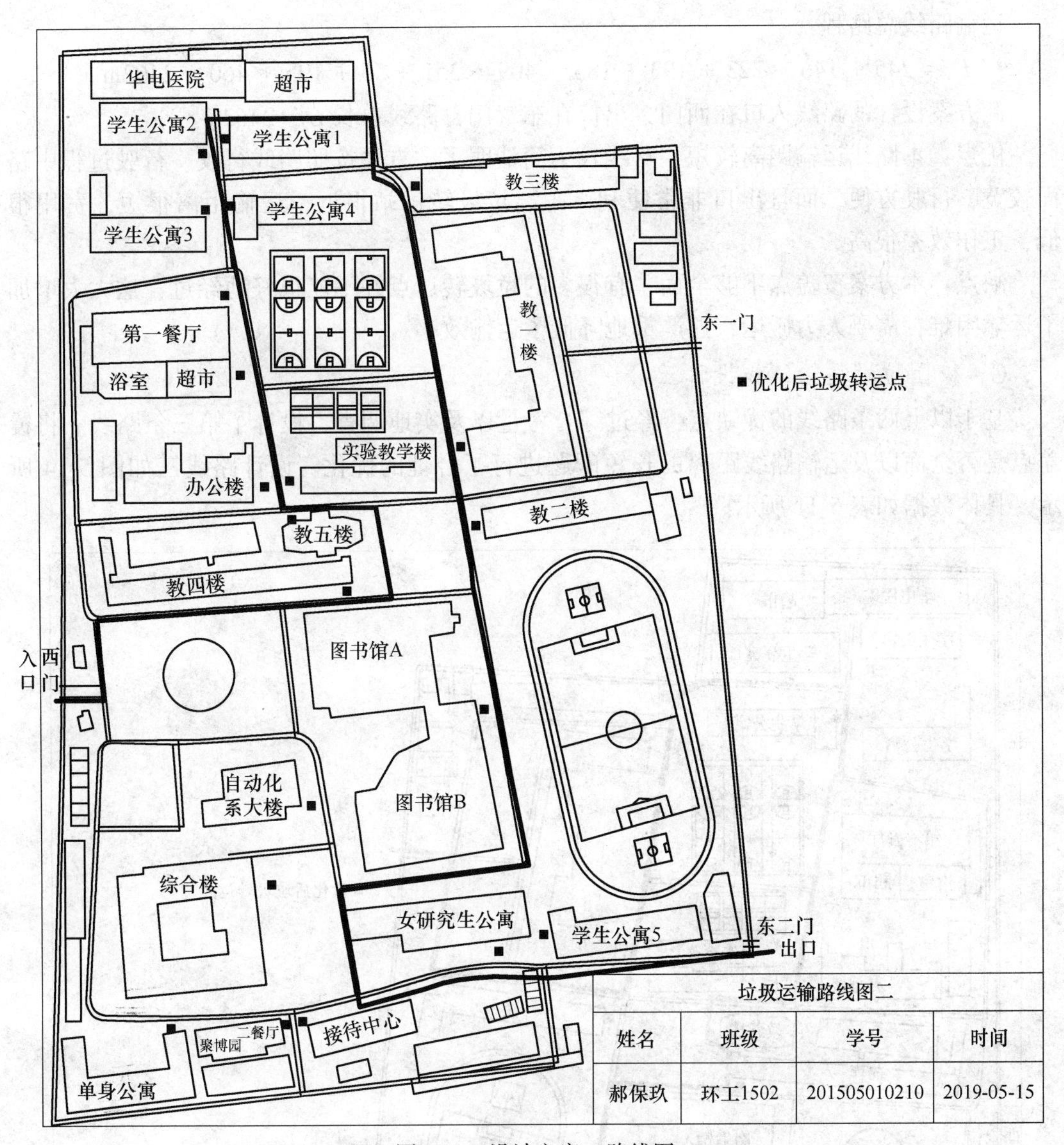

图 5-13 设计方案二路线图

表 5-10 设计方案二各段路线的路程

收集路线	距离/m
西门（入口）至教四楼	245
教四楼至教五楼	146
教五楼至一餐厅	223
一餐厅至学一舍	193
学一舍至教三楼	185
教三楼至图书馆	409
图书馆至女研究生公寓	351
女研究生公寓至学五舍	55
学五舍至东二门（出口）	195
东二门至垃圾转运站	460

运输路线总路程：

$$L_2 = 245 + 146 + 223 + 193 + 185 + 409 + 351 + 55 + 195 + 460 = 2462\text{m}$$

此方案设计的路线入口在西门，出口在东二门，路线总长 $L_2 = 2462\text{m}$。

优点：本路线运输距离较短，路线较为简洁明了，方便按照路线行驶。行驶过程中路面较宽，行驶方便。而且出口非常便利，距离垃圾转运站很近，运输距离很短，费用很低，工作效率很高。

缺点：本方案覆盖点不够全面，有很多的垃圾转运点并不能很好地经过，这大大增加了运输困难，需要人力搬运，这严重地降低了运输效率。

C　校园垃圾运输路线设计三

基于以上两条路线的优缺点，经过综合考量以及实地调查，设计了第三条路线。将覆盖点是否全面以及运输路线距离的长短问题进行了合理的优化。设计路线三如图 5-14 所示，具体数据如表 5-11 所示。

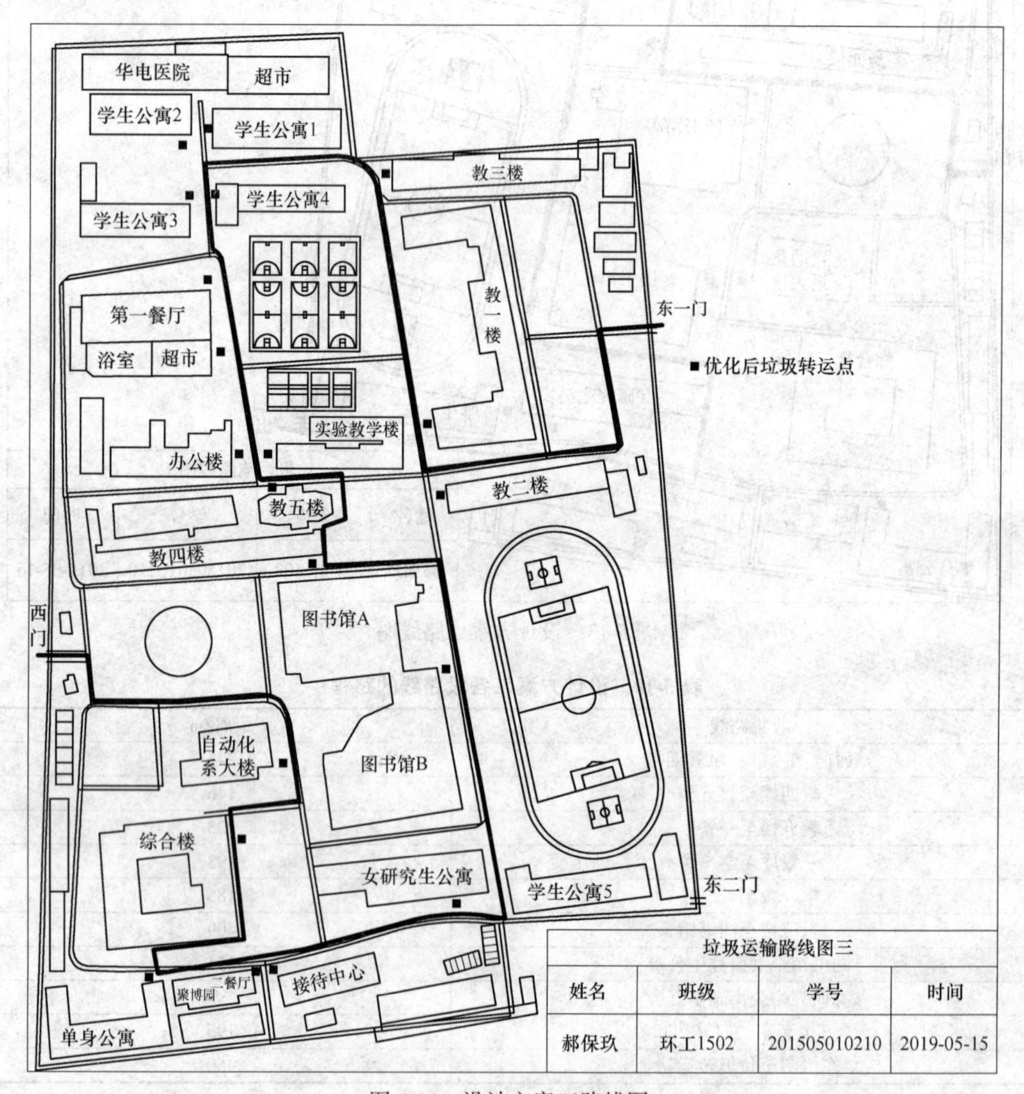

图 5-14　设计方案三路线图

表 5-11 设计方案三各段路线的路程

收集路线	距离/m
西门（入口）至自动化系大楼	185
自动化系大楼至单身公寓	175
单身公寓至女研究生公寓	305
女研究生公寓至图书馆	351
图书馆至教四楼	128
教四楼至办公楼	85
办公楼至一餐厅	165
一餐厅至学二舍	155
学二舍至教三楼	175
教三楼至教二楼	255
教二楼至东一门（出口）	205
东一门（出口）至垃圾转运站	761

运输路线总路程：

$L_3 = 185 + 175 + 305 + 351 + 128 + 85 + 165 + 155 + 175 + 255 + 205 + 761 = 2945\text{m}$

此方案设计的路线入口在西门，出口在东一门，路线总长 $L_3 = 2945\text{m}$。

优点：本路线运输距离较适中，而且这个设计的出口设在学校东一门，不仅距离垃圾转运站近，而且路面平坦，很适合垃圾车的运输。出口距离垃圾转运站较近，覆盖点极为全面，减少人力运输，大大提高了运输效率。

缺点：本路线在运输过程中会经过几个路面较窄的点位，应注意交通安全。而且路线较为复杂，可能会对垃圾清运的相关人员造成一定的困扰。

5.3.4 结论

根据长期的实地调查以及走访相关工作人员，得到了华电一校垃圾产生、收集及运输方面的相关数据，并对数据进行了系统的分析，给出相关的优化建议。结论主要分为以下几点：

（1）通过调查发现，校园内的垃圾产量和种类每年都在增加。因此，对学校垃圾清运系统的优化是非常有必要的。通过优化，不仅可以美化校园环境，还可以节约成本，减少垃圾造成的污染。

（2）根据学校的实际情况，发现学校的垃圾收集是随机的，不固定的，没有路线的，这会导致效率低下。根据实际情况，进行对比分析，发现了最适合华电一校的收运方案。

（3）对学校清运系统的现状进行分析，针对发现的诸多不足之处，进行了全面具体的优化设计。并且对学校垃圾运输路线进行了优化设计，得到了最优的运输路线图。

5.4 案例3——500t 防滑链建设项目环境影响评价

本节设计主要对年加工 500t 防滑链项目的环境影响评价过程中的以下几个方面进行评价：

（1）对项目的选址进行分析，重点围绕拟建项目的环境敏感点，确定本次评价的环境保护目标。

（2）对项目建设过程根据其产污环节进行工程分析、筛选污染因子、进行污染源强的计算以及确定项目的污染负荷；分析项目施工期和运营期可能出现的噪声、粉尘、固体废物、废水、交通等问题，并提出具体的预防措施。

5.4.1 总则

施工期环境影响因子识别：施工扬尘、施工噪声；

运营期环境影响因子识别：焊接烟尘、生产设备噪声、废矿物油。

评价使用标准如下。

（1）声环境：执行 GB 3096—2008《声环境质量标准》中Ⅱ类标准。

（2）环境空气：设计执行 GB 3095—2012《环境空气质量标准》中二级标准。

（3）地下水：执行 GB/T 14848—2017《地下水质量标准》中Ⅲ类标准。

（4）营运期各污染物排放标准：

1）废气，颗粒物应执行 GB 16297—1996《大气污染物综合排放标准》。

2）噪声，厂界产生的噪声排放应符合 GB 12348—2008《工业企业厂界环境噪声排放标准》中Ⅱ类标准。

3）固废：本设计项目产生的一般工业固体废物的处置，应当按照 GB 18599—2001《一般工业固体废物贮存和处置场污染控制标准》及其修正案的有关要求进行。危险废物的处置应当按照 GB 18597—2001《危险废物贮存污染控制标准》及其修正案的有关要求进行处理。

（5）总量控制指标标准。将本次设计项目的污染源以及污染物排放的特征，与《国务院节能减排工作方案通知》以及《河北省环保厅“十三五”污染物总量控制规划工作通知》中的相关要求相结合，将 COD、NH_3-N、TN、TP、SO_2、NO_x、VOCs、颗粒物用作本节设计项目污染物总量控制因子。

本项目无废水向外排放，无锅炉等燃烧装置，无 VOCs 排放，颗粒物经治理后无组织排放，排放量约为 0.013t/a。

一般为达到排放标准，建议以达标排放为前提的预测排放量作为总量控制指标：COD 0t/a、TN 0t/a、NH_3-N 0t/a、TP 0t/a、SO_2 0t/a、NO_x 0t/a、VOCs 0t/a、颗粒物 0.013t/a。

5.4.2 项目基本情况分析

5.4.2.1 项目概况

A　建设地点及周边关系

项目具体地理位置如图 5-15 所示。

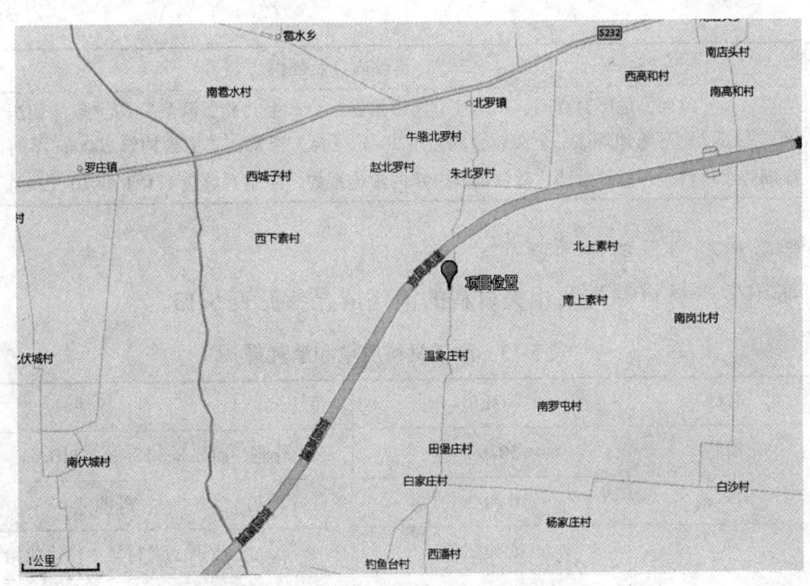

图 5-15 建设项目地理位置图

B 项目组成

主要建设内容见表 5-12。

表 5-12 项目组成一览表

名称	建设内容及规模	
主体工程	加工车间	建筑面积约为 $700m^2$，钢结构，主要用于生产防滑链
	打光车间	建筑面积约为 $28m^2$，钢结构，内部安装全封闭打光房，打光房墙体为 15cm 厚保温彩钢板
储运工程	库房	建筑面积约为 $16m^2$，钢结构，用于存放成品或原料
	危废暂存间	建筑面积约为 $12m^2$，钢结构，用于存放废矿物油
辅助工程	办公生活用房	建筑面积约为 $44m^2$，主要用于办公、临时休息
公用工程	供水	由西上素村集中供水供给
	供电	从附近低压线接入
	供热	冬季办公采用电取暖
环保工程	废气：对焊工序、焊钉工序	焊接烟尘经净化器处理后无组织排放
	废水治理：生活污水	泼洒抑尘，设防渗旱厕，定期清掏用作农肥
环保工程	噪声治理：设备噪声	低噪声设备+工厂隔声，距离衰减
	固废处置：打光工序脱落的钢筋表面氧化层；编链、打钉工序下脚料	收集后外售综合利用
	固废处置：废矿物油	暂时存放在危废间，由合格单位回收
	固废处置：生活垃圾	交环卫部门集中处置

续表 5-12

名称	建设内容及规模
其他	项目车间地面、危废暂存间、旱厕应有防渗措施，会产生“跑冒滴漏”的设备（如压力机、编链机等）底部涂刷环氧地坪漆。危废暂存间先用 20cm 三合土夯实，之上再构筑 200mm 厚的混凝土，之后涂刷防水材料、环氧地坪漆。防渗层有一定的渗透系数，渗透系数应不大于 1×10^{-10}cm/s

C 主要生产材料及能源消耗

本项目所用生产材料种类及相关材料的消耗情况参见表 5-13。

表 5-13 原辅材料清单和消耗量

类别	名称	消耗量	备 注
原材料	钢筋	502t/a	外购，ϕ6mm、ϕ8mm、ϕ10mm、ϕ12mm
	调节板	6. 5t/a	外购
能耗	水	168m^3/a	由西上素村集中供水供给
	电	2万千瓦·时/a	从附近低压线接入

D 主要生产设备

本项目主要生产设备见表 5-14。

表 5-14 项目主要生产设备清单

序号	设备名称	规格	数量/台	备注
1	开式可倾压力机	JB23-60 型	1	—
2	开式可倾压力机	JB23-40 型	1	—
3	开式可倾压力机	JB23-80 型	1	—
4	编链机	—	1	—
5	链条对焊机	—	4	—
6	手动对焊机	—	2	—
7	扭链机	—	2	—
8	防滑链组装机	—	3	—
9	开口机	—	2	—
10	自动握勾机	—	1	—
11	打光机	—	2	—
12	焊钉机	—	2	—
13	打钉机	—	1	—
14	空气压缩机	—	1	—
15	水泵	—	2	—

续表 5-14

序号	设备名称	规格	数量/台	备注
16	叉车	—	1	—
17	切割机	—	1	仅维修使用
18	用砂轮	—	1	仅维修使用

E 劳动定员及生产天数

本项目劳动定员为 12 人，年工作日 300 天。实行一班白天生产制，每天工作量为 8h。

F 项目平面布置

项目平面布置见图 5-16。

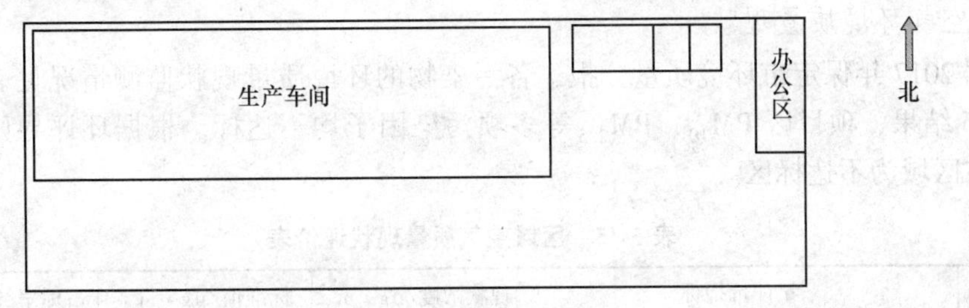

图 5-16 项目平面布置图

G 公用工程

给水：项目用水包括生产用水和生活用水。总用水量为 4.56m³/d（1344m³/a），其中新鲜用水量为 0.56m³/d（168m³/a），电阻焊接机冷却循环补充水量为 0.08m³/d（24m³/a），循环水量为 4m³/d（1200m³/a）。

排水：本项目电阻焊接机所使用的冷却水循环使用，不向外面排放。

供电：项目用电由北罗镇电力供应，年电量约为 2 万千瓦·时。

供热：项目生产过程不需要加热，冬季采用电供暖。

5.4.2.2 建设项目所在地自然环境简况

A 地形、地貌

唐县所在地位于太行山北段海河流域。唐县地貌由三种地貌类型组成，分别是低洼山地地貌，丘陵地貌和平原地貌。本项目位于唐河冲积扇平原。

B 气候气象

唐县气候属于半干旱、半湿润的大陆性季风气候，属暖温带。最高、最低与每年平均气温分别为 40.7℃（1972 年 6 月 16 日）、−22.6℃（1966 年 2 月 22 日）、12.33℃；年平均日照时数为 2559.9h。风向主要为东北风，年平均风速为 1.8m/s，最大风速为 20m/s。

C 地表水系

唐县的河流属于大清河水系。唐县目前有 26 个水库，包括 1 个大型水库（西大洋水库）和 3 个小水库（余家寨、卧佛寺、高昌水库），22 个小型二级水库，58 个塘坝，有 11 个平原排水沟和 2 个 10000 亩（1 亩 =（10000/15）m²）以上的灌溉区。西大洋水库是河北省水源保护区。该项目位于西洋水库下游，距唐河约3.2km，不在西洋水库保护区范围内。本项目距离南水北调中线干渠有4.49km，不在南水北调工程的保护区范围之内。

D 水文地质

唐县境内有两种水文地质条件：平原区和山丘区。在评价范围内，没有国家规定的特殊保护单位，如风景区、历史遗迹。项目不属于唐县生态保护红线范围内。

5.4.2.3 环境质量现状评价

A 地下水环境质量现状

项目所在区域地下水环境质量状况良好，地下水环境满足GB/T 14848—2017《地下水质量标准》中Ⅲ类标准。

B 声环境质量现状

项目所在区域声环境质量满足GB 3096—2008《声环境质量标准》中Ⅱ类标准要求。

C 空气环境质量现状

根据2017年保定市环境质量公报，各污染物的环境质量现状监测情况见表5-15。根据表5-15结果，项目区PM_{10}、$PM_{2.5}$等多项污染因子均不达标。根据环评导则判断，本项目所在区域为不达标区。

表5-15 区域空气质量现状评价表

污染物	年评价指标	现状浓度/$\mu g \cdot m^{-3}$	标准值/$\mu g \cdot m^{-3}$	占标率/%	达标情况
PM_{10}	年平均质量浓度	135	70	192.9	不达标
$PM_{2.5}$	年平均质量浓度	84	35	240	不达标
SO_2	年平均质量浓度	29	60	48.3	达标
NO_2	年平均质量浓度	50	40	125	不达标
CO	24h平均第95百分位数	3600	4000	0.9	达标
O_3	日最大8h滑动平均值的第90百分位数	218	160	136.3	不达标

5.4.2.4 建设项目工程分析

A 工艺流程简述

项目生产流程及产污节点如图5-17所示。

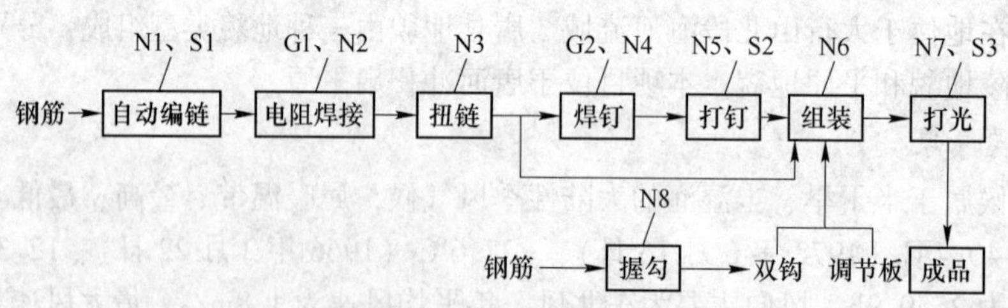

图5-17 项目生产工艺流程及产污节点图

G—废气；N—噪声；S—固体废物

B 主要污染工序

工程主要排污节点清单见表5-16。

表 5-16　工程主要排污节点清单

类别	序号	产生工序	污染因子	排放特征	措施
废气	G1	电阻焊接工序	焊接烟尘	间断	采用双臂移动式焊接烟尘净化器
	G2	焊钉工序	焊接烟尘	间断	
废水	—	职工生活	废水	间断	泼洒地面抑尘，设防渗旱厕，定期清掏作农肥
噪声	N1~N8	开式可倾压力机、编链机、电阻焊接机、空气压缩机等生产设备	噪声	间断	工厂隔声、基础减振、距离衰减
固废	S1	编链	钢筋下脚料	间断	集中收集后外售综合利用
	S2	打钉	钢筋下脚料	间断	
	S3	打光	脱落的钢筋表面氧化层	间断	
	—	设备维护	废矿物油	间断	暂存于危废间，定期由合格单位处置
	—	职工生活	生活垃圾	间断	交环卫部门集中处置

C　项目污染物产量以及预计排放量

项目污染物产量以及预计排放量见表 5-17。

表 5-17　污染物产生及排放表

污染物类型	排放源	污染物名称	产生浓度及产生量	排放浓度及排放量
大气污染物	对焊工序	焊接烟尘	0.0556t/a	≤1.0mg/m^3，0.013t/a
	焊钉工序		0.003t/a	
水污染物	职工生活	COD	250mg/L，28.8kg/a	泼洒地面抑尘 0mg/m^3，0t/a
		NH_3-N	15mg/L，1.73kg/a	
		TN	20mg/L，2.3kg/a	
		TP	3mg/L，0.35kg/a	
		SS	200mg/L，23.04kg/a	
固体废物	打光	脱落的钢筋表面氧化层	0.4t/a	妥善处置
	自动编链工序	钢筋下脚料	1.0t/a	
	打钉工序		0.6t/a	
	设备维护	废矿物油	0.01t/a	
	职工生活	生活垃圾	1.8t/a	
噪声	主要有开式可倾压力机、编链机、电阻焊接机、开链机、扭链机、空气压缩机等生产设备，噪声源强在 80~90dB（A）之间			<60dB（A）

续表 5-17

污染物类型	排放源	污染物名称	产生浓度及产生量	排放浓度及排放量
其他	项目车间地面、危废暂存间、旱厕应设置满防渗措施，易产生“跑冒滴漏”的设备（如压力机、编链机等）底部涂刷环氧地坪漆。危废暂存间先用 20cm 三合土夯实，之上再构筑 200mm 厚的混凝土，之后涂刷防水材料、环氧地坪漆，防渗层有一定的渗透系数，渗透系数应不大于 1×10^{-10}cm/s			

5.4.3　环境影响分析

本节主要对项目在施工期以及运营期各污染因子对环境的影响进行分析，并根据各污染因子以及分析情况特点提出相应的治理措施。根据相关技术指标设定项目的卫生防护距离以及项目运营后的环境监管计划。最后对提出的措施以及相应的治理效果进行总结。

5.4.3.1　施工期环境影响分析

本项目施工期污染因子有施工扬尘、施工机械设备和运输车辆产生的噪声、施工现场产生的工地冲洗水、泥浆水、施工人员生活污水等。其中施工扬尘对环境的影响很大。

A　施工期大气环境影响分析

施工期废气污染源：项目建设期间大气污染物来源主要为粉尘，粉尘来源主要是基础土方的开挖、堆放、回填和清理，还有建筑材料的运输、装卸、堆放和开挖，以及各种施工车辆、建筑垃圾倾倒和运输过程。

影响分析：该项目主体工程为轻钢结构，土方开挖量较小，主体施工期短。对大气环境影响较小，且随施工期的结束而消失。根据现场调查，该项目在基础施工，材料储存和车辆运输过程中对周围敏感点有一定程度的不利影响。为了减少施工扬尘对环境的影响，以《河北省建筑防尘强度防治措施》（冀建安［2016］27 号）及《保定市防尘 22 条整治标准》等文件，制定施工期间防尘措施。

B　施工期声环境影响分析

项目在施工过程中产生的噪声可能对周边居民的日常生活产生一定程度的不利影响。本项目施工期主要建设生产车间、原料库棚等工程，以上建设均为轻钢结构，无须大规模的土方开挖、地基建设等。噪声产生情况详见表 5-18。

表 5-18　噪声产生情况

序号	设备名称	源强/dB（A）
1	挖土机	78~96
2	推土机	82~90
3	打桩机	100
4	混凝土振捣棒	85
5	空压机	75~85
6	载重车	90

以施工机械为点源，采用点声源衰减模式计算各种常用施工机械对不同距离处的贡献

值以及确定达标距离，分析施工期的噪声影响程度和范围。

施工期间，在距离各项施工机械的不同位置处噪声值参见表5-19。

表5-19 不同距离处噪声值

设备	源强/dB（A）								标准/dB（A）	
	1m	20m	40m	60m	100m	120m	160m	180m	昼间	夜间
挖土机	96	70	64	60.4	56	54.4	51.9	51	70	55
推土机	90	64	58	54.4	50	48.4	45.9	44.9		
打桩机	100	74	68	64.4	60	58.4	55.9	54.9		
振捣棒	85	59	53	49.4	45	43.4	40.9	40		
空压机	85	59	53	49.4	45	43.4	40.9	40		
载重车	90	64	58	54.4	50	48.4	45.9	44.9		

从表5-19中可以看出，本项目施工期昼间厂界噪声达标距离约为40m，而最靠近项目的环境保护目标为项目以南230m处的西上素村。施工期产生的噪声随距离减小，厂边界噪声能达到GB 12523—2011《建筑施工场界环境噪声排放标准》，且随施工期结束影响消失。综上，施工期产生的噪声对项目区声环境影响不大。

C 施工期水环境影响分析

施工期废水主要有施工废水和生活污水。施工废水有现场清洗水、泥水等，可收集回用。生活污水产生量小，直接用于场地泼洒地面抑制粉尘。

此外，各种建筑材料应配备防雨设施，工程废弃物应及时运输。在施工过程中，雨季导致水中悬浮物浓度增加时，应合理组织施工程序，合理使用施工机械，并应安排施工进度。此外，挖掘面的侵蚀将导致局部土壤侵蚀，禁止在雨天施工。采取以上措施后，本项目产生的废水不外排，对项目所在区域水环境影响较小。

D 施工期固体废物影响分析

施工期产生的固体废物主要是生活垃圾和建筑垃圾，建筑垃圾通常有建筑物散落的废砖、砂浆和混凝土，以及金属、木材、装饰和其他废物。施工期间施工人员不在施工现场住宿，生活垃圾量较小。定期收集的生活垃圾应转移到环卫部门的收集点，建筑垃圾运往填埋场填埋。

综上所述，在施工期采取相应的防治措施后，项目施工期对环境的影响可以最小化，影响将随着施工期的结束而结束。

5.4.3.2 营运期环境影响分析

A 大气环境影响分析

焊接粉尘量根据参考相关文献来计算，每台电阻焊接机金属受热焊接过程中发尘量为40~80mg/min。本建设项目焊接烟尘产生总量为0.0556t/a。为减轻环境污染，项目购买了4套移动式双臂焊接烟尘净化器，焊接烟尘经过空气稀释之后，在工厂边界的颗粒物浓度小于监控浓度限值1.0mg/m^3，排放浓度达到国家标准，颗粒物再经过空气稀释扩散作用，对项目所在地周围环境以及周围空气质量影响较小。

B 大气环境影响预测与评价

大气预测软件介绍：本节环评使用EIAPro2018版，其功能是可以预测出各距离污染物浓度、最大污染物浓度距离。

（1）评价因子：颗粒物。

（2）预测模式：采用 AERSCREEN 估算模型对主要的废气污染源进行估算预测。其作用是对废气污染源对周边环境空气造成的影响进行分析。

（3）估算模型参数及污染源特征参数。评价选取的污染源采用估算模型进行计算，项目估算大气污染源特征参数见表 5-20，模型参数见表 5-21。

表 5-20 无组织大气污染源特征参数清单

污染源	面源参数/m	污染物	排放速率/kg·h^{-1}	面源高度/m
焊接工序	17.5×40	颗粒物	0.008	6.5

表 5-21 估算模型参数表

参数		取值
城市/农村选项	城市/农村	农村
	人口数（城市选项时）	—
	最高环境温度/℃	41.9
	最低环境温度/℃	-24.7
	土地利用类型	农作地
	区域湿度条件	中等湿度气候
是否考虑地形	考虑地形	否
	地形数据分辨率/m	—
是否考虑岸线熏烟	考虑岸边熏烟	否
	岸线距离/km	—
	岸线方向/(°)	—

（4）预测结果与评价：根据预测软件的预测结果，废气污染物浓度见表 5-22。

表 5-22 面源预测结果表

污染源	评价因子	C/mg·m^{-3}	Pi/%	最大浓度出现距离/m
焊接工序	颗粒物	1.00	0.92	52

通过分析以上结果表明，项目对周围大气环境质量影响不大且范围较小。

由表 5-23 可看出，无组织颗粒物厂边界的排放值满足《大气污染物综合排放标准》。

表 5-23 无组织面源在厂界最大贡献浓度

评价因子	污染源名称	南厂界/mg·m^{-3}	东厂界/mg·m^{-3}	西厂界/mg·m^{-3}	北厂界/mg·m^{-3}
颗粒物	焊接工序	0.00732	0.00951	0.00512	0.00084

（5）评价等级判定：环境空气影响评价等级按照分级判据进行划分。本项目焊接工

序废气最大占标率为0.92%，本建设项目环境空气评价水平为三级评价。

C 水环境影响分析

a 地表水环境影响分析

本项目的生产废水：电阻焊接机生产冷却水循环使用，不外排。废水主要为盥洗废水0.384m^3/d（115.2m^3/a），水质简单，用于厂区进行泼洒抑尘，项目设有防渗旱厕，定期进行清掏工作，然后用作农肥。综上，项目不会影响周围地表水质。

b 地下水环境影响分析

按照HJ 610—2016《环境影响评价技术导则 地下水环境》，项目属于“金属制品-金属制品加工制造—其他”项，地下水环境影响评价类别属于Ⅳ类，不需要进行地下水环境影响评价。

综上所述，在严格管理污水防治措施的前提下，项目不会影响当地的水环境。

D 声环境影响分析

噪声预测软件介绍：其功能根据选取的预测模型预测出需要预测距离的噪声贡献值。由于噪声受到许多因素的干扰并在传播过程中衰减，根据建设项目噪声源和环境特征，在预测过程中考虑了建筑物的隔声及屏障功能，预测模式采用点声源几何发散模式，其中点声源是位于半自由空间的。

项目产生的噪声经采用低噪声设备、基础减振、厂房隔声等一系列措施降噪后，噪声贡献值在55~60dB（A）；厂界白天运行的噪声贡献值可根据噪声预测软件预测，结果参见表5-24。

表5-24 噪声预测结果

位置	贡献值	标准值	排放状况
东厂界Z_1	30.46	60	达标
北厂界Z_2	53.98	60	达标
西厂界Z_3	46.02	60	达标
南厂界Z_4	39.17	60	达标

将项目产生噪声的生产设备都布置在封闭的车间内，在选用了低噪声设备、基础减振、厂房隔声等一系列噪声防治措施的前提下，厂边界噪声符合国家标准。运输车辆应严格按照规定时段进行运输，加强管理和检修，进出厂区口设置车辆禁止鸣笛标牌，同时评价要求禁止夜间运输。经过村庄时减速，禁止鸣笛，目的是减少噪声对运输道路两侧居民的影响。距本项目最近的环境敏感目标西上素村居民区为230m，经衰减后，项目噪声对该居民区影响较小。

E 固体废物环境影响分析

本项目危废情况见表5-25。

表5-25 项目危废情况

危险废物名称	危险废物类别	危险废物代码	产生量/kg·a^{-1}	产生工序及装置	形态	危险废物	产废周期/a	危险特性	污染防治措施
废矿物油	HW08废矿物油与含矿物油废物	900-214-08	0.01	设备维修	液态	矿物油	1年	毒性	暂存于危废间，委托有资质单位处置

项目厂区设危废暂存间，生产过程中产生的废矿物油送至危废暂存件暂存。项目危废间情况见表5-26。

表5-26 项目危废间情况

贮存场所名称	危险废物名称	危险废物类别	危险废物代码	位置	占地面积/m^2	贮存方式	贮存能力/t	贮存周期/a
危废暂存间	废矿物油	HW08 其他废物	900-214-08	生产车间东侧	12	桶装贮存	0.2	1

项目危废库顶部防雨、地面防渗、周围防风防晒，地面采用耐腐蚀、防渗漏处理，确保地面无裂隙。同时，危废间应设计成拦截泄漏的裙角。还应设双锁，双人管理，设警示标识，设立对危险废物进行贮存与管理的台账，记录危险废物出入库交接情况。

项目产生的危废（废矿物油）应委托有资质处理单位进行处置，并由有资质的危险货物运输企业进行承运。危险废物经营单位（危废接收单位）、产废单位（唐县向荣铁链厂）和危险废物运输单位均应登录河北省固体废物动态信息管理平台进行危险废物相关信息填报（其中产废单位应填写危险废物产生情况月报、年报及危险废物管理计划等相关信息，危险废物经营单位应填报经营信息，三个单位均应填写危险废物电子转移联单）。危废转运、处置都必须严格按照管理相关规定以及要求进行。危险废物产生单位、危险废物经营单位及运输单位均应接受环境管理部门的监督管理。

综上，该项目产生的固体废物都得到有效、合理处置，对项目周围环境无明显影响。

5.4.3.3 卫生防护距离

由于项目废气排放方式为无组织排放，根据相关标准需要设卫生防护距离。

A 计算方法与依据

卫生防护距离由以下公式进行计算：

$$\frac{Q_c}{C_m} = \frac{1}{A}(B \times L^C + 0.25r^2)^{0.5} \times L^D \tag{5-8}$$

式中，C_m为标准浓度排放限值；L为工业企业所需的卫生防护距离，m；r为有害气体无组织排放源所在生产单元的等效半径，m，其根据该生产单元面积$S(m^2)$计算，$r=(S/\pi)^{0.5}$；A、B、C、D为卫生防护距离计算系数；Q_c为工业企业中有害气体无组织排放的可控水平。

B 卫生防护距离计算

卫生防护距离计算值如表5-27所示。

表5-27 卫生防护距离计算结果

污染物	Q /$kg \cdot h^{-1}$	C_m /$mg \cdot m^{-3}$	S/m^2	A	B	C	D	5年平均风速 /$m \cdot s^{-1}$	卫生防护距离计算值 /m
颗粒物	0.008	0.9	700	400	0.01	1.85	0.78	1.8	0.35

通过计算，生产车间颗粒物的卫生防护距离为0.35m。结合卫生防护距离取值标准，卫生防护距离在100m以内时，级差为50m。当值超过100m，但又小于1000m时，级差取100m。计算所得数值L在两级之间时，取较宽一级。根据上述规定，项目的卫生防护

距离为距厂边界 50m。在此防护距离内没有环境敏感点。

环境保护目标为项目位置以南 230m 西上素村，不在卫生防护距离内。

5.4.3.4 环境管理与监测计划

A 环境管理

建立环境管理机构的目的是在项目营运期间不断规范其环境保护行为，以预防、减少及消除不利环境影响。严格按照有关部门的要求实施报告制度。报告主要包括污染控制设施的运行、污染排放、污染事故或污染纠纷情况等内容。每年对上一年的排污情况进行自查，并向上报《河北省排放污染物申报登记表》。

污染治理设施的管理必须与生产经营活动一起纳入企业日常管理的范围，并落实负责人。同时建立岗位责任制、制定业务规程、建立管理台账。

采取上述防治措施，加强环境管理后，能减少项目对周围环境造成的不利影响。

B 环境监测计划

项目监测计划见表 5-28。

表 5-28 环境监测计划

类别	监测点位	监测因子	监测频次	监测单位
废气	工厂边界外 10m 处上风向设置 1 个参照点，下风向设置 3 个监控点	颗粒物	1 次/半年	委托有资质的单位监测
声环境	工厂边界四周外 1m 最大声源处各设 1 个监测点（共 4 个）	等效连续 A 声级	1 次/季度	

5.4.3.5 项目采取的治理措施及预期效果

项目采取的治理措施及预期效果见表 5-29。

表 5-29 治理措施及预期效果一览表

类型	排放源	污染物名称	治理措施	预期治理效果
废气	对焊工序 焊钉工序	焊接烟尘	安装 4 台移动式双臂焊接烟尘净化器，治理后无组织排放	符合《大气污染物综合排放标准》中无组织排放监控浓度限值
废水	职工生活	COD、NH_3-N、TN、TP、SS	泼洒地面以抑制灰尘，设防渗旱厕，并定期清理	不外排
固废	打光工序	脱落的钢筋表面氧化层	集中收集后外售综合利用	全部妥善处置
	自动编链工序、打钉工序	下脚料		
	设备维护	废矿物油	存于危废间，由有资质单位处理	
	职工生活	生活垃圾	交环卫部门集中处置	
噪声	本项目夜间不生产。工程噪声主要是在开式可倾压力机、编链机、电阻焊接机、开链条口机、扭链机、焊钉机、打钉机、打光机、握勾机、空气压缩机等设备操作过程中产生。源强在 80~90dB（A）之间。项目通过低噪声设备+厂房隔声等措施，打光机安装在全密闭打光房内，打光房墙体为 15cm 厚保温彩钢板。预计工厂边界噪声满足《工业企业厂界环境噪声排放标准》中 2 类标准，再经距离衰减，项目建设不改变南侧 230m 处的西上素村声环境质量等级			

续表 5-29

类型	排放源	污染物名称	治理措施	预期治理效果
其他	本项目车间地面、危废间、旱厕应设防渗措施，易产生“跑冒滴漏”的设备（如压力机、编链机等）底部涂刷环氧地坪漆。危废暂存间先用 20cm 三合土夯实，之上再构筑 200mm 厚的混凝土，之后涂刷防水材料、环氧地坪漆，防渗层渗透系数不大于 1×10^{-10}cm/s			
生态保护措施及预期效果：无				

5.4.3.6 环境影响分析结论

A 产业政策符合性分析结论

本项目属于《工业结构调整指导目录（2011）（2013 年修订版）》中允许类别。该设备不是高耗能落后机电设备（产品）。此外，该项目不属于河北省新限制和消除工业项目。项目有唐县发展和改革局发布的企业投资项目备案信息（唐县发改备字［2018］121号）。因此，本项目符合国家和地方产业政策。

B 选址可行性分析结论

本项目位于唐县北罗镇西上素村北面，占地面积约为 1666.7m^2（2.5 亩），唐县城乡规划管理局已出具该项目选址意见：项目符合北罗镇总体规划（2009—2020）。唐县国土资源局出具了项目意见：该项目占地性质为一般农田，符合唐县土地利用总体规划（2010—2020）。项目不在唐县生态保护红线范围内，本项目不在西大洋水库保护区及南水北调工程保护区范围内。项目卫生保护距离为 50m，项目环境敏感点西上素村不在项目的卫生防护距离内，符合要求。因此，项目选址合理可行。

C 环境影响分析结论

a 大气环境影响分析结论

本项目产生的废气主要是对焊工序、焊钉工序产生的焊接烟尘。相应的防治措施是购置 4 台移动式双臂焊接烟尘净化器，经烟尘净化器处理后焊接烟尘无组织排放，排放量为 0.0139t/a。经空气稀释后，工厂边界颗粒物排放浓度小于无组织排放监测的浓度限值 1.0mg/m^3。项目对环境空气质量的影响较小。

b 水环境影响分析结论

本项目生产冷却水循环使用，不向外排放。废水为生活污水，水质相对简单。生活污水用于洒在厂区内以抑制粉尘，该项目配备防渗旱厕，定期清掏，用作农业肥料。为防止对地下水污染，本项目固废暂存间、车间地面、危废间、旱厕都设防渗措施。易产生“跑冒滴漏”的设备（如压力机、编链机等）底部涂刷环氧地坪漆。防渗层要有一定渗透系数且系数不大于 1×10^{-7}cm/s。

综上所述，在实施污水防治措施和严格管理的前提下，项目废水不会影响当地水环境。

c 声环境影响分析结论

本项目在白天生产，主要是开式倾斜压力机、编链机、电阻焊机、开链机、扭链机、钉子机、打钉机、抛光机、夹持机、空气压缩机等设备操作过程中产生的噪声。噪声源强为 80~90dB（A）。该项目将在封闭的车间安装噪声发生设备，并进行基本的减振。这种措施可以将噪声降低 25~30dB（A），并且预计工厂边界处的噪声可以满足要求。参见 GB 12348—2008《工业企业环境噪声排放标准》二级标准。总之，项目对周围的声环境影响较小。

d 固体废物环境影响分析结论

一般工业固体废物：脱落的钢筋表面氧化层及下脚料收集后外售综合利用。危险废物：废矿物油集中在废油桶中，暂时存放在危险废物的临时存放处，并由合格的单位定期处理。工人生活垃圾：由卫生部门处理。

总之，本项目产生的所有固体废物将得到妥善处理，不会对周围环境造成污染。

e 卫生防护距离结论

本项目的环境保护目标不在项目 50m 的卫生防护距离内，符合卫生防护距离要求。

D 总量控制指标结论

项目无废水排放，无锅炉装置，无 VOCs 排放。颗粒物经治理后无组织排放，排放量约为 0.0139t/a。项目总量控制指标为：COD 0t/a、氨氮 0t/a、总氮 0t/a、SO_2 0t/a、NO_x 0t/a、VOCs 0t/a、颗粒物 0.0139t/a。

5.4.3.7 项目污染物排放情况及处理措施

项目污染物排放情况和处理措施见表 5-30 和表 5-31。

表 5-30 项目污染物排放情况

类别	污染源	污染因子	产生浓度	排放总量	总量指标
废气	焊接工序	焊接烟尘	0.0556t/a	0.13t/a	0.13t/a
废水	生活污水	COD	250mg/L，28.8kg/a	0t/a	0t/a
		SS	200mg/L，23.04kg/a		
		氨氮	15mg/L，1.73kg/a		
		总氮	20mg/L，2.3kg/a		
		总磷	3mg/L，0.35kg/a		
噪声	各生产设备	A 声级	85~90dB（A）	厂界昼间噪声<60dB（A）	
固废	打光	钢筋表面氧化层	0.4t/a	2.0t/a，集中收集后综合利用	
	自动编链工序	下脚料	1.0t/a		
	打钉工序	下脚料	0.6t/a		
	设备维护	废矿物油	0.01t/a	存于危废间，由有资质单位处置	
	职工生活	生活垃圾	1.8t/a	交由环保部门处置	

表 5-31 项目处理措施清单

项目	处 理 措 施
废气	经移动式双臂烟尘净化器处理后焊接烟尘无组织排放
废水	生活污水用于泼洒抑尘，设防渗旱厕，定期清掏，用作农肥

续表 5-31

项目	处理措施
噪声	选取低噪声设备、基础减振、工厂隔声
固废	打光工序脱落的钢筋表面氧化层、编链、打钉工序下脚料经收集后外售，进行综合利用；废矿物油收集存于危废间，由有资质的单位处理；生活垃圾由环保部门处置
防渗措施	项目车间地面、危废间、旱厕设有防渗措施，易产生“跑冒滴漏”的设备（如压力机、编链机等）底部涂刷环氧地坪漆。危废间先用 20cm 三合土夯实，再构筑 200mm 厚的混凝土，之后涂刷防水材料、环氧地坪漆，防渗层要有渗透系数且系数不大于 1×10^{-10}cm/s

5.4.3.8 项目环保“三同时”验收内容

项目环保“三同时”验收清单见表 5-32。

表 5-32 项目环保“三同时”验收清单

项目	治理对象	环保措施	治理效果	环保投资/万元
废气	焊接烟尘：对焊、焊钉工序产生	移动式双臂焊接烟尘净化器，处理后无组织排放	《大气污染物综合排放标准》中无组织排放监控浓度限值	2.4
	打光工序	打光机安装在全密闭打光房内		
废水	职工盥洗废水	泼洒地面抑制粉尘，设防渗旱厕，定期清掏用作农肥	不外排	0.2
噪声	开式可倾压力机、编链机、电阻焊接机、开链条口机、扭链机、焊钉机、打钉机等设备	选用低噪声设备+厂房隔声，密闭打光房墙体采用 15cm 厚保温彩钢板	《工业企业厂界环境噪声排放标准》2 类标准	0.5
固废	拔丝、打光脱落的钢筋表面氧化层	集中收集后外售综合利用	《一般工业固体废物贮存、处置场污染控制标准》及其修改单要求	0.4
	自动编链工序、焊钉工序产生的下脚料			
	废矿物油	存于危废暂存间，由有资质单位处置	《危险废物贮存污染控制标准》及其修改单要求	
	职工生活垃圾	交环卫部门集中处置	—	
其他	项目车间地面、危废暂存间、旱厕均设防渗措施，易产生“跑冒滴漏”的设备（如压力机、编链机等）底部涂刷环氧地坪漆。危废暂存间先用 20cm 三合土夯实，之上再构筑 200mm 厚的混凝土，之后涂刷防水材料、环氧地坪漆，防渗层渗透系数不大于 1×10^{-10}cm/s			1.3

5.4.3.9 本节小结

本节主要分析了项目在施工期和运营期对环境造成的影响并提出了相应的治理措施。根据分析结果，本次评价的重点放在了运营期的影响以及相应的防治措施上。对于运营期的特征污染因子噪声以及焊接烟尘，相应的治理措施分别为噪声：选用了低噪声设备、厂房隔声、基础减振，最后的噪声贡献值小于标准值60dB（A）。焊接烟尘：安装了4台移动式双臂焊接烟尘净化器，经过处理后焊接烟尘在厂界的排放浓度小于监控浓度限值$1mg/m^3$。综上分析，本次评价提出的措施是合理、有效的。

5.4.4 金属制品加工类建设项目环评注意问题

本节主要对金属制品类项目产生的污染物特征、环评过程中存在的一些问题以及常用的治理措施进行总结。

5.4.4.1 金属制品加工类项目特点

金属制品加工是机械加工类型，一般的机械加工方法包括热处理、锻造、铸造和焊接。其特点有工艺复杂、产品多样，生产设备种类多、体积大，切削液、机油应用广泛，废料种类多、产量大。

金属制品加工项目的污染物分析具体如下。

噪声：由于金属制品加工过程中每个工艺都使用了机械加工设备，而且各生产设备都产生噪声，所以本类项目噪声要比一般项目大。

废气：机械加工类项目产生的大气污染物主要是抛丸工序、磨床工序产生的铁屑粉尘，焊接工序中产生的焊接烟尘。焊接烟尘包括焊接烟尘和焊接有害气体，焊接烟尘的成分通常为金属氧化物和金属氟化物，如Fe_2O_3、MnO_2等；焊接有害气体是指焊接过程产生的高温电弧辐射（短波紫外线）作用在空气中的氧和氮而产生的焊接有害气体，如会产生O_3、NO_x、CO等。如果操作工人长期吸入含铁、锰等金属化合物的烟尘和含有O_3、NO_x、CO等有害气体，会患混合性尘肺，一些操作工人还会出现食欲不振、体重减轻和神经衰弱症状。粉尘不仅会影响施工人员的健康，还会降低工作效率导致产品质量下降，粉尘还会进入电路板导致电路短路，从而影响数据传输，降低机床的精确度和使用寿命[22,23]。一般机械加工类项目不会产生目前重点关注的挥发性有机气体（VOCs），所以金属制品加工项目不需特别进行VOCs治理工作。对于金属制品加工类项目的废气处理重点是处理焊接烟尘。

废水：金属制品加工项目产生的废水也分为生活污水和生产废水。生活污水和其他项目产生的废水一样危害不大。但是金属制品加工项目的生产废水一般含有COD_{Cr}、SS、氨氮、石油类、磷酸根离子、锌离子等污染因子，危害较大。

固体废物：除了一般固体废物外，本类项目较一般常规项目会多产生危险固体废弃物。一般固体废弃物如废弃边角料、废包装材料、废弃钢砂和生活垃圾等危害较少，而且部分一般固体废弃物还可以回收后再次进行利用。机械加工业危险固体废弃物主要包括废弃切削液、机械润滑用废机油、废活性炭、漆渣、机床保养产生的沾油废棉纱等。危险固体废弃物具有事故风险，如果没有处置妥当，会出现物料泄漏、爆炸、火灾事故等，对工作人员及周边环境都有一定的威胁性。

恶臭：金属制品加工类项目常使用一些液体，如切削液、润滑油，且使用的切削液中77%为水基切削液。水基切削液的原液最初处于灭菌状态，但通常会在生产过程中带入微生物。水基切削液中含有适宜微生物繁殖的油脂等成分。当切削液静止时，好氧菌繁殖使切削液缺氧，有利于厌氧菌繁殖，厌氧菌将切削液中含硫基团还原，放出硫化氢气体，造成恶臭。

恶臭不仅可以作用于人体嗅觉使人产生不愉快的感觉，还可能引起人体重要机能发生疾病或病变。

5.4.4.2 金属制品加工类环评中常出现的问题

金属制品加工类环评中常出现的问题具体如下。

（1）在当前的机械加工项目环境影响评估中，源强度的确定容易出现机械噪声估计不准确的问题，但是噪声污染是金属制品加工类项目较明显的污染特征。此外，固体废物污染的防治措施也存在一些问题。一是生产废气未根据其规定的处理方式进行治理，二是危险固体废弃物没有按照危险废物处理规定进行处置，企业通常不分类处理。但是，根据规定，一般固体废物和危险废物应单独处理，且危废必须由合格单位承包运输和处理，危废的处理不当会造成危险废物二次污染。

（2）金属制品加工类项目环评还存在环评报告难以通过的现象。根据2005年和2011年颁布的《产业结构调整指导目录》，其中把“热处理铅浴炉”规划为机械淘汰类别。但在金属制品工业中，铅浴热处理生产工艺又是必不可少的。虽然这条政策是针对机械行业的，但是对于在新建或者扩建的金属制品项目环评也是有很大影响的。环境影响评估报告（或表格）的审批单位将有热处理铅浴炉工艺的项目直接淘汰出局，这使得环境影响评估报告（或表格）的批准已成为金属产品加工项目建设和扩建的难点。

（3）环评制度的执行不到位。目前，机械加工项目未批先建的现象十分普遍，造成这一现象有诸多种因素，包括法律普及的宣传不足、企业主对环保法规没概念、监管部门没有及时发现企业不遵守规定的行为并及时纠正企业。这些一系列因素导致相应的环境影响评价要求得不到有效的发挥，达不到环评制度应有的效果。

（4）忽视恶臭的治理。由于金属制品加工类项目产生的恶臭量少，不易用人体嗅觉测定，所以恶臭治理在金属制品加工类项目环境影响评价过程中常被忽视。然而，随着人们越来越关注环境质量，有必要确定项目是否需要进行恶臭的评价。

5.4.4.3 常用防治措施

根据金属制品加工类项目产生的污染物特点以及环境影响评价过程中常存在的问题，提出以下几点建议：

（1）废气处理。所产生的焊接烟尘量根据选择的焊接工艺以及选择的焊接材料不同而不同，所以对于焊接烟尘的处理方法应根据选用的焊接方式以及焊接材料来选择。通常采用焊接烟尘净化器净化后无组织排放。焊接烟尘净化器通常用于焊接、切割、打磨等工序中产生的烟尘和粉尘的净化，以及稀有金属和有价值材料的回收。它具有净化效率高、噪声低、使用灵活、占地面积小等优点。安装焊接烟尘净化器的方式应根据厂房的高度、大小选择适当的安装方式，安装方式有水平环状旋流气涡法、吹吸式水平流治理法、双模式治理法等。

除外部措施外，还应考虑个人控制措施，并加强对职工的保护教育，使他们加强自身保护意识。

（2）危废处理。危险废物的储存应按照相关标准进行，金属制品加工类建设项目产生的危险废物一般都为油类且量少，对于危废量少的项目应该在项目工厂区设置危险废物暂存间，危废间的设置需有防渗措施，防渗层的设置需要至少1m厚的黏土层（渗透系数$<10^{-7}$cm/s），或者2mm厚的高密度聚乙烯或至少有2mm厚的其他人造材料，渗透系数不能大于10^{-10}cm/s。

（3）噪声源强问题。环评的基础就是对于项目污染物源强的确定。针对噪声源强不准确的问题，目前的处理方法是建立环评大数据库进行分析，实现动态评估。将此类工程的噪声源强收集到大型数据库中，通过相应的大数据分析噪声源强度，实现噪声源的动态和静态相均匀性。然后将历史数据和项目数据统一，以实现噪声源的准确分析。并不断更新机械加工项目污染源数据库，通过专业分析，给出更准确的计算系数或计算模型供大家使用，实现历史数据和预测数据的统一。最后，实现了噪声污染源的动态评估，提高了金属产品加工项目噪声源评估的准确性。

（4）对于厂房噪声的处理。高噪声设备安装时采取基台减震、橡胶减震接头等减震措施；生产作业时保持厂房封闭，利用厂房隔声达到降噪目的。保证常对生产设备进行检修、维护，保持设备在最佳工况下运行，以防止设备在不正常工况下运行而产生高噪声。

（5）环评制度的执行。对未批先建现象加强监督，各级生态环境部门应联合其他行政单位，加强对环保法规的宣传和教育，让投资者了解开办企业需要满足相关的环保要求。同时，监管部门应不断强化区域内项目建设的监管力度，对于在建设中不符合规定的项目做到及时制止。严格坚持办事原则，严禁先建设后补评的现象发生。对于违反规定的企业，加大惩罚力度，实现有效率地控制未批先建现象。

（6）对于恶臭的治理。设置适当的卫生防护距离；合理布置总体区；加强切削液的管理，防止切削液变质。

5.4.4.4 本次项目环评过程总结

对于机械类制品加工类建设项目的环评过程，关键在于分析污染物来源及特征，根据污染物特征提出相对应的防治措施。废气：一般是焊接、打磨、切割等工序产生的焊接烟尘。废水：有生活用水、冷却用水产生，分析冷却用水中的污染物种类。固体废物：金属废料、金属下脚料、废机油，主要是分析其中危险废物种类，一般金属制品加工过程中都会有润滑油、切削液等危险废物产生。除此之外，还需分析生产设备是否属于国家淘汰类加工设备。

针对本项目污染特征为生产设备噪声、焊接工序的焊接烟尘、设备维护的废矿物油及生产过程产生的钢筋下脚料，本次环评关键因素是噪声的防治、焊接烟尘的处理、废矿物油危险废物的处理措施。

5.4.5 总结

建设项目环境影响评价是一个系统工程，在环评过程中需根据国家标准、地方政策以及环境影响评价技术导则进行公正客观的评价。

机加工类项目的环评需要根据其自身的特点，分析污染物产生工序、污染物特点。在环境影响评价过程中要通过精确的工程分析及污染物源强计算，根据污染物特点、污染负荷提出治理措施。

本次500t防滑链项目建设通过工程分析确定其产污环节、污染物类型、污染物源强。然后进行各环境要素影响分析，根据污染物特点提出相对应的防治措施。对项目选址及开发合理性分析后符合国家产业政策、国家及地方发展规划和环保政策。项目采用各污染物治理措施均满足要求。该项目产生的固体废弃物的处理和处置也符合“减量化、资源化、减害化”三原则。项目中的污染物排放对当地环境功能区的划分没有影响。总之，在本评价报告中施工期和运营过程严格按“三同时”制度执行，同时在落实本次评价中提出的各项污染物防治措施和环境保护措施以及本次环评提出的建议的前提下，环境对项目的制约因素可以得到克服。故从环境保护角度来看，本次建设项目可行。

仿真设计及案例

6.1　仿真设计基本原则和要求

仿真与控制是信息技术在环境工程中应用的重要内容，也是环境工程学科发展的重要方向。数字仿真是通过对过程建立的数学模型来进行的。化工、环境工程等领域的控制行为属于过程控制。使用过程控制时，在受控过程进行中要不断对过程的状态或参数等进行测量，并与设定值进行比较，根据一定的控制方案对过程的有关参数进行调整，使该过程按照既定的一组设定值运行，达到确保过程运行稳定、安全、经济的目的。

6.1.1　过程建模

仿真的第一步，是要建立研究对象或过程的数学模型，以描述研究对象或过程内部各个变量间的相互关系。模型的主要用途是对问题进行分析。在过程的模型建立以后，可以通过有计划地变动模型的输入量，来模拟施加在该过程的外界扰动或人为控制，以考察该过程的响应情况。在仿真工作中，机理模型是使用较多的模型。可以说，建模的基本原则，加上合理的系统简化及系统分割，是成功建立复杂系统数学模型的必要条件。

6.1.2　计算方法

仿真的第二步，是要对模型进行分析。所谓对模型进行分析，就是在不同的边界条件或参数设定下对模型求解，并从求得的解中获得所研究对象或过程的动态性质。具有集总参数特征的过程，其数学模型一般为微分方程（组），可利用四阶龙格-库塔法求解；具有分布参数特征的过程，其数学模型一般为偏微分方程（组），可用有限差分法求解。

6.1.3　模型校正

在编制完成数学模型的计算程序后，即可运行计算程序来对所研究的过程进行计算机仿真。仿真计算的第一步，不是对过程直接进行分析，而是利用仿真计算来对过程的数学模型进行校正。原因在于，在仿真开始时，模型中的参数一般选择默认值或设定值。

6.1.4　模型应用

在完成过程数学模型的校正与验证后，即可对所建立的模型进行应用。模型应用的主要工作是进行比较。在污水处理方面，比较的内容可以是过程工艺参数，也可以是自动控制方案；比较的目的可以仅用于了解处理过程的一般情况，也可以是为了优化过程参数；比较的对象可以是在役的污水处理过程，也可以是拟建或在建的污水处理过程。

6.2　案例1——大型火电厂电除尘器运行控制软件的开发研究

6.2.1　电除尘器基本介绍

电除尘器的本体结构主要包括电晕极、收尘极板、振打系统、灰斗、加热系统、烟箱系统。电晕极和收尘极板作为一对电极，电晕极为阴极，收尘极板为阳极，在两极之间通高压直流电离气体，烟气通过电除尘器入口段时，加热系统对磁轴、磁套加热，也会将烟气充分加热，防止烟气结露。振打系统主要是对收尘极板的积灰进行振打，将灰尘振入灰斗；烟箱系统主要包括进、出口烟箱和气流均布板，气流均布板的设置是为了防止烟气紊流使局部气体流速过高产生二次扬尘；壳体系统就是电除尘器的外壳，进行烟气的密封、电除尘器整体重量的承载。电除尘器主要的除尘过程如下：（1）电晕放电过程；（2）粉尘荷电过程；（3）粉尘的定向移动和积累；（4）灰尘的振打过程。

6.2.2　电除尘器系统仿真数学模型

6.2.2.1　电除尘器本体结构参数确定

根据经验，600MW 燃煤电厂的锅炉额定蒸发量定为 2000t/h，烟气流量定为 3300000m^3/h，设计一台锅炉配备两台双室五电场的电除尘器，考虑到防止电场封闭的现象和尖端放电的优点，本软件设计采用 480mm 的 C 形板和 RS 芒刺线，其中线间距为 500mm。运行参数：电场风速为 1m/s，入口烟气浓度为 20g/m^3，根据特别排放限值，出口烟气浓度定为 30mg/m^3。

故除尘效率 $\eta = \dfrac{20000-30}{20000} \times 100\% = 99.875\%$，电场风速 1m/s，粉尘驱进速度 0.06m/s。电场断面积 $F = \dfrac{Q}{2 \times 3600 \times v} = \dfrac{3300000}{2 \times 3600 \times 1} = 458.3\text{m}^2$。

电场高度 $h = \sqrt{\dfrac{F}{2}} = \sqrt{\dfrac{458.3}{2}} = 16\text{m}$；通道数 $N = \dfrac{F}{2bh} = \dfrac{458.3}{0.4 \times 15} = 71.6$，圆整后取72。

电场宽度 $B = N \times 2b = 72 \times 0.4 = 28.8\text{m}$。

电场实际有效断面积 $S = h \times B = 16 \times 28.8 = 460.8\text{m}^2$。

总收尘面积 $A = \dfrac{Q \times \ln(1-\eta)}{2 \times 3600 \times \varpi} = \dfrac{3300000 \times \ln(1-0.99875)}{2 \times 3600 \times 0.06} = 51063\text{m}^2$。

电场长度 $L = \dfrac{A}{2nhN} = \dfrac{51063}{2 \times 5 \times 16 \times 72} = 4.5\text{m}$。

漏风率：漏风量会影响电除尘器的除尘效率，一般电除尘器漏风率高于2%时除尘效率就会低于98%，在本设计中设置漏风率为1.5%。

6.2.2.2　运行工况参数模型

A　锅炉蒸发量模型

根据经验，拟将600MW 的锅炉额定蒸发量定为2000t/h。实际蒸发量为额定蒸发量乘以锅炉负荷参数，加上一个小范围的随机数：

$$W = K \times W_o + 10 \times Rnd \tag{6-1}$$

式中，W 为锅炉实际蒸发量，t/h；K 为锅炉负荷参数，0.8~1.0 可调，本节中初始设置为 0.9；W_o 为锅炉额定蒸发量，t/h；Rnd 为范围为 0~1 的随机函数。

B 燃煤灰分模型

经过调查，部分燃煤电厂所使用的是无烟煤和褐煤的混合，无烟煤的灰分一般为 10%~15%，褐煤的灰分一般为 20%~30%，两者结合灰分在 15%左右，故将燃煤灰分基量定为 15%。

$$AY = AY_o + 1 \times Rnd \tag{6-2}$$

式中，AY 为实际燃煤灰分；AY_o为燃煤灰分基量，%。

C 出、入口烟气量模型

入口烟气量主要与锅炉蒸发量、燃煤灰分相关，入口烟气量会随着这两者在一定范围内波动。电除尘器一般是负压运行，若壳体焊接不严密会导致一定量的漏风，为了更加贴近实际情况，出口烟气量考虑漏风情况会略低于入口烟气量，故减去一定随机数：

$$Q_i = 1920 \times W \times \frac{AY + 100}{100 + 27} \tag{6-3}$$

$$Q_o = Q_i - 2000 \times Rnd \tag{6-4}$$

式中，Q_i为入口烟气量，m^3/h；Q_o为出口烟气量，m^3/h。

D 出、入口烟气温度模型

烟气温度会影响粉尘比电阻：在温度较低的情况下，随着温度的升高比电阻也随之增大，到达一定温度后进入温度较高的情况，此时随着温度的升高比电阻随之减小。入口烟气温度与额定蒸发量、实际蒸发量的比值相关，相关根据经验，出口烟温与入口烟温相差 5℃左右，故有以下模型：

$$T_i = 145 - (1 - W/W_o) \times 60 \tag{6-5}$$

$$T_o = T_i - 5 + Rnd \tag{6-6}$$

式中，T_o为入口烟气温度，℃；T_i为出口烟气温度，℃。

E 出、入口烟气压力模型

烟气压力会影响起晕电压、电场强度等参数，进而对电除尘器效率产生影响。考虑到电除尘器一般是负压运行，压力低于大气压，故简化压力模型为

$$P_i = 99000 + 500 \times Rnd \tag{6-7}$$

$$P_o = P_i - 200 - 10 \times Rnd \tag{6-8}$$

式中，P_i为入口烟气压力，Pa；P_o为出口烟气压力，Pa。

F 粉尘平均粒径模型

粉尘平均粒径是电除尘器参数的一个重要指标，粒径越小燃烧越充分，但不易被捕集导致消耗更多的电量。目前最佳的粉尘细度在 10~30μm，故而设计平均粒径基量为 15μm。

$$Dp = dp_o + Rnd \times 1 \tag{6-9}$$

式中，Dp 为实际粉尘平均粒径，μm；dp_o为粉尘平均粒径基量，μm，本节设置初始值为 15μm。

G　粉尘比电阻模型

粉尘比电阻对电除尘器效率的影响最大，粉尘比电阻过大易产生反电晕现象，并且由于比电阻大的粉尘黏附力大，需要更大的振打力度，易产生二次扬尘；粉尘比电阻过小不易黏附在收尘极板，随气流一起通过电除尘器没有被去除。

$$\rho = (7 + 2.9 \times Rnd) \times 10^{x} \tag{6-10}$$

式中，ρ 为实际粉尘比电阻，Ω·cm；x 为粉尘比电阻的数量级，本节设置初始值为8。

6.2.2.3　运行参数模型

A　起晕电压模型

根据皮克经验公式：

$$U_{o} = aE_{o}\ln\frac{4b}{\pi a} \tag{6-11}$$

式中，U_o为起晕电压，V；a 为电晕线最小曲率半径，在本节中选取 6.4×10^{-4}m；E_o为起晕场强，V/m。

其中起晕场强 E_o（V/m）有

$$E_{o} = f \times \left(31.02\delta + 9.54\sqrt{\frac{\delta}{a}}\right) \times 10^{5} \tag{6-12}$$

式中，f 为电晕线的粗糙系数，本节取0.8；δ 为烟气相对密度。

$$\delta = \frac{T_{0}P}{TP_{0}} \tag{6-13}$$

式中，T_0 为标准空气温度，298K；T 为实际温度，K；P_0 为标准大气压，1.0133×10^{5}Pa；P 为实际压力，Pa。

B　上限运行电压、上限运行电流模型

上限运行电压：

$$U_{im} = b \times 300 + i \times 2.0 + \frac{200 - Rnd \times 100}{100} \tag{6-14}$$

上限运行电流是根据上限运行电压进行推算得到：

$$I_{im} = 0.00012 \times A_{i} \times U_{im} \times (U_{im} - U_{o}) \times \frac{13}{\lg\rho} \tag{6-15}$$

式中，ρ 为粉尘比电阻，Ω·cm。

根据经验，电厂内上限运行电流一般在1900mA，故将模型化简为

$$I_{im} = 1900 + 100 \times Rnd \tag{6-16}$$

C　二次电压、二次电流模型

二次电压以起晕电压为最低，随时间浮动增加直到达到上限运行电压，之后返回设定值开始新一轮上升，到达上限运行电压再次下降。实际运行中，运行控制软件应使用火花自动跟踪监测信号对一、二次电压电流进行实时监控，这就需要下位机有可以进行检测数据的相关仪器将监测数据传输到系统，但本节仅仅是仿真模拟设计，所以根据实际电厂运行的经验值一次电压在380V左右、二次电压为40~60kV、二次电流为100~300mA，对一、二次电压和一、二次电流进行模拟：

$$U_{i1} = 380 + 20 \times Rnd \tag{6-17}$$

$$I_{i1} = 150 + 20 \times Rnd \tag{6-18}$$

$$U_{i2} = 40 + 20 \times Rnd \tag{6-19}$$

$$I_{i2} = 800 + 200 \times Rnd \tag{6-20}$$

式中，U_{i1} 为一次电压，V；I_{i1} 为一次电流，A；U_{i2} 为二次电压，kV；I_{i2} 为二次电流，mA。

6.2.3 电除尘器运行控制软件的开发

6.2.3.1 软件的开发环境

软件以 Visual Basic 6.0 为开发平台，具有简单易学、功能强大等特点，非常适合软件编程初学者使用。Visual Basic 是一种可视化的、面向对象的程序设计系统，它既保留了原有 Basic 高效易学的特点，又发展了上百条语句、函数，是如今最受欢迎的编程语言。

6.2.3.2 软件基本介绍

以某燃煤电厂 600MW 机组配套的电除尘器为研究对象，采用 Visual Basic 6.0 软件设计并开发燃煤电除尘器的仿真运行控制软件，利用软件实现对除尘器的启停操作、参数显示、控制特性调整。本软件主要有登入界面、欢迎界面、电除尘器整体运行、各电场实时监控、高压运行、低压控制、加热控制和图像分析等几部分。电除尘器整体运行和各电场实时监控可以模拟电除尘器运行过程中的各类参数，并控制电除尘的运行状态；高压运行可控制各电场供电的启停，显示运行监控内各运行参数；低压控制振打装置的启停及进行灰位模拟和卸灰模拟；加热装置实现对磁轴、磁套的加热并记录温度于加热运行表中；图像分析实时显示出入口烟气温度及电除尘器总体除尘效率。

6.2.3.3 软件的各组成界面

A 登入欢迎界面

登入界面用于用户的身份验证（设定用户名：hyn，密码：1234），一旦用户名和密码有一个输入错误就会提示“您输入的密码有误，请重新输入!”，输入正确后进入欢迎界面，欢迎界面有两个选项，选择软件介绍或进入软件。进入软件会直接关闭欢迎界面，进入软件介绍会保留欢迎界面。

部分代码如下：

```
Private Sub Command1_ Click ()
If Text1. Text = " hyn" Then
If Text2. Text = " 1234" Then
Unload Me
Form9. Show
Else
MsgBox " 你输入的密码有误，请重新输入!"
Text2. Text = " "
Text2. SetFocus
End If
Else
MsgBox " 你输入的用户名有误，请重新输入!"
Text1. Text = " "
Text1. SetFocus
End If
End Sub
Private Sub Command1_ Click () ' 点击欢迎界面按钮“进入软件”
Form12. hide' 隐藏本页
```

```
Form3. show' 显示电除尘器整体运行界面
End sub
Private Sub Command2_ Click ( ) ' 点击按钮 "软件介绍"
Form11. show' 显示软件介绍界面
End sub
```

B 软件介绍界面

软件介绍界面以文字的形式简短展示了本软件的主要界面，并介绍了每一个界面的功能和操作技巧。主要目的是为了使用者能够更加方便地应用该软件，类似于帮助，在后续使用界面上端的菜单中亦有软件介绍选项，方便使用者不知如何操作时查询。

C 电除尘器整体运行界面

在欢迎界面选择“进入软件”会进入电除尘器整体运行界面（图 6-1），该界面中央显示了电除尘器在电厂运行过程中的位置和过程，展示了烟气在电厂运行过程中的运行轨迹。上侧的按钮可以实现对电除尘器运行的启停控制，点击按钮“On”后，界面黑色为底的显示框会以间隔为 1s 滚动显示出入口的烟气量、烟气温度、含尘浓度、烟气压力；点击按钮“返回参数设定”后会出现参数设定表以供操作者查看并更改；点击按钮“电场实时监控”会进入各电场实时监控，可以实时查看运行电压电流量，并控制高压和低压系统；点击按钮“图像分析”进入图像展示界面可以观察出入口烟温曲线和除尘效率的变化。

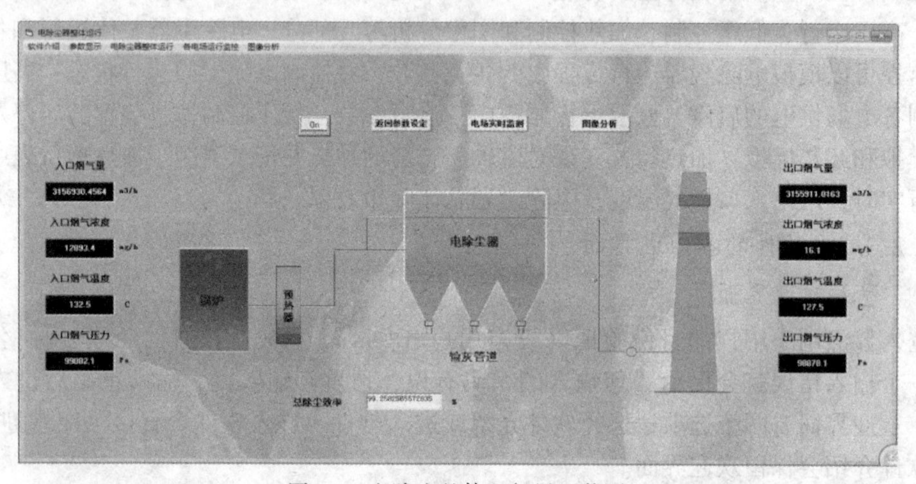

图 6-1 电除尘整体运行界面截图

参数的随机性利用随机函数 *Rnd* 实现，滚动显示利用 timer 控件实现，实现的代码部分如下：

```
Private Sub Timer1_ Timer ( )
AYo = Val (Text1. Text) '燃煤灰分基量
AY =AYo + 1 * Rnd '实际灰分
k = Val (Text2. Text) '锅炉负荷参数
Ws = k * 2000 + 10 * Rnd '实际蒸发量
dPo = Val (Text3. Text) '粒径基量
Dp = dPo + 1 * Rnd '平均粒径
bdzj = Val (Text7. Text) '比电阻数量级
```

```
bdz = 10 ^ bdzj * (7 + 2.9 * Rnd) '比电阻
Form3.iAnalogDisplayX1.Value = 1920 * Ws * (AY + 100) / (100 + 27) '计算入口烟气总量
Form3.iAnalogDisplayX2.Value = Ws * 10000 * AY/ (7 * Qi1) * 1000 '入口烟气浓度
Form3.iAnalogDisplayX3.Value = 130 + 15 * Rnd' 入口烟气温度
Form3.iAnalogDisplayX4.Value = 99000 + 500 * Rnd
Form3.iAnalogDisplayX5.Value = Val (Form3.iAnalogDisplayX1.Value) - 2000 * Rnd '计算出口烟气总量
Form3.iAnalogDisplayX6.Value = Val (Form3.iAnalogDisplayX2.Value) * (1 - 99.875/100) '出口烟气浓度
Form3.iAnalogDisplayX7.Value = Val (Form3.iAnalogDisplayX3.Value) - 5' 出口烟气温度
Form3.iAnalogDisplayX8.Value = Val (Form3.iAnalogDisplayX4.Value) - 200 - 10 * Rnd
```

D 本体参数显示界面

在整体运行界面启动电除尘器后，可以进入参数显示界面（图 6-2）查看除尘器的各个参数，该界面分成三个部分：烟气参数、本体参数和运行参数。

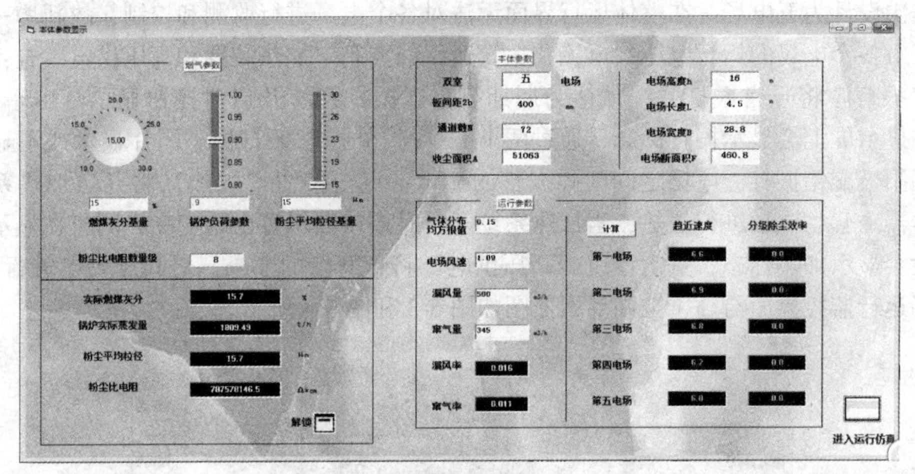

图 6-2 本体参数显示

本体参数和烟气参数经过计算已经确定初始值，故在进入该界面时是锁定状态不可拖动按钮调节数据，点击按钮“解锁”后可以对参数进行调节，对于烟气参数既可以拖动滑杆、转盘来调节，也可以直接在参数显示框中输入新的数据；运行参数中确定的参数可以推算粉尘的趋近速度和分级除尘效率，因为这两组数据的模型具有随机函数，故每次点击按钮“计算”后得到的数据都会有细微的差别，也是为了更好地模拟实际的运行情况。当参数查看结束点击“运行仿真”按钮回到电除尘器整体运行界面。在本体参数显示界面，为了调节的美观，加入了第三方控件 iocompnew，使用了其中的 iKnob 控件和 iSlider 控件进行参数的调节；使用了 iAnalogDisplay 控件显示计算值，与设定值相区分。

部分编程代码如下：

```
Private Sub Command1_ Click ( ) ' 当按钮“计算”被点击时
W1 = 6 +Rnd '驱进速度模拟
W2 = 6 +Rnd
W3 = 6 +Rnd
W4 = 6 +Rnd
W5 = 6 +Rnd
h1 = (1 - Exp (- (0.0045 * U1 * I1 * 4
```

```
* 3600) /Qi1 + 0.06) ) * 100'分级除尘效率计算
    h2 = (1 - Exp (- (0.0045 * U2 * I2 * 4 * 3600) /Qi1 + 0.06) ) * 100
    h3 = (1 - Exp (- (0.0045 * U3 * I3 * 4 * 3600) /Qi1 + 0.06) ) * 100
    h4 = (1 - Exp (- (0.0045 * U4 * I4 * 4 * 3600) /Qi1 + 0.06) ) * 100
    h5 = (1 - Exp (- (0.0045 * U5 * I5 * 4 * 3600) /Qi1 + 0.06) ) * 100
    iAnalogDisplayX7. Value = W1'趋近速度显示
    iAnalogDisplayX8. Value = W2
    iAnalogDisplayX9. Value = W3
    iAnalogDisplayX10. Value = W4
    iAnalogDisplayX11. Value = W5
    iAnalogDisplayX12. Value = h1'分级除尘效率计算结果显示
    iAnalogDisplayX13. Value = h2
    iAnalogDisplayX14. Value = h3
    iAnalogDisplayX15. Value = h4
    iAnalogDisplayX16. Value = h5
    End Sub
```

E　各电场运行监控界面

本次设计为五电场，在整体运行界面无法对各个电场进行监测和控制，故新增一个界面用于对各个电场的运行电压、电流和振打运行的控制。加热装置和高压供电装置：点击按钮“振打”将开启振打系统默认为周期打，当振打系统开启时按钮显示灯由暗变亮，同时在显示屏上会显示振打标志，通过两个 timer 控件控制振打标志图片显示或不显示来实现阴阳极交错振打、电场之间间隔振打的显示；点击按钮“加热”将开启加热系统对电除尘器磁套、磁轴进行加热，当加热系统开启时按钮显示灯由暗变亮，同时在显示屏电场前段会显示加热标志；点击按钮“高压供电”将打开新的 form，对高压供电进行控制，各电场运行监控界面与高压控制界面截图如图 6-3 和图 6-4 所示。

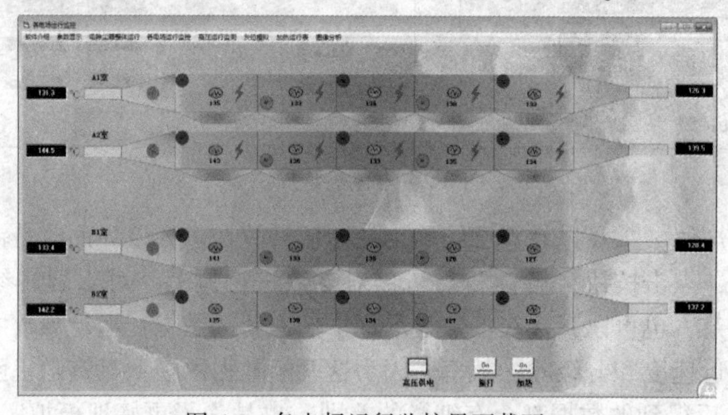

图 6-3　各电场运行监控界面截面

可以单独控制每个电场的供电开关，也可统一进行开启和关闭，每个电场的按钮“On”控制单个电场的供电，按钮“全体开机”和“全体关机”同时控制一个除尘器的 10 个电场，当电场的供电开启时红色显示灯会亮起，同时在各电场运行监控界面会根据开关情况显示供电标志：例如图 6-3 的 A 除尘器供电标志全部显示，图 6-4 显示将 A 电除尘供电全部开启。实现两个 form 联系起来的代码以其中 A1 室一电场为例展示编程代码：

```
    Private Sub iSwitchLedX1_ OnChange (Index As Integer)
    If iSwitchLedX1 (0) . Active = True Then'高压供电界面 A1 室一电场显示灯亮
```

```
Form4. Image15 (0) . Visible = True' 各电场运行监控界面 A1 一电场供电标志显示
Else
Form4. Image15 (0) . Visible = False' 各电场运行监控界面 A1 一电场供电不显示
End If
End Sub
Private Sub iSwitchLedX1_ OnClick (Index As Integer)
If iLedRectangleX1 (0) . Active = False Then
iLedRectangleX1 (0) . Active = True
Else
iLedRectangleX1 (0) . Active = False
End If
End Sub
```

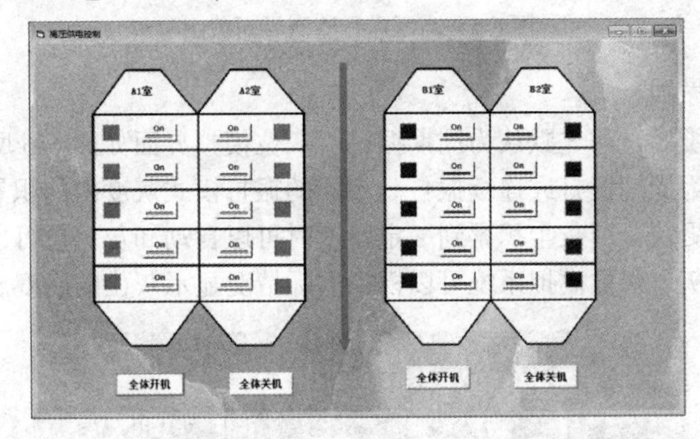

图 6-4 高压控制界面截图

F 高压运行监测界面

当电除尘器运行时，其一次电压、一次电流、运行电压、运行电流都会随着实际情况有所波动，不同电场的上限运行电压、电流等也都不尽相同，界面上有 4 个仪表分别显示一次电压、电流，二次电压、电流，可以通过 combo 控件选择显示某一个电场的运行参数，包括上限运行电流、电压和火花率，火花率可以手动二次设定。

如图 6-5 显示，仪器表上的指针会随着下侧数据的改变而摆动显示，直观的模拟实际情况时的波动过程。以 A1 室一电场为例，编程代码如下：

```
Private Sub Combo1_ Change ()
If Combo2. Text = " 一电场" Then ' 当 combo2 为 "一电场"
Select Case Combo1. Text
...
Case " A1 室" ' combo1 选择 "A1 室" 时,
Label7 (0) . Caption = " A1 一电场"
Label7 (1) . Caption = " A1 一电场"
Label7 (2) . Caption = " A1 一电场"
Label7 (3) . Caption = " A1 一电场"
Timer2. Enabled = True
Form7. iAnalogDisplayX1. Value = 60 + 1 * 2 + (200 - Rnd * 100) /100
...
Private Sub Timer2_ Timer ()
Form7. iAngularGaugeX1. Position = 380 + 10 * Rnd
iAngularGaugeX2. Position = 150 + 30 * Rnd
iAngularGaugeX3. Position = 40 + 20 * Rnd
iAngularGaugeX4. Position = 800 + 300 * Rnd
Text1. Text = Val (iAngularGaugeX1. Position)
Text2. Text = Val (iAngularGaugeX2. Position)
Text3. Text = Val (iAngularGaugeX3. Position)
Text4. Text = Val (iAngularGaugeX4. Position)
End Sub
```

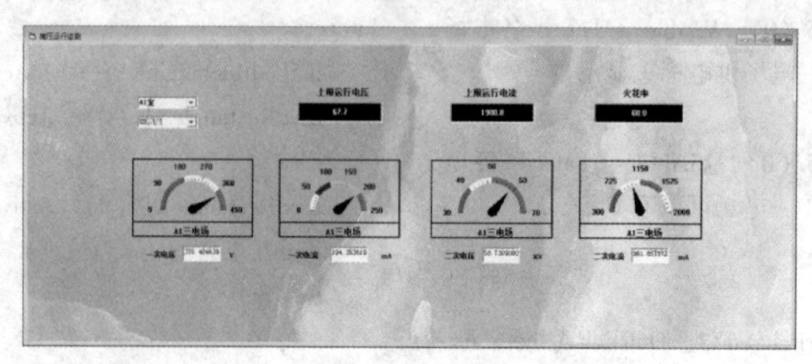

图 6-5 高压运行监测界面截图

G 灰位模拟界面

当开启振打系统后，首先默认为周期振打，灰位模拟界面如图 6-6 所示，由此图可以重新选择振打模式为周期振打或连续振打。不同的振打模式灰度内的积累速度不同，连续振打模型积灰速度更快，当灰尘积累到一定厚度时可以自动卸灰，也可以在监控过程中点击按钮进行手动卸灰。灰位模拟系统可以模拟实际情况显示灰位的高度。

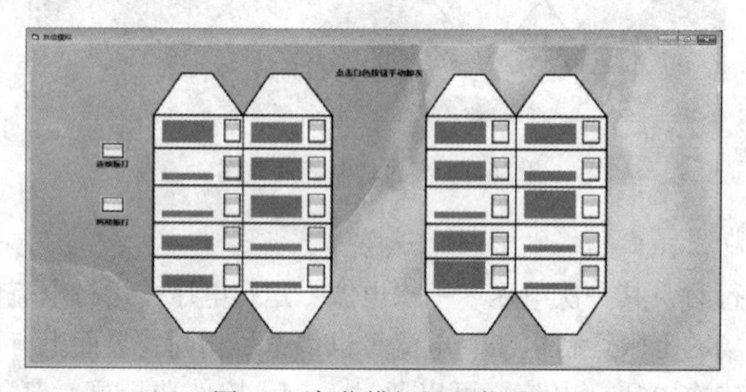

图 6-6 灰位模拟界面截图

以 A1 室一电场为例，编程代码如下：

```
Private Sub Timer1_ Timer（）
Shape1（0）.Height = Shape1（0）.Height + 50’连续振打模型灰位变化
Shape1（0）.Top = Shape1（0）.Top - 50
If Shape1（0）.Top < 2160 Then
Shape1（0）.Height = 135
Shape1（0）.Top = 2760
End If
```

```
Private Sub Timer2_ Timer（）
Shape1（0）.Height = Shape1（0）.Height + 50’周期振打模型灰位变化
Shape1（0）.Top = Shape1（0）.Top - 50
If Shape1（0）.Top < 2160 Then
Shape1（0）.Height = 135
Shape1（0）.Top = 2760
End If
```

H 加热运行界面

加热运行界面主要为清晰地体现加热系统开启时设置的上限温度、下限温度、设定温度和实际磁轴磁套的温度，其中设定温度可以手动调节，相对应的实际温度也会随之有波动。并且该表与各电场运行监测相互关联，当加热系统开启时，加热运行界面的指示灯“On”也会亮起，当加热系统处于关闭时，指示灯“Off”会亮起。

以 A1 室磁轴加热为例，部分代码如下：

```
Private Sub Text1_ Change（Index As Integer）’设定温度改变
```

```
Label3 (0) . Caption = Val (Text1 (0) . Text) - 5 + Int (10 * Rnd) ' 实际温度计算
End Sub
```

I 图像分析界面

图像分析界面主要是显示三条曲线：入口烟气温度随时间变化曲线、出口烟气温度随时间变化曲线、除尘效率随时间变化曲线。红色曲线代表入口烟气温度，黄色曲线代表出口烟气温度，绿色曲线代表电除尘器除尘效率，点击按钮开始图像的绘制，点击按钮“复位”时停止图像的绘制。并且有三个数据显示框显示入口烟温、出口烟温和除尘效率的实时数据。因为本软件为仿真运行，无法直接连接检测装置与实际电除尘器，所以均使用模型对数据进行模拟。

编码过程主要用picture控件，进行line画线操作，利用循环数组的语句，不断让横坐标、纵坐标变化，但编码过程要注意，纵坐标、横坐标均是在编程界面为参考，所以为了图像可以在显示屏的中间应该首先确定显示界面横纵坐标的范围，在公式中设置一个横纵坐标的基准值，可以在屏幕中间部分进行图线绘制工作。以列代码中j2公式里“+2000”就是纵坐标的基准值。

以入口烟温曲线为例，编程代码如下：

```
Private Sub Timer1_ Timer ( )
Form10. DrawWidth = 3
If l1 < 6480 Then
k1 = 180
l2 = l1 + k1
j2 = 140 + (1 * Rnd ( ) - 1 * Rnd ( ) )
* 100 + 2000
Text1. Text = 140 + (1 * Rnd ( ) - 1 * Rnd
( ) ) * 10
Line (l1, j1) - (l2, j2), RGB (230, 0, 0)
l1 = l2
j1 = j2
Else
l1 = 1320
j1 = 2000
Timer1. Enabled = False
End If
End Sub
```

6.2.4 总结

针对600MW燃煤电厂的运行控制进行仿真研究，具体完成的研究成果如下：

(1) 查阅多方资料和调查，分析目前国际国内除尘技术的发展，通过对比各环保机构对电力行业发展时污染物的控制，了解现在燃煤电厂发展的背景及存在的问题。

(2) 从工作原理、本体结构、控制系统和性能影响因素四个方面对电除尘器进行简要的介绍，从结构参数、烟气参数、操作因素三个角度分析除尘效率影响因素。多角度分析仿真对象，明确软件中所需要的参数和操作界面。

(3) 结合文献和实际情况，计算本体结构参数，确定电场尺寸、通道数、锅炉蒸发量、电场风速、电晕极形式等经验数据，确定软件仿真中所需要的运行参数、烟气参数的模型。

(4) 根据之前设定的初始数据及确定的仿真模型，以Visual Basic 6.0为开发软件，下载第三方工业控件，设计电除尘运行控制仿真软件，实现了对电除尘运行过程的动态模拟，具有参数调节、高压供电设定、低压控制、数据存储、图像分析等功能，可以正确地模拟电除尘器运行过程，也可以作为电除尘器运行的演示文件。

6.3 案例2——基于 Aspen plus 的 MDEA 捕集 CO_2 装置工艺设计与优化

温室效应导致的全球变暖问题已经越来越受到人们的关注。在众多的温室气体中，CO_2是主要的温室气体，其增温效应显著。燃烧化石燃料释放的 CO_2占到了 CO_2总排放量的 70%，一座 600MW 的火电厂每年会产生数百万吨的 CO_2，因此，火电厂脱碳工艺的研究具有重要意义。本节设计使用的是化学吸收法中的醇胺法：以 N-甲基二乙醇胺（MDEA）为吸收液来捕集 CO_2。以华能北京热电厂烟气脱碳工艺相关参数为基准，采用化工流程模拟的方法，通过 Aspen Plus 化学工艺流程模拟软件进行模拟，探究并优化 CO_2捕集工艺。

本节设计使用 Aspen Plus 软件进行设计与模拟优化的主要内容为：（1）设计单独的吸收塔、单独的解吸塔以及吸收-解吸综合流程；（2）对解吸塔的工艺流程进行优化，探究脱除效率与进气温度、冷凝器温度、再沸器压力、再沸器热负荷等因素之间的关系；（3）模拟吸收-解吸综合过程，分析温度和 CO_2在塔中的分布情况。

6.3.1 MDEA 捕集 CO_2工艺流程设计

6.3.1.1 相关参数

本节设计选用华能北京热电厂尾气脱碳工程 CO_2捕集的相关参数，该电厂的 CO_2捕集方法选用的是 MEA 法吸收 CO_2。本设计中使用 MDEA 法，使用 Aspen Plus 软件来设计适合 MDEA 法的工艺流程，进行优化，并与该电厂的脱除效率进行比较。

6.3.1.2 工艺流程设计的准备

A 物性组分

在 Aspen Plus 软件中输入工艺流程所需的物质组分，图 6-7 为在设计单独 MDEA 捕集 CO_2时的组分。

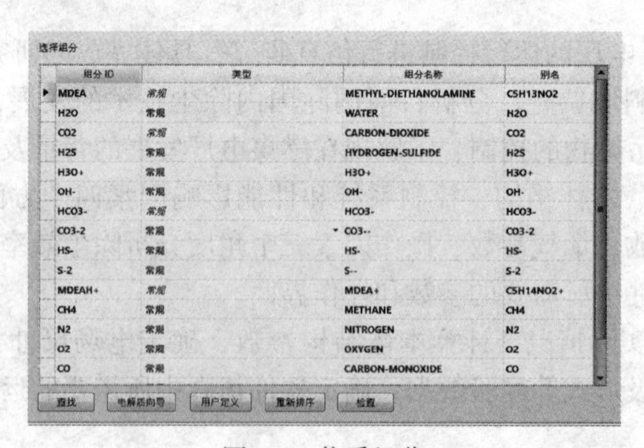
选择组分

组分 ID	类型	组分名称	别名
MDEA	常规	METHYL-DIETHANOLAMINE	C5H13NO2
H2O	常规	WATER	H2O
CO2	常规	CARBON-DIOXIDE	CO2
H2S	常规	HYDROGEN-SULFIDE	H2S
H3O+	常规	H3O+	H3O+
OH-	常规	OH-	OH-
HCO3-	常规	HCO3-	HCO3-
CO3-2	常规	CO3--	CO3-2
HS-	常规	HS-	HS-
S-2	常规	S--	S-2
MDEAH+	常规	MDEA+	C5H14NO2+
CH4	常规	METHANE	CH4
N2	常规	NITROGEN	N2
O2	常规	OXYGEN	O2
CO	常规	CARBON-MONOXIDE	CO

查找 电解质向导 用户定义 重新排序 检查

图 6-7 物质组分

B 选择物性方法

吸收所用的方法是化学吸收法，可通过含电解质的混合溶剂对 CO_2 进行脱除，在本节设计中选用电解质模型 ELECNRTL，如图 6-8 所示。

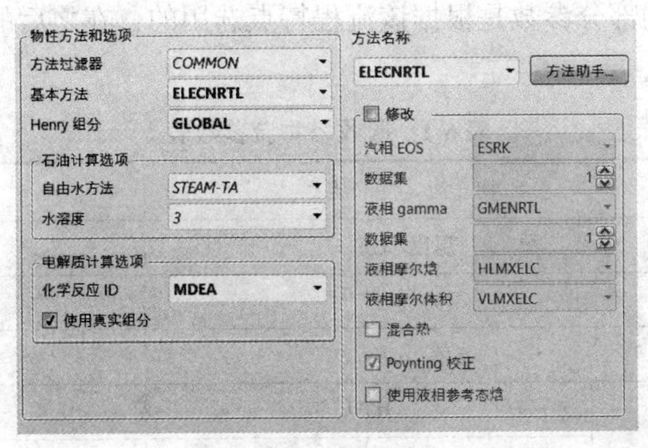

图 6-8 物性方法

C 吸收过程的反应式

如图 6-9 所示，此部分可以选用所有组分自动反应，但由于烟气是脱硫脱硝后的产物，其他浓度极低，输入反应所需的相关反应式。

反应	类型	化学计量
1	平衡	2 H2O <--> H3O+ + OH-
2	平衡	CO2 + 2 H2O <--> HCO3- + H3O+
3	平衡	HCO3- + H2O <--> CO3-2 + H3O+
4	平衡	MDEAH+ + H2O <--> MDEA + H3O+
5	平衡	H2S + H2O <--> HS- + H3O+
6	平衡	HS- + H2O <--> S-2 + H3O+

图 6-9 反应方程

6.3.1.3 工艺流程设计

A 吸收塔的设计

GASIN 为烟气进口，进口烟气的参数使用的是电厂参数。LEANIN 为 MDEA 吸收液入口，从塔顶进入。两者在 ABSORBER 吸收塔内部相互作用，处理后的烟气从 GASOUT 出口离开，吸收液作用后从 RICHOUT 出口，变为富液离开（图 6-10）。

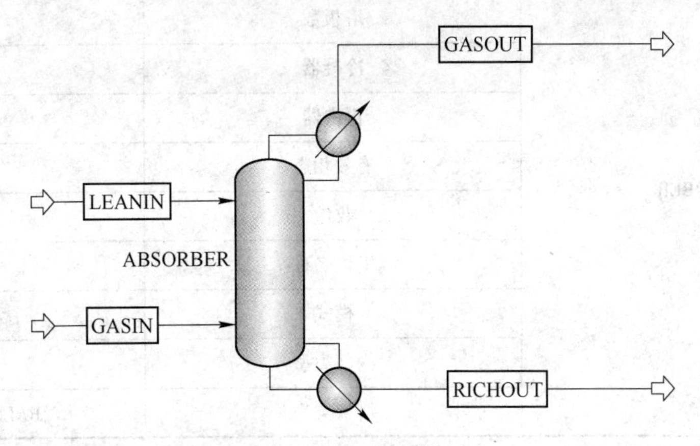

图 6-10 吸收塔

在流程中输入吸收液及烟气的相关参数，如表 6-1 所示，其中烟气参数是该电厂烟气的实际参数，吸收液的部分参数是根据该流程特点选用的，在之后的优化部分也会作为变量进行优化。

表 6-1　吸收塔物流参数表

<table>
<tr><th>物流名</th><th colspan="2">物 流 性 质</th><th>数 值</th></tr>
<tr><td rowspan="7">GASIN</td><td colspan="2">温度/℃</td><td>40</td></tr>
<tr><td colspan="2">压力/bar[①]</td><td>1</td></tr>
<tr><td colspan="2">总流率/mol · s^{-1}</td><td>15</td></tr>
<tr><td rowspan="4">体积分率</td><td>H_2O</td><td>0.0795</td></tr>
<tr><td>CO_2</td><td>0.1256</td></tr>
<tr><td>N_2</td><td>0.7369</td></tr>
<tr><td>O_2</td><td>0.058</td></tr>
<tr><td rowspan="6">LEANIN</td><td colspan="2">温度/℃</td><td>40</td></tr>
<tr><td colspan="2">压力/bar[①]</td><td>1</td></tr>
<tr><td colspan="2">总流率/kg · h^{-1}</td><td>3100</td></tr>
<tr><td rowspan="3">质量分率</td><td>MDEA</td><td>0.3</td></tr>
<tr><td>H_2O</td><td>0.691</td></tr>
<tr><td>CO_2</td><td>0.009</td></tr>
</table>

①1bar = 0.1MPa。

表 6-2 为设计的吸收塔内的相关参数，其中设计的吸收塔的类型为板式塔，设置塔板个数为 20 个。

表 6-2　吸收塔参数表

<table>
<tr><th>物 流 名</th><th>物 流 性 质</th><th>数　值</th></tr>
<tr><td rowspan="10">ABSORBER</td><td>计算类型</td><td>速率模式</td></tr>
<tr><td>塔板数</td><td>20</td></tr>
<tr><td>冷凝器</td><td>无</td></tr>
<tr><td>再沸器</td><td>无</td></tr>
<tr><td>有效相态</td><td>气-液</td></tr>
<tr><td>收敛</td><td>标准</td></tr>
<tr><td>塔段名称</td><td>T-1</td></tr>
<tr><td>模式</td><td>核算</td></tr>
<tr><td>内部类型</td><td>塔板</td></tr>
<tr><td>塔板类型</td><td>BALLAST-V4</td></tr>
</table>

B　吸收塔部分的模拟结果

通过查看表 6-3 中的流股部分，得到 CO_2 及 MDEA 的变化情况。

表 6-3　流股流率表　（mol/s）

项目	GASIN	GASOUT	LEANIN	RICHOUT
CO_2	1.63	0.52	1.02×10^{-7}	1.64×10^{-5}
MDEA	0	2.52×10^{-9}	1.98	0.89

计算 CO_2 吸收率：

$$\eta_{CO_2}=\frac{C_{IN}-C_{OUT}}{C_{IN}}=\frac{1.63-0.52}{1.63}=0.681 \tag{6-21}$$

计算 MDEA 利用率：

$$\eta_{MDEA}=\frac{C_{IN}-C_{OUT}}{C_{IN}}=\frac{1.98-0.89}{1.98}=0.55 \tag{6-22}$$

显然，在火电厂脱碳工艺中，CO_2 吸收率为 0.681，MDEA 利用率为 0.55，这样的脱除效率及利用率是不合格的。其中，CO_2 吸收率低可能与 MDEA 法本身的吸收速率慢有关，也可能是因为贫液流量不够所导致，而 MDEA 利用率低可能是该工艺流程的相关参数选择不合理，需要在之后的运行中进行调节。在解吸塔的设计中会对工艺流程进行分析及优化，提高该工艺的脱碳效果。

C　解吸塔的设计

RICHMDEA 为富液入口，在该解吸塔的再沸器和冷凝器的作用下，对 CO_2 进行解吸，解吸后的从塔顶 CO_2OUT 出口离开，解吸后的贫液从 LEANOUT 出口离开，作为循环液循环使用（图 6-11）。

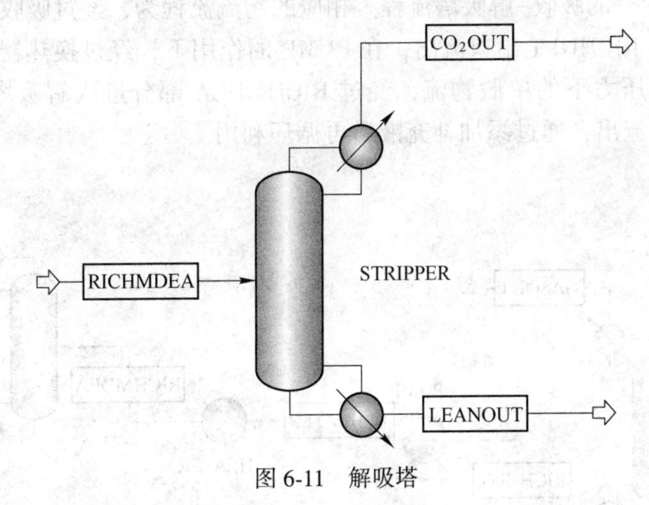

图 6-11　解吸塔

进料条件使用的参数为第一部分吸收塔的部分结果，目的是方便之后吸收-解吸整合过程。对于解吸塔内的相关参数，其中为实现较好的脱除效果，在解吸塔塔底设置一个釜式的再沸器。为实现气体的冷凝，脱除出口的水蒸气，得到浓度较高的 CO_2 浓度，选用部分气相的冷凝器。解吸塔的内部类型使用的是填料塔，塔板数设置为 21。解吸塔参数见表 6-4。

表 6-4 解吸塔参数表

物流名	物流性质	数值
STRIPPER	计算类型	速率模式
	塔板数	21
	冷凝器	部分气相
	再沸器	釜式
	有效相态	气-液
	收敛	标准
	馏出物流率/$kg \cdot h^{-1}$	96
	塔段名称	CS-1
	模式	核算
	内部类型	填料
	塔板类型	FLEXIPAC
	填料高/m	6.1
	直径/m	0.427

D 吸收-再生综合流程

通过吸收塔和解吸塔的流程模拟后的结果，对吸收-解吸综合流程进行工业装置设计。图 6-12 是设计好的吸收-解吸塔流程。相应的物流流程为，经过吸收塔的吸收液变为富液，从吸收塔的 RICHOUT 出口流出，在 PUMP 的作用下，经过换热器 HEATER，把物流变为所需温度和压力下的单股物流，经过 RICHMDEA 部分进入解吸塔。解吸作用后，贫液从 LEAMDEA 流出，通过添加补充液后再循环利用。

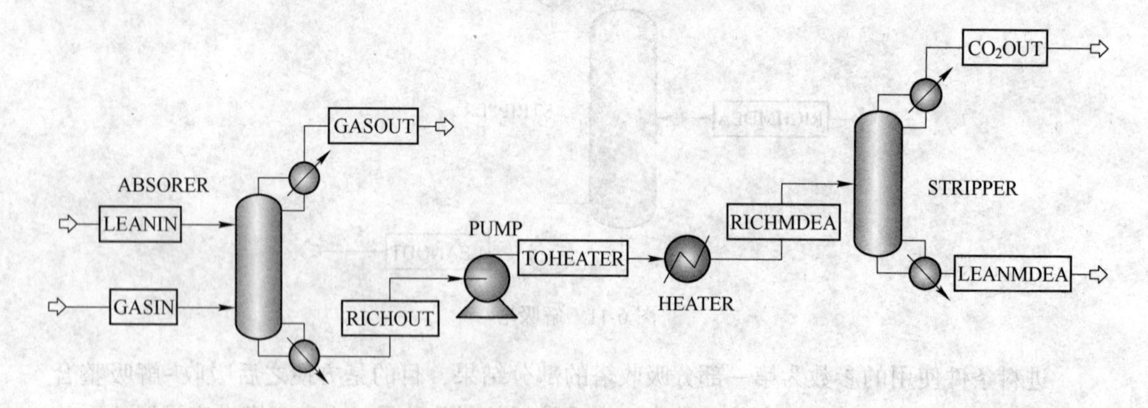

图 6-12 吸收-解吸综合流程

使用 Pump 模拟工艺中给液体增压和输送液体的泵，使用 Heater 模拟将多股进料物流变为特定温度和压力下的单股物流（表 6-5）。

表 6-5 泵和换热器参数表

物流名	模块性质	数据
PUMB	类型	泵
	增压/psia①	20
HEATER	类型	换热器
	温度/℃	80
	有效相态	气相-液相

① 1psia = 6894. 757Pa

在吸收-解吸整合后的流程中选用的四种装置模型及该流程的名称总结见表 6-6。

表 6-6 模型选择表

装置	选用的模型	名称
吸收塔	RadFrac	ABSORBER
解吸塔	RadFrac	STRIPPER
泵	Pump	Pump
换热器	Heater	Heater

泵的运行结果：泵的出口压力为 242145N/m^2，泵提供给流体的功率为 83. 83W，轴功率为 283. 57W。换热器的运行结果：换热器的出口温度为 81. 18℃，出口压力为 242145N/m^2，热负荷为 100048W。

Aspen Plus 软件模拟结果表明，该工艺流程没有达到工艺要求，需要添加活化剂或调整参数重新进行模拟来达到该电厂的脱碳工艺要求。

6. 3. 2 流程分析及优化

6. 3. 2. 1 解吸塔部分模拟分析

A 冷凝器温度

在解吸塔塔顶设置一个部分气相的冷凝器，目的是让水蒸气冷凝回流，提纯气体中 CO_2。探究四种吸收液在冷凝器温度变化下 CO_2 解吸率的变化情况，结果见表 6-7。

表 6-7 CO_2 解吸率随冷凝器温度变化情况 (%)

w_{MDEA}	w	CO_2 解吸率					
		25℃	30℃	35℃	40℃	45℃	50℃
0. 2MDEA	0	75. 13	75. 51	76. 15	76. 79	79. 49	81. 10
	0. 2MEA	68. 23	68. 35	68. 44	68. 55	68. 61	68. 70
	0. 25DEA	68. 3	68. 32	68. 44	6. 55	69. 10	69. 97
	0. 15PZ	58. 60	58. 90	59. 40	59. 90	60. 80	62. 11

从表 6-7 可以看出，对于四种吸收液的模拟，单独 MDEA 的 CO_2 解吸率明显高于添加活化剂后的三种吸收液，这是由 MDEA 本身的性质所决定的，MDEA 与 CO_2 反应生成的产

物容易再生。而添加的三种活化剂 MEA、DEA、PZ 与 CO_2反应生成的产物不易分解，再生困难，所以 CO_2解吸率比单独 MDEA 吸收液低。随着冷凝器温度的增加，四种吸收液的 CO_2解吸能力不断提升。这是由于再生气的气体流量会增加，所以 CO_2解吸的量随之增加，使得二氧化碳解吸率不断增加。

探究四种吸收液在冷凝器温度变化下再生气中 CO_2摩尔分数的变化情况，结果见表 6-8 和图 6-13。

表 6-8　CO_2摩尔分数随冷凝器温度变化情况　　（%）

w_{MDEA}	w	CO_2摩尔分数					
		25℃	30℃	35℃	40℃	45℃	50℃
0. 2MDEA	0	98. 81	98. 76	98. 65	98. 51	98. 32	81. 18
	0. 2MEA	96. 42	95. 88	95. 71	95. 56	95. 31	94. 89
	0. 25DEA	97. 77	97. 41	97. 36	97. 30	97. 10	96. 81
	0. 15PZ	96. 42	95. 88	95. 76	95. 72	95. 69	95. 66

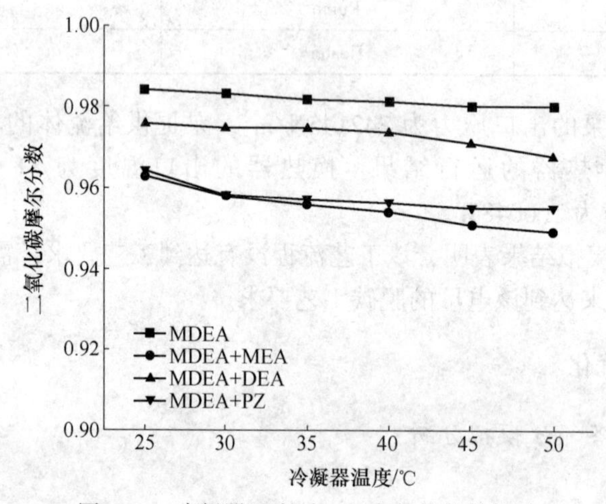

图 6-13　冷凝器温度对 CO_2摩尔分数的影响

从表 6-8 和图 6-13 可以看出，对于四种吸收液的模拟，单独 MDEA 再生气的 CO_2摩尔分数明显高于添加活化剂后的三种吸收液。随着冷凝器温度的增加，对于四种吸收液情况下的模拟，再生气的 CO_2摩尔分数不断下降。这是由于冷凝器温度增加时虽然再生气体流量增加，但由于其冷凝的效果差，大量水蒸气随着出口流出，导致解吸出的 CO_2纯度降低。

冷凝器温度增大时，CO_2解吸率能够增大，但其再生气体中 CO_2摩尔分数减少，所以在优化冷凝器温度时，要综合考虑 CO_2解吸率和 CO_2摩尔分数。同时冷凝器温度增加时，可以减少冷凝水的用量。综合考虑，在工艺流程中选用的冷凝器温度为 35℃，此时对于 MDEA+DEA，CO_2解吸率为 68. 44%，再生气中的 CO_2摩尔分数达到 97. 36%。

B　再沸器压力

解吸塔塔底的再沸器是先通过高温蒸汽加热液体，再通过液体冷却蒸汽进行换热。在吸收塔吸收过后的富液流入解吸塔后，通过再沸器的加热作用进行解吸作用形成 CO_2 和水蒸气的混合气体。设置再沸器温度为 100℃，在 101～161kPa 改变再沸器压力，探究其对二氧化碳解吸率的影响，结果见表 6-9 和图 6-14。

表 6-9　CO_2 解吸率随再沸器压力变化情况　（%）

w_{MDEA}	w	CO_2 解吸率						
		101kPa	111kPa	121kPa	131kPa	141kPa	151kPa	161kPa
0. 2MDEA	0	66. 78	70. 55	71. 69	73. 78	81. 32	78. 62	71. 44
	0. 2MEA	65. 98	66. 69	71. 12	78. 69	79. 98	75. 61	62. 35
	0. 25DEA	66. 26	68. 35	71. 22	82. 40	73. 65	71. 32	69. 80
	0. 15PZ	58. 63	59. 10	62. 35	66. 63	61. 96	57. 63	55. 69

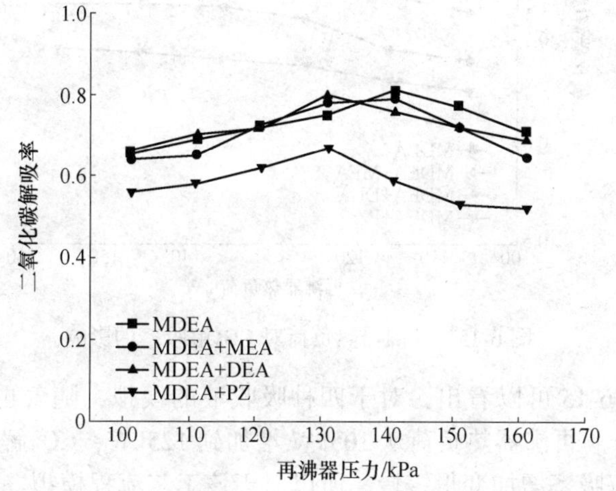

图 6-14　再沸器压力对 CO_2 解吸率的影响

从表 6-9 和图 6-14 可以看出，随着再沸器压力的增加，四种吸收液的模拟结果计算的 CO_2 解吸率都是先不断增加，到达某个值后又逐渐减少。对于这四种吸收液都存在一个最适的再沸器压力使得 CO_2 解吸率最大，MDEA+DEA 和 MDEA+PZ 作为吸收液时最适再沸器压力为 131kPa，单独 MDEA 和 MDEA+MEA 作为吸收液时最适再沸器压力为 141kPa。

对于三种添加活化胺的吸收液，MDEA+DEA 对应的 CO_2 解吸率最高，在 131kPa 之前随着再沸器压力的增加，CO_2 解吸率从 66. 26%升高到 82. 40%，这是由于再沸器压力增加使得吸收液的组分沸点升高，产生蒸汽的温度变高，所以 CO_2 解吸率增加。在 131kPa 后，CO_2 解吸率从 82. 40%降低到 69. 80%，这是由于再沸器压力增加沸点升高，富液沸腾解吸的蒸汽量减少，所以导致 CO_2 解吸率降低。

C　再沸器热负荷

对于解吸塔的再沸器，再沸器用来提供 CO_2 解吸的温度，当再沸器热负荷增加时代表了流程在解吸中所消耗的能量增加，观察再沸器热负荷对工艺流程 CO_2 解吸性能的影响，结果见表 6-10 和图 6-15，选择恰当的再沸器热负荷可以降低整个流程的能耗。

表 6-10　CO_2解吸率随再沸器热负荷变化情况　（%）

w_{MDEA}	w	CO_2解吸率					
		105 kW	115 kW	125 kW	135 kW	145 kW	155 kW
	0	82.69	84.86	85.69	86.10	86.30	86.41
0.2MDEA	0.2MEA	67.98	68.99	71.87	72.32	72.45	72.88
	0.25DEA	73.10	74.66	75.78	76.21	76.98	77.68
	0.15PZ	65.21	65.89	66.85	67.92	68.21	68.41

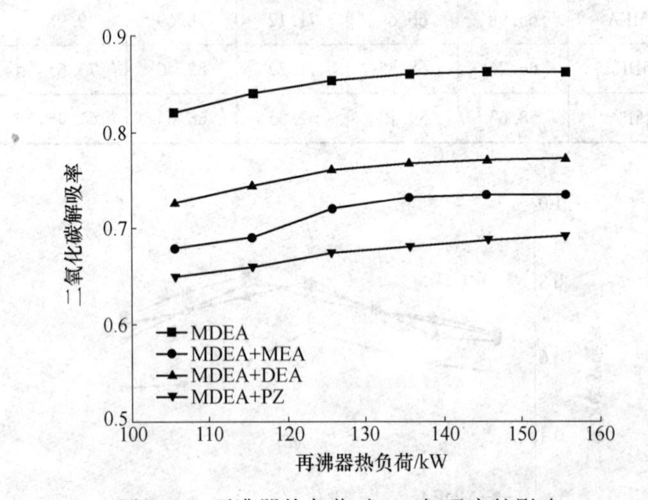

图 6-15　再沸器热负荷对 CO_2解吸率的影响

从表 6-10 和图 6-15 可以看出，对于四种吸收液的模拟，随着再沸器热负荷的增加，CO_2解吸率不断提升。再沸器热负荷从 105kW 增加到 125kW，CO_2解吸率明显增加，而在 125kW 以后，CO_2解吸率增加变得缓慢。所以对于该工艺流程模拟，四种吸收液的最适再沸器热负荷都为 125kW，因为过高的再沸器热负荷会使得流程的能耗增多，但对 CO_2解吸能力没有明显的提升。对于 MDEA+DEA 的工艺流程，再沸器热负荷为 125kW 时，它对 CO_2解吸率达到了 75.78%。

本节首先探究了解吸塔的冷凝器温度对解吸效率的影响，分析得出，随着冷凝器温度的增加，CO_2解吸能力会增强，但其再生气体中 CO_2摩尔分数增加，MDEA+DEA 作为吸收液时其解吸能力最强，CO_2解吸率为 68.44%，再生气中的 CO_2摩尔分数达到 97.36%。

考察了再沸器压力对 CO_2 解吸效率的影响。对于三种添加活化胺的吸收液，MDEA+DEA 对应的 CO_2解吸率最高，当再沸器压力为 131kPa 时 CO_2解吸性能最好，CO_2解吸率为 82.40%。

再沸器热负荷代表了解吸塔内的能耗，较小的再沸器热负荷，可以使得工艺流程的经济性提升。当再沸器热负荷为 125kW 时，MDEA+DEA 作为吸收液，CO_2解吸率已经达到了 75.78%。

6.3.2.2　吸收-解吸整合后的综合模拟

经过对吸收塔和解吸塔各种参数的优化分析，0.2MDEA+0.25DEA 作为吸收液的吸收和解吸效果是最好的。在吸收-解吸整合模拟中，探究该吸收液在各种优化条件下的吸收塔和解吸塔内的温度及CO_2分布。

A 温度分布

从图6-16可以看出，吸收塔内气液两相充分接触，在塔板的温度变化中，气相温度和液相温度的变化情况类似。吸收液从塔顶1号板进入，吸收液中的胺溶液吸收CO_2而产生反应热，所以塔板数增加时，液相温度不断升高。烟气从塔底21号板进入，刚进入塔底与吸收液反应温度迅速升高，随后CO_2逐渐被吸收，产生的反应热减少，随着塔板数的减少，塔顶存在液相喷淋塔，液相温度较低，所以气相温度会不断下降。

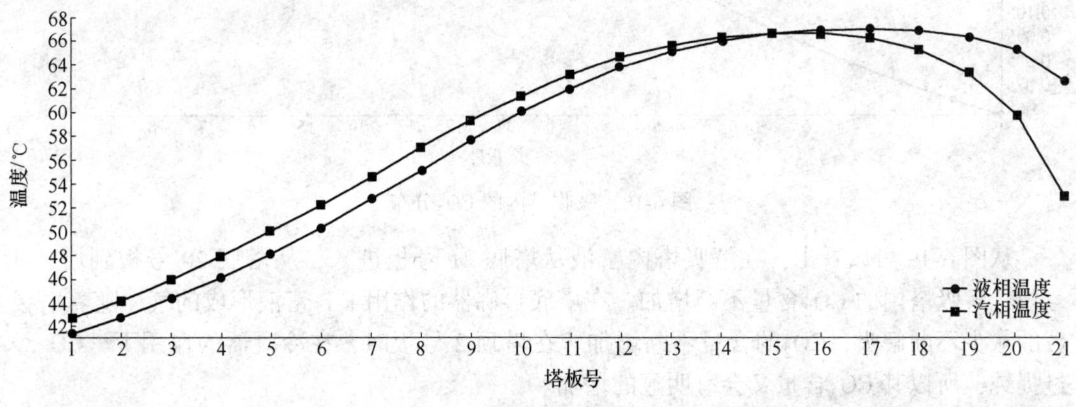

图6-16 吸收塔内的温度分布

从图6-17可以看出，解吸塔的再沸器进行加热时，解吸塔内的温度比吸收塔内的温度高。流入解吸塔的富液在塔底20号板经过再沸器加热，变为包含水蒸气和CO_2的混合气体。所以在吸收塔内从塔低到塔顶，从塔板数20号到2号，随着塔板数的减少，解吸温度会不断下降，温度从93℃降至81℃。在塔顶塔板数为2号时，其温度迅速下降至24℃，这是由于在塔顶存在部分气相的冷凝器，使混合气体中的水蒸气冷却，提纯CO_2。

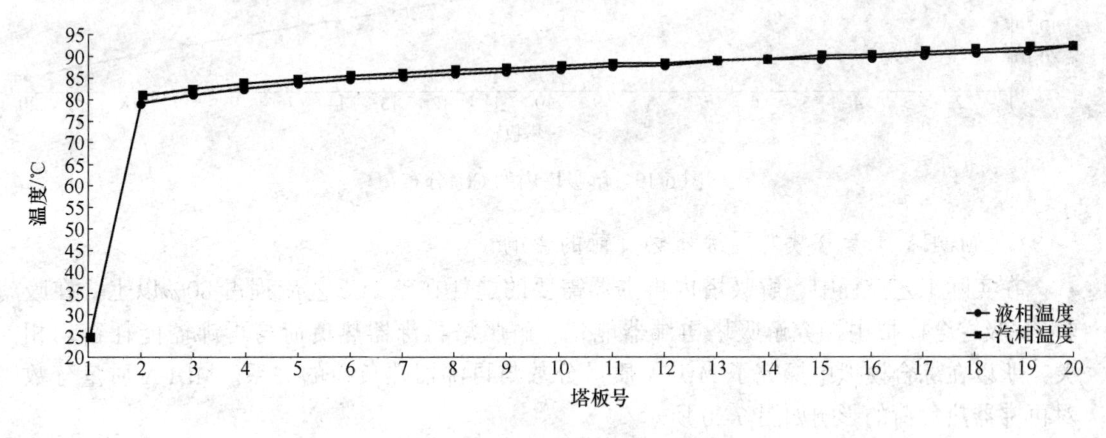

图6-17 解吸塔内的温度分布

B CO_2分布

从图6-18可以看出，在吸收塔内烟气从塔底21号板进入，从塔低21号板到塔顶1号板，随着塔板数的减少，吸收塔内的CO_2含量不断减少。由于烟气从塔底进入，所以在塔底21号板处的CO_2含量最高，在吸收塔内不断与吸收液逆向接触，所以二氧化碳含量不断减少。

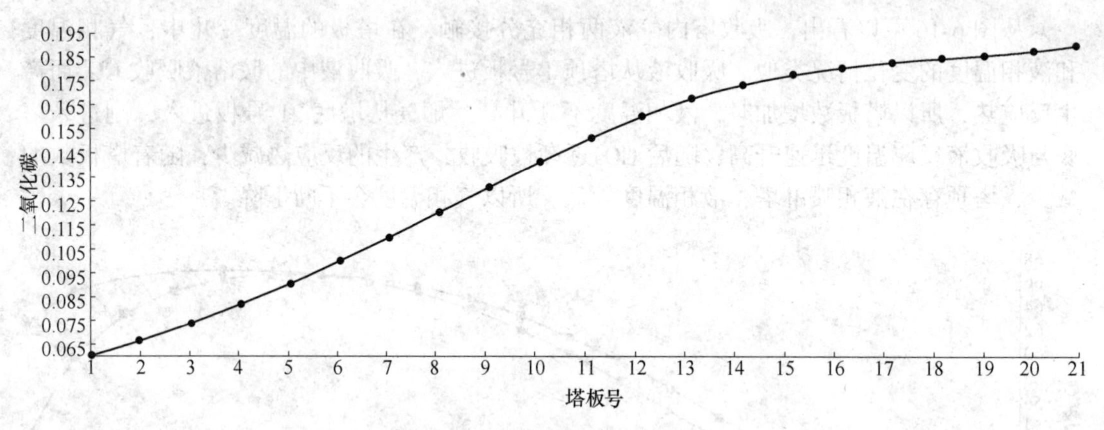

图6-18 吸收塔内的CO_2分布

从图6-19可以看出，在解吸塔内富液从塔底21号板进入，从塔底20号板到塔顶1号板，解吸塔内的CO_2含量不断增加。在塔底再沸器的作用下，富液形成的气体随着塔板数的减少不断解吸，CO_2的含量不断增加。在塔顶2号板时，在冷凝器的作用下，CO_2经过提纯，所以其CO_2含量又会有明显的增加。

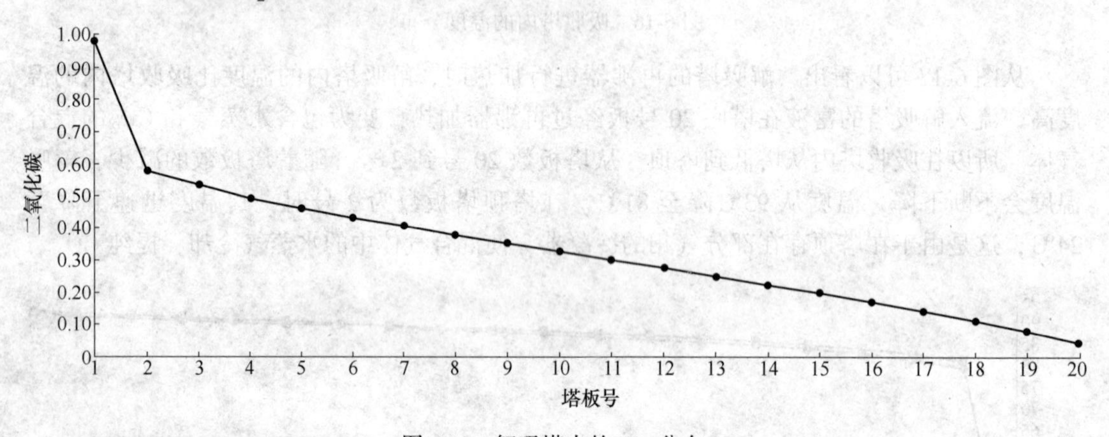

图6-19 解吸塔内的CO_2分布

C MDEA质量分数对再沸器热负荷的影响

在实际工艺流程中，解吸塔内再沸器需要的能耗在整个工艺流程占80%以上。在吸收-解吸综合模拟中探究解吸塔再沸器能耗，解吸塔再沸器热负荷与再沸器能耗密切相关，所以在综合模拟中探究了MDEA质量分数与再沸器热负荷的关系。MDEA质量分数对再沸器热负荷的影响如图6-20所示。

从图6-20可以看出，在吸收-解吸综合模拟中改变吸收液中MDEA质量分数，使其从0.2增加到0.32。由图6-20可得，随着MDEA质量分数的增加，再沸器热负荷在MDEA质量分数为0.26之前再沸器热负荷下降明显。这是由于MDEA质量分数增加时，在解吸塔内进行解吸过程时溶液中水的含量变少。又由于水的沸点较高，水的含量减少时，CO_2解吸所需温度降低，即所需能耗降低。所以当选用较高浓度的MDEA时，可以降低解吸过程的能耗，脱碳工艺的经济性增强。

本节是对上文设计的工艺流程进行分析优化，通过流程模拟主要得到了以下结论：选用优化后相关参数的解吸塔，完成了吸收-解吸综合流程的模拟，得到的最适工艺条件下的 CO_2 吸收率为 93.5%、MDEA 利用率为 72.3%、CO_2 解吸率为 81.2%、CO_2 在再生气中的摩尔分数为 98.2%。

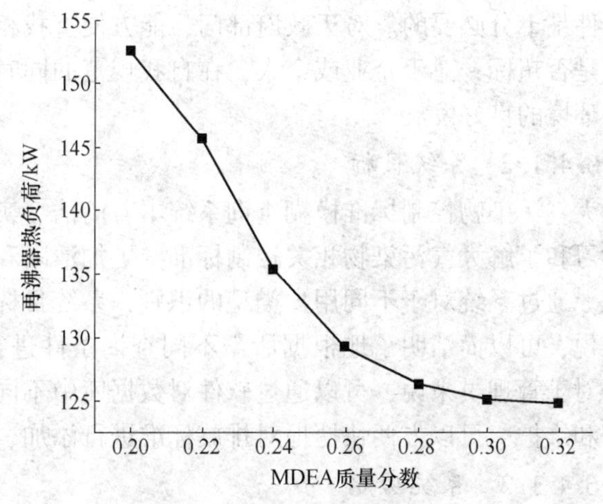

图 6-20　MDEA 质量分数对再沸器热负荷的影响

6.3.3　总结

本节设计的主要内容是使用 Aspen Plus 软件模拟火电厂使用 MDEA 吸收液时捕集 CO_2 的工艺流程。

（1）本节首先介绍了目前温室效应对环境的影响以及火电厂作为排放 CO_2 的主要载体，然后展示了现阶段 CO_2 的捕集技术和其中醇胺法吸收 CO_2 的相关研究。

（2）本节以北京华能脱碳工艺的相关参数为依据，使用 MDEA 作为吸收液进行脱碳工艺流程的设计。使用 Aspen Plus 软件设计了解吸塔，然后进行了吸收-解吸综合流程的模拟，计算了该工艺流程初步的 CO_2 吸收率。

（3）在设计的初步工艺流程的基础上对该流程进行改进。在解吸塔内探究了四种吸收液模拟中冷凝器温度对解吸效率的影响，其中最适冷凝器温度为 35℃；考察了四种吸收液模拟中再沸器压力对解吸效率的影响，其中最适再沸器压力为 130kPa；分析了四种吸收液模拟中再沸器热负荷对解吸效率的影响，其中最适再沸器热负荷为 125kW。最后选择吸收和解吸效果最好的吸收液 0.2MDEA/0.25DEA 作为吸收-解吸综合流程的吸收液，调整为优化后的吸收-解吸综合流程进行模拟，得到模拟结果为 CO_2 吸收率为 93.5%、CO_2 解吸率为 81.2%。

经过优化后的吸收-解吸综合流程得到的模拟结果显示 CO_2 吸收率大于华能北京热电厂实际的 CO_2 捕集效率，所以达到该工艺流程的设计目标。

6.4　案例 3 ——大气污染物控制标准模糊查询系统的开发

6.4.1　系统设计

6.4.1.1　需求分析

随着经济高速发展，我国大气污染问题日趋严重，由于大气污染物排放标准复杂多样，不同类型、不同时期、不同行业对应不同的排放限值要求，无论是监管部门还是相关企业，在诸多法律标准中查找到所需某类甚至某项标准要求，无疑会耗费众多人力和时间。所以，借助互联网技术，设计开发一款操作简单、功能齐全的大气污染物控制标准查询软件是十分必要的。对于政府部门，能方便查找相应条件下的标准要求以测算相关企业排放是否超标；对于企业或个人，在自我规范的同时也可行使监督权力，有利于共同维护大气环境的良好发展。

6.4.1.2　系统目标

大气污染物控制标准模糊查询系统本着简洁、实用、高效的原则，为企业和个人更好地学习和了解大气污染物相关控制标准、更加清晰和便捷地进行相关法律限值的查询提供方便。通过系统对于不同用户类型的识别，系统目标大致分为以下两个方面：对于普通用户来说，可以简洁明了地根据所需不同查询条件进行大气污染物排放标准控制限值的查询；对于管理员来说，可以通过软件对数据库中不同行业种类的大气污染物排放限值进行管理和维护，可以方便快捷地对排放标准进行添加、删除、更新等操作。

6.4.1.3　系统功能

本软件主要功能如下：

（1）通过在登录界面中选择不同的用户类型可以分别进入普通用户界面和管理员界面；（2）在普通用户界面中可以通过一个或多个查询限值条件的所需关键词对数据库中已有大气污染物排放标准的排放限值进行查询；（3）在管理员界面完成对大气污染物排放标准的增删、修改以及数据库的维护等工作；（4）一些其他辅助功能，如新用户的注册、密码的修改、查询条件的说明、版本信息的展示等。

系统功能结构如图6-21所示。

6.4.1.4　数据库设计

A　数据库概要说明

设计一个好的数据库是设计一个系统成功的关键，所以要根据系统的信息量设计合适的数据库。

由于本系统中数据信息量不大，对数据库的要求不是很高，所以，本系统选用了Access 2010数据库，数据库名称为“大气污染物控制标准数据库.mdb”。本数据库包含16个数据表，如图6-22所示。

B　数据库概念设计

通过对系统进行需求分析以及系统功能结构的确定，规划出系统中使用的数据库实体对象和实体E-R图。

由于数据库表中电力行业大气污染物排放标准、动力设备大气污染物排放标准、交通运输业大气污染物排放标准、建筑设施大气污染物排放标准、金属工业大气污染物排放标准等13个表实体E-R图设计方法基本相同，管理员信息表和普通用户信息表2个表实体E-R图设计方法基本相同，所以在这里只举例说明大气污染物排放标准汇总表（按污染物种类划分）、电力行业大气污染物排放标准、普通用户信息表这三个表的E-R图，如图6-23~图6-25所示。

C　数据库逻辑设计

根据设计好的实体E-R图，在数据库中创建各数据表。这里也只举例说明大气污染物排放标准汇总表（按污染物种类划分）、电力行业大气污染物排放标准、普通用户信息表这三个表的结构，见表6-11~表6-13。

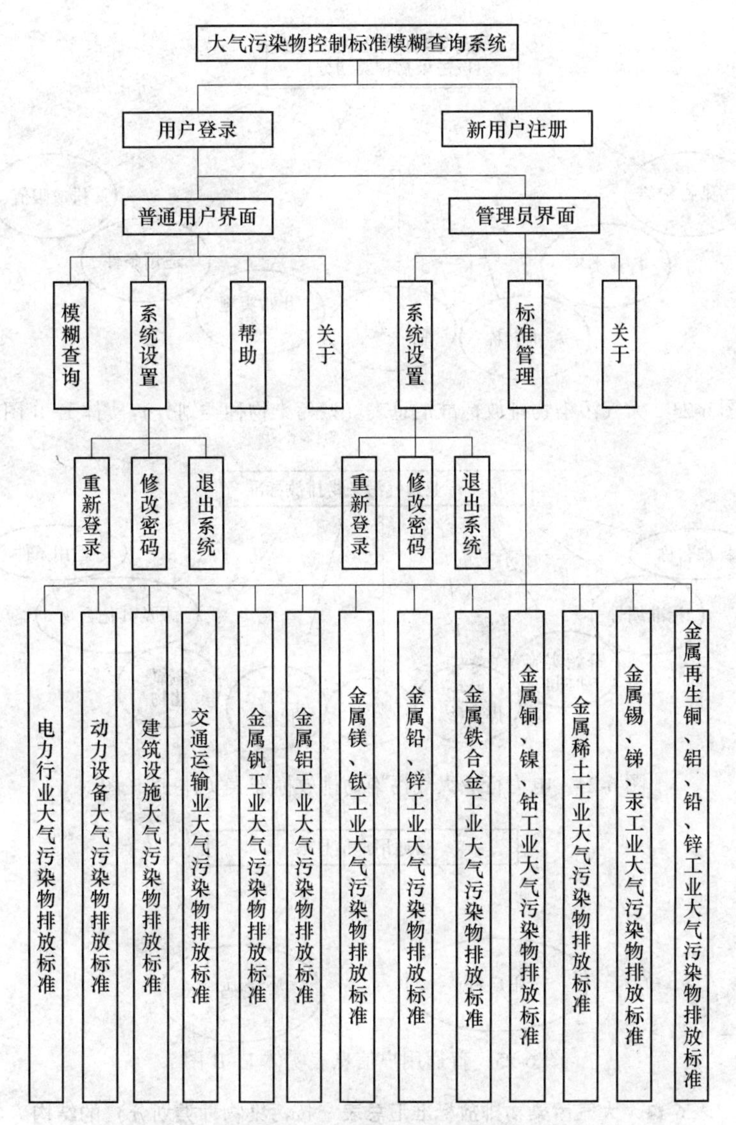

图 6-21　大气污染物控制标准模糊查询系统功能结构图

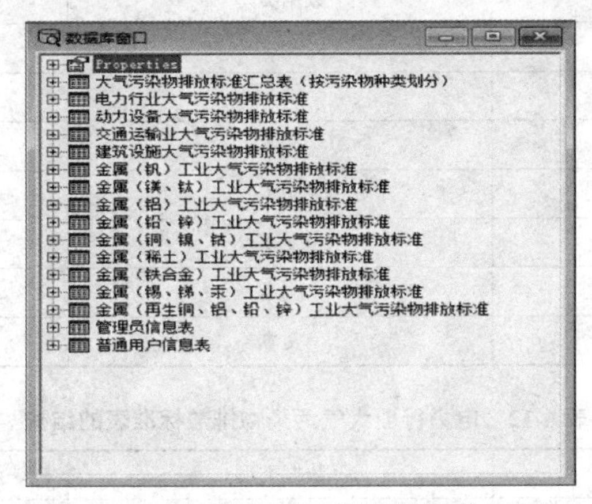

图 6-22　大气污染物控制标准数据库中的表

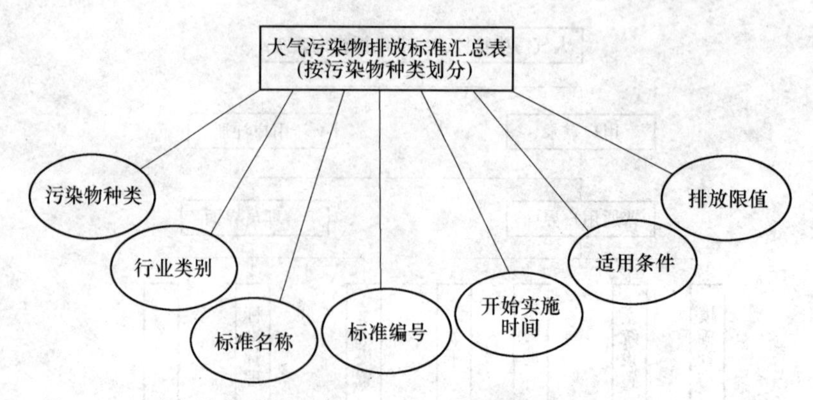

图 6-23 大气污染物排放标准汇总表（按污染物种类划分）实体 E-R 图

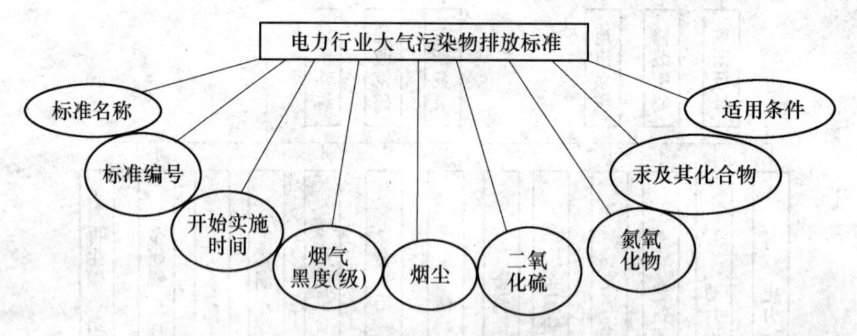

图 6-24 电力行业大气污染物排放标准表实体 E-R 图

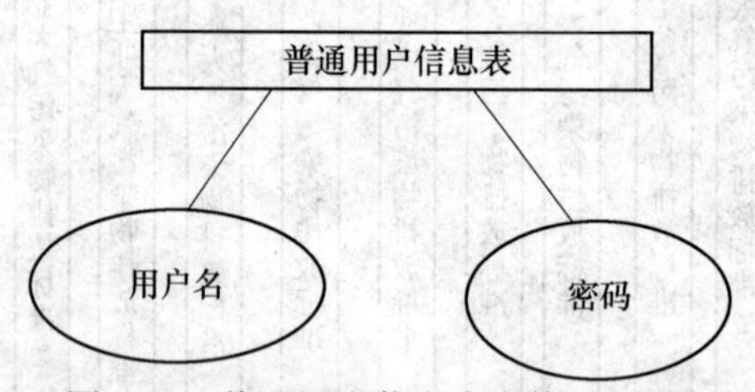

图 6-25 普通用户信息表实体 E-R 图

表 6-11 大气污染物排放标准汇总表（按污染物种类划分）的结构

字段名称	数据类型	字段大小
污染物种类	文本	150
行业类别	文本	150
标准名称	文本	150
标准编号	文本	150
开始实施时间	文本	150
适用条件	文本	150
排放限值	文本	150

表 6-12 电力行业大气污染物排放标准表的结构

字段名称	数据类型	字段大小
标准名称	文本	150

续表 6-12

字段名称	数据类型	字段大小
标准编号	文本	150
开始实施时间	文本	150
烟气黑度（级）	文本	150
烟尘	文本	150
二氧化硫	文本	150
氮氧化物	文本	150
汞及其化合物	文本	150
适用条件	文本	150

表 6-13 普通用户信息表的结构

字段名称	数据类型	字段大小
用户名	文本	150
密码	文本	150

D 数据库设计流程

本节软件设计采用 Visual Basic 自带的可视化数据管理器建立数据库，建立流程如下：

（1）在 Visual Basic 6.0 窗口中选择【外接程序】〉【可视化数据管理器】菜单命令，弹出【可视化数据管理器】（VisData）窗口，如图 6-26 所示。

图 6-26 数据库建立流程图 1

（2）系统弹出【选择要创建的 Microsoft Access 数据库】对话框，浏览到将要保存数据库的位置 E 盘，在【文件名】文本框中输入“大气污染物控制标准数据库”，然后单击保存按钮，如图 6-27 所示。

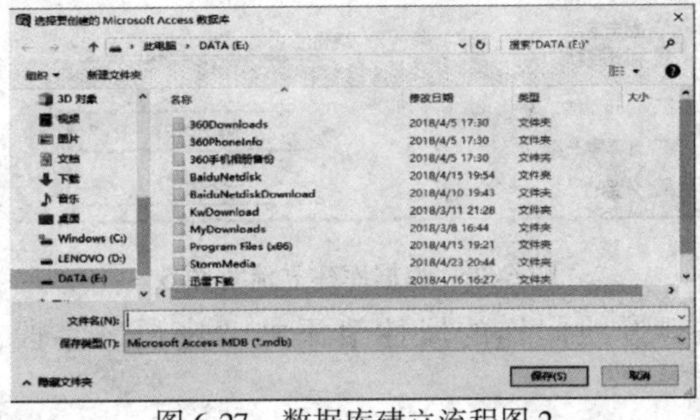

图 6-27 数据库建立流程图 2

（3）如图6-28所示，“大气污染物控制标准数据库”的数据库建立完成。

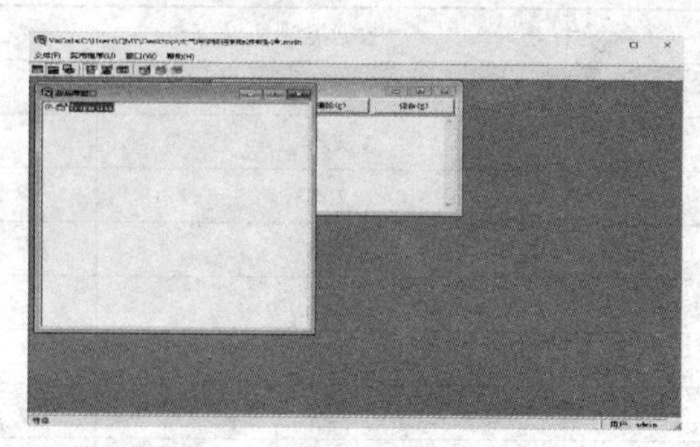

图6-28 数据库建立流程图3

（4）接下来在数据库中创建一个名为“普通用户信息表”的表。如图6-29所示，在可视化数据管理器的【数据库窗口】中任意位置点击鼠标右键，在弹出的快捷菜单中选择【新建表】选项，弹出【表结构】对话框，单击【添加字段】按钮。

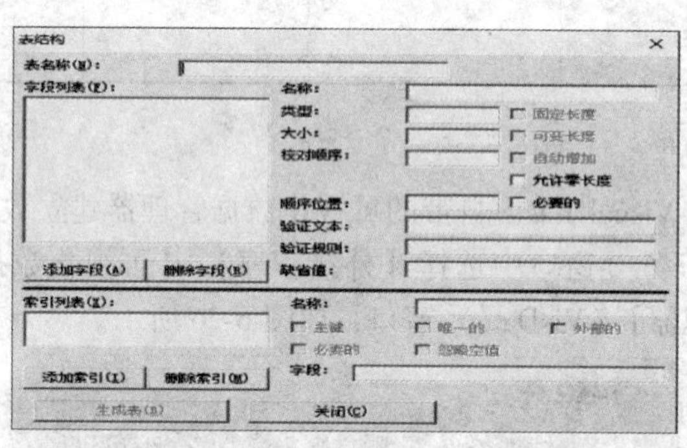

图6-29 数据库建立流程图4

（5）在弹出的【添加字段】对话框的【名称】文本框中输入“用户名”，在【类型】下拉选项中设置类型为【Text】，大小设置为150，选中【可变字段】单选按钮和【必要的】复选框，并取消复选【允许零长度】复选框，单击【确定】按钮，即在表中添加了一个“用户名”字段，如图6-30所示。

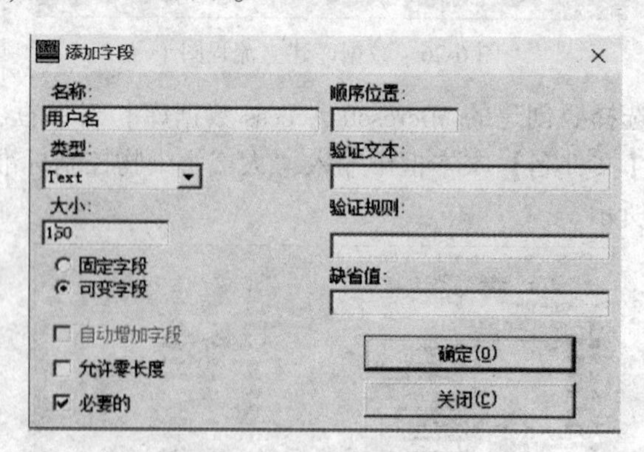

图6-30 数据库建立流程图5

（6）以同样的方法，按照同样的属性值添加“密码”字段，添加完成后效果如图6-31所示。

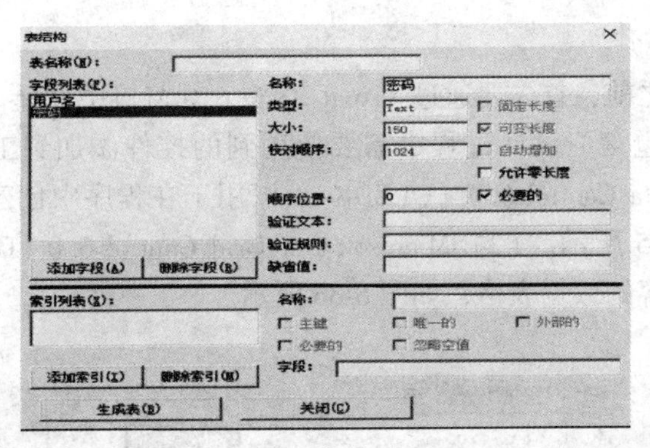

图 6-31　数据库建立流程图 6

（7）如图 6-32 所示，在【表结构】对话框的【表名称】文本框中输入“普通用户信息表”，单击【生成表】按钮，这样表的设计就完成了，在数据库窗口将会出现刚才创建的“普通用户信息表”。

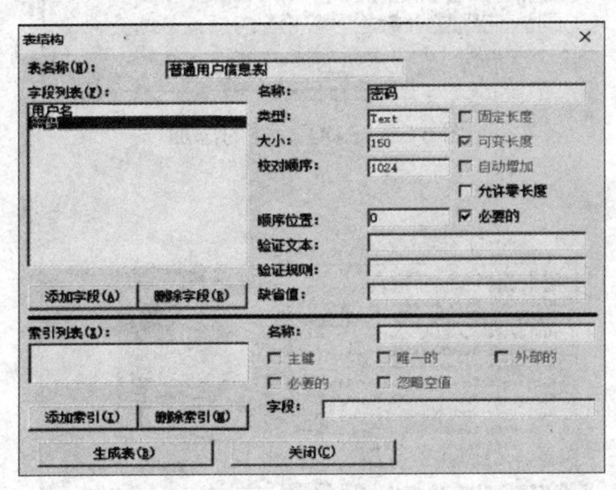

图 6-32　数据库建立流程图 7

（8）双击【数据库窗口】中的【普通用户信息表】，在【Dynaset：普通用户信息表】窗口各个文本框输入对应值，然后单击【更新】按钮，如图 6-33 所示。

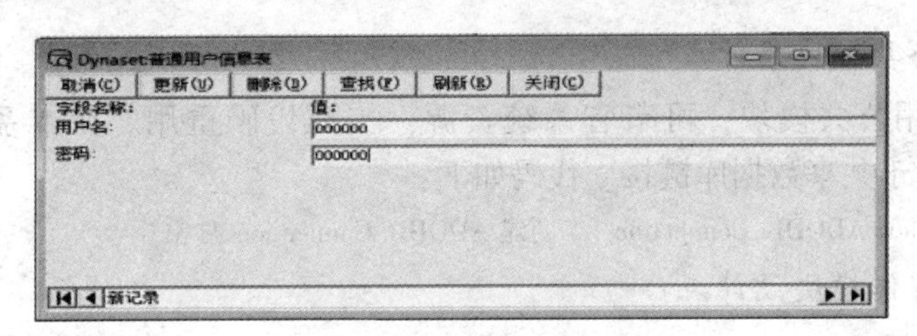

图 6-33　数据库建立流程图 8

（9）如图 6-34 所示，在弹出的确认对话框中，单击【是】按钮。

（10）以同样的方法，添加其余数据。

（11）单击【Dynaset：普通用户信息表】窗口中的【关闭】按钮，完成数据的添加。

（12）以类似的方法完成数据库中其余表的添加。

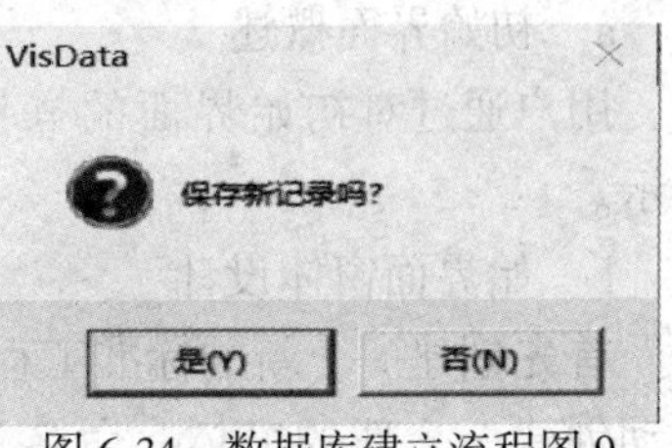

图 6-34　数据库建立流程图 9

6.4.1.5 准备工作

在开始程序设计之前，首先要通过 Visual Basic 6.0 窗口中选择【工程】〉【部件】菜单命令把工具栏中不包含但设计过程中需要使用到的控件添加到工具栏中，需要添加：(1) Microsoft ADO Data Control 6.0（OLEDB），以用于在程序中创建并使用 ADO 数据对象访问技术，如图 6-35 所示。(2) Microsoft DataGrid Control 6.0（OLEDB），以用于在程序中创建显示数据内容的数据表格，如图 6-36 所示。

图 6-35 ADO 控件的添加

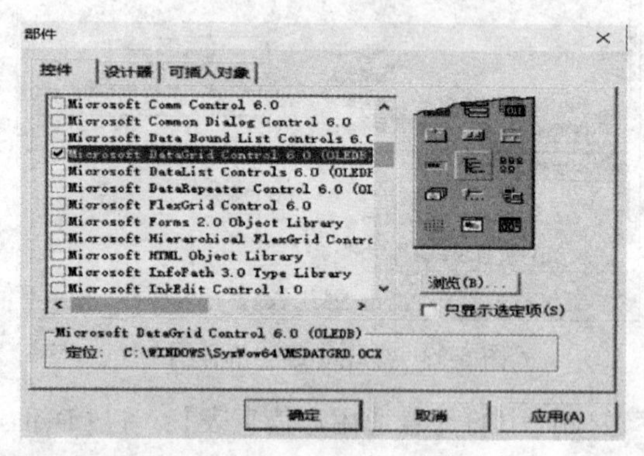

图 6-36 DataGrid 控件的添加

6.4.1.6 公共模块设计

在系统中使用公共模块，可节省系统资源，实现代码重用。在本系统中新建一个 Modulel 模块，用于共享数据库链接。代码如下：

```
Publicconn As New ADODB. Connection    '创建 ADODB. Connection 对象
```

6.4.1.7 窗体模块设计

A 初始界面设计

a 初始界面概述

用户通过对初始界面的操作可选择进入或者退出系统。初始界面运行时如图 6-37 所示。

b 始界面窗体设计

首先创建一个新的标准工程，命名为“大气污染物控制标准模糊查询系统”，系统会自动创建一个新的窗体，命名为“frmStart”，同时 Caption 属性设置为“启动”，Picture

图 6-37 初始界面

属性内添加一张已选好的照片作为背景。在启动窗体上添加一个 Label 标签控件和两个 CommandButton 按钮控件，对应属性如表 6-14 所示。

表 6-14 初始界面主要控件设置

控件名称	属性项	属性设置
Label1	Caption	欢迎使用大气污染物控制标准模糊查询系统
Command1	名称	cmdEnter
	Caption	进入
	Default	True
Command2	名称	cmdQuit
	Caption	退出
	Cancel	True

c 初始界面代码设计

窗体实现代码如下：

```
Private Sub cmdEnter_ Click ()'进入系统程序
frmLogin. Show
Unload Me
End Sub
Private Sub cmdQuit_ Click ()'退出系统程序
End
End Sub
```

B 系统登录界面设计

a 系统登录界面概述

用户在初始界面点击“进入”按钮，将进入系统登录界面。系统登录界面主要实现的功能有：(1) 供不同身份用户选择不同用户类型进入系统；(2) 供新用户注册；(3) 判断用户所输入用户名及密码的正误，正确时允许其进入系统，错误时提示输入有误。系统登录界面运行时如图 6-38 所示。

b 系统登录界面窗体设计

在工程中添加一个新窗体，命名为“frmLogin”，Caption 属性设置为“登录”，Picture 属性内添加 1 张已选好的照片作为背景。在登录窗体添加 1 个 ComboBox 组合框控件，2

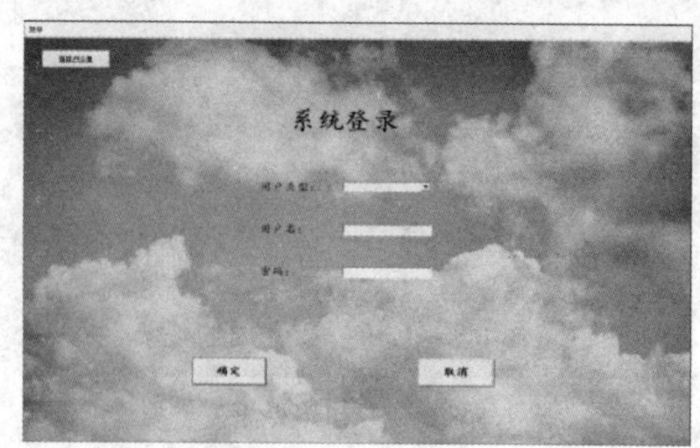

图 6-38　系统登录界面

个 TextBox 文本框控件，4 个 Label 标签控件，3 个 CommandButton 按钮控件，1 个 Data 控件，对应属性按表 6-15 所示设置。

表 6-15　系统登录界面主要控件设置

控件名称	属性项	属性设置
Combo1	名称	cboUserType
	List	普通用户
		管理员
	Style	0
	Text	空
Text1	名称	txtUserName
	Text	空
Text2	名称	txtPassword
	Text	空
	PasswordChar	*
Label1	Caption	系统登录
Label2	Caption	用户类型:
Label3	Caption	用户名:
Label4	Caption	密码:
Command1	名称	cmdOK
	Caption	确定
	Default	True
Command2	名称	cmdCancel
	Caption	取消
	Cancel	True
Command3	名称	cmdRegistered
	Caption	新用户注册

续表 6-15

控件名称	属性项	属性设置
Data1	Visible	False
	Databasename	E: \ 大气污染物控制标准数据库 . mdb

c 系统登录界面代码设计

窗体实现代码如下：

```
Private Sub cmdOK_ Click ( )                    '用户登录程序
    Num = Trim (txtUserName. Text)
    If cboUserType. Text = " " Then
    MsgBox " 请选择用户类型!", vbOKOnly + vbInformation, " 注意"
    cboUserType. SetFocus
    Exit Sub
    ElseIf txtUserName. Text = " " Then
    MsgBox " 请填写用户名!", vbOKOnly + vbInformation, " 注意"
    txtUserName. SetFocus
    Exit Sub
    ElseIf txtPassword. Text = " " Then
    MsgBox " 请填写密码!", vbOKOnly + vbInformation, " 注意"
    txtPassword. SetFocus
    Exit Sub
    End If
    Call searchUser
    End Sub
    Sub searchUser ( )
'查询并登录用户程序
    Dim i As Integer
    On Error GoTo myerror
    If cboUserType. Text = " 普通用户" Then
    Data1. RecordSource = " 普通用户信息表"
    ElseIf cboUserType. Text = " 管理员" Then
    Data1. RecordSource = " 管理员信息表"
    End If
    Data1. Refresh
    Data1. Recordset. MoveLast
    Data1. Recordset. MoveFirst
    Fori = 1 To Data1. Recordset. RecordCount
    If Trim (txtUserName. Text) = Data1. Recordset. Fields (" 用户名" ) . Value Then
      If Trim (txtPassword. Text) = Data1. Recordset. Fields (" 密码" ) . Value Then
      Me. Hide
      Select CasecboUserType. Text
      Case "普通用户"
        frmUser. Show
      Case "管理员"
        frmManager. Show
      End Select
      Exit Sub
      Else
        MsgBox " 无效的密码, 请重试!", , "登录"
        txtPassword. SetFocus
        SendKeys " {Home} + {End} "
        Exit Sub
      End If
      End If
    Data1. Recordset. MoveNext
    Next
    txtUserName. Text = " "
    txtPassword. Text = " "
    MsgBox "用户不存在!"
    txtUserName. SetFocus
    Exit Sub
    myerror:
    MsgBox "请检查信息的正确性!", vbOKOnly + vbInformation, "注意"
    cboUserType. SetFocus
    End Sub
    Private Sub cboUserType_ Change ( )
```

```
'刷新用户名程序
txtUserName. Text = " "
End Sub
Private Sub cmdRegistered_ Click ( )
'进入新用户注册界面程序
frm Registered. Show
Me. Hide
End Sub
```

C 新用户注册界面设计

a 新用户注册界面概述

新用户注册界面的功能即为首次使用查询系统的用户设置用户名及密码，当用户所输入用户名不与已有用户用户名重复，且密码设置符合规范时，将新用户信息导入到数据库普通用户信息表中储存起来；当用户名与已有用户用户名重复或者密码设置有误时，做出相应修改提示。新用户注册界面运行时如图 6-39 所示。

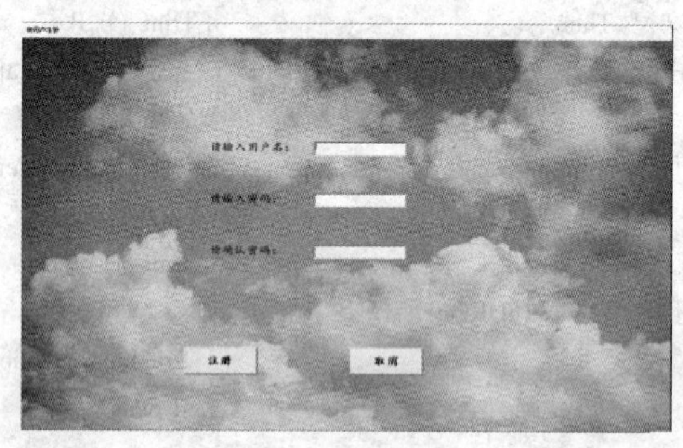

图 6-39 新用户注册界面

b 新用户注册界面窗体设计

在工程中添加一个新窗体，命名为“frmRegistered”，Caption 属性设置为“新用户注册”，Picture 属性内添加 1 张已选好的照片作为背景。在新用户注册窗体添加 3 个 Label 标签控件，3 个 TextBox 文本框控件，2 个 CommandButton 按钮控件，对应属性按表 6-16 所示设置。

表 6-16 新用户注册界面主要控件设置

控件名称	属性项	属性设置
Label1	Caption	请输入用户名：
Label2	Caption	请输入密码：
Label3	Caption	请确认密码：
Text1	Text	空
Text2	Text	空
Text3	Text	空
Command1	名称	cmdRegistered
	Caption	注册
Command2	名称	cmdCancel
	Caption	取消

c 新用户注册界面代码设计

窗体实现代码如下：

```
Private Sub cmd Registered_ Click ( )          '新用户注册程序
    Dim connection string As String           '连接数据库程序
    connectionstring = " provider = Microsoft. JET. OLEDB. 4. 0; Data Source=E: \ 大气污染物控制标准数据库 . mdb; Persist Security Info=False"
    If conn. State = ad State Open Then conn. Close
    conn. Open connection string
    Dim sql As String
    Dim rs_ add As New ADODB. Recordset
    If Trim (Text1. Text) = " " Then
    MsgBox " 用户名不能为空", vb OK Only + vb Exclamation, " "
    Text1. SetFocus
    Exit Sub
    ElseIf Trim (Text2. Text) = " " Then
    MsgBox " 请输入要设置的密码", vb OK Only + vb Exclamation, " "
      Text2. SetFocus
    ElseIf Trim (Text3. Text) = " " Then
    MsgBox " 请确认密码", vb OK Only + vb Exclamation, " "
    Text3. Set Focus
    Else
    sql = "select * from 普通用户信息表"
      If rs_ add. State = ad State Open Then rs_ add. Close
    rs_ add. Open sql, conn, ad Open Keyset, adLock Pessimistic
      While (rs_ add. EOF = False)
        If Trim (rs_ add. Fields (0) ) = Trim (Text1. Text) Then
    MsgBox "用户名已存在", vb OK Only + vb Exclamation, " "
          Text1. SetFocus
          Text1. Text = " "
          Text2. Text = " "
          Text3. Text = " "
      Exit Sub
        Else
        rs_ add. Move Next
        End If
      Wend
      If Trim (Text 2. Text) <> Trim (Text3. Text) Then
    Msg Box " 两次密码不一致", vb OK Only + vb Exclamation, " "
        Text2. Set Focus
        Text2. Text = " "
        Text3. Text = " "
        Exit Sub
      Else
    rs_ add. Add New
    rs_ add. Fields (0) = Text1. Text
    rs_ add. Fields (1) = Text2. Text
    rs_ add. Update
    rs_ add. Close
    MsgBox " 添加用户成功", vb OK Only + vb Exclamation, " "
      Unload Me
    frm Login. Show
    End If
    End If
    End Sub
    Private Sub cmd Cancel_ Click ( )          '退出本界面程序
    Unload Me
    frm Login. Show
    End Sub
```

D 普通用户查询界面设计

a 普通用户查询界面概述

普通用户经过登录界面输入用户名和密码无误后即可进入查询界面，普通用户查询界面主要实现以下功能：（1）用户可根据所需要的一种或多种限制条件的关键词进行大气污染物排放标准的查询；（2）用户可根据菜单栏中的【系统设置】选项进行重新登录、修改密码、退出系统等操作；（3）用户查询遇到问题时，可根据菜单栏中的【帮助】选项及时检查问题出现的原因；（4）用户可根据菜单栏中的【关于】选项查看软件版本信息。普通用户查询界面运行时如图 6-40 所示。

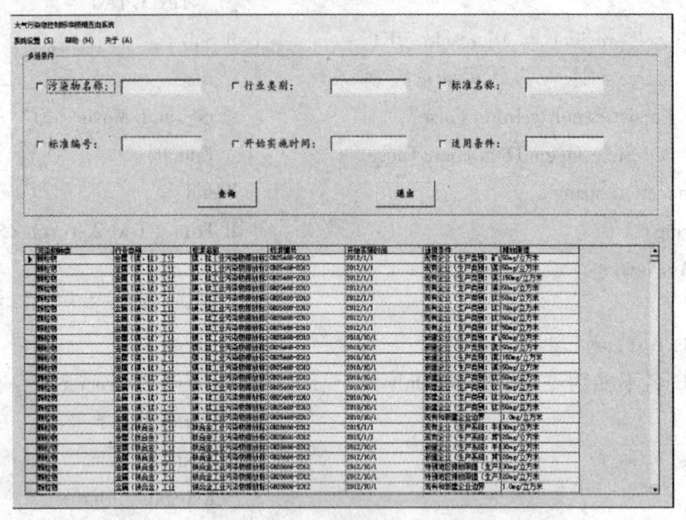

图 6-40 普通用户查询界面

b 普通用户查询界面窗体设计

（1）在工程中添加一个新窗体，命名为“frmUser”，Caption 属性设置为“大气污染物控制标准模糊查询系统”，Picture 属性内添加一张已选好的照片作为背景。

（2）利用 Visual Basic 6.0 中的【工具】〉【菜单编辑器】菜单命令为界面创建菜单栏，详细说明如表 6-17 所示。

表 6-17 普通用户查询界面菜单栏设计说明

标 题	名 称
系统设置（&S）	menuSystem
重新登录（&R）	menureLogin
修改密码（&C）	menuChange
退出系统（&E）	menuExit
帮助（&H）	menuHelp
关于（&A）	menuAbout

（3）在窗体中添加一个 Adodc 控件，将其 Visible 属性设置为“False”，并按如下步骤将其与数据库建立连接：

1）在 Adodc 控件上右击，在弹出的快捷菜单中选择【ADODC 属性】选项，在弹出的【属性页】对话框中，选择【通用】选项卡中的【使用连接字符串】单选按钮，单击【生成】按钮，如图 6-41 所示。

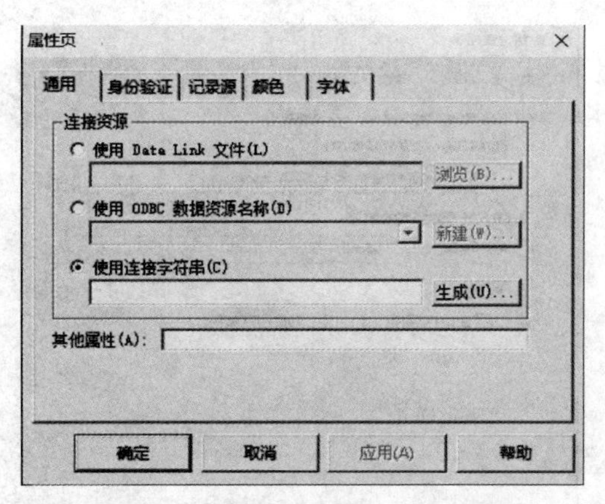

图 6-41　ADO 控件访问数据库流程图 1

2）如图 6-42 所示，在弹出的【数据链接属性】对话框中，选择【Microsoft Jet 4.0 OLE DB Provider】选项，然后单击【下一步】按钮，对话框将切换到【连接】选项卡。

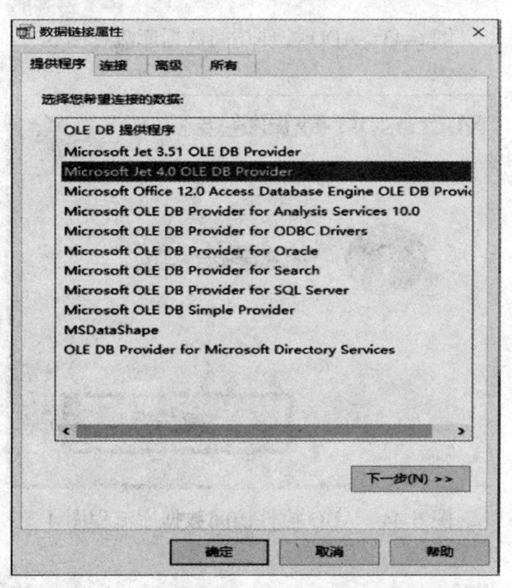

图 6-42　ADO 控件访问数据库流程图 2

3）在【连接】选项卡中，单击【选择或输入数据库名称】后面的【...】按钮，系统将弹出【选择 Access 数据库】对话框，选中 E 盘中的“大气污染物控制标准数据库.mdb”，单击【打开】按钮，如图 6-43 所示。

4）单击【连接】选项卡中的【测试连接】按钮，如果一切正常，将会弹出测试连接成功对话框，单击【确定】按钮。

5）单击【数据链接属性】对话框中的【确定】按钮，返回到【属性页】对话框，如图 6-44 所示。

6）在【属性页】对话框中的【记录源】选项卡中，在【命令类型】下拉列表中选择【1-adCmdTable】，在【命令文本（SQL）】文本框中填入“select * from 大气污染物排放标准汇总表（按污染物种类划分）" & strWhere & " ”，单击【确定】按钮，这样 Adodc 控件与数据库就建立起了连接，如图 6-45 所示。

数据链接属性
提供程序 连接 高级 所有
指定下列设置以连接到 Access 数据:
1. 选择或输入数据库名称(D):
E:\大气污染物控制标准数据库.mdb
2. 输入登录数据库的信息:
用户名称(N): Admin
密码(P):
空白密码(B) 允许保存密码(S)
测试连接(T)
确定 取消 帮助

图 6-43 ADO 控件访问数据库流程图 3

图 6-44 ADO 控件访问数据库流程图 4

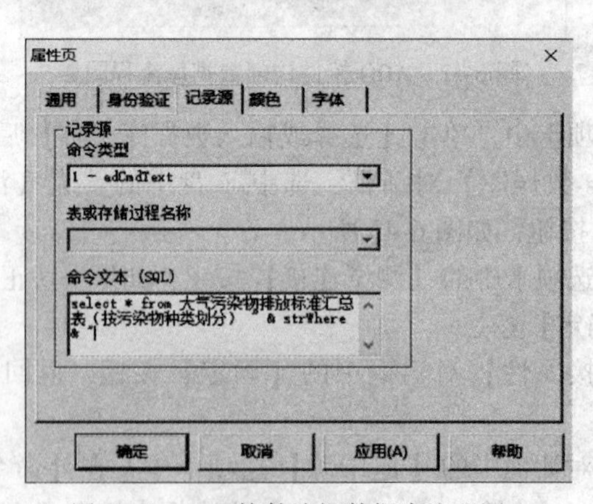

图 6-45 ADO 控件访问数据库流程图 5

（4）最后在窗体中添加其余所需控件：1 个 Frame 框架控件，6 个 CheckBox 复选框控件，6 个 TextBox 文本框控件，2 个 CommandButton 按钮控件，1 个 DataGrid 控件，对应属性如表 6-18 所示进行设置。

表 6-18 普通用户查询界面主要控件设置

控件名称	属性项	属性设置
Frame1	Caption	多选条件
Check1	Caption	污染物名称：
Check2	Caption	行业类别：
Check3	Caption	标准名称：
Check4	Caption	标准编号：
Check5	Caption	开始实施时间：
Check6	Caption	适用条件：
Text1	Text	空
Text2	Text	空
Text3	Text	空
Text4	Text	空
Text5	Text	空
Text6	Text	空
Command1	名称	cmdInquiry
	Caption	查询
Command2	名称	cmdExit
	Caption	退出
DataGrid1	DataSource	Adodc1

c 普通用户查询界面代码设计

窗体实现代码如下：

```
Private Sub cmd Inquiry_ Click ( )   '用户标准查询程序
  If Text1. Text <> "  " Then
  Check1. Value = 1
  Else
    Check1. Value = 0
  End If
  If Text2. Text <> "  " Then
    Check2. Value = 1
  Else
    Check2. Value = 0
  End If
  If Text3. Text <> "  " Then
    Check3. Value = 1
  Else
    Check3. Value = 0
  End If
  If Text4. Text <> "  " Then
    Check4. Value = 1
  Else
    Check4. Value = 0
  End If
  If Text5. Text <> "  " Then
    Check5. Value = 1
  Else
    Check5. Value = 0
  End If
  If Text6. Text <> "  " Then
```

```
    Check6. Value = 1
  Else
    Check6. Value = 0
  End If
  strWhere = "where 1=1"
  If Check1. Value = 1 Then
  strWhere = strWhere & "and 污染物种类 like
'%" & Trim (Text1. Text) & "%'"
  End If
  If Check2. Value = 1 Then
  strWhere = strWhere & "and 行业类别 like
'%" & Trim (Text2. Text) & "%'"
  End If
  If Check3. Value = 1 Then
  strWhere = strWhere & "and 标准名称 like
'%" & Trim (Text3. Text) & "%'"
  End If
  If Check4. Value = 1 Then
  strWhere = strWhere & "and 标准编号 like
'%" & Trim (Text4. Text) & "%'"
  End If
  If Check5. Value = 1 Then
  strWhere = strWhere & "and 开始实施时间
like '%" & Trim (Text5. Text) & "%'"
  End If
  If Check6. Value = 1 Then
  strWhere = strWhere & "and 适用条件 like
'%" & Trim (Text6. Text) & "%'"
  End If
  Adodc1. Refresh
  Adodc1. RecordSource = "select * from 大气
污染物排放标准汇总表 (按污染物种类划分)"
& strWhere & " "
  Adodc1. Refresh
  Set DataGrid1. DataSource = Adodc1
  DataGrid1. Refresh
  End Sub
  Private Sub menuAbout_ Click ()         '显示
版本信息窗体程序
  Unload Me
  frmAbout. Show
  End Sub
  Private Sub menuChange_ Click ()        '显示
修改密码窗体程序
  Unload Me
  frmUserChange. Show
  End Sub
  Private Sub menuExit_ Click ()          '通过菜
单栏退出系统程序
  Unload Me
  frmStart. Show
  End Sub
  Private Sub menureLogin_ Click ()       '重新
登录系统程序
  Unload Me
  frmLogin. Show
  frmLogin. txtUserName. Text = " "
  frmLogin. txtPassword. Text = " "
  frmLogin. txtUserName. SetFocus
  End Sub
  Private Sub cmdExit_ Click ()           '退出按
钮运行程序
  Unload Me
  frm Start. Show
  End Sub
```

E 管理员界面设计

a 管理员界面概述

管理员经过登录界面输入用户名和密码无误后即可进入管理员界面，此界面主要包含以下功能：(1) 管理员可通过菜单栏中的【标准管理】选项对数据库中各行业所有大气污染物排放标准进行管理，包括增删、更新等操作，以及对数据库进行维护；(2) 管理员可根据菜单栏中的【系统设置】选项进行重新登录、修改密码、退出系统等操作；(3) 管理员可根据菜单栏中的【关于】选项查看软件版本信息。管理员界面运行时如图 6-46 所示。

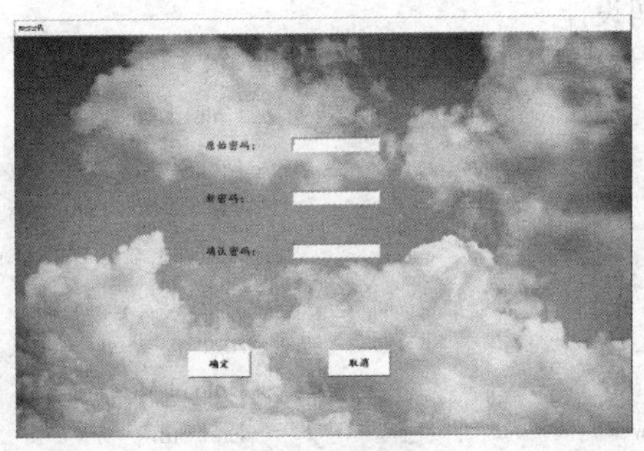

图 6-46 管理员界面

b 管理员界面窗体设计

在工程中添加一个新窗体，命名为“frmManager”，Caption 属性设置为“大气污染物控制标准模糊查询系统（管理员界面）”，Picture 属性内添加一张已选好的照片作为背景。管理员界面主要是通过菜单栏实现由本窗体进入其他窗体的过程，利用 Visual Basic 6.0 中的【工具】〉【菜单编辑器】菜单命令为界面创建菜单栏，详细说明如表 6-19 所示。

表 6-19 管理员界面菜单栏设计说明

标　题	名　称
系统设置（&S）	menuSystem
重新登录（&R）	menureLogin
修改密码（&C）	menuChange
退出系统（&E）	menuExit
标准管理（&M）	menuManager
电力行业大气污染物排放标准	menudlhy
动力设备大气污染物排放标准	menudlsb
建筑设施大气污染物排放标准	menujzss
交通运输业大气污染物排放标准	menujtysy
金属（钒）工业大气污染物排放标准	menujsf
金属（铝）工业大气污染物排放标准	menujsl
金属（镁、钛）工业大气污染物排放标准	menujsmt
金属（铅、锌）工业大气污染物排放标准	menujsqx
金属（铁合金）工业大气污染物排放标准	menujsthj
金属（铜、镍、钴）工业大气污染物排放标准	menujstng
金属（稀土）工业大气污染物排放标准	menujsxt
金属（锡、锑、汞）工业大气污染物排放标准	menujsxtg
金属（再生铜、铝、铅、锌）工业大气污染物排放标准	menujszstlqx
关于（&A）	menuAbout

c 管理员界面代码设计

通过菜单栏由此窗体进入其他窗体实现代码如下：

```
Private Sub menuAbout_ Click ( )
'显示版本信息窗体程序
frmAbout. Show
Unload Me
End Sub
Private SubmenuChange_ Click ( )
'显示修改密码窗体程序
frmManagerChange. Show
Unload Me
End Sub
Private Submenudlhy_ Click ( )
'显示电力行业大气污染物排放标准管理窗体程序
frmdlhy. Show
Unload Me
End Sub
Private Submenudlsb_ Click ( )
'显示动力设备大气污染物排放标准管理窗体程序
frmdlsb. Show
Unload Me
End Sub
Private SubmenuExit_ Click ( )
'退出系统程序
Unload Me
frmStart. Show
End Sub
Private Sub menujsf_ Click ( )
'显示金属（钒）工业大气污染物排放标准管理窗体程序
frmjsf. Show
Unload Me
End Sub
Private Sub menujsl_ Click ( )
'显示金属（铝）工业大气污染物排放标准管理窗体程序
frmjsl. Show
Unload Me
End Sub
Private Sub menujsmt_ Click ( )
'显示金属（镁、钛）工业大气污染物排放标准管理窗体程序
frmjsmt. Show
Unload Me
End Sub
Private Sub menujsqx_ Click ( )
'显示金属（铅、锌）工业大气污染物排放标准管理窗体程序
frmjsqx. Show
Unload Me
End Sub
Private Sub menujsthj_ Click ( )
'显示金属（铁合金）工业大气污染物排放标准管理窗体程序
frmjsthj. Show
Unload Me
End Sub
Private Sub menujstng_ Click ( )
'显示金属（铜、镍、钴）工业大气污染物排放标准管理窗体程序
frmjstng. Show
Unload Me
End Sub
Private Sub menujsxt_ Click ( )
'显示金属（稀土）工业大气污染物排放标准管理窗体程序
frmjsxt. Show
Unload Me
End Sub
Private Sub menujsxtg_ Click ( )
'显示金属（锡、锑、汞）工业大气污染物排放标准管理窗体程序
frmjsxtg. Show
Unload Me
End Sub
Private Sub menujszstlqx_ Click ( )
'显示金属（再生铜、铝、铅、锌）工业大气污染物排放标准管理窗体程序
frmjszstlqx. Show
Unload Me
End Sub
Private Sub menujtysy_ Click ( )
'显示交通运输业大气污染物排放标准管理窗体程序
```

```
    frmjtysy. Show
    Unload Me
    End Sub
    Private Sub menujzss_ Click ( )
'显示建筑设施大气污染物排放标准管理窗体程序
    frmjzss. Show
    Unload Me
    End Sub
    Private Sub menureLogin_ Click ( )
'重新登录系统程序
    frmLogin. Show
    Unload Me
    frmLogin. txtUserName. Text = " "
    frmLogin. txtPassword. Text = " "
    frmLogin. txtUserName. SetFocus
    End Sub
```

F 标准管理界面设计

管理员登录系统进入大气污染物控制标准模糊查询系统（管理员界面）后，可通过菜单栏中的【标准管理】选项进入各不同行业标准管理窗体，从而实现对数据库中各大气污染物控制标准的增删、更新等操作。在本软件中，这些不同行业的标准管理界面是通过 Visual Basic 6.0 中的可视化数据管理器自带的数据窗体设计器工具建成的，使用这个工具可以快速、方便地设计出一个数据库应用程序，而不用写代码。因为各行业大气污染物控制标准管理界面的设计大同小异，所以，在此以电力行业大气污染物排放标准管理界面为例做出介绍，其余界面不再赘述，设计步骤如下：

（1）在工程中添加一个新窗体，命名为“frmdlhy”，Caption 属性设置为“电力行业大气污染物排放标准”，Picture 属性内添加 1 张已选好的照片作为背景。

（2）选择【外界程序】菜单下的【可视化数据管理器】选项。

（3）在弹出的可视化数据管理器窗口中，选择【文件】菜单中【打开数据库】选项下的【Microsoft Access】子选项。在弹出的【打开 Microsoft Access 数据库】对话框中，选择 E 盘下的【大气污染物控制标准数据库 . mdb】选项，如图 6-47 所示。

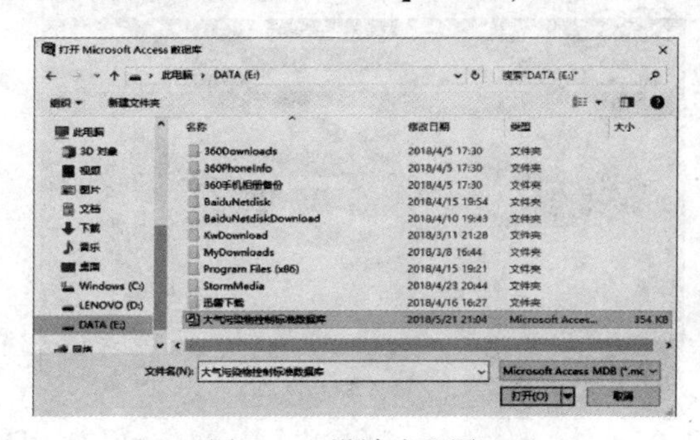

图 6-47 设计流程图 1

（4）如图 6-48 所示，打开数据库后，选择可视化数据管理器窗口中的【实用程序】菜单下的【数据窗体设计器】选项。在弹出的【数据窗体设计器】对话框中的【窗体名称】文本框中输入“电力行业大气污染物排放标准”；在【记录源】下拉菜单中选择【电力行业大气污染物排放标准】；将【可用的字段】中的所有字段移至【包括的字段】中，然后单击【生成窗体】按钮，最后单击【关闭】按钮。

（5）可以发现，工程中添加了一个名为“电力行业大气污染物排放标准”的新窗体，如图 6-49 所示。

（6）将窗体中控件大小及位置做适当调整，并在 Picture 属性中添加 1 张已选好的照

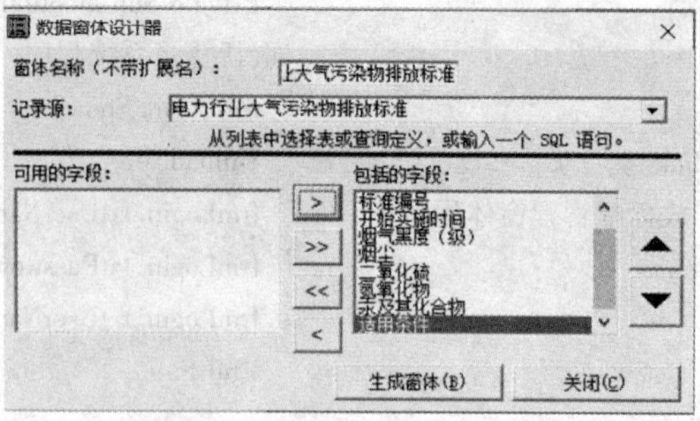

图6-48 设计流程图2

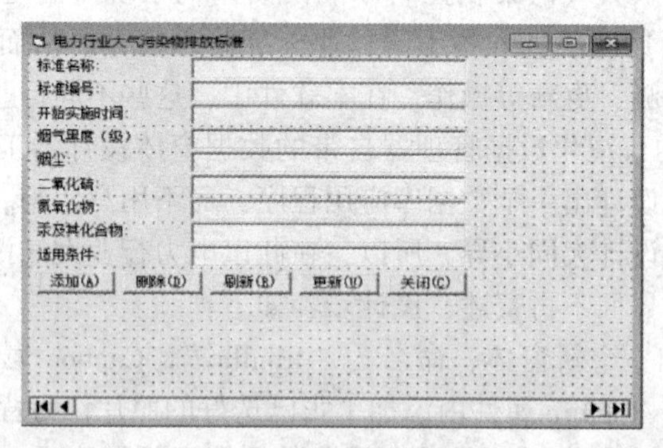

图6-49 设计流程图3

片作为背景，使界面看起来更加美观。最后程序运行时电力行业大气污染物排放标准管理界面如图6-50所示。

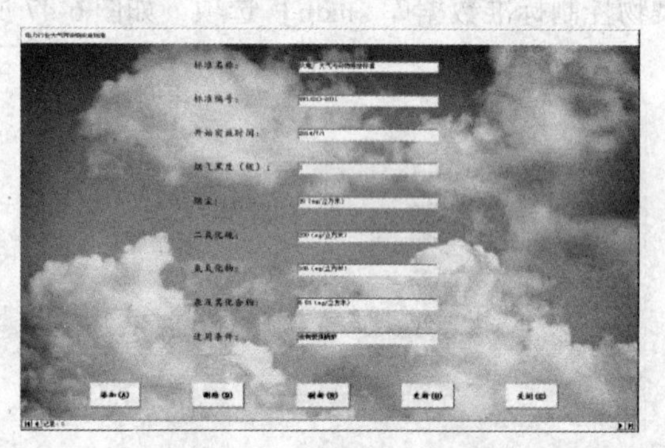

图6-50 电力行业大气污染物排放标准管理窗体界面

同时，系统将自动生成如下代码：

```
Private Sub cmdAdd_ Click ()
Data1. Recordset. AddNew
End Sub
Private Sub cmdDelete_ Click ()
Data1. Recordset. Delete
Data1. Recordset. MoveNext
End Sub
Private Sub cmdRefresh_ Click ()
Data1. Refresh
End Sub
Private Sub cmdUpdate_ Click ()
Data1. UpdateRecord
Data1. Recordset. Bookmark =
Data1. Recordset. LastModified
End Sub
Private Sub cmdClose_ Click ()
```

```
Unload Me
frmManager. Show
End Sub
Private Sub Data1_ Error (DataErr As Integer,
Response As Integer)
MsgBox " 数据错误事件命中错误:" & Error
$ (DataErr)
Response = 0  '忽略错误
End Sub
Private Sub Data1_ Reposition ()
Screen. MousePointer = vbDefault
On Error Resume Next
Data1. Caption = "记录:" & (Data1. Recordset.
AbsolutePosition + 1)
' Data1. Caption = "记录:" & (Data1. Recordset.
RecordCount *
(Data1. Recordset. PercentPosition * 0. 01) ) + 1
End Sub
Private Sub Data1 _ Validate ( Action As
Integer, Save As Integer)
Select Case Action
Case vbDataActionMoveFirst
Case vbDataActionMovePrevious
Case vbDataActionMoveNext
Case vbDataActionMoveLast
Case vbDataActionAddNew
Case vbDataActionUpdate
Case vbDataActionDelete
Case vbDataActionFind
Case vbDataActionBookmark
Case vbDataActionClose
End Select
Screen. MousePointer = vbHourglass
End Sub
```

G 修改密码界面设计

a 修改密码界面概述

修改界面允许用户对个人登录系统设置的密码进行修改，当用户输入原始密码无误且新密码符合要求时，系统将数据库普通用户/管理员信息表中对应用户的密码进行修改重置；当用户输入原始密码或新密码有误时，系统做出相应错误提示。管理员及普通用户修改密码界面设计并无太大差异，所以，在此只举例介绍普通用户修改密码界面设计。修改密码界面运行时如图 6-51 所示。

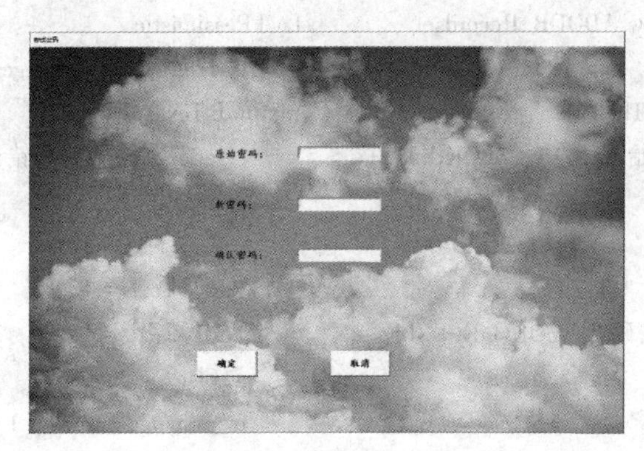

图 6-51 修改密码界面

b 修改密码界面窗体设计

在工程中添加一个新窗体，命名为“frmUserChange”，Caption 属性设置为“修改密码”，Picture 属性内添加 1 张已选好的照片作为背景。在修改密码窗体添加 3 个 Label 标签控件，3 个 TextBox 文本框控件，2 个 CommandButton 控件，对应属性按表 6-20 所示设置。

表6-20 修改密码界面主要控件设置

控件名称	属性项	属性设置
Label1	Caption	原始密码：
Label2	Caption	新密码：
Label3	Caption	确认密码：
txtpwd	Text	空
Text1	Text	空
Text2	Text	空
Command1	名称	cmdOK
	Caption	确定
Command2	名称	cmdCancel
	Caption	取消

c 修改密码界面代码设计

窗体实现代码如下：

```
Private Sub cmdOK_ Click ()        '修改密码程序
Dim connectionstring As String      '连接数据库程序
connectionstring = "provider=Microsoft. JET. OLEDB. 4. 0; Data Source=E: \ 大气污染物控制标准数据库 . mdb; Persist Security Info=False"
If conn. State = adStateOpen Then conn. Close
conn. Open connectionstring
Dim rs_ change As New ADODB. Recordset
Dim sql As String
If txtpwd. Text = " " Then
MsgBox "请输入原始密码!", vbOKOnly + vbExclamation, " "
txtpwd. SetFocus
ElseIf Text1. Text = " " Then
MsgBox " 请输入新密码", vbOKOnly + vbExclamation, " "
  Text1. SetFocus
ElseIf Text2. Text = " " Then
MsgBox " 请确认新密码", vbOKOnly + vbExclamation, " "
  Text2. SetFocus
ElseIf Trim ( Text1. Text ) < > Trim (Text2. Text) Then
MsgBox "密码不一致!", vbOKOnly + vbExclamation, " "
  Text1. SetFocus
  Text1. Text = " "
  Text2. Text = " "
Else
sql = "select * from 普通用户信息表"
  If rs_ change. State = adStateOpen Then rs_ change. Close
  rs_ change. Open sql, conn, adOpenKeyset, adLockPessimistic
  If Trim (rs_ change. Fields (1)) < > Trim (txtpwd. Text) Then
  MsgBox "原始密码错误!", vbOKOnly + vbExclamation, " "
  txtpwd. SetFocus
  Text1. Text = " "
  Text2. Text = " "
    Else
  rs_ change. Fields (1) = Text1. Text
  rs_ change. Update
  MsgBox "密码修改成功", vbOKOnly + vbExclamation, " "
    End If
  End If
  End Sub
  Private Sub cmdCancel_ Click ()        '退出
```

```
界面程序
    Unload Me
frmUser. Show
End Sub
```

H　帮助界面设计

帮助窗体的功能是旨在当普通用户在标准查询过程中遇到问题时，可以为用户提供一些解决问题的思路及方法。

在工程中添加 1 个新窗体，命名为“frmHelp”，Caption 属性设置为“帮助”，Picture 属性内添加 1 张已选好的照片作为背景。在窗体中添加 1 个 Lable 标签控件，Text 属性设置为如下语句：

“尊敬的用户，欢迎使用大气污染物控制标准模糊查询系统！如果您在查询中遇到了任何问题，希望以下说明会对您有所帮助：

（1）本查询系统面向用户提供了 6 种查询限值条件，包括污染物名称、行业种类、标准名称、标准编号、开始实施时间、适用条件，您可以从中选择一种或多种条件进行查询，如果您未选择其中任何一种，则界面将显示数据库中已有的全部相关标准。

（2）为保证查询过程有效顺利进行，请您在输入查询条件时尽量遵从以下书写形式：

1）书写时字符之间尽量不要出现空格；

2）输入时间时按照“年/月/日”格式操作，如：2010/10/10；

3）在输入污染物名称时，请务必输入污染物的中文名称；

4）如果您点击“查询”按钮后，系统未筛选到任何符合您所输入条件的结果，则下方界面显示为空白。这可能有两种原因：①系统中没有此项标准；②您的限制条件有误，请核对查询限制条件输入是否有误后再次查询。

祝您使用顺利！”

这个控件的作用主要是对查询限制条件及书写规范进行说明。

另外，还需在窗体中添加一个 CommandButton 按钮控件，Caption 属性设置为“返回”。帮助窗体界面运行时如图 6-52 所示。

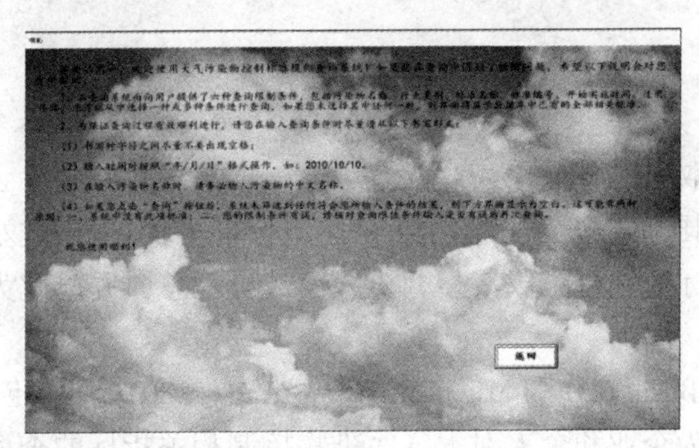

图 6-52　帮助界面

窗体实现代码如下：

```
Private Sub Command1_ Click ( )        '退出界面程序
Unload Me
frmUser. Show
End Sub
```

I 版本信息界面

版本信息界面对系统的版本信息做出了介绍。

在工程中添加1个新窗体，命名为“frmAbout”，Caption属性设置为“大气污染物控制标准模糊查询系统”，Picture属性内添加1张已选好的照片作为背景。在窗体中添加7个Label标签控件，Caption属性依次设置为“华北电力大学（保定）”“2018届本科毕业生毕业设计作品”“院系：环境科学与工程系”“指导教师：李旭”“作者：秦明月”“完成时间：2018年6月”“保护环境 人人有责”；在窗体中再添加一个CommandButton控件，Caption属性设置为“返回”。调整控件位置、字体大小等使界面尽量美观。

版本信息界面运行时如图6-53所示。

图6-53 版本信息界面

窗体实现代码如下：

```
Private Sub Command1_ Click ()        '退出界面程序
Unload Me
frmLogin. Show
frmLogin. txtUserName. Text = " "
frmLogin. txtPassword. Text = " "
End Sub
```

6.4.2 总结

本案例设计主要取得以下成果：

（1）通过学习我国近年来在大气污染物控制标准方面的相关文献资料，对我国现行部分大气污染物控制标准进行了收集、分析、分类、汇总，并以此为依据创建了大气污染物控制标准数据库；

（2）利用Visual Basic 6.0和Microsoft Office Access 2010工具创建了大气污染物控制标准模糊查询系统，为企业和个人对大气污染物控制相关指标的查询和学习提供了便利。

设备设计及案例

7.1 设备设计基本原则和要求

实践证明，搞好环境保护，除了制定法规、强化管理外，解决环境问题最终要靠先进的技术和优良的装备。由于目前我国的环保产业尚未健全，环保产业基本上等同于环保设备设计制造产业。

环保设备具有：(1) 产品体系庞大；(2) 设备与工艺之间的配套性强；(3) 设备工作条件差异大以及 (4) 部分设备具有兼用性等特点。

而环保设备的发展有：(1) 新品种迅速增加；(2) 发展污染治理和资源综合利用相结合的环保设备；(3) 推进环保设备的“标准化、系列化、成套化”；(4) 跟踪相关学科的发展；(5) 计算机在环保设备中的应用不断扩大等趋势。

因此，环保设备设计应注意以下问题：

(1) 处理好工艺和设备之间的辩证关系。工艺与设备历来就应该相辅相成，顾此失彼或厚此薄彼都有失偏颇。因此要将学习环保设备设计与学习环保工艺设计相结合，在学好环保工艺设计的基础上掌握环保设备结构设计。

(2) 注意理论与实践相结合，在反复参与实践中学好理论。参与实践，一是到已建成的环境污染治理工程参观实习时要用心观察所用的机械设备；二是要到有关环保设备厂去学习或实习；三是认真完成相关的课程设计等实践训练环节；四是要创造条件参与环保设备安装调试运行等实际工作，在实践中弄懂、弄通、用活有关理论。

(3) 注意向国内外的先进技术学习。要借助便捷、发达的网络信息资源，密切关注世界范围内环保设备行业的最新发展动态，以尽可能提高我国自主研发环保设备的起点和层次。

(4) 注意培养工程观念和创新意识。满足工程实际需要、服务工程实际是构建该专业知识体系时一个不可忽略的重要因素，同时，要大胆借鉴机械工程、分离工程、工程热物理等传统学科领域的技术，将其创造性地应用于环境污染治理工程之中。

7.2 案例1——可调工况比电阻测试系统的设计

7.2.1 比电阻测试系统的设计

7.2.1.1 技术背景

国家最新颁布的《燃煤电厂污染物超低排放标准》将燃煤电厂的最低排放浓度规定为10mg/m^3，这对我国电力行业应用最广泛的电除尘器提出了挑战。粉尘的比电阻是影响静电除尘器效率的关键因素。不同煤种的粉尘比电阻差别有时非常大，在除尘器的实际运行中，即使是同一煤种，粉尘的比电阻也会随着烟气温度以及硫氧化物浓度、氮氧化物浓度等因素的不同而产生波动，波动幅度甚至可能达到几个数量级，从而对静电除尘器的运行控制产生不利影响，降低了除尘效果，甚至会对静电除尘器造成损害。因此，对粉尘的比电阻进行实时测量对静电除尘器的安全运行起着决定性的作用。

本节系统设计，创新性地改变了常规实验室测定不能调节运行工况的弊端，在实验台上添加了调节箱，以此可以进行温度、湿度及烟气组成的调节。可调工况便由此而来，通过查阅前人实验资料，得到了影响粉尘比电阻的各项因素指标，并通过改变影响因素来进行工况调节，最终得出在不同运行工况下粉尘比电阻。这对于电厂实际运行具有很大的指导意义，对各领域中静电除尘器的设计应用具有重要的参考价值。

7.2.1.2 比电阻测试系统

A 配气系统

配气系统的作用是为整个测试系统提供不同成分、不同浓度的气体环境。因为烟尘组分是影响粉尘比电阻的重要因素之一，实际工业运行过程中，常加入调质剂来调整粉尘比电阻特性。因此本节设计的配气系统能探究烟尘组分对粉尘比电阻的作用，可推动的测试系统是本节的主要创新点之一。

本节设计添加了一个隔离箱用来完成粉尘与气体介质的接触，隔离箱的密闭性极好，除了经过特殊密封处理的进气口与出气口外，几乎完全与外界隔离，使得其中的气氛处于一个相对独立的环境中而不受外界空气杂质的干扰。

配气系统主要由自动配气系统和操控平台两部分组成。其中，自动配气系统的主要部分由主控制板、腔室、气体流量计、管道气路组成。配气过程所需的气源为含有氮氧化物、硫氧化物的高浓度气体，所需气体被储存在高压钢瓶中待用，上述气体均为实际电厂运行时与粉尘一同产生的污染物，这样的选择可以很好地模拟电厂实际运行工况，得出的数据更具有指导意义。高浓度的目标气体和稀释气体通过气体通道进入系统主机。高精度气体流量计用于控制稀释气体和目标气体的流量，进入腔室后使目标气体与稀释气体混合均匀，腔室的作用是缓冲气体，降低气体流速，降低其冲击能量。最后，利用高精度气体流量控制已混匀的气体通过进气口通入隔离罩内部，并设压力表显示压力。隔离罩由多孔保温且绝缘防腐的材料制作而成，气体缓缓渗入多孔灰盘内，可以保证气体均匀稳定，确保燃煤飞灰和气体混合均匀，避免由于流量过大或不稳定而导致吹散灰尘样品等各种问题。待气体介质与粉尘层接触一段时间后，先用推杆将金属灰盘拉出隔离罩回到原位，再将隔离罩内的气体由出气口排出，其中出气口一端与真空系统相连接，以便于气体被排出。

配气系统如图 7-1 所示。

B 测试系统

测试系统为本节设计中最重要的部分，用于放置粉尘试样及测试击穿电压、电流及比电阻，测试系统包括经由导线连接到高压电源的高压盘形电极以及位于高压盘形电极上方通过悬架机构连接到电流表的低压接地电极、使燃煤飞灰接受测试的部分场强均匀的环形电极和多孔灰盘。

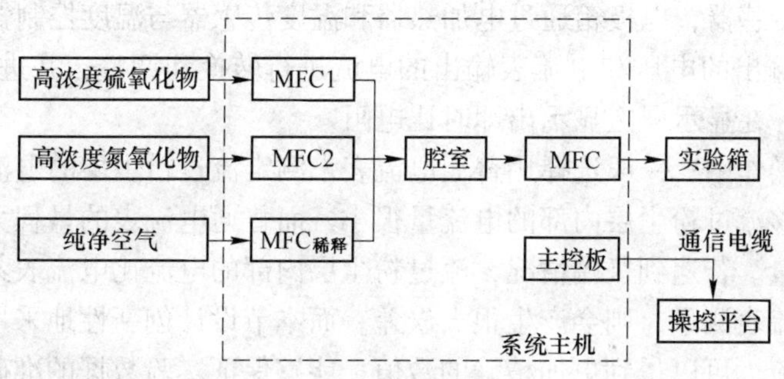

图 7-1　配气系统图

具体测试原理过程如下：高压盘型电极作为负极，低压接地电极作为正极并接地，由此在两极间就会产生电势差，再受到环形电极的影响，粉尘层内部的电场均匀分布于整个盘面，整个测定空间内都为电场所覆盖的区域。由于粉尘所具有的导电特性，在高压电的作用下，粉尘层内部就会产生电流，再利用低压盘型电极一侧安装的灵敏电流计测量出电流。本节设计中有高压电源直接向系统供电，因此加在粉尘层上下表面的电压即为高压电源的电压，这样就可以直接得到电压而省去了电压表，既节约成本，又便于操作。

高压电源的作用是向系统提供 0~40kV 的可调直流高压电，可以满足粉尘比电阻测试系统对高电压的要求。本节设计的粉尘比电阻测试装置中，对高压电极与电极箱之间的绝缘处理做了特殊的设计，高压电源与高压电极连接，并以刚玉绝缘材料铺设于装置底座与电极箱之间，绝缘距离为 65~75mm，绝缘管外径为 130mm，内径为 7~8mm。高压电极与电极箱底部使用 70mm 高绝缘层和 150mm 绝缘板相叠加作为绝缘垫层来绝缘，保证安全使用，精确测量。本节设计中的悬挂机构包括悬挂梁和悬挂杆。悬挂梁位于电极箱内，为一块呈半包围结构的矩形金属杆，中间位置处有一圆孔，圆孔内部有螺纹，恰好能与上述机械推杆的外螺纹完全契合，用来固定机械推杆，使得环形电极维持在合适的位置。环形电极与低压接地电极一起连接在机械推杆上，依靠悬挂梁固定其位置，并使电流表和接地端连接。

电机箱内测试系统图如图 7-2 所示。

C　显示系统

显示系统包括一个灵敏电流计、一个可显示输出电压的直流电源、一个温度控制器和数据处理器。灵敏电流计与低压接地电极相连接并接地，在灵敏电流计旁边还设有与接地端连接的旁路电路，用来保护电流表，防止突然间的电流冲击对电流表造成影响。环形电极通过悬挂机构与旁路电路连接，高压直流电源的一端与接地端连接。温度控制器包括电加热器和设置在

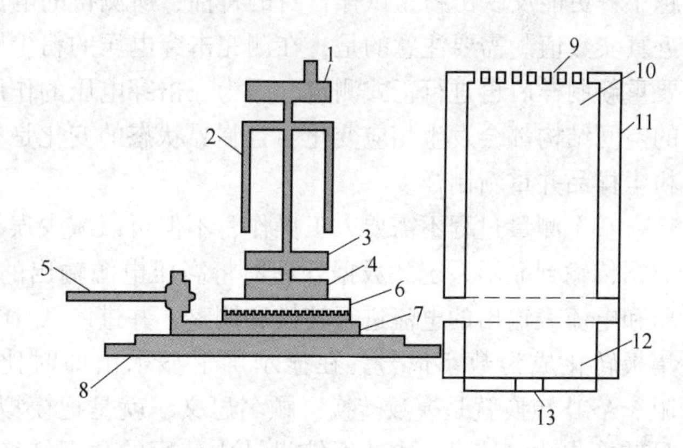

图 7-2　电机箱内测试系统图

1—机械摇杆；2—悬挂梁；3—低压接地电极；4—环形电极；
5—机械推杆；6—多孔灰盘；7—高压盘形电极；8—耐高温基座；
9—出气口；10—吹灰上腔体；11—隔离罩；
12—吹灰下腔体；13—进气口

电极箱内的温度传感器，电极箱通过电加热器和温度传感器与温度控制器连接。数据处理器是将高压电源输出的电压和电流表输出的电流进行转换和调整，并进入 A/D 采集板转化成为数字信号，在显示屏上显示出即时比电阻。

常规实验室操作中，一般选择用普通电流表来测定流过粉尘层的电流。但是由于粉尘的电阻较高，能够流过粉尘层内部的电流量很小，而普通电流表的量程大，精确度低，不适合微电流的测量。若遇到极端情况，流过粉尘层内部的电流比电流表刻度数值更小，若在此时用普通电流表测量，则会产生很大误差。而本节设计创新性地采用灵敏电流计测量粉尘层内部的电流，可以得到更加精确的数值，能够保证实验数据的准确性。本节系统设计时，为灵敏电流计设置了一个旁路系统，旁路之所以区别于主路，是因为在必要的时候，可以将线路切换到另一条回路上而不至于影响仪器或负载的正常运行。本节选用的灵敏电流计精确度高但量程小，也可以认为不耐冲击负荷。虽然在正常运行工况下，所测得的粉尘层内的电流不会超过量程，但实验环境复杂，各种干扰难以完全控制。特别是在粉尘试样与目标气体接触后，粉尘颗粒表面极有可能残留有目标气体分子（SO_2、NO_x），而上述气体易溶于水，会在粉尘颗粒表面形成一层酸性电解质液膜，从而使粉尘导电性增强。在电压不变的情况下，粉尘试样的电阻减小，流过粉尘层的电流会相应增大。如果电流突然间增大很多，很可能会超过灵敏电流计的量程，而使得电流计被损坏。旁路系统实际上是为电流表并联了一个电阻很大的负载，当电流过大时，系统自动检测，会将整个线路切换到电阻较大的旁路上，保护整个系统。

此时，得到最合适的电压供应范围成了重要的问题。首先需要测得粉尘层的击穿电压，击穿电压是指放电极的电压不断升高，直至电晕区充满放电极与集尘极间的绝大部分空间，整个系统的空气被击穿而发生电离，此时的电压即为击穿电压。在测定击穿电压时，向被测粉尘层通以直流高压电，且以 0.4kV 的间隔不断增加，记录每个电压作用下的电流，直至粉尘层被击穿为止，并记录下击穿电压，最后选取击穿电压的 70%~80%作为最终的测试电压。击穿电压是一个临界值，越接近临界状态，受到外界气体杂质的影响越小，更能反映出粉尘试样自身的特性，所测得的电流也越稳定，由此得出的比电阻更接近真实数值。需要注意的是，在测完击穿电压的粉尘层试样不能直接进行比电阻测定，需要重新制样后再进行正式测定，因为在击穿电压的作用下，粉尘自身的颗粒结构和粉尘层的空间结构都会发生相应变化，且临界状态的变化是多方向的，难以控制，因此必须更换粉尘样品并重新制样。

整个测量过程不需要人工操作，不但可以减少误差，提高测量精度，而且可以即时将数据传输到显示系统。数据处理器将高压电源输出的电压和电流表输出的电流进行转换和调整，并进入 A/D 采集板转化成为数字信号，在显示屏上显示出即时比电阻。A/D 转换就是模数转换，顾名思义，就是把模拟信号转换成数字信号。本节系统设计中使用的数据转换器为 TLC0831 逐次比较型转换器，此类型转换器电路规模属于中等，其优点是速度较高、功耗低。

图 7-3 为 TLC0831 型转换器引脚图。

各接口功能如表 7-1 所示。

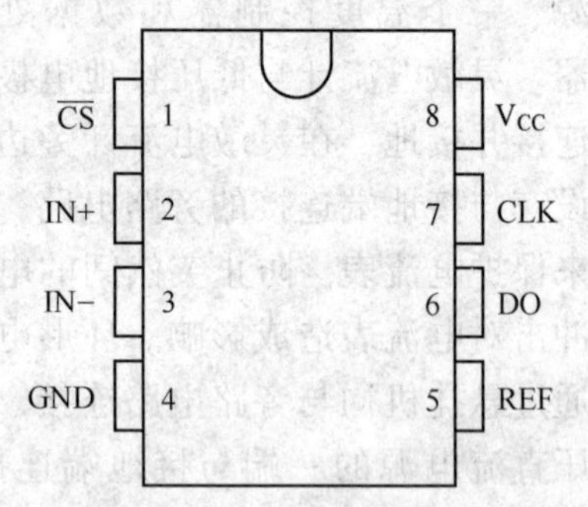

图 7-3 TLC0831 型转换器引脚图

表 7-1 TLC0831 型转换器各接口功能

引脚号	符号	功 能
1	CS	片选端（低电平有效）
2	IN+	差模输入正端
3	IN-	差模输入负端
4	GND	地
5	REF	输入基准电压
6	DO	串行数据输出端
7	CLK	串行时钟信号端
8	Vcc	电源

由高压电源和灵敏电流计传来的电信号在 A/D 转换器的作用下被转化为数字信号，再使用 C 语言并利用算法直接得到比电阻，并显示在显示面板上。

利用 C 语言完成编程如下：

```
#include<stdio.h>
int main（void）
{
floatdianya，dianliu，bidianzu，S，δ；
printf（"请输入电压值和电流值："）；
scanf（"%f"，&dianya）；
scanf（"%f"，&dianliu）；
bidianzu = (dianya/δ) / (dianliu/S)；
printf（"电阻值为：%f"，bidianzu）；
return 0；
}
```

图 7-4 为显示面板简图。

D 控制系统

此次设计中，控制系统的作用是控制系统温度、湿度、目标气体成分及浓度，同时也控制电压不能超过击穿电压，及时监测电流并调节旁路系统。控制系统包括：可控制输出电压的高压直流电源，直流电源的一端连接到接地端子，另一端与高压盘型电极相连，向系统提供直流高压电；可控制系统主机内部主控板操控流量计和气路的配气操控平台；温度控制器通过电加热器以及温度传感器与电极箱连接。

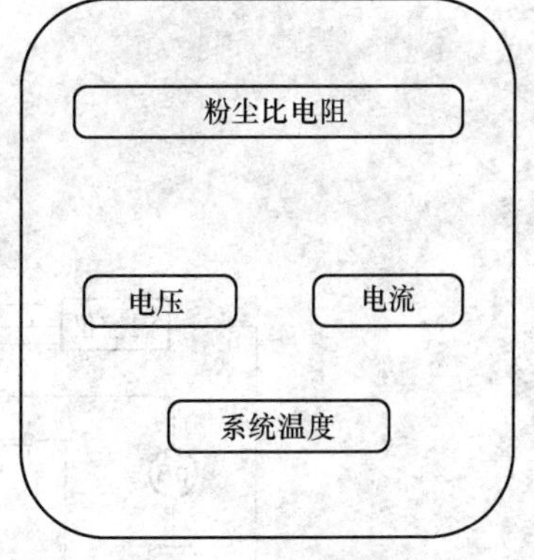

图 7-4 显示面板简图

在向系统提供高压电时，需要知道最佳供电范围，为此需要先测定粉尘的击穿电压。在测定时，需要按等差的方式逐渐将电压升高，这时就需要电压控制系统发挥作用。为了得到尽可能精确的击穿电压，就必须要控制电压匀速、缓慢地增长，并记录下每个电压下对应的电流。在确定好最佳电压后，需要在此基础上扩大电压范围，得到合适的测试范围，若只在最佳电压处测定，不能体现出粉尘在不同情况下的性质特点。由于粉尘自身电阻较高，在电压过低的情况下，流过粉尘层的电流极小且不稳定，具有偶然性，不能作为研究粉尘比电阻特性的参考数据。通常情况下，以粉尘击穿电压的20%~30%为起始电压进行后续测定。

温度是影响粉尘比电阻特性的重要因素，因此控制系统温度是整个测定过程的重要环节。温控系统包括电加热器、温度传感器和温控仪，温控仪是由热电偶和可编程温度控制器组成。在电极箱中，通过电加热器的加热作用，使得整个测试系统的温度持续升高，此时温度传感器感应到系统的温度变化，当温度上升至预设值时则减小加热功率或停止加热，实现炉内气体温度与设定温度误差±2K，提高实验准确性。温控仪收到传感器的反馈信号，进而温控仪控制电加热器停止加热，至此，一次升温过程完成。

本节控制系统的设计不再需要人工记录电流来计算粉尘比电阻；配气时，不需要人工监测气体流速和流量，一旦达到预设值，系统会自动开关阀门来调节气路；进行温度调节时，温度一旦上升至预设值，温控仪就将信号传递给加热器而停止加热。

装置测试电路图如图 7-5 所示。

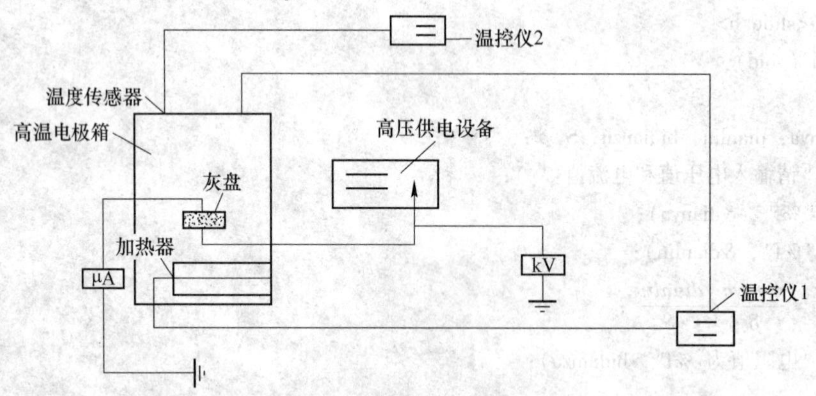

图 7-5 装置测试电路图

装置总体设计图如图 7-6 所示。

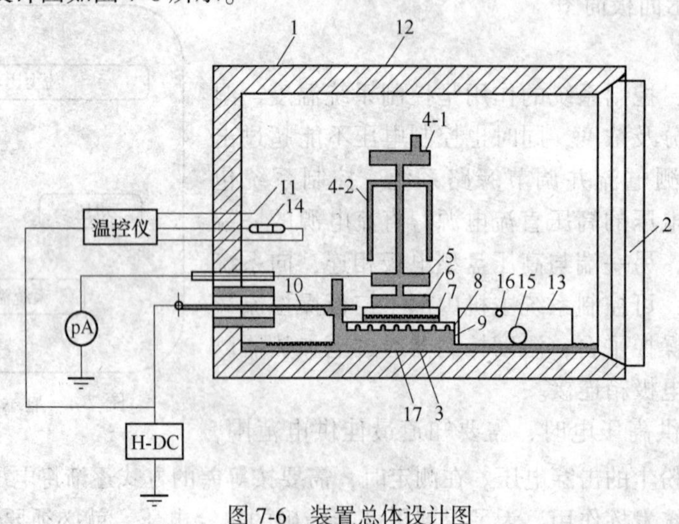

图 7-6 装置总体设计图

1—电极箱；2—电极箱门；3—绝缘层；4-1—机械摇杆；4-2—悬挂梁；5—低压接地电极；6—环形电极；7—多孔灰盘；8—高压盘形电极；9—耐高温基座；10—传递杆和机械推杆；11—温度传感器；12—保温层；13—隔离罩；14—电加热器；15—进气口；16—出气口；17—机械摇杆

7.2.2 探究粉尘比电阻特性的实验方案

7.2.2.1 方案背景

影响粉尘比电阻特性的因素有很多，如烟气温度、湿度、粉尘粒径、烟气组分等。在常规操作中，可以通过提高烟气温度来降低比电阻，减少高比电阻粉尘对电除尘器性能的影响。

7.2.2.2 粉尘比电阻的测定

A 制作粉尘层样品

第一步需要对待测定的粉尘样品进行预处理，首先原始灰样过筛，得到约 100 目 (0.147mm) 的粉尘，然后将粉尘置于 105~110℃恒温干燥箱内干燥 3 h 以去除粉尘内部吸附的多余水分。第二步需要将经过预处理后的粉尘样品松散地堆放在金属灰盘内，并用小尺子缓缓刮掉金属灰盘上表面多余的粉尘试样，使得粉尘试样的厚度恰好与灰盘深度一致，形成质地均匀的粉尘层。该粉尘层即为比电阻测试粉尘层。

B 测定击穿电压

本节设计中选择了一种可显示输出电压的直流电源为整个系统提供所需电压，此时得到最合适的电压供应范围就成了重要的问题。首先需要测得粉尘层的击穿电压，击穿电压是指放电极的电压不断升高，直至电晕区充满放电极与集尘极间的绝大部分空间，整个系统的空气被击穿而发生电离，此时的电压即为击穿电压。在测定击穿电压时，向被测粉尘层通以直流高压电，且以 0.4kV 的间隔不断增加，记录每个电压作用下的电流，直至粉尘层被击穿为止，并记录下击穿电压，最后选取击穿电压的 70%~80%作为最终的测试电压。

C 具体操作

首先打开 N_2钢瓶出气阀，通过空气泵抽出隔离罩内空气，然后关闭出气阀；打开装有目标气体和稀释气体的钢瓶阀口，使两种气体在腔室内混合均匀。之后混合气体由隔离罩的进气口进入系统，需要控制混合气体使其以均衡流速进入隔离罩内，至罩内压力回升至正常压力，形成所需的气体环境。之后推动金属推杆，将灰盘推入隔离罩内与气体接触，在与气体介质接触而作用一段时间后，再将推杆拉回到原位，进行测定。

7.2.2.3 探究烟气温度对比电阻影响的方案

温度是影响粉尘比电阻的主要因素之一，对于类型相同的粉尘试样，如果所处的测试温度不同，则其相应的比电阻也不同。其中体积比电阻与环境温度成反比，表面比电阻与环境温度成正比，由此可知温度对粉尘比电阻的影响十分复杂。

整个装置放置于一个电极箱内，将电极箱的门关闭后，整个系统将处于相对封闭的环境，从而避免了外界空气中的水分和杂质对实验测定结果的影响。具体操作如上文所述：首先将一定厚度的粉尘试样平铺于金属灰盘中，将灰盘推入隔离罩内，与已选定的一种目标气体接触一段时间，再用机械推杆将灰盘拉回原处，与上下电极连接好进行测定。由于以温度作为变量，所以需要先设定一个检测温度的范围，一般以室温为最低温度，以 10℃为间隔进行温度控制，通常以 200℃为分界线，在温度升高超过该界限时，将温度间隔变为 5℃，且最高温度不超过 300℃。这是因为粉尘的固有特性，使得在温度较低时随着温度的升高，粉尘比电阻也随之升高，一旦超过某一特定值后，温度上升会使得粉尘颗粒内部的吸附水和结合水向外蒸发，蒸发到空气中后又附着在粉尘颗粒表面，形成一层导电液膜，使粉尘比电阻降低。然后在设定的温度、气氛和电压下进行测量。温控系统包括电加热器、温度传感器和温控仪，温控仪是由热电偶和可编程温度控制器组成。在电极箱中，通过电加热器的加热作用，使得整个测试系统的温度持续升高，此时温度传感器感应到系统的温度变化，当温度上升至预设值时则减小加热功率或停止加热，提高实验准确性。温控仪收到传感器的反馈信号，进而温控仪控制电加热器停止加热，这样就完成了一次升温过程。

由于电极箱密封性和保温性都很好，所以降温较困难，因此在实验过程中，系统温度应当由低到高增长，利用上次加热的余温进行再加热，可以减少电能消耗，同时提高实验的准确性。需要注意的是，在探究温度对粉尘比电阻的影响时，应当保持温度为唯一的变量，即环境的湿度、粉尘粒径、烟气组分均维持不变，这样测得的数值才具有代表性，能够作为参考数据为电厂实际操作提供借鉴。

7.2.2.4　探究烟气组分对比电阻影响的方案

对于高比电阻粉尘，可以在烟气中加入调质剂，如三氧化硫、氨等，以此来增加粉尘堆体的表面导电能力，降低比电阻，并改善静电除尘器的除尘特性，此法被称为烟气调质，通过调节烟气组分来改变粉尘比电阻。

A　SO_2对比电阻影响的实验方案

由于本节设计为系统添加了隔离罩，所有配气的环节都在隔离罩内进行，而不会对电极箱内的测定环境产生影响，具体方案如下：选择SO_2为目标气体，要注意控制流量，本节设计方案分别以0mL/min、5mL/min、10mL/min、15mL/min、20mL/min为目标气体流速，通气2min后测定比电阻，并以空气作为实验对照。首先打开装有目标气体的钢瓶阀门，利用高精度流量计将气体流速控制在初始值，并将目标气体通入腔室。在腔室内，气体流速得到缓冲后，再进入隔离罩内形成稳定的测试气氛。之后将灰盘推入隔离罩内与气体介质接触一段时间，约2min，再拉回电极箱中进行接下来的测定步骤，记录在不同气体流速下的粉尘比电阻。需要注意的是，在测定过程中，要尽量降低系统的湿度，防止SO_2溶于水汽中而改变了环境的酸碱度，导致误差。

B　NO_x对比电阻影响的实验方案

在完成了上述实验过程后，再以NO_x为目标气体进行实验。由于以烟气组分为变量，就必须要保证与粉尘试样接触的气体介质足够纯净，不受上次实验中目标气体的影响。因此在一次实验完成后，需要先打开隔离罩出气口，利用空气泵将已测定过的目标气体抽离系统，但隔离罩角落残余的气体难以被抽走，必须要在更换目标气体之前用高流速的稀释气体N_2来对隔离罩进行排气，一般将气体流速控制在50~70mL/min，确保上次实验残余的气体完全排尽。为了保持单一变量的原则，此方案也以0mL/min、5mL/min、10mL/min、15mL/min、20mL/min为目标气体流速，通气2min后测定比电阻，并以空气作为实验对照，具体操作如上文所述。正常配气过程中，需要使用高精度流量计控制目标气体的流速，但在排气时，可以有控制地将钢瓶口气体流量调高一些，使气体具有一定冲击力，同时关闭腔室入口的阀门，使N_2直接进入隔离罩进行排气，此操作是为了将残余在隔离罩角落的、不能依靠真空系统抽走的气体完全排出系统之外。

C SO_2与 NO_x 共同作用的实验方案

为了探究两种目标气体对粉尘比电阻的共同作用，需要以两者混合气体为目标气体进行测定。按上文所述，首先打开装有 SO_2的钢瓶气阀，按上文所述的气体流速梯度，逐渐增加 SO_2的流量，将其在腔室进行缓冲后再通入隔离罩内形成测定气氛，再进行上述测定操作，并记录在不同气体流速下得到的不同粉尘比电阻，选择最大值对应的气体流量，作为混合气体中 SO_2的流量。之后关闭装有 SO_2的钢瓶气阀，并打开装有 NO_x 的钢瓶气阀，利用高精度流量计控制流速，以 0mL/min、5mL/min、10mL/min、15mL/min、20mL/min为目标气体流速，并以空气作为实验对照，通入已经调节好流速的 SO_2气氛中，并将两种气体一起通入腔室混匀，再按上文所述的具体操作进行测定，并记录不同流速下粉尘比电阻。不同目标气体有着不同的理化特性，有的可能会使系统的温度、湿度发生变化。为了保持单一变量，需要实时对系统的各个指标进行监测，一旦有较大的数据波动，就要立即进行调整。

7.2.3 总结

本节设计了一个可调温度、可调工况的粉尘比电阻的实验台，打破了常规实验室测定中不能调节工况的缺点。整个系统中创新性地设计配气系统、显示系统和控制系统，其中配气系统可以实现在不同目标气体的作用下实现测定，且增设了抽真空设备及稀释气体，可以保证前后实验相互不影响；显示系统不仅能显示电压、电流等参数，还能直接显示出实时比电阻，这也是本节设计的创新点之一；同时也改进了控制系统，使测量误差达到最小。

该测量装置能够模拟电除尘器的真实工况、不需要单独的测量设备而且能够实时测量和显示，有效地解决了高温下不同气体环境粉尘比电阻的测量问题，克服了常规实验室粉尘比电阻测试装置只能测试空气气体中粉尘比电阻，不能模拟实际电厂环境的缺陷。

7.3 案例2——汽车尾气净化装置的设计

7.3.1 尾气净化技术

7.3.1.1 污染物生成机理

汽车尾气中 CO 的产生来源于燃料的不充分燃烧，是汽油机中碳氢化合物缺氧燃烧而产生的中间产物。当机动车发动机转速提升时，空气流量增加，CO 浓度降低。尾气中的碳氢化合物包含少量未燃及大量燃烧不完全的燃料、燃油蒸汽，其成分组成非常复杂，有些是在燃料和润滑油中不存在的。

汽车内燃机中的燃烧反应非常复杂，虽然国内外的研究人员进行了大量的试验，仍然没有就颗粒物的产生机理达成系统的结论。汽车排放的颗粒物也称作碳烟，主要源于燃料中的碳元素，根据生成途径可分为一次颗粒物和二次颗粒物。

7.3.1.2 机内净化技术

机内净化技术注重于提高燃料的质量，在发动机内采取合适的喷油系统、燃烧系统、进气系统、点火系统等，从源头上减少气态污染物和碳烟的生成。例如稀薄燃烧技术通过提高过量空气系数，使燃料得以充分燃烧，在提高燃油经济性的同时降低 CO 和 HC 的生成。当前机内净化降低颗粒物产生的成熟技术主要有优化进排气系统、改进燃油喷射系统、优化燃烧室结构、采用增压中冷技术等。

7.3.1.3 机外净化技术

A 三效催化技术

目前应用广泛的汽车尾气催化转化技术是三效催化转化技术，可同时净化 CO、HC、NO_x，三效催化剂可大致分为活性组分、助催化剂、涂层（担体）、载体、外壳几部分。活性组分一般为贵金属铂（Pt）、钯（Pd）、铑（Rh），其中 Pt 和 Pd 作用基本相同，都起到催化氧化 CO 和 HC 的作用，而 Rh 的加入促进了 NO_x 的还原。从价格上看，Pd 的价格比 Pt 低，尤其是在高温与富氧活性较高的条件下，对 CO 和 HC 有良好的催化氧化性能。虽然当前存在研发非贵金属催化剂的方向，但 Pd 仍对开发新一代尾气净化催化剂具有巨大的潜力。

B 颗粒捕集技术

一直以来，汽油机的颗粒捕集技术都是一个被忽略的方向，研究人员进行了很多探索，都是针对于柴油机尾气颗粒物的控制。随着中国第六阶段机动车污染物排放标准的发布，汽油机尾气中颗粒物的浓度及总量开始被限制，根据国外法规的发展趋势，这一限制还将越来越严格。因此，以相对成熟的柴油机颗粒捕集技术为参考，设计出适用于汽油机的颗粒捕集器将是很有意义的研究方向。

7.3.1.4 排气末端主要成分

表 7-2 为使用国产 HPC500 汽车尾气分析仪实测的汽车尾气气态污染物排放浓度分钟平均值，测试过程中汽车空档，测量方式为通用测量。

表 7-2 几种汽车在不同转速下的尾气成分浓度测试结果

数据编序	车型	行驶里程/km	测试转速 /r · min^{-1}	CO 体积分数/%	HC 浓度/%	NO_x浓度 /%
1	宝马 520	70010	700	0.04	6×10^{-4}	0
2			2000	0.04	16×10^{-4}	0
3	斯柯达昊锐	25781	700	0.05	20×10^{-4}	7×10^{-4}
4			2000	0.05	48×10^{-4}	45×10^{-4}
5	广汽传祺	23000	800	0.04	91×10^{-4}	12×10^{-4}
6			2000	0.05	56×10^{-4}	55×10^{-4}
7	本田飞度	87601	700	0.04	216×10^{-4}	0
8			2000	0.12	266×10^{-4}	0
9	别克昂科威	2000	500	0.04	7×10^{-4}	0
10			2000	0.05	20×10^{-4}	0

分析上述数据，可得出以下结论：

（1）行驶里程大的汽车，其尾气中污染物浓度较高，即催化转化装置的性能在汽车使用过程中有所下降。

（2）汽车的品牌与价位的差异会影响尾气污染物排放水平。

（3）汽车转速加大时污染物排放有所上升。

7.3.2　新型汽车尾气净化装置

7.3.2.1　设计思路

本节设计出一种加装在汽车排气管处的二次净化装置，主要实现对尾气中易超标的CO、HC的催化氧化，以及对往后受限颗粒物的捕集。此装置可采用微波再生，安装拆卸方便，成本较低，处理效果不低于更换汽车内部净化装置。

7.3.2.2　基本结构

新型汽车尾气净化装置采用径向式结构。汽车尾气从排气管排出后通过入口处进入新装置，扩张后经由过滤体过滤。过滤介质上涂覆有 γ-Al_2O_3载体及贵金属催化剂，可同时进行 CO 和 HC 的催化净化。净化后的气体从过滤体侧面出口收缩排出，微波也可经由该口进入过滤体，进行高温再生。为保证再生效率及均匀性，本设计中的过滤体为旋转式空心筒状。为进一步减轻滤体因高温膨胀造成的挤压磨损，滤体分块制作，各组块之间采用陶瓷纤维黏结。装置的大致结构如图 7-7 所示。

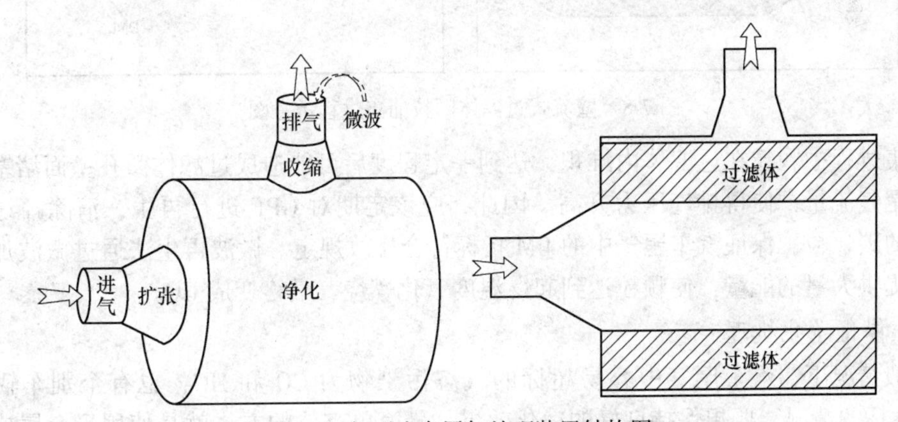

图 7-7　新型汽车尾气处理装置结构图

过滤体采用受热膨胀小、机械强度较高的堇青石质，这种选择更有利于催化剂的涂覆。由于催化净化主要针对 CO 和 HC 进行，因此催化剂的贵金属活性组分只选用 Pd 一种，在保证目标污染物去除效率的同时，尽可能降低成本。助催化剂选用 CeO_2和 ZrO_2，CeO_2的加入可提高催化剂的储氧性能，ZrO_2加入 CeO_2中后，可降低体相还原温度，进一步增强储氧能力，是良好的稳定剂。本设计将使用铬镍合金不锈钢合金材料制作外壳，它可防止因外壳氧化、脱落而引发的净化装置堵塞。

7.3.2.3　机理分析

本设计中，气体入口、扩张、收缩、出口处不发生新的化学反应，因此下面只讨论颗粒捕集过程及催化转化过程的工作机理。

A　颗粒捕集机理

从机理上看，GPF对尾气中颗粒物的捕集主要包括惯性碰撞捕集、拦截捕集、布朗扩散捕集和重力捕集。这些极小的颗粒受到气体分子热运动的碰撞，脱离原有的流线方向进行任意方向的无规则运动。起初颗粒物是均匀分布的，部分颗粒被捕集后形成了浓度梯度，造成了微粒物的扩散运输，更多的微粒向捕集物汇集并最终被捕集下来。布朗扩散捕集在壁流式GPF的工作过程中占主导地位。颗粒捕集器的载体呈蜂窝状，采用壁流式结构，但通道的其中一端是堵住的，如图7-8所示。GPF工作时，携带细小颗粒物的汽车尾气从孔道入口处进入，但该孔道的另一段已被封闭，气流无法直接排出，因此气流不得不透过带有细小微孔的过滤壁，进入相邻孔道后排出。而颗粒物无法透过过滤介质，最终沉积在了通道的微孔过滤内壁上。

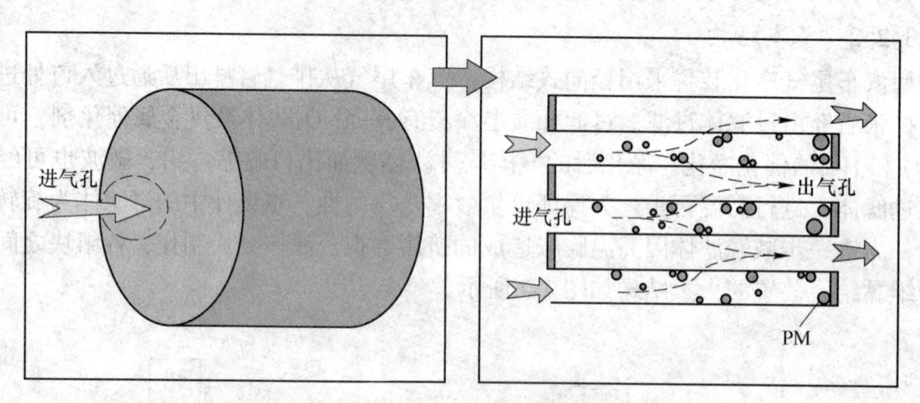

图7-8　壁流式过滤体颗粒捕集过程示意图

捕集过程中颗粒在过滤体内堆积，达到一定程度后可能造成过滤体微孔壁面堵塞，进而降低尾气流量，使得排气压力升高。因此，应该定期对GPF进行再生，清除掉过滤体内堆积的碳颗粒，保证汽车尾气中的PM指标符合排放规定。微波再生法通过微波加热向碳颗粒提供大量的能量，使颗粒达到起燃温度氧化燃烧，最终变成CO_2。

B　催化净化机理

一般情况下，汽车尾气中容易超标的气态污染物为CO和HC，也有个别车辆出现NO_x不达标的情况。要想保持良好的净化效果，最简单有效的方式就是使用贵金属成分三元催化剂对污染物催化净化。在催化净化部分，污染物随尾气气流接触到催化剂载体；污染物进入催化剂的多孔介质载体内部并发生吸附；尾气气流内的各种物质相互作用，发生化学反应；产物分子从催化剂的表面逸出，跟随气流排出。净化时发生的主要化学反应如下所示：

$$2CO+O_2 \longrightarrow 2CO_2 \tag{7-1}$$

$$CO+NO \longrightarrow CO_2+N_2 \tag{7-2}$$

$$CO+H_2O \longrightarrow CO_2+H_2 \tag{7-3}$$

$$HC+O_2 \longrightarrow CO_2+H_2 \tag{7-4}$$

$$4HC+10NO \longrightarrow 4CO_2+5N_2+2H_2O \tag{7-5}$$

$$2HC+2H_2O \longrightarrow 2CO+3H_2 \tag{7-6}$$

$$2NO+2H_2 \longrightarrow 2H_2O+N_2 \tag{7-7}$$

$$2H_2+O_2 \longrightarrow 2H_2O \tag{7-8}$$

CO、HC、NO_x 等污染物被净化转化为 H_2O、N_2、CO_2 等无害物质。催化剂的涂覆还能降低碳微粒的氧化反应活化能，有利于实现 GPF 的再生。

7.3.2.4 尺寸设计

在 7.3.2.2 节中，已经讨论了新型汽车尾气净化装置采用径向式结构，但准确尺寸尚待探讨。本节预设了一种尺寸，如图 7-9 所示。在 7.3.3 节中将对装置的结构参数进行变更，用模拟软件进行计算，探究这些改动对汽车尾气净化装置内部气流造成的影响。

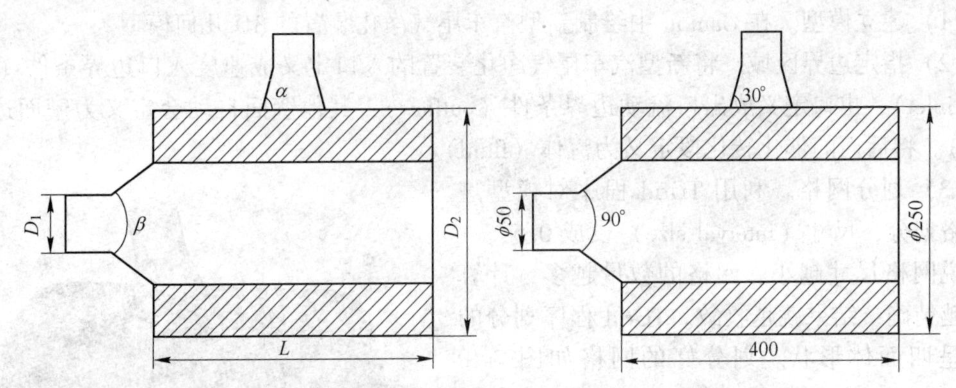

图 7-9 新型汽车尾气处理装置尺寸结构图

7.3.2.5 压力损失理论分析

汽车尾气净化装置的排气背压越大，压力损失就会越大，气流的排出越艰难，消耗的能量随之升高，这对燃油经济来说是不利的。因此模拟的过程中除了考虑气流分布的均匀性，还应注重对装置内部压力损失的降低。

新型汽车尾气净化装置内部的压力损失来自：（1）气流和装置壁面间发生摩擦，造成了沿程损失。（2）气流在壁流式陶瓷载体孔道中运动受到了沿程阻力，也就是气流通过载体时的压力损失。（3）装置扩张段和收缩段可能出现气体涡流，造成局部损失。

7.3.3 模型仿真及结构优化

7.3.3.1 软件介绍

本设计使用的是 Gambit 前处理器。Gambit 用于构建流动区域的几何形状，并为其定义边界类型，划分生成 2D 或 3D 网格，输出可定为用于 FLUENT 求解器计算的格式。Gambit 的建模能力很强，简单的模型可直接用其自带的几何模块制作，复杂模型支持其他软件导入（CAD、CAE 等）。

本设计使用的求解器及后处理器是 FLUENT。相比于其他的 CFD 分析软件，FLUENT 的专业化和功能性最强，可以求解 2D 及 3D 流动问题。FLUENT 的应用非常多样化，可计算解决可压缩与不可压缩流动问题、稳态和瞬态流动问题、层流及湍流问题、对流换热问题等。

7.3.3.2 模型简化

在本节的数值模拟中，对新型汽车尾气处理装置内部气体流动进行下列简化或假设：（1）汽车尾气为不可压缩的理想气体；（2）气体在装置内的流动为定常流动；（3）气体的密度、黏度和热导系数不随温度变化。总而言之，就是将新型汽车尾气净化装置内的气流运动简化成不与外界发生热量传递且自身不存在化学反应的湍流模型，定性分析装置内部气流的流动特征。

A　网格划分

利用专业网格划分软件（Gambit）对建立模型的计算域进行划分，以网格文件的形式将生成的有限元模型导入流场求解器 FLUENT 中，再设置入口与出口边界条件，设置合理的求解器参数。网格划分相关过程如下：

（1）建立模型。在 Gambit 中绘制新型汽车尾气净化装置的 3D 几何模型。

（2）指定边界区域。将新型汽车尾气净化装置的入口定义成速度入口边界条件（velocity inlet），出口定义成出口流动边界条件（outflow），其他壁面自动会定义为壁面边界（wall）。将后面的催化转化段定义为流体（fluid）。

（3）划分网格。利用 TGrid 程序对模型进行网格划分，尺寸（interval size）设成 0.5，一般来说网格尺寸越小，网格的数量越多，计算就会越精确，结果就越收敛。TGrid 程序划分的网格呈四面体形状。划分好的网格如图 7-10 所示。

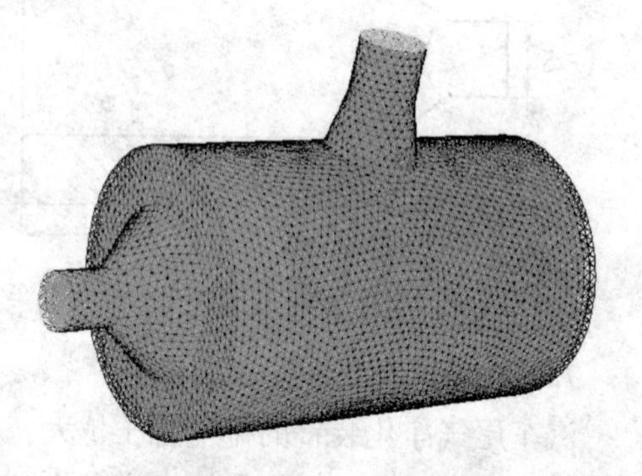

图 7-10　汽车尾气净化装置网格划分

（4）检查网格划分情况。

B　模型选择

多孔介质模型可用于各种各样的单相和多相问题，计算过程中涉及的填充床、过滤体、穿孔板、流动分配器等组块都可看作是多孔介质。使用 FLUENT 中的多孔介质模型时，需要人为将目标区域定义为多孔区域，并输入相关参数。ANSYS FLUENT 根据多孔区域内的体积流量计算表面相或混合速度，流量的压力损失也可通过输入参数来计算。本节中研究的汽车尾气净化装置中的过滤体为多孔蜂窝陶瓷，从整体上看是一个拥有渗流特性的多孔介质，可将其看作是稳态三维多孔介质模型。

C　条件设置

汽车尾气中占比最大的组分是 N_2，因此流体材料选择氮气，密度为 1.138kg/m^3，黏度为 1.663×10^{-5}kg/(m·s)。实验测得 2.0L 排量的汽车排气管内排气速度为 5m/s，本节设计中装置的入口管径与排气管管径相同，因此新型汽车尾气净化装置速度入口水力直径设为 5cm，气体速度设为 5m/s，方向垂直于边界，入口处的湍动强度设为 5%，温度设为 330K。出口流水力直径设为 2.4cm，湍流强度设为 5%，出口压力定为充分发展，因为气体不可压缩，因此表压设为 0 Pa。壁面设置保持默认状态。

多孔载体区域流体流动类型设为层流，材料密度为 1400kg/m^3，结构系数为 1，流动阻力为 1000rayls/s，孔隙率设为 55%。

FLUENT 求解器设为分裂求解法，算法设为隐式算法，空间属性为 3D，时间属性为定常流动，求解绝对速度，选择 k-epsilon 湍流流动模型。

7.3.3.3　模拟结果分析

A　迭代图

新型汽车尾气净化装置模型的残差如图 7-11 所示，在经过 300 次迭代计算后收敛性良好。

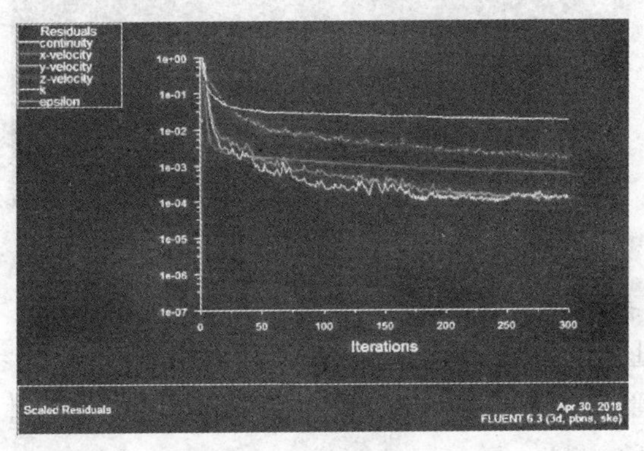

图 7-11　迭代图

B　流速分布

新型汽车尾气净化装置内的速度分布如图 7-12 所示。在此种情况下，新型汽车尾气净化装置内的速度分布很不均匀，装置前段流速较高，尾部的流速却几乎为零，装置并未得到充分利用。整体看来装置内部流动速度均匀性极差，靠近气流出口侧的多孔滤体的使用效率更高。

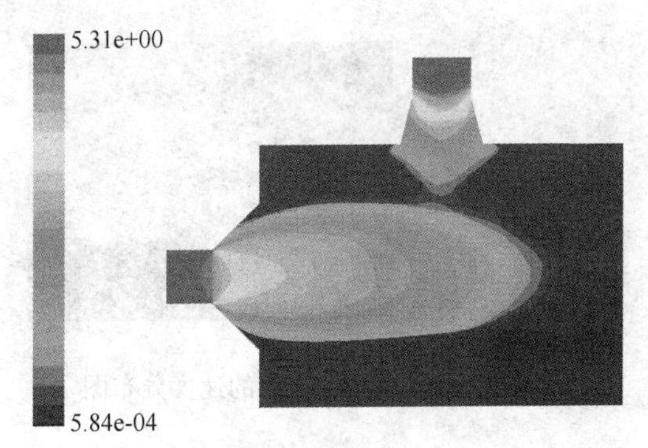

图 7-12　速度分布图

C　压力分布

新型汽车尾气净化装置内的压力分布如图 7-13 所示。在此种情况下，新型汽车尾气净化装置内的压力值在各个方向逐渐减小，在扩张段压力的下降非常迅速，过滤体的存在也导致了压力的突降，因此可得新型汽车尾气净化装置内的压力降低主要是因为多孔滤体对流体存在阻力，以及流体经过扩张段时速度矢量发生了突变。新型汽车尾气净化装置内尾部的压力较高，应该是由流体冲击装置尾部后引发回流造成的。

7.3.3.4　模型优化改进

新型汽车尾气净化装置的总外径与进气管段的直径比值（D_2/D_1）是影响装置内部气流分布的重要结构参数。由于汽车尾气排气管的直径通常是一个定值，新型汽车尾气净化

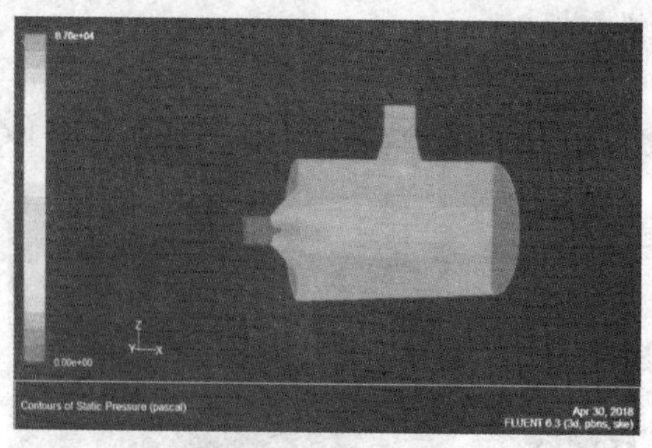

图 7-13　静压分布图

装置进气管段的直径与汽车尾气排气管直径相同，保持 50mm 不变。新型装置入口处的气速保持 50m/s，入口处的扩张角度不变。改变新型汽车尾气净化装置的直径比（D_2/D_1）及过滤体长度与进气管直径的比值（L/D_1）对装置内部流场进行计算和分析。

A　D_2/D_1的影响

本小节中过滤体长度与进气管直径的比值保持不变，L/D_1取 8，即 L 取 400mm。分别将 D_2/D_1取值为 4.4、5.0 和 5.6，画出装置结构图，并进行模拟计算。新型汽车尾气净化装置内部的气流速度分布图如图 7-14～图 7-16 所示。

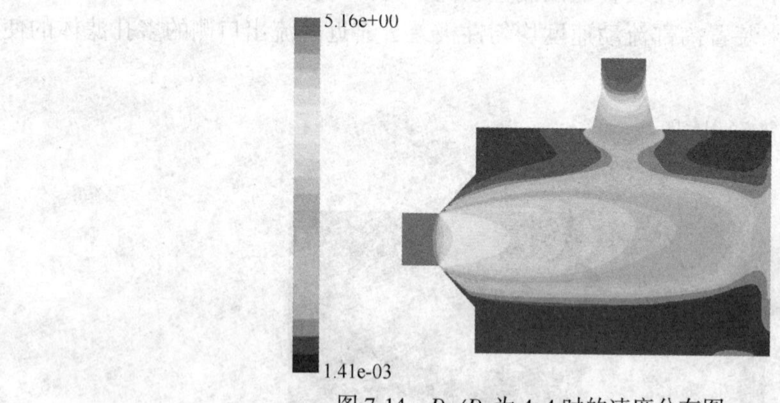

图 7-14　D_2/D_1为 4.4 时的速度分布图

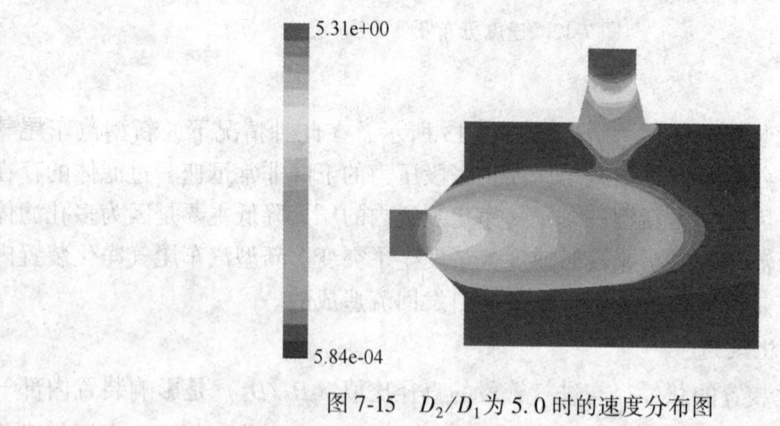

图 7-15　D_2/D_1为 5.0 时的速度分布图

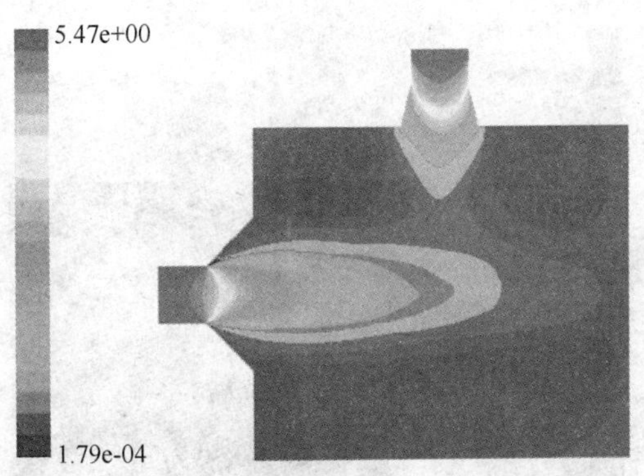

图 7-16　D_2/D_1为 5.6 时的速度分布图

D_2/D_1取 4.4 时，气流在多孔滤体内的流速最大，即使是远离气流出口的滤体区域，内部流速也明显提高，即气流在装置内的分布更加均匀了。推测该情况是由于D_2/D_1的减小使得装置的整体体积明显缩小，抑制了气流的流体扩散趋势，提升了装置内部气流的速度，继而使得所有区域的气流分布更加均匀。除此之外，观察三个模型的气流出口处可发现，当D_2/D_1取 4.4 时，流出的气流均匀性更好。因此，综上得出结论，为使新型汽车尾气净化装置内部气流分布更加均匀，滤体的使用效率更高，D_2/D_1应取 4.4。

B　L/D_1的影响

为了探究新型汽车尾气净化装置的多孔滤体部分长度对气流分布的影响，本节中尾气净化装置的D_2/D_1取 4.4，对过滤体长度与进气管直径比值分别取 6、8、10，即 L 分别为 300mm、400mm、500mm。画出装置结构图，并进行模拟计算。新型汽车尾气净化装置内部的气流速度分布图如图 7-17～图 7-19 所示。

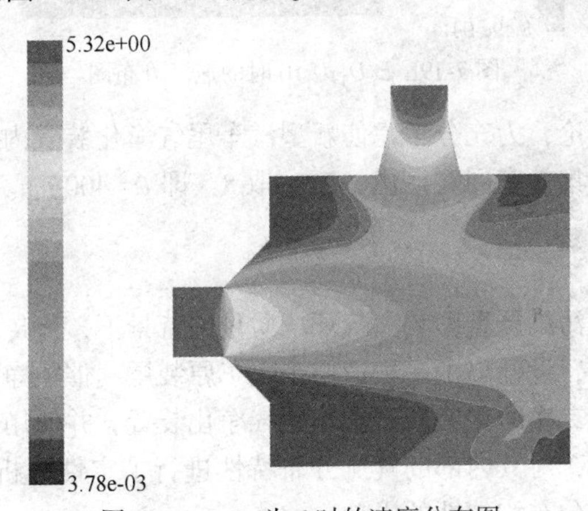

图 7-17　L/D_1为 6 时的速度分布图

由图 7-17～图 7-19 看出，当新型汽车尾气净化装置的滤体长度 L=300mm 时，气流在过滤介质内的速度最大，因为装置较短，气流冲击装置尾部，引起回流。从装置内部气流分布看来左右较为均匀对称，背离排气侧的过滤体也得到了较充分的使用。

新型汽车尾气净化装置的滤体长度 L=500mm 时，气流进入陶瓷介质的速度最小，可能因为陶瓷介质的长度过大，气流无法到达新型汽车尾气净化装置的尾端面，没有引起回流，陶瓷过滤介质尾部的使用效率低，造成了材料的浪费。

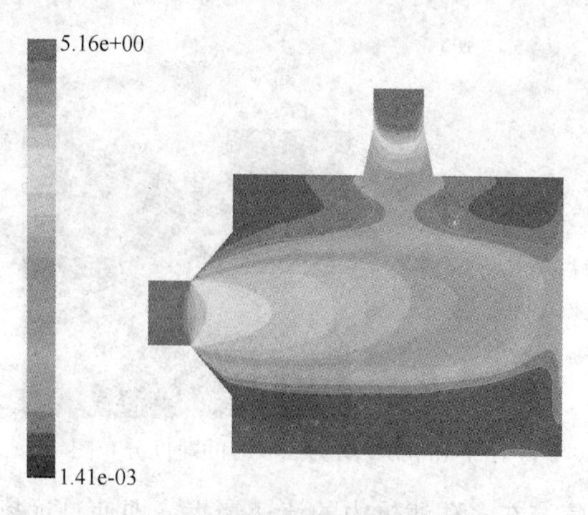

图 7-18 L/D_1为 8 时的速度分布图

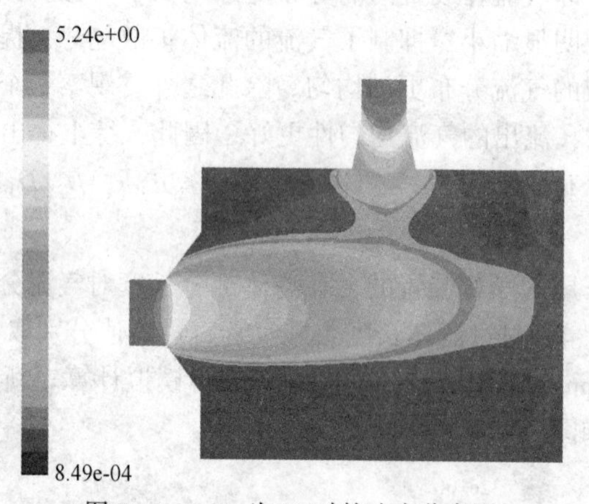

图 7-19 L/D_1为 10 时的速度分布图

因此，综上得出结论，为充分考虑使新型汽车尾气净化装置内部气流的均匀分布、滤体的充分利用、颗粒捕集效率同时最优，L/D_1取 8，即 $L=400$mm。

7.3.4 总结

本节是在汽车尾气污染严重影响大气环境质量的背景下，将传统的三效催化净化技术与颗粒物捕集技术结合，设计出了一种适用于汽车原装尾气催化净化装置已失效的、需加装于排气末端进行尾气二次净化的新型汽车尾气净化装置，并使用了 FLUENT 软件对装置进行数值仿真计算模拟，对其内部的气流分布特性进行了定性分析，并改变了结构参数，探究其对装置内部气流分布均匀性的影响。

本节研究发现，CFD 系列数值仿真模拟软件的使用大大简化了实验操作，它的可视性强，操作简便，是从事流体力学类研究人员的得力工具。本节中对新型汽车尾气处理装置原始模型进行数值模拟后发现其内部气流分布不均匀，远离气流出口侧的多孔滤体的使用效率很低。通过变动装置总外径与进气管段的直径比 D_2/D_1 发现，D_2/D_1 的减小抑制了气流的扩散，使气流分布更加均匀。

7.4 案例3——MEA吸收CO_2的填料塔设计

7.4.1 工艺计算

7.4.1.1 物性计算

由于本节设计的入塔烟气成分复杂且吸收液的成分复杂，工艺计算所需的物性参数无法从化工设计手册等资料中直接查得。通过查阅相关研究的文献，工艺计算所需要的入塔烟气和吸收液的密度、黏度、溶解度、扩散系数等物性参数可通过以下的经验公式算得。

A 密度

入塔烟气密度：

$$\rho_G = \frac{P}{RT}\left(\sum y_i M_i\right) \tag{7-9}$$

式中，ρ_G为入塔烟气密度，kg/m^3；P为压力，kPa；T为温度，K；y_i为烟气中各组分的含量,%；M_i为烟气中各组分的摩尔质量，kg/kmol。

计算得：

$$\rho_G = \frac{101.325}{8.314 \times 313}(0.7396 \times 28 + 0.1256 \times 44 + 0.0560 \times 36 + 0.0785 \times 18)$$
$$= 1.550 kg/m^3$$

MEA水溶液混合密度：

$$\rho_{H_2O} = 1002.3 - 0.1321T - 0.00308T^2 \tag{7-10}$$

计算得，$\rho_{H_2O} = 992.088 kg/m^3$。

$$\rho_{MEA} = 1023.75 - 0.5575T - 0.00187T^2 \tag{7-11}$$

计算得，$\rho_{MEA} = 998.458 kg/m^3$。

$$\rho_{混合} = (1-c)\rho_{H_2O} + c\rho_{MEA} + c(1-c)(5.8430 + 510.6409c/T^{0.45}) \tag{7-12}$$

计算得，$\rho_{混合} = 793.6704 + 199.6916 + 37.8176 = 1031.1796 kg/m^3$。

B 黏度

入塔烟气的黏度近似取空气黏度，由设计手册查得40℃空气黏度为

$$\mu_G = 1.91 \times 10^{-5} Pa \cdot s$$

MEA水溶液混合黏度为

$$\mu_{H_2O} = \exp\left(\frac{897.9879}{T^{0.6542} + 78.1912} - \frac{17.6724}{T^{0.004707}}\right) \tag{7-13}$$

计算得，$\mu_{H_2O} = 6.6265 \times 10^{-4} Pa \cdot s$

$$\mu_{MEA} = \exp\left(\frac{726.0733}{T^{0.5279} + 22.0293} - \frac{35.3832}{T^{0.0488}}\right) \tag{7-14}$$

计算得，$\mu_{MEA} = 0.010556 Pa \cdot s$。

$$\mu_{混合} = \mu_{H_2O}^{(1-c)} \times \mu_{MEA}^{c} \times \exp\left[\frac{12.70\, C^{2.650}\,(1-C)^{1.1812}}{T^{0.3314}}\right] \tag{7-15}$$

计算得，$\mu_{混合} = 1.1537 \times 10^{-3} \times 1.0206 = 1.18 \times 10^{-3} \text{Pa} \cdot \text{s}$。

C 溶解度

根据与求解液相扩散系数相似的原理，可以利用 N_2O 的溶解度来类推出 CO_2 的溶解度：

$$\frac{H_{CO_2, L}}{H_{N_2O, L}} = \frac{H_{CO_2, H_2O}}{H_{N_2O, H_2O}} \tag{7-16}$$

式中，$H_{CO_2, L}$，$H_{N_2O, L}$ 为 CO_2、N_2O 气体在溶液中的亨利系数，kPa · m³/kmol；H_{CO_2, H_2O}，H_{N_2O, H_2O} 为 CO_2、N_2O 气体在纯水中的亨利系数，kPa · m³/kmol。

$$H_{CO_2, H_2O} = 2.82 \times 10^6 \exp(-2044/T) \tag{7-17}$$

计算得，$H_{CO_2, H_2O} = 4112.9508 \text{kPa} \cdot \text{m}^3/\text{kmol}$。

$$H_{N_2O, H_2O} = 8.55 \times 10^6 \exp(-2284/T) \tag{7-18}$$

计算得，$H_{N_2O, H_2O} = 5792.4883 \text{kPa} \cdot \text{m}^3/\text{kmol}$。

N_2O 在纯 MEA 液体中的溶解度计算公式为

$$H_{N_2O, MEA} = 1.207 \times 10^5 \exp(-1136.5/T) \tag{7-19}$$

式中，$H_{N_2O, MEA}$ 为 N_2O 气体在纯 MEA 溶液中的亨利系数，kPa · m³/kmol，计算得 $H_{N_2O, MEA} = 3197.3352 \text{kPa} \cdot \text{m}^3/\text{kmol}$。

$$\alpha = k_1 + k_2 T + k_3 T^2 + k_4 \varphi_{H_2O} \tag{7-20}$$

式中，α 为溶液中二元组分相互作用的参数，如表 7-3 所示。

表 7-3 MEA-H_2O 体系中 α 计算的系数

k_1	k_2	k_3	k_4
4.793	-7.446×10^{-3}	0	−2.201

计算得，$\alpha = 2.7345$。

$$R = \varphi_{MEA} \varphi_{H_2O} \alpha \tag{7-21}$$

式中，R 为溶液中二元组分的相关系数，计算得，$R = 0.4375$；φ_{MEA}、φ_{H_2O} 为 MEA 水溶液中 MEA、H_2O 的体积分数，%。

$$R = \ln H_{N_2O, L} - (\varphi_{MEA} \ln H_{N_2O, MEA} + \varphi_{H_2O} \ln H_{N_2O, H_2O}) \tag{7-22}$$

计算得，$H_{N_2O, L} = 7966.2 \text{kPa} \cdot \text{m}^3/\text{kmol}$，$H_{CO_2, L} = 5656.4 \text{kPa} \cdot \text{m}^3/\text{kmol}$。

D 扩散系数

a CO_2 在烟气中的扩散系数

CO_2 在烟气中的扩散系数可以利用如下经验公式计算：

$$D_{1, 2} = 3.16 \times 10^{-8} \times \frac{T^{1.75}}{p\,(V_1^{1/3} + V_2^{1/3})^2} \times \left(\frac{1}{M_1} + \frac{1}{M_2}\right)^{1/2} \tag{7-23}$$

式中，$D_{1, 2}$ 为二元气体体系的扩散系数，m²/s；V_1，V_2 为二元气体体系中气体组分的扩散体积，m³/mol；M_1，M_2 为二元气体体系中气体组分的摩尔质量，kg/mol。

查表得，$V_{CO_2} = 2.69 \times 10^{-5} \text{m}^3/\text{mol}$，$V_{N_2} = 1.85 \times 10^{-5} \text{m}^3/\text{mol}$，$V_{O_2} = 1.63 \times 10^{-5} \text{m}^3/\text{mol}$，

$V_{H_2O}=1.89\times10^{-5}m^3/mol$。

计算得，$D_{CO_2,\,烟气}=1.806\times10^{-5}m^2/s$，$D_{CO_2,\,水蒸气}=1.35\times10^{-5}m^2/s$。

b　CO_2在溶液中的扩散系数

CO_2在 MEA 溶液中的扩散率和物理溶解度的求解利用 N_2O 类推的方法计算：

$$\frac{D_{CO_2,\,L}}{D_{N_2O,\,L}}=\frac{D_{CO_2,\,H_2O}}{D_{N_2O,\,H_2O}} \tag{7-24}$$

式中，$D_{CO_2,\,L}$、$D_{N_2O,\,L}$ 为 CO_2、N_2O 气体在溶液中的扩散系数，m^2/s；$D_{CO_2,\,H_2O}$、$D_{N_2O,\,H_2O}$ 为 CO_2、N_2O 气体在纯水中的扩散系数，m^2/s。

不同温度下 CO_2和 N_2O 在水中的扩散率分别为

$$D_{CO_2,\,H_2O}=2.35\times10^{-6}\exp(-2119/T) \tag{7-25}$$

$$D_{N_2O,\,H_2O}=5.07\times10^{-6}\exp(-2371/T) \tag{7-26}$$

N_2O 在不同浓度的 MEA 水溶液中的扩散率为

$$D_{N_2O,\,L}=(5.07\times10^{-6}+8.65\times10^{-7}c_{MEA}+2.78\times10^{-7}c_{MEA}^2)\exp\frac{-2371-93.4c_{MEA}}{T} \tag{7-27}$$

计算得，$D_{N_2O,\,L}=2.1678\times10^{-9}m^2/s$。

7.4.1.2　具体计算

A　计算数据

本设计的基础计算数据均来自华能北京热电厂烟气 CCS 示范项目，主要包括塔操作条件、烟气组成及含量、吸收液 MEA 物性数据等内容。

a　塔操作条件

操作压力：$P=1atm$（$1atm=101325Pa$）；操作温度：$T=40℃$

b　烟气组成及含量

烟气组成及含量见表 7-4。

表 7-4　烟气组成及含量

烟气组成	含量
N_2	73.96%
CO_2	12.56%
O_2	5.60%
H_2O	7.85%
SO_2	$<50mg/m^3$
NO_x	$<50mg/m^3$
飞灰	$<30mg/m^3$

烟气物性数据：烟气流量为 $2732m^3/h$，密度为 $1.1550kg/m^3$，黏度 $\mu_G=1.91\times10^{-5}$ Pa·s，CO_2脱除率为 90%。

c 吸收液 MEA 物性数据

原料性质见表 7-5，溶液组成及含量见表 7-6。

表 7-5 原料性质

项 目	纯 度	性 质
复合胺	≥98%	无色或淡黄色液体，强碱
抗氧化剂	≥98%	白色固体
缓蚀剂 1 号	活性成分≥15%	淡黄色液体
缓蚀剂 2 号	≥98%	淡黄色固体

表 7-6 溶液组成及含量

项 目	数量（质量分数）/%
复合胺	18~22
抗氧化剂	0.15~0.25
缓蚀剂	0.08~0.15
水	78~82

浓度为 3.38mol/L，质量分数为 20%，密度为 1031.1796kg/m³，黏度为 4.6584×10^{-5} Pa·s。

d 计算所需参数

CO_2在入塔烟气中的扩散系数：$D_{CO_2,烟气}=1.806\times10^{-5}m^2/s$；

CO_2在 MEA 吸收液中的扩散系数：$D_{CO_2,L}=2.1678\times10^{-9}m^2/s$；

CO_2在 MEA 吸收液中的亨利系数：$H_{CO_2,L}=5656.4kPa\cdot m^3/mol$；

贫液中 CO_2的含量：0.13molCO_2/molMEA；

富液中 CO_2的含量：0.486molCO_2/molMEA；

吸收完全平衡时 CO_2的含量：0.61molCO_2/molMEA。

根据北京华能的热电厂脱碳示范项目现场测试的结果，贫液和富液中各组分含量如表 7-7 所示。

表 7-7 贫富液中的组分浓度 （摩尔分数，%）

成分	$MEACOO^-$	MEA^+	MEA	H_2O
贫液	0.0143	0.0143	0.0814	0.89
富液	0.0535	0.0535	0.003	0.89

B 吸收塔的物料衡算

吸收塔的物料衡算可用以下公式进行计算：

$$E_{CO_2,L}=\frac{\rho}{M}H_{CO_2,L} \tag{7-28}$$

式中，$E_{CO_2,L}$ 为亨利常数，Pa；$H_{CO_2,L}$ 为溶解度系数，kPa·m³/mol。

计算得，$E_{CO_2,L}=\frac{1031.1796}{21.0}\times5656.4=277750.7Pa$。

相平衡常数：

$$m = \frac{E}{P} = \frac{277750.7}{101.3} = 2741.9 \tag{7-29}$$

计算得，$m=2741.9$；$y_1=12.56\%$；$y_2=y_1(1-\eta)=12.56\%(1-90\%)=1.256\%$。

进塔气相摩尔比：$Y_1 = \frac{y_1}{1-y_1} = \frac{0.1256}{1-0.1256} = 0.1436$；

出塔气相摩尔比：$Y_2 = \frac{y_2}{1-y_2} = \frac{0.01256}{1-0.01256} = 0.0127$。

烟气摩尔流量：

$$n_G = \frac{Q}{V_m(273+40)/273} \tag{7-30}$$

式中，Q 为入塔烟气总流量，m^3/h；V_m 为在 1atm 和 40℃情况下每摩尔气体所占有的体积，m^3/mol。

计算得，$n_G = \frac{2372}{25.68 \times 313/273} = 80.56kmol/h$。

惰性气体流量：

$$G_M = n_G(1-y) \tag{7-31}$$

计算得，$G_M=80.56\times(1-12.56\%)=70.44kmol/h$。

烟气质量流量：

$$G = n_G(m_{N_2} + m_{CO_2} + m_{O_2} + m_{H_2O}) \tag{7-32}$$

计算得：

$G=8.056\times10^4\times(0.7396\times28+0.1256\times44+0.0560\times36+0.0785\times18)=2389.7kg/h$

$$X_1^* = \frac{(20/61.1)\times0.61}{(20/61.1)\times1.61+80/18} = 0.0402$$

$$X_2 = \frac{(20/61.1)\times0.13}{(20/61.1)\times1.13+80/18} = 0.008838$$

最小液气比为

$$\frac{L_M}{G_M} = \frac{Y_1-Y_2}{X_1^*-X_2} = \frac{Y_1-Y_2}{\frac{Y_1}{m}-X_2} \tag{7-33}$$

计算得，$\frac{L_M}{G_M} = \frac{0.1436-0.0127}{0.0402-0.008838} = 4.17$。

液体最小流量：$(L_M)_{min}=70.44\times4.17=293.7kmol/h$

$$L_M = (1.2 \sim 2.0)(L_M)_{min} \tag{7-34}$$

式中，L_M为实际液体流量，mol/h。

根据华能实验测得的最佳液气比为 3.8~4.3，取实际气液比为最小气液比的 1.2 倍：

$$L_M = 1.2(L_M)_{min} \tag{7-35}$$

计算得，$L_M=3.528\times10^5mol/h$。

$$X_1 = \frac{G(Y_1 - Y_2)}{L} + X_2 \tag{7-36}$$

计算得，$X_1 = \dfrac{7.044 \times 10^4 \times (0.1436 - 0.0127)}{3.528 \times 10^5} + 0.008388 = 0.0345$。

溶液的平均摩尔质量为 $\overline{M} = \dfrac{100}{20/61.1 + 80/18} = 21.0\text{kg/mol}$。

MEA 溶液量：

$$L = (L_M)\overline{M} \tag{7-37}$$

计算得，$L = 3.528 \times 10^5 \times 21.0 \times 10^{-3} = 7.4088 \times 10^3\text{kg/h}$。

C 填料的选择

填料选择金属麦勒派克250Y型填料。在大型塔器使用中，金属麦勒派克250Y型填料对降低生产能耗、提高产品的产量和质量都有比较好的经济效果。具体的结构参数如表7-8所示。

表7-8 金属麦勒派克250Y型填料

填料型号	填料表面	材质	比表面 α /$m^2 \cdot m^{-3}$	水力直径 /mm	倾斜角 φ/(°)	空隙率 θ	密度 /$kg \cdot m^{-3}$
250Y	金属薄片	不锈钢	250	15	45	0.97	200

D 填料层塔径的计算

运用贝恩-霍根公式计算泛点气速：

$$\lg\left[\frac{\mu_F^2}{g}\left(\frac{\alpha_t}{\varepsilon^3}\right)\frac{\rho_V}{\rho_L}\mu_L^{0.2}\right] = A - K\left(\frac{L}{V}\right)^{\frac{1}{4}}\left(\frac{\rho_V}{\rho_L}\right)^{\frac{1}{8}} \tag{7-38}$$

式中，μ_F为泛点气数，m/s；A，K为金属孔板波纹填料的影响因子系数。

计算得：

$$\lg\left[\frac{\mu_F^2}{g}\left(\frac{\alpha_t}{\varepsilon^3}\right)\frac{\rho_V}{\rho_L}\mu_L^{0.2}\right] = 0.291 - 1.75\left(\frac{7.4008 \times 10^3}{2740}\right)^{\frac{1}{4}}\left(\frac{1.1550}{1.0031 \times 10^3}\right)^{\frac{1}{8}}$$

$$= 0.291 - 2.2435 \times 0.44545 = -0.7084$$

$$\frac{\mu_F^2}{g}\left(\frac{\alpha_t}{\varepsilon^3}\right)\frac{\rho_V}{\rho_L}\mu_L^{0.2} = 0.1957$$

$$\mu_F = \sqrt{\frac{0.1957 \times 9.81 \times 0.97^3 \times 1003.1}{250 \times 1.155 \times 1.18^{0.2}}} = 2.43\text{m/s}$$

取空塔气速 $\mu = 0.75\mu_F = 1.82\text{m/s}$。

塔径：

$$D = \sqrt{\frac{4V_S}{\pi\mu}} \tag{7-39}$$

计算得，$D = \sqrt{\dfrac{4 \times 2372/3600}{3.14 \times 1.82}} = 0.68\text{m}$，圆整至 $D = 0.7\text{m}$。

检验：

空塔气速：

$$\mu = \frac{4V_S}{\pi D^2} \tag{7-40}$$

计算得，$\mu = \frac{4 \times 2372/3600}{3.14 \times 0.7^2} = 1.71\text{m/s}$。

泛点率：

$$f = \frac{\mu}{\mu_F} \tag{7-41}$$

计算得，$f = \frac{\mu}{\mu_F} = \frac{1.71}{2.43} = 0.7$。

泛点率 $f=0.7$ 在 0.6~0.96 范围内，满足规整填料要求。

对于 250Y 金属孔板波纹规整填料，最小喷淋密度的范围是 $0.2 \sim 220\text{m}^3/(\text{m}^2 \cdot \text{h})$，而最小润湿率为 $U_{\min} = 0.2\text{m}^3/(\text{m}^2 \cdot \text{h})$。

操作条件下的喷淋密度：

$$U = \frac{L_h}{0.785D^2} \tag{7-42}$$

计算得，$U = \frac{L_h}{0.785D^2} = \frac{7408.8/1031.2}{0.785 \times 0.7^2} = 18.68\text{m}^3/(\text{m}^2 \cdot \text{h})$。由此可知：$U > U_{\min}$。

E 填料层压降的计算

气相动能因子：

$$F = \mu\sqrt{\rho_G} \tag{7-43}$$

计算得，$F = \mu\sqrt{\rho_G} = 1.71 \times \sqrt{1.5550} = 1.83 \frac{\text{m}}{\text{s}} (\text{kg/m}^3)^{0.5}$。

查图 7-20 可得：每米填料压降 $\Delta P/Z = 1.15 \times 10^2$ Pa/m。

每米理论塔板数，查图 7-21 可得：每米理论塔板数 $N_t = 2.7\text{m}^{-1}$。

F 持液量的计算

持液量：

$$h_t = 4\frac{F_t}{S} \times \left(\frac{3\mu_L U_L}{\rho_L \sin\theta \varepsilon g_e}\right)^{\frac{1}{3}} \tag{7-44}$$

计算得，$h_t = 4 \times \frac{0.94}{0.015} \times \left(\frac{3 \times 1.18 \times 10^{-3} \times 18.68/3600}{1031.2 \times \sin 45° \times 0.97 \times 4.9}\right)^{\frac{1}{3}} = 0.04$。

式中，有效湿润表面的修正 $F_t = 0.94$；填料的波边长 $S = 0.015\text{m}$。

有效重力加速度：

$$g_e = 0.5g[(\rho_L - \rho_G)/\rho_L] \tag{7-45}$$

计算得，$g_e = 0.5 \times 9.81[(1031.18 - 1.155)/1031.18] = 4.9$。即持液量为：$h_t = 4\%$。

G 传质系数的计算

对于气膜传质系数，Bravo 提出以下公式计算：

$$\frac{k_G S}{D_G} = 0.054 \left(\frac{U_{Ge} + U_{Le}}{\mu_G} \rho_G S\right)^{0.8} \left(\frac{\mu_G}{D_G \rho_G}\right)^{0.33} \tag{7-46}$$

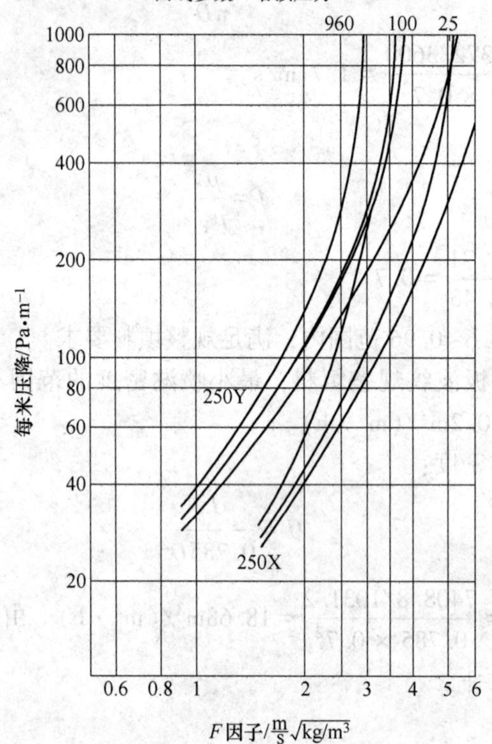

图 7-20 250X、250Y 麦勒派克填料性能

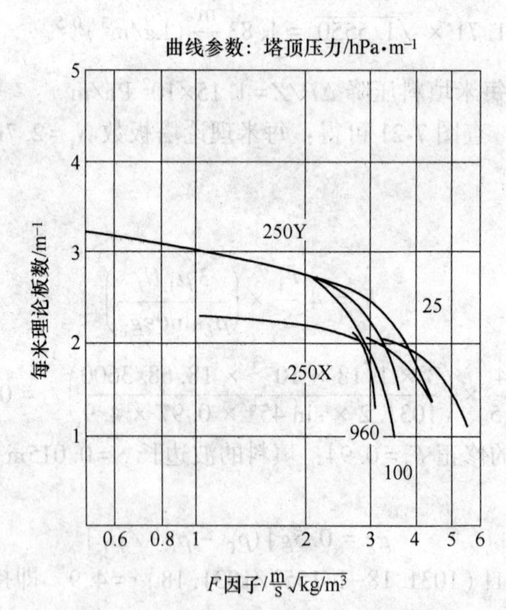

图 7-21 阻力降与气体负荷因子的关系

其中有效气相流速：

$$U_{Ge} = \frac{U_G}{\varepsilon(1-h_t)\sin\theta} \tag{7-47}$$

计算得，$U_{Ge} = \dfrac{2372/3600}{0.97(1-0.04)\sin45°} = 1.00\text{m/s}$。

有效液相流速：

$$U_{Le} = \frac{U_L}{\varepsilon\, h_t \sin\theta} \tag{7-48}$$

计算得，$U_{Le} = \dfrac{18.68/3600}{0.97 \times 0.04 \times \sin 45°} = 0.19\text{m/s}$；

$$\frac{k_G \times 0.015}{1.807 \times 10^{-5}} = 0.054\left(\frac{1+0.19}{1.91 \times 10^{-5}} \times 1.155 \times 0.015\right)^{0.8}\left(\frac{1.91 \times 10^{-5}}{1.807 \times 10^{-5} \times 1.155}\right)^{0.33}$$

$=0.054\times267.0235\times0.9712=14.0035$。

气相传质系数 $k_G=0.0169\text{kmol/(kPa}\cdot\text{m}^2\cdot\text{s)}$。

液膜传质系数：

$$k_L = 2\sqrt{\frac{D_L U_{Le}}{\pi S C_e}} \tag{7-49}$$

式中，D_L 为 CO_2 在液体中的扩散系数，$D_L=2.23\times10^{-9}\text{m}^2/\text{s}$；$C_e$ 为填料表面未及时更新系数，$C_e=0.9$。计算得：

$$k_L = 2\sqrt{\frac{2.23\times10^{-9}\times0.19}{3.14\times0.015\times0.9}} = 2.0\times10^{-4}\text{m/s}$$

即总的气相传质系数为

$$K_G = \frac{1}{\dfrac{1}{k_G} + \dfrac{H_{CO_2,\ L}}{\beta\, k_L}} \tag{7-50}$$

计算得：

$$K_G = \frac{1}{\dfrac{1}{0.0169} + \dfrac{5656.4}{51.5\times2\times10^{-4}}} = 1.82\times10^{-6}\text{kmol/(kPa}\cdot\text{m}^2\cdot\text{s)}$$

其中：令 $M = \dfrac{D_L k_1}{k_L^2} = \dfrac{D_L k_2 C_{MEA}}{k_L^2} = 2652.3 \gg 1$；$\sqrt{M} = 51.5 \gg 3$。所以增强因子 $\beta=51.5$。

H 填料层高度的计算

填料层高度：

$$Z = H_{OG}N_{OG} = \frac{G_B(Y_1-Y_2)}{K_\gamma \alpha_e A \Delta Y_m} \tag{7-51}$$

式中，A 为空塔横截面积，$A = \dfrac{\pi D^2}{4} = \dfrac{3.14\times0.7^2}{4} = 0.38\text{m}^2$；$G_B$ 为惰性气体的流量，$G_B=70.44\text{kmol/h}$；α_e 为有效相际接触面积，计算公式如下：

$$\alpha_e = (0.5 + 0.0058f)\alpha \tag{7-52}$$

计算得，$\alpha_e = (0.5 + 0.0058 \times 0.7) \times 250 = 126.015\text{m}^2/\text{m}^3$。

$$K_\gamma\alpha_e = K_G\alpha_e P = 1.82 \times 10^{-6} \times 126.015 \times 101.325$$
$$= 0.023\text{kmol}/(\text{m}^3 \cdot \text{s}) = 83.66\text{kmol}/(\text{m}^3 \cdot \text{h})$$

$$H_{OG} = \frac{G_B}{K_\gamma\alpha_e A} = \frac{70.44}{83.66 \times 0.38} = 2.2\text{m}$$

且吸收塔的平均推动力：

$$\Delta Y_m = \frac{(Y_1 - Y_1^*) - (Y_2 - Y_2^*)}{\ln\dfrac{Y_1 - Y_1^*}{Y_2 - Y_2^*}} \tag{7-53}$$

计算得，$\Delta Y_m = 0.044$。

传质单元数：

$$N_{OG} = \frac{Y_1 - Y_2}{\Delta Y_m} \tag{7-54}$$

计算得，$N_{OG} = \dfrac{Y_1 - Y_2}{\Delta Y_m} = \dfrac{0.1436 - 0.0127}{0.044} = 2.98$。

即可计算填料层高度：

$$Z = H_{OG}N_{OG} \tag{7-55}$$

计算得，$Z = 2.2 \times 2.98 = 6.56\text{m}$。

考虑生产余量，取填料层高度 $Z = 7\text{m}$。

I 技术性能特性

a 液泛

负荷因子 C_S 计算公式如下：

$$C_S = V\sqrt{\frac{\rho_G}{\rho_L - \rho_G}} = \frac{G}{\rho_G A}\sqrt{\frac{\rho_G}{\rho_L - \rho_G}} \tag{7-56}$$

计算得，$C_S = \dfrac{2372}{1.550 \times 0.38}\sqrt{\dfrac{1.550}{1031.2 - 1.1550}} = 181.0\text{m/h} = 0.05\text{m/s}$。

b 操作负荷性能图

(1) 气相负荷上限。

由压降确定：当压降为 1200Pa · s 时，Mellapak250Y 填料将处于液泛状态。

由图 7-22 知，当液泛时，$F = 2.4\text{m} \cdot \text{s}^{-1}(\text{kg/m}^{-3})^{0.5}$。

由 $F = \mu_G\sqrt{\rho_G}$ 得，$\mu_G = 2.23\text{m/s}$。$G = \mu_G A = 3088\text{m}^3/\text{h}$。

(2) 液相负荷上限。

由液泛定液相负荷上限：

$$L = \mu_F A = 2.43 \times 0.38 = 0.9234\text{m}^3/\text{h}$$

(3) 气相负荷下限。

以 $F = 0.6$ 作为气相负荷下限的依据，$\mu_G = 0.56\text{m/s}$，计算得 $G = 766\text{m}^3/\text{h}$。

（4）液相负荷下限。

该值由 α_t/α 来确定。由图 7-23 可得：

$$(Re_L)_{min} = \frac{4\Gamma}{\mu_L} = 4.5 \tag{7-57}$$

式中，$\Gamma = \frac{L}{\Phi A}$ m²/h；Φ 为填料因子，m^{-1}；A 为塔横截面积，m²。

可得：

$$\Phi = \frac{\alpha_t}{\varepsilon^3} = \frac{250}{0.97^3} = 273.9 m^2/m^3$$

$$\Gamma = 4.5 \times 2.43/4 = 2.73 m^2/h$$

$$L = 273.9 \times 0.38 \times 2.73 = 284.2 m^2/h$$

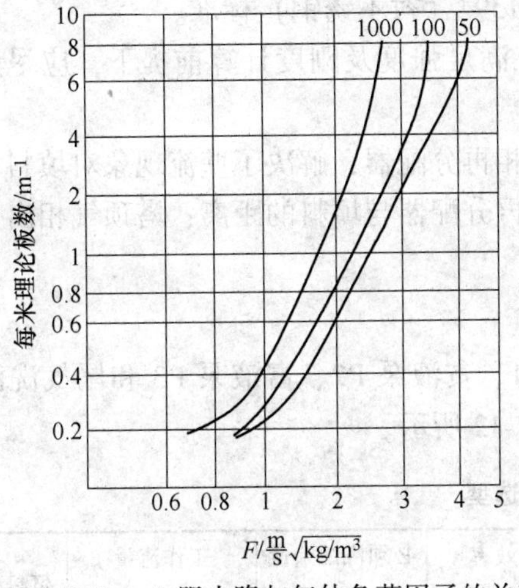

图 7-22　Mellapeak 阻力降与气体负荷因子的关系

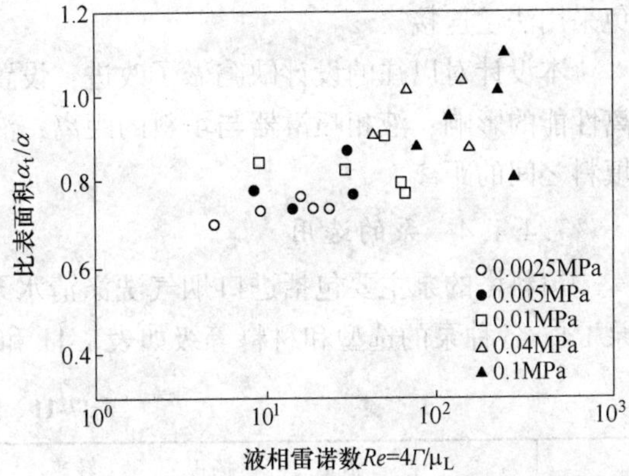

图 7-23　雷诺数与填料比表面积的关系

7.4.1.3　塔内构件的选择

填料塔的内构件主要包括支撑圈、填料和分布器的支撑板、填料限制器、液体分布器、除沫器、固定各构件的卡子等。

（1）支撑圈。根据吸收塔塔径 700mm 选取支撑圈，支撑圈的参数见表 7-9。

表 7-9　支撑圈的参数

外径/mm	材料	质量/kg	厚度/mm	连接卡子代号
696	不锈钢	48	6	K14B

（2）支撑板。规整填料选用格栅板支撑板，支撑板的参数见表 7-10。

表 7-10　支撑板的参数

栅板条间距/mm	格板条间距/mm	分块宽度/mm	板条厚度/mm
100	150	286	20

（3）液体分布器。每层填料高度以 6～8m 为宜。对于较大的塔，取 $H_1/D \leqslant 2 \sim 3$。而

H_1/D 的下限值为 1.5~2，否则将影响气体沿塔截面的均匀分布。对于大塔径规整填料一般选用槽式分布器。

（4）选用槽式液体再分布器。

（5）除沫器选用上装式丝网除沫器。丝网除沫器的厚度需以实际测试值进行调整，一般选取 100mm，可把气体中绝大部分液滴分离下来。

（6）卡子用 K14B。

（7）裙座选用圆筒形裙座，选用常用的裙座材料 Q235-B，裙座与塔体的连接选用焊接。因为本节设计的塔径比较大，裙座基础面积较大，设备对基础顶面的作用力不需要减少。

（8）人孔是安装或检修人员进出塔器的唯一通道，一般 5~10m 塔段设置一个人孔，因此本填料塔只需要设置一个人孔。采用 HG 21514 标准进行设置。手孔是指手和手提灯能伸入的设备孔。手孔可选用 HG 21514 及 HG 21594（衬不锈钢）标准。

（9）为减少成本及减少泄漏的概率，塔体在满足强度及刚度计算前提下，应尽量避免采用法兰连接。

本设计对以往的设计缺陷做了改进：设置液相再分配器，解决了壁流现象对填料塔分离性能的影响；液相喷淋器与填料的距离；液相再分配器与填料的距离；塔顶气相出口与填料之间的距离。

7.4.1.4　泵的选用

填料塔的泵主要包括进口烟气洗涤清水泵 P1、贫液泵 P2、富液泵 P3 和尾气洗涤用泵 P4。各种泵的选型和材料等级如表 7-11 和表 7-12 所示。

表 7-11　泵的选型

编号	型号	流量 $Q/m^3 \cdot h^{-1}$	扬程 H/m	转速 $n/r \cdot min^{-1}$	效率 $\eta/\%$	必须汽蚀余量 $NPSH_t/m$	工作流量 $Q/m^3 \cdot h^{-1}$	材料等级
P1	40-160	26	34.5	2900	63	1.2	20	I-1/I-2
P2	80-258	84	20.5	1450	76	1.4	82	S-1
P3	80-258	84	20.5	1450	76	1.4	82	S-1
P4	32-125	7.5	7.6	2900	41	0.6	5	S-1

表 7-12　材料等级说明

材料等级	外壳	内壳零件	叶轮	泵体密封环	叶轮密封环	填料环
I-1	铸铁	铸铁	铸铁	铸铁	铸铁	铸铁
I-2	铸铁	ZQSn6-6-3	ZQSn6-6-3	ZQSn6-6-3	ZQSn6-6-3	铸铁
S-1	25	铸铁	铸铁	铸铁	铸铁	铸铁

材料等级	压盖	压盖螺栓	泵体双头螺栓	轴	轴套	喉部衬套
I-1	ZG25II	Q235	Q235	45	18-8	铸铁
I-2	ZG25II	Q235	Q235	45	18-8	ZQSn6-6-3
S-1	ZG25II	35CrMo	35CrMo	45	18-8	铸铁

7.4.2　经济与能耗分析

7.4.2.1　经济分析与评价的意义

设计过程中需要同时考虑技术与经济两方面的内容，并且对技术方案进行技术经济计算与分析评价，这样才能使设计更加具备可推广性，产生更多的效益。因此，重视技术经济指标分析，不仅能降低工程造价，也能够促进技术进步。

7.4.2.2　工程概算

通常CO_2捕集系统的成本指标有以下4种：（1）设备造价；（2）电价增加值；（3）CO_2的减排成本；（4）CO_2的捕集成本。这4个成本指标从不同的维度描述了MEA吸收CO_2的工艺系统所需要的总体成本。参照上述4个指标，以下将具体从设备造价和运行成本两方面进行详细的分析并提出降低成本的实用性建议。

A　设备造价

由表7-13可以看出，燃煤电厂脱碳工艺的设备投资费用主要用在了吸收系统和再生系统的建设上面。因此，可以通过进一步改造吸收塔和解吸塔的结构和工艺流程，加强塔内部结构的气液传质能力，缩小塔设备的型号尺寸，降低MEA脱碳系统的整体成本。

表7-13　设备成本占比

系　　统	子系统	设备投资费用占比/%
二氧化碳吸收系统	填料塔	23.1
	吸收液贮槽	2.1
	换热器、泵、阀门	5.7
	吸附过滤器	2.6
	机械过滤器	2.9
辅助系统	再生系统	47.2
	电气系统	1.6
	控制系统	11.5
	附属生产工程	1.6
	溶液贮槽	1.6

B　运行成本

由图7-24可以看出，蒸汽消耗在总的运行成本中所占比例最大，其主要用于胺回收加热器和溶液再沸器的溶液再生过程。溶液损失的主要原因是溶液发生降解，由烟气的携带作用被带入大气中，溶液消耗的费用约为45元/(tCO_2)。电耗主要是风机与各类泵所消耗的能量，其中泵的电耗约为90kW·h/(tCO_2)，总电耗约为100kW·h/(tCO_2)，费用约为30元/(tCO_2)。

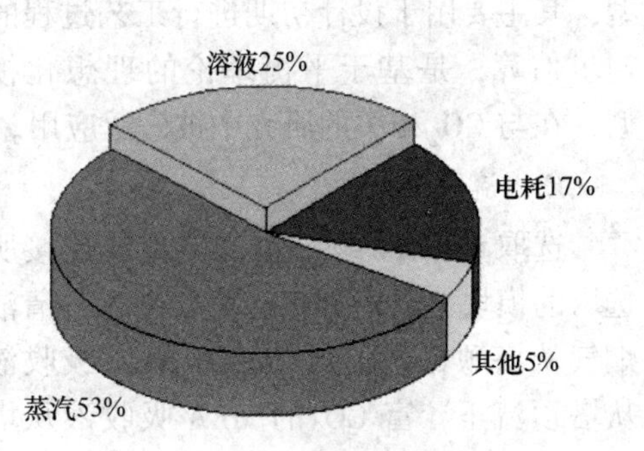

图7-24　MEA系统运行费用比例

C　分析结果及建议

由以上分析可以得出，每捕集1t含量为99.7%、温度为30℃、压力为40kPa的CO_2，运行费用为170元。按电厂产品仅为电计算，以捕集效率为90%计算，供电CO_2排放为0.95kg/(kW·h)。捕集使电价成本增加0.139元/(kW·h)，使电厂的上网电价提高了29%。

同时，可以看出要降低捕集CO_2的设备投资成本和运行成本，主要需要从以下几个方面进行深入的研究：一方面需要开发新型强化气液接触的工艺和高反应速率、低腐蚀性的溶剂，从而使设备投资成本降低；另一方面需要研究出价格低廉、低再生热的吸收剂，回收低品位热，由此可以通过降低蒸汽、电力、溶液等方面的消耗来降低燃煤电厂的运行成本。此外，合理的工艺设计、设备管理与维护、人员安排等，能够提高设备的利用价值，减少维修的费用，延长设备的使用寿命和减少人力物力的浪费，从而降低了运行成本。

7.4.3 Aspen Plus 工艺模拟

7.4.3.1　Aspen Plus 软件介绍

Aspen Plus 软件是目前已被广泛应用于化工过程的质量和能量平衡的分析，是运用数学模型及方程来计算化工过程的强大的化工流程模拟软件。本节将使用 Aspen Plus V8.6 对燃煤电厂的脱碳工艺进行模拟，以预估所设计的填料塔设备运用到生产实际时的工艺性能及可能出现的问题，并对填料塔设计加以改进。

7.4.3.2　MEA 吸收CO_2填料塔模型的建立

A　组分规定

参与模拟过程的组分包括CO_2、N_2、O_2、H_2O和MEA，MEA-CO_2-H_2O系统中的离子种类包括HCO_3^-、$MEACOO^-$、$MEAH^+$、OH^-、H_3O^+。

B　物性选择

选用电解质NRTL的活度系数模型ENRTL-RK，它适用于多溶剂及溶解气体的溶液和中压与低压体系，符合MEA、MEA-CO_2-H_2O体系的特点，以及吸收塔常压的操作条件。规定亨利组分为CO_2、N_2、O_2，溶剂为MEA和H_2O。

C　模块选择

本设计的填料塔设备选用RadFrac模型，其主要用于设计初期进行工艺过程的初步估算，是基于平衡理论的理想化模型，在与CO_2相关的研究中被广泛应用。

D　流程的建立

选取Material物流输入输出线连接所选取的模块，入塔烟气从塔底进入，清洁烟气从塔顶排出，贫CO_2的MEA吸收液从塔顶流下，富CO_2的MEA吸收液从塔底流出，构建如图7-25所示的流程图。

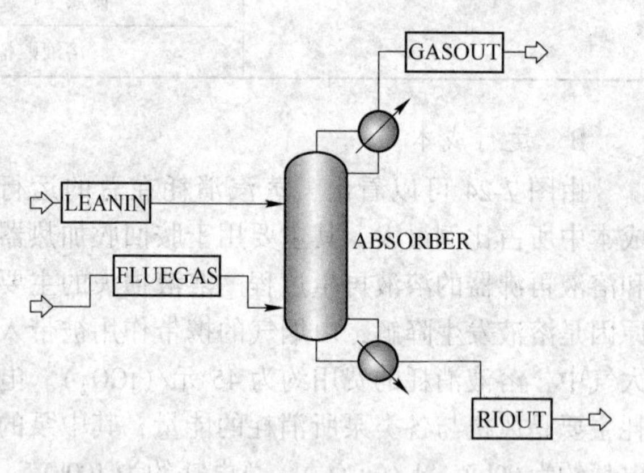

图7-25　MEA吸收CO_2填料塔工艺模拟

E 系统参数的设定

设定结果如表 7-14 所示。

表 7-14 MEA 吸收 CO_2 系统模型参数

模块名称	模块参数	数 值
ABSORBER	类型	RadFrac/Rate-Based
	再沸器类型	None
	冷凝器类型	None
	塔径/m	0.7
	有效填料高度/m	7
	压降/Pa	1000
	塔顶压力/atm	1
PUMP	出口压力/Pa	290000
	类型	HeatX
	计算类型	Shortcut

7.4.3.3 系统运行模拟结果

运行模拟结果显示流程收敛，运行结果可用。运行模拟的物流结果如表 7-15 所示。

表 7-15 模拟运行物流结果

项目	FLUEGAS	GASOUT	LEANIN	RICHOUT
CO_2	0.00373818	0.000470576	0	0
MEA	0	0	0.0066228	0.000296539

CO_2的脱除效率：

$$\eta_G = \frac{C_{in} - C_{out}}{C_{in}} \tag{7-58}$$

式中，C_{in}为入塔烟气中 CO_2的摩尔分数；C_{out}为出塔烟气中 CO_2的摩尔分数。

计算得，$\eta_G = \frac{0.00373818 - 0.000470576}{0.00373818} \times 100\% = 87.41\%$。

同理，计算得 MEA 的利用率为

$$\eta_L = \frac{0.0066228 - 0.0002965390}{0.0066228} \times 100\% = 95.52\%$$

填料塔设计计算的 CO_2脱除率 90%与模拟结果 87.41%基本相近。模拟值与计算值误差为 2.8%，在合理范围内，模拟结果与计算期望值拟合度较好。MEA 溶液的利用率高达 95.52%，可见 MEA 溶液的进液量选取合理，吸收液的高利用率能够为工艺过程减少药剂费用，节省开支。

由表 7-16 可知，模拟值和计算值的液泛率均在规整填料的合理范围内（0.69 ~ 0.82），液泛率与负荷因子的模拟值均比计算值高，可见填料塔在 Aspen Plus 工艺模拟系统中计算所得的传质性能比计算值好，其中一部分原因是运行结果显示的填料性能数据

（空隙率与比表面积）比计算时所用的数据更高，可见随着研究的进行，金属孔板波纹填料的性能有所提升，Aspen Plus 对其数据进行了更新，而此处计算时参考的数据较为陈旧。同时，由于模拟系统中的液泛率较高，使填料塔内的压力上升，导致了模拟系统计算所得的压降比计算值高，但均在允许的压降范围内。CO_2脱除率的模拟值比计算值稍低，可能是因为 Aspen Plus 的计算拥有强大的数据库支撑，考虑的因素比此处计算所涉及的更多。因此，Aspen Plus 的模拟结果更具有可靠性，更加契合实际运行效果，具有一定的参考价值。

表 7-16 模拟运行结果与计算值对比

项目	液泛率	压降/Pa	负荷因子/m·s^{-1}	CO_2脱除率/%
模拟值	0.82	216.40	0.08	87.41
计算值	0.70	115.00	0.05	90.00

图 7-26～图 7-28 分别显示了填料塔中压力、CO_2浓度、烟气和吸收液的温度分布情况，与实测数据的变化趋势一致，且有较好的拟合度。

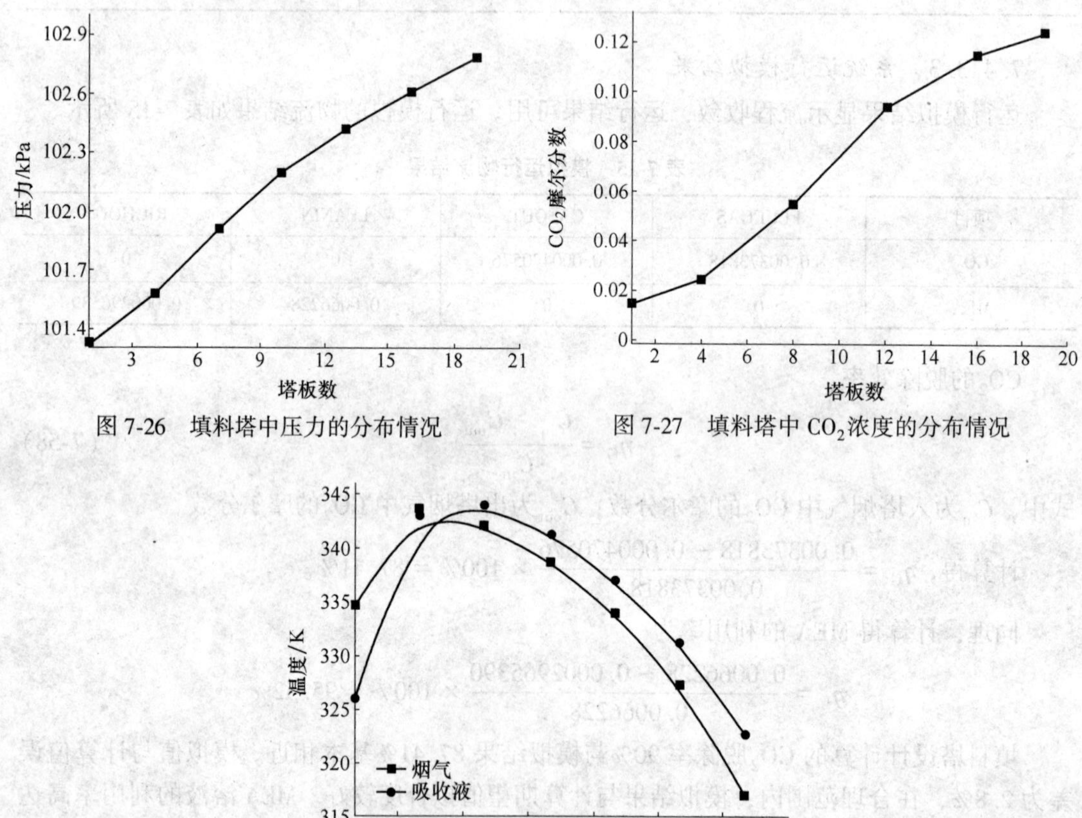

图 7-26 填料塔中压力的分布情况

图 7-27 填料塔中 CO_2浓度的分布情况

图 7-28 填料塔中烟气和吸收液温度的分布情况

由图 7-26 可知，填料塔中的压力随塔板级数的增加而线性增加，在塔底的压力最大达到 102.74kPa。如图 7-27 所示，烟气从塔底进入，因此填料塔塔底的 CO_2浓度最高，经过气液相传质过程，CO_2被 MEA 吸收，在塔顶降到最低值 0.00047（摩尔分数）。如图 7-28 所示，由于 MEA 与 CO_2的反应为放热反应，填料塔中的温度比初始温度会有所上升，由于塔顶的 CO_2浓度最低，塔底的 MEA 浓度最低，因此塔两端的反应没有塔中间剧烈，塔两端的温度较低而塔中上部的温度最高。

7.4.3.4 计算值与模拟值对比分析

由上述的计算值和模拟运行结果的对比，可得出以下结论：

（1）验证了工艺计算过程较为合理，计算过程所用的经验公式、设计计算方法可为生产实际的填料塔设计提供借鉴。运用 Aspen Plus 进行工艺模拟，提高了填料塔设计的可靠性。

（2）计算值和模拟值均高于华能北京热电厂脱碳示范项目的实测 CO_2脱除率 80%～85%，由此可预估本设计的填料塔能够满足其生产要求。同时 MEA 吸收液的利用率较高，塔内的压降和液泛率均在合理范围内，可见本设计的填料塔的运行成本较低，运行的安全性能较高。

（3）对比公开文献的实验数据，发现塔内温度、压力、组分含量分布规律与实测数据吻合良好，验证了 Aspen Plus 建立的 MEA 吸收 CO_2系统模型的正确性与适用性，可为 MEA 在火电厂烟气脱碳的工艺设计及优化起到指导作用。

7.4.4 总结

以华能北京热电厂烟气 CCS 示范项目工程化创新研究项目为背景，查阅相关的物性参数计算经验公式，结合公开文献的实验数据并充分考虑了以往的填料塔设计中存在的缺陷，如忽略各塔构件的合理布置、各部件的连接方式等，完成了 MEA 吸收 CO_2的填料塔设计计算。

对热电厂 MEA 吸收 CO_2工艺进行了经济与能耗分析，结果表明，吸收塔与再生塔占设备投资成本的主要部分，蒸汽和溶液消耗占运行成本的主要部分，增设脱碳系统将使上网电价提高 90%。

运用 AspenPlus 软件建立了 MEA 吸收 CO_2系统模型，对比分析计算数据、实测数据和模拟运行结果，得出如下主要结论：

（1）Aspen Plus 采用平衡级模型计算出 CO_2的脱除率为 87.4%，模拟值与计算值的误差为 2.8%，且计算值和模拟值均高于华能北京热电厂脱碳示范项目的实测 CO_2脱除率 80%～85%，由此可预估本设计的填料塔能够满足其生产要求。同时 MEA 吸收液的利用率高达 95.52%，塔内的压降和液泛率均在合理范围内，可见本设计的填料塔的运行成本较低，运行的安全性能较高。

（2）塔内温度、压力、组分含量分布规律与实测数据吻合良好，符合平衡级模型下填料塔内传质与反应机理，验证了 Aspen Plus 建立的 MEA 吸收 CO_2系统模型的正确性与适用性，可为 MEA 在火电厂烟气脱碳的工艺设计及优化起到指导性作用。

（3）计算过程存在使用某些参考数据陈旧的问题，而 Aspen Plus 的数据库及时对材料的参数进行了更新。但 Aspen Plus 也存在将模型进行简化、忽略 MEA 与 O_2的反应、吸收液对设备的腐蚀性、烟气其他杂质对吸收系统的影响等问题，使模拟值与实测值存在一定的误差。

本节以MEA脱碳工艺的实际生产应用为背景，结合公开文献的实验数据和经验公式，完成工艺计算后运用Aspen Plus软件建立模型并进行工艺模拟，充分考虑了以往填料塔设计中存在的缺陷，提高了填料塔设计的可靠性，预估本节设计的填料塔能够满足华能北京热电厂脱碳的工艺要求。同时验证了工艺计算过程的正确性，所用的经验公式、设计计算方法可为生产实际的填料塔设计提供借鉴。

参 考 文 献

[1] 赵玉明. 环境工程工艺设计教程 [M]. 北京：中国环境出版社，2013.
[2] 樊庆锌，任广萌. 环境规划与管理 [M]. 哈尔滨：哈尔滨工业大学出版社，2011.
[3] 姚重华，刘漫丹. 环境工程仿真与控制 [M]. 北京：高等教育出版社，2010.
[4] 柴晓利，冯沧，党小庆，等. 环境工程专业毕业设计指南 [M]. 北京：化学工业出版社，2008.
[5] 张爱平. 环境工程专业毕业设计案例与指导 [M]. 成都：西南交通大学出版社，2016.
[6] 张林生. 环境工程专业毕业设计指南 [M]. 北京：中国水利水电出版社，2002.
[7] 刘智安. 电厂水处理技术 [M]. 北京：中国水利水电出版社，2009.
[8] 杨尚宝，韩买良. 火力发电厂水资源分析及节水减排技术 [M]. 北京：化学工业出版社，2011.
[9] 王淑勤，赵毅. 电厂化学技术 [M]. 北京：中国电力出版社，2006.
[10] 于瑞生，杜祖坤. 电厂化学 [M]. 北京：中国电力出版社，2006.
[11] 于萍. 电厂化学 [M]. 武汉：武汉大学出版社，2009.
[12] 田维亮. 化学工程与工艺专业实验 [M]. 上海：华东理工大学出版社，2015.